极浅海埕岛油田
开发技术与实践

束青林　张本华　荆　波　高喜龙　王志伟◎著

中国石化出版社

图书在版编目(CIP)数据

极浅海埕岛油田开发技术与实践／束青林等著. —
北京：中国石化出版社，2021.3
ISBN 978-7-5114-6099-8

Ⅰ. ①极… Ⅱ. ①束… Ⅲ. ①岛-油田开发-研究
Ⅳ. ①TE34

中国版本图书馆 CIP 数据核字(2021)第 033101 号

中国石化出版社出版发行

地址:北京市东城区安定门外大街 58 号
邮编:100011　电话:(010)57512500
发行部电话:(010)57512575
http://www.sinopec-press.com
E-mail:press@sinopec.com
北京柏力行彩印有限公司印刷
全国各地新华书店经销
*
787×1092 毫米 16 开本 24 印张 563 千字
2021 年 3 月第 1 版　2021 年 3 月第 1 次印刷
定价:198.00 元

埵岛油田是胜利油田开发的一个极浅海油田，也是目前国内唯一的 300 万吨级极浅海大油田。极浅海油田高效开发是一个涉及勘探开发、钻完井工程、海洋工程、油气水集输处理及安全环保等多个环节的系统工程，其地理环境多变、勘探开发难度大、工程工艺复杂，在一定程度上给石油工作者带来了极大挑战。对于渤海湾地区黄河入海口极浅海海域，海底沉积结构稳定性差，潮汐作用强，开发难度更大。

埵岛油田的开发是一部艰苦创业史，也是一部科技创新史。在国内外无先例借鉴的情况下，埵岛石油人坚定信心走实践创新之路，逐步探索出一条极浅海油田高速高效开发之路。至 2020 年，埵岛油田年产油达到 346 万吨，累计产油超过 6000 万吨。我国极浅海区域油气资源丰富，开发程度不一，系统总结埵岛极浅海油田成功开发的经验，对于同类型油田的开发具有很好的指导意义。

该书以埵岛油田的勘探开发历程及技术创新支撑为主线，系统阐述了埵岛极浅海油田勘探开发的全过程、形成的配套技术和取得的经验，总结提炼出多项支撑技术，为油田的高效开发提供了技术创新思路。在"实践—理论—再实践"的勘探探索中，胜利石油地质人创建、应用、发展了"复式油气聚集带"及"隐蔽油气藏勘探"理论，指导区带勘探取得了丰硕成果，累计探明石油地质储量 4.98 亿吨，在国内外石油地质理论发展史上写下了浓墨重彩的一笔。在持续开拓的开发历程中，他们创新应用"半陆半海的海工配套、低含水期稀井高产、中高含水期加密调整及精细注水"的开发模式，高度统筹地下油藏与海工工程，攻关形成了六大项配套技术，实现了油藏描述的精细可视、钻完井及注采工艺的高效长效、地面处理的高效集约、平台管网的可靠检测延寿及生产运行的高度自动化，成功实现了油田的高质高速高效开发。

该书具有很强的针对性和实用性，是长期实践探索与理论结合的总结提升，也是极浅海油田开发领域一部极具实用价值的参考书。希望该书的出版能给予广大油气勘探开发科技工作者一些启示，为极浅海油田勘探开发提供经验借鉴，共同推动我国油气勘探开发工作创新发展，为保障国家能源安全做出新贡献。

中国工程院院士：

Preface \序（二）

与陆地、深海相比，极浅海海陆过渡带水深浅、海底地层稳定性差、潮汐作用强，极浅海油田需要特殊的工程建设技术来开发。埕岛极浅海油田的成功开发，是一个从无到有的艰难探索过程，破解了诸多特殊地貌条件下的海工建设难题，成就了一部中国浅海海工建设的发展进步史。

埕岛油田开发初期以建造简易单井平台拉油生产为主，后期逐渐转为"稀井高产、简易平台采油"的半陆半海的开发模式，目前进入细分注水、整体调整后细分注水高速高效采油阶段。伴随着油田开发的逐步深入，海工建造、油气开采、油气集输、供配电技术不断完善，逐步形成了高度密集高质高效的极浅海油田开发海工配套技术体系。

自行设计了中国第一艘浅海坐底式石油钻井船——胜利一号，从此揭开了中国浅海石油钻探开发的序幕；发展推广了海上密井口大斜度丛式井钻完井技术，实现了浅表层定向及密集丛式井三维防碰绕障；建成投产了具有采油、发电、外输、含油污水处理、生活等综合功能的浅海移动式采油平台，发展创建了双侧外挂采修一体化平台，形成了以单井平台和采修一体化平台采油、中心平台为枢纽的海工布局；创新了中心平台就地高效油气水分离技术，破解了早期采出水海陆无效大循环的问题，实现了高速高效油气水处理，支撑了油田高速开发。埕岛油田海洋工程建设发展历程，对同类型油田的开发具有较好的指导意义，可以有力地推动我国浅海油田开发海洋工程技术的发展。

该书对埕岛油田开发过程中海洋工程技术的发展过程做了详细的叙述，对核心技术进行了系统的剖析，是实践探索与创新的总结，也是极浅海油田开发海洋工程技术方面的一部具有实用价值的书籍。

中国工程院院士：顾心怿

Introduction \ 前言

黄河奔腾千里入海，奏响雄壮的黄蓝交汇乐章。在这片河海交汇的激昂壮阔中，一个300万吨级大油田巍然屹立在蔚蓝的海面之上，日夜不息地开采着深埋海底数千米的石油，目前已累计产油6000余万吨。自1993年投入开发以来，在国内外无先例可以借鉴的情况下，胜利石油人坚定信念走开拓实践之路，风风雨雨27年，建成了我国唯一的极浅海大油田。如今的他正值壮年，以年均上产10万吨的豪迈步伐，展示着自己强大的上产动能，稳居中国石化胜利油田第一大采油厂的位置。

埕岛油田的发现是老一辈石油地质家艰难探索的硕果。在胜利浅海地区钻探获得初步成功后，胜利油田加快了向海洋进军的步伐。在勘探实践中总结，在总结认识后实践，共发现了明化镇、馆陶组、东营组、沙河街组、中生界、古生界及太古界7套含油层系，累计探明石油地质储量超过4.8亿吨。在"实践—理论—再实践"的发展过程中，胜利石油地质人创建、应用、丰富、发展了"复式油气聚集带"及"隐蔽油气藏勘探"理论，指导区域勘探取得了丰硕成果，也在国内外石油地质理论发展史上写下了重要的一页。

埕岛油田的开发是老一辈石油人开创奋进的硕果。他们从陆上走来，用汗水和智慧破解了一个又一个难题，创新应用半陆半海的开发模式，高度统筹地下油藏与海工工程，成功由"旱鸭子"练成了屹立潮头的"蓝色铁军"。从落后的简易单井平台船舶拉油模式，到井组平台集中采油模式，再到中心平台与采修一体化、平台集约化注采输模式，直到目前地上地下一体化的高效集约的地面处理系统、精细可视化的地下油藏描述、高度自动化的生产运行系统，他们用开创性的模式，从最初的 100 万吨产能，到后续海上全面精细水驱开发，到成功建成了 300 万吨级的大油田，每一个跨越式进步无不展现着他们开创奋进、勇往直前的豪迈探索。

埕岛油田的发展壮大是一部创新驱动的技术孕育史。这里聚集了一批专业精深、刻苦钻研的石油地质、钻完井、集输及海工建设等领域的高端技术人才，他们坚持破题思维，持续攻关研究，针对胜利油田极浅海油区窄河流相薄储层准确描述难、密槽口大斜度大压差丛式钻完井已有工艺不适应、长寿命细分注水及举升工艺不适应、海底管网统筹布局及扩容难、平台延寿加固缺乏支撑技术等难题，攻关形成了极浅海窄河流相薄储层准确描述及油田级精细地质建模、密槽口大斜度丛式井钻完井工艺及复杂压降剖面油层保护、大斜度长井段多层细分长效注水及测调一体化工艺、大斜度长井段分层高导流防砂及长效举升采油工艺、双侧外挂多井口采修一体化平台及短流程油气水处理工艺、极浅海复杂环境平台结构检测评估及延寿等六项配套技术。这些技术的形成，解决了海上油田开发的瓶颈问题，支撑了埕岛油田的高速高效开发，也为同类型油藏的开发提供了很好的借鉴，同时也是胜利浅海人为我国石油工业发展做出的努力。

如今，埕岛油田宛如一颗镶嵌在渤海湾之上的璀璨明珠，几代石油人的汗水和智慧、知识和技术凝聚成耀眼的光芒。过去的成绩固然令人瞩目，如何实现高质量可持续发展是胜利海上石油人下一步的奋斗目标。为了该目标的实现，他们统筹有序推进海上化学驱攻关及大规模推广、东部百万吨新建产能工程、优快钻完井及油层保护大幅提产能及平台集约化管理等规划研究，相信随着这些工程的持续开展，埕岛油田将会再次实现一个大的跨越。

Contents \目录

第一章

绪　论

埕岛油田是国内建成的第一个年产 300 万吨级的极浅海大油田。埕岛油田是胜利油气区极浅海大型稠油疏松砂岩油田，1988 年 5 月发现，1993 年正式投入开发（图 1-1）。先后由中国石化胜利石油管理局桩西采油厂滩海试采大队、浅海石油勘探开发总公司试采公司、海洋石油勘探开发总公司试采公司、海洋石油开发公司、中国石化胜利油田有限公司海洋石油开发公司、中石化胜利油田分公司海洋采油厂管辖。

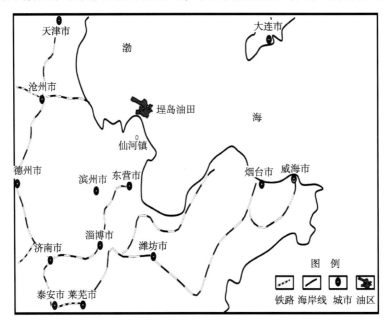

图 1-1　埕岛油田地理位置示意图

埕岛油田位于山东省北部渤海湾南部的极浅海海域（水深 2~18m），东南距黄河海港约 20km，距龙口港约 80km，北距天津港 80km 以上。探矿权面积约 2200km^2。埕岛海域属温带季风气候区，月平均气温最高为 28.8℃，最低为 -6.3℃，年平均气温 11.7℃左右。年平均降水量为 549mm。年平均降雪日数 9.6d，最大积雪深度为 15cm。年平均雾日为 35.6d。全年 6 级以上大风达 130d 以上，冬季有寒流及西伯利亚冷空气的侵袭，春、秋亦会发生风暴潮。埕岛海域海浪主要是渤海当地风产生的波浪（风浪），受渤海海上风向规律制约，具有明显的季节变化特征。埕岛海域潮流基本上呈正规的半时潮流性质，运动方式为往复流，主流的方向大致与等深线平行，涨潮流为东南向，落潮流为西北向，潮汐属于不正规半日潮汐。埕岛海域每年冬季均有不同程度的结冰，通常于每年 12 月下旬由岸边开始结冰，冰期 90d 左右。埕岛海域 1 月份水温最低，平均水温为 1.1℃，8 月份水温最高，平均水温可达 27.1℃。埕岛海域在 1970—1976 年为黄河入海口，由于多年的淤积和东北向强风浪的冲刷剥蚀，海底表层构成十分复杂，形成不稳定地貌形态。

胜利油田浅海地区的勘探始于 20 世纪 50 年代，主要在埕中、垦东、青东及长堤等滩海地区进行地质调查和重力、磁力概查。1975 年 8 月 12 日，石油工业部组织海洋勘探指挥部的"渤海一号"钻井平台在桩参 1 井开钻，当年 10 月 16 日完钻，完钻井深 2814.0m，该井只见到油气显示，未下油层套管。同年 11 月 3 日，胜利油田浅海地区第二口探井垦东 1 井开钻，11 月 19 日完井，该井钻遇 2 层 10.6m 油层，5 层 29.3m 油水同层，对 1310.3～1358.8m 井段进行试油，5mm 油嘴日产油 29.04t。这是胜利油田浅海地区第一口获得工业油流井，标志着该区油气勘探初见成效。

在胜利油田浅海地区钻探获得初步成功后，加快了向海洋进军的步伐。1978 年完成海上地震测线 1917km，发现了一批构造圈闭。同年 11 月"胜利一号"在埕中 1 井进行实验型钻探，为埕中地区的勘探提供了可靠的资料。截止到 1983 年年底，胜利油田浅海地区完钻探井 10 口，其中，垦东 4 井在馆陶组、青东 5 井在沙三段和沙四段试油获低产油流，埕东 3 井在钻探过程中见到油气显示。经过 7 年的侦查性勘探，完成了胜利油田浅海地区的区域普查和部分详查任务，基本掌握了埕岛油田的基本构造格局和地层格架。1984 年渤海石油公司钻探的 CFD30-1-1 井在下古生界、太古界试油获得低产油流。这一时期，在埕北低凸起东南部部署了 600m×600m 的二维地震测线，对该区中生界和古生界潜山的分布有了初步的认识。1988 年 5 月 17 日，由胜利油田四号平台承钻的埕北 12 井完钻，在馆上段和东营组钻遇油层 81.8m/16 层；9 月 1 日，对东营组 2142.3～2146.6m 井段试油，10mm 油嘴日产油 87.5t，日产天然气 6004m³；对馆上段 1409～1415m 井段试油，7mm 油嘴日产油 49t，这标志着埕北构造带东高点上发现了油田；11 月 26 日，胜利油田会战指挥部召开埕北东浅海油田开发建设工程项目可行性研究报告会，决定埕北东浅海油田正式命名为"埕岛油田"。当年完钻的埕北 11 井、埕北 20 井也相继获得工业油流，揭示了埕岛海域石油勘探的良好前景。1989 年埕岛海域勘探进入构造找油期，当年完钻探井 5 口，均在埕北大断层下降盘获高产油流，发现了埕北 15 鼻状构造和埕北 18 滚动背斜两个构造。1989 年首次上报探明埕岛油田南部馆陶组含油面积 17.9km²，石油地质储量 4366×10⁴t。1993 年胜利石油管理局与渤海石油公司合作，成立了胜利油田浅海石油勘探开发联营公司，共同对埕岛油田北部地区属于中国海洋石油总公司渤海石油公司管辖的区块进行勘探。埕岛油田分为南区和北区两部分，在胜海区的部分称为胜海地区（埕岛油田北区），胜海地区以南的部分称为埕岛油田南区。后胜利石油管理局购得胜海地区的开发权。截至 2005 年年底，埕岛地区相继完钻探井 115 口，评价井 2 口，基本上探明了馆上段油藏，并相继发现了中生界、古生界、太古界油藏，勘探向中深层系发展，证实了埕岛油田为多含油层系、多油藏类型的大型复式高产油气富集区。

埕岛油田历经单井试采，东营组、中生界初建产能，主体馆陶组先导试验，馆陶组油藏全面大规模开发建设，注水开发等阶段，在胜利浅海地区形成了一套层系、多层合采、稀井高产，开发初期依靠天然能量开采为主、适时进行人工注水补充地层能量、优化注采调整等具有胜利油田浅海地区特色的"集约化油气生产管理模式"，把常规技术条件下难有经济效益的极浅海边际油田开发为高效油田。

（1）开发建设初步探索阶段（1992 年 11 月—1994 年 12 月）。进行单井试采，在东营组、中生界初建产能，建成年产 $30×10^4$t 原油生产能力。1988 年 1 月，石油工业部在胜利油田召开浅海勘探经验交流座谈会。会议就浅海勘探的科学程序、海况气象、海底地基、船舶装备以及浅海油气资源发展前景进行了广泛探讨。1990 年中国石油天然气总公司要求"埕岛油田先导开发试验既要经济效益，又要安全可靠；既要吸收国外采油先进的工艺技术，又要因地制宜、因陋就简、土法上马，创出自己的路子"。胜利石油管理局派人赴美国墨西哥湾沿岸、加拿大和荷兰等地考察极浅海油井平台开发情况，认为埕岛油田储量丰度低、单井产能较低，按照国外大型平台开发模式没有开发效益；经济评价也否定了建人工岛开发模式，综合考虑埕岛油田离岸较近的特点，胜利石油管理局决定开发初期以建造简易单井平台拉油生产为主。1992 年 11 月，埕北151 井投入试采，利用油船拉出第一船原油。为高速高效开发埕岛油田，按照"先易后难、先高产后低产"的原则，优先动用了距岸较近、自喷能力强、小而肥的东营组、中生界油藏。在此期间，为解决勘探开发上投入多、成本高、风险大、见效慢的突出矛盾，胜利石油管理局自行设计、施工、安装了胜新型系列采油装置，建成投产了具有采油、发电、外输、含油污水处理、生活等综合功能的浅海移动式采油平台，投产了海二接转站，推广了海上丛式井钻井技术。为改善海上运输、海工建设及消防救助条件，根据极浅海生产的特点，设计制造了具有吃水浅、功率大、全回转、自动化程度高的多用途工作船舶。针对海上钻井成本高、淡水供应紧张的难题，试验并推广应用了海水泥浆。针对海上冬季生产气温低、设备管线运行困难的局面，应用了先进的电伴热技术，对海上设备管线进行保温，做到了"平台不停钻、油井不停产、船舶不停航、油站不停输"，结束了海上冬季不能施工、不能生产的状况。该阶段动用埕北 11 区块东营组和中生界、埕北 35 区块东营组、埕北 151 区块东营组、埕北 21—斜 101 区块东营组 4 个区块，动用地质储量 $1689×10^4$t。完钻开发井 18 口，投产油井 22 口（含 4 口探井转开发井），采用自喷采油方式生产，年产油能力达 $30×10^4$t。1994 年 12 月开井 19 口，日产油能力达 1819t，综合含水 38.4%，1994 年全年产油 $30×10^4$t。

（2）产量快速上升阶段（1995 年 1 月—2000 年 6 月）。开展先导试验，主力层系馆陶组油藏全面开发建设，利用天然能量进行开采。截至 1994 年 12 月，埕岛油田馆陶组油藏探明石油地质储量占已探明石油地质储量的 91%，是主要含油层系。馆陶组油藏属于常规稠油低饱和整装河流相砂岩油藏，纵向上含油层数多，平面上储层相变快，油藏天然能量不足，单井产能较低，在海上开发该类油藏投资高、风险大。中国石油天然气总公司开发生产局决定在埕岛油田主体北部埕北 11—埕北 25 井区开辟先导试验区。1995 年年初先导试验方案编制完成并实施。方案设计采用一套层系开发 250～400m 的三角形井网，部署 30 口油井、14 口注水井，设计年产油能力 55.3×10⁴t。受气象海况、钻机能力的制约，先导试验区当年仅完钻开发井 32 口，投产 26 口，建成年产能 $35×10^4$t。根据先导试验取得的认识，确定了馆陶组油藏整体划分一套开发层系，采用 500m 左右井距的三角形井网，按油砂体形态布井，滚动部署实施，初期充分利用天然能量开采，适时注水、立足机械采油、早期防砂的开发技术政策，初步形成了适应埕岛油田馆陶组开发建设的河流相储层预测、三维可视化地质建模、油层保护等配套技术体系，为馆陶组全面开发打下了坚实基础。

1996年编制完成了埕岛油田百万吨产能建设方案，馆上段油藏进入全面开发建设实施阶段。伴随着油田开发的深入，海工建造、油气开采、油气集输、供配电技术不断完善，逐步形成了具有胜利油田浅海地区特色的采油技术体系。在采油工艺上，针对投产初期机采井以螺杆泵为主的特点，与中国石油大学(华东)联合开展了"地面驱动螺杆泵抽油井节点系统优化设计"，建立了地面驱动螺杆泵抽油杆工况校核和设计计算模型。为解决采油平台狭小空间内设备设施不同电压等级的需求，与胜利油田无杆采油泵公司联合攻关了"采油平台一变多控系统"。在防砂工艺上，针对馆陶组油层埋藏浅，地层胶结疏松、易出砂及海上作业的特点，采用了双层预充填绕丝筛管防砂、不锈钢金属棉滤砂管防砂等工艺，对油井实施先期防砂。为适应定向井开发需要，提高电泵对出砂井的适应程度，1998年海洋石油开发公司与胜利油田无杆采油泵公司合作研制了加强机组，开发了新型电泵防砂采油管柱，延长了机组寿命。在油气集输上，海四联合站、开发三号平台、埕岛中心一号平台、埕岛中心二号平台、埕岛中心二号平台至登陆点输气管线等建成投产，海上陆上集输主干网络基本形成，逐步适应了油田开发建设的配套集输需要。截至2000年6月，埕岛油田馆陶组共动用石油地质储量13106×10⁴t，完钻投产开发井184口，阶段新建产能217.5×10⁴t。年产油量由1995年的54×10⁴t上升到2000年的217.7×10⁴t。2000年6月埕岛油田开井182口，日产油能力6703t，含水31%。

（3）注水开发稳产阶段（2000年7月—2005年12月）。主力层系馆陶组油藏转入注水开发，新建产能区以隐蔽油藏、复杂断块油藏和潜山油藏为主。2000年7月，埕岛油田开始注水开发。注水初期，针对注水整体滞后、地层能量亏空严重的状况，运用跟踪建模与数值模拟动态分析技术，对馆陶组注水开发技术政策进行了优化和完善，确定注水初期温和注水，注采比0.8左右，逐步提高注采比到1.0~1.2。为完善老区注采井网，在埕岛主体馆陶组开发井网控制程度差的区块部署投产了7个井组33口井，建成年产能34.6×10⁴t。该阶段由于埕岛油田主体馆陶组探明储量已基本动用，新建产能区块以古近系隐蔽油藏和潜山、复杂断块岩性油藏为主，产能建设难度加大，周期延长，规模减小。该阶段埕岛油田主体外围新区部署投产了8个区块，动用石油地质储量6512×10⁴t，投产油井80口，建成年产能75.2×10⁴t。这一时期为适应复杂油藏开发，采用了精密微孔复合滤砂管、循环充填防砂、高压挤压充填防砂、压裂防砂、威德福膨胀筛管裸眼防砂等防砂工艺；在注水工艺上研制开发了大通径金属毡分层防砂、二次完井分层注水工艺，既实现了分层防砂，又适应了分层注水、分层测试和全井筒洗井的需要。2003年引进了电动潜油螺杆泵，实现埕岛油田主体外围区块稠油井正常生产。为提高开发管理水平，2000年从澳大利亚引进了自动化监控系统，埕岛油田成为胜利油气区第一个实现工业自动化管理的油田。该阶段油井开井数、水井开井数增加，日产油水平基本稳定，综合含水上升，年产油量稳定在200×10⁴t以上。

（4）加密调整上产稳产阶段（2006年—2020年）。2006年，海上新区探明石油地质储量品位逐年下降，建产难度越来越大。埕岛油田馆陶组老区相对为优质储量，但采油速度仅为1.0%，平台寿命期内采出程度较低，油田分公司将埕岛油田馆上段大调整确定为油田"三大调整，两大接替"工程之一。同年2月，油田召开"加快海上发展"的会议，要求解放思想，系统、整体规划，充分研究"层系细分、井网加密"，提高埕岛油田储量动用程度及开发效果，提出以"大幅提高采油速度和最终采收率"为主旨的馆上段油藏整体调整建议。后与胜利油田地质科学研究院合作，对主体馆上段油藏开展开发调整技术政策研究，完成综合调整方案以及先导试验区方案的编制工作：中区、西北区细分层系开发，东区、北区、南区加密井网接替开采。至2019年底共完钻新井389口，其中油井262口，水井127口，上报新增年产能232.9×10⁴t。

第二章

油藏地质及开发特征

第一节 区域构造及沉积演化

一、区域地质特征

埕岛油田位于山东省东营市东北部、渤海湾南部的浅海海域，水深 2~18m，南距海岸线 11.7km²，与陆上的桩西油田相邻。构造上位于渤海湾盆地埕宁隆起带埕北低凸起的东南端、济阳坳陷与渤中坳陷的交汇处，同时也是北西向构造体系、北东向构造体系与郯庐断裂带的交汇处(图 2-1)。整个埕北低凸起呈北西向展布，高点位于东南端，四周被生油凹陷环绕，西部以埕北大断层与埕北凹陷相接，北部沙南凹陷及渤中凹陷向凸起层层超覆，东侧以断层与黄河口凹陷相接，南部与桩西潜山相接，形成了四周被生油凹陷环绕的以前第三系为基底、古近系超覆、新近系披覆的大型潜山披覆构造。

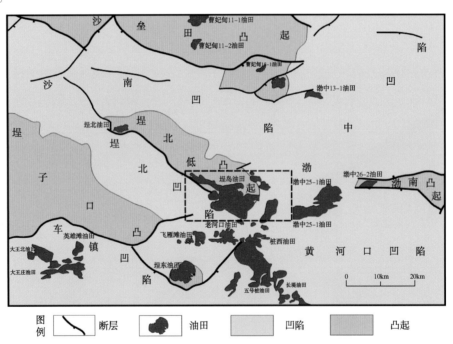

图 2-1 埕岛油田区域位置图

埕岛地区与桩西、长堤、孤东等油田的地质、构造特征相似，是在前第三系潜山背景上，接受第三系沉积而形成的继承性披覆构造。区内发育 3 条在第三纪长期继承性活动的边界基底断层，北西走向的埕北断层、北东走向的埕北 30 西断层、北东东走向的埕北 30 南断层将埕岛地区分割成埕岛潜山和埕北 30 潜山两个潜山披覆构造。埕岛潜山现今构造整体呈北西走向，其内部又被北北西走向的埕北 20 古断层分割成两个构造带：北西走向的埕北 11 潜山构造带和北北西走向的埕北 20 潜山构造带。中生界为裂谷期沉积，在低洼区沉积厚度大，后期高部位遭受剥蚀，现今表现为裂陷期残留盆地形态。古近纪以来区域主要断层持续活动，围绕埕北低凸起周边形成多个断陷湖盆沉积，以湖泊相泥岩及水下扇体沉积为主；随着后期区域构造运动持续减弱，新近系逐渐过渡为辫状河—曲流河沉积。

该区四周被埕北、桩东、沙南、渤中等富生油凹陷所包围，且有长期继承性活动的边界基底断层或区域性不整合面与之相沟通，具有极为优越的成油条件。

二、地层结构特征

埕岛地区整体可分为下、中、上三层结构。下构造层为前古近系，受构造运动的影响可分为呈扇形分布的西、中、东三带潜山；中构造层为古近系，以超覆—披覆为主，高点位于西南部，构造简单，断层不发育；上构造层为新近系，受埕北断层影响较大，馆陶组、明化镇组披覆于古近系之上，继承发育形成大型披覆背斜，轴向北西，高点位于埕北 22—埕北 11 一带，地层平缓（表 2-1）。

表 2-1　埕岛地区地层结构

界	系/统/群	组/段	地震反射层	构造运动	岩性组合
新生界	第四系	平原组	T0（明化镇组底）	喜山阶段	早期为湖相泥岩夹砂岩、滨浅湖滩坝，后期为河流相沉积组合
	新近系	明化镇组			
		馆上段	T1′（馆陶组上段底）		
		馆下段	T1（馆陶组下段底）		
	古近系	东营组	T2′（东营组底）		
		沙河街组	Tr（前新生界底）		
中生界	下白垩统	西洼组	Tg（古生界顶）	燕山阶段	沼泽相、山麓洪积相夹火山喷发岩沉积
		蒙阴组			
	中上侏罗统	三台组			
	下中侏罗统	坊子组			
上古生界	石炭系—二叠系		Tg1（中奥陶统顶）	印支—海西	海陆交互相砂泥岩夹煤层沉积
下古生界	寒武系—奥陶系		Tg2（馒头组页岩顶）	加里东	以灰岩、白云岩及页岩为主
太古界	泰山群				巨厚的区域变质花岗片麻岩

区域经历了四次大规模的构造运动，发育四个区域性不整合（太古界与古生界不整合、古生界与中生界不整合、中生界与古近系不整合、古近系与新近系不整合），形成

了多层结构的地层层序，自下而上钻遇前古近系的太古界、古生界、中生界、古近系沙河街组、东营组、新近系馆陶组、明化镇组及第四系平原组。

前第三系与渤海湾盆地广大地区相似，在前震旦系变质岩基础上沉积了寒武系—奥陶系海相碳酸盐岩建造、石炭系—二叠系海陆交互相碳酸盐岩及含煤碎屑岩建造、侏罗系—第三系陆相碎屑岩建造。缺失震旦系、上奥陶统—下石炭统及三叠系。中生界残留的主要为白垩系、侏罗系。埕岛地区前第三系分布受多期构造运动的控制，印支期的褶皱、逆断以及燕山期的块断作用控制了古生界与太古界的分布；埕北20古断层、埕北30北断层中生代长期继承性活动，控制了中生界的沉积和分布。

古近系与下伏前古近系呈角度不整合接触，主要发育沙河街组和东营组。埕岛地区东北部古近系厚度大，向超覆带附近逐渐变薄。潜山披覆构造带主体大部分地区缺失沙河街组，东营组下部层层超覆，至东营组上段完全披覆。

新近系与古近系呈角度不整合接触，主要发育馆陶组和明化镇组。馆陶组顶面埋深为1120~1250m，地层厚度变化较小，为750~1050m。馆陶组分为上下两段。馆下段以灰白色含砾砂岩、砾状砂岩和细砂岩为主，夹紫红色、灰绿色泥岩及薄层灰绿色、浅灰色粉砂岩、泥质粉砂岩，地层厚度330~570m。馆上段属河流相沉积的砂泥岩地层，由下到上砂质减少、泥质增多。下部岩性粗，以厚层块状砂岩、含砾砂岩为主，夹薄层泥岩和粉砂岩，泥岩多呈紫红色，地层厚度42~480m；中部为砂泥岩互层；上部以厚层的泥岩夹粉、细砂岩为主。

河流相沉积速率快、期次多、相变快，横向摆动、切割频繁，纵向上受海平面及气候影响沉积变化明显，等时对比难度较大。由于河流相沉积环境的特殊性，常常在数百米的层段仅为河道和泛滥平原沉积相互交替成层，砂体横向变化大，沉积微相变化大。研究区馆上段砂组是在标志层的控制下，根据沉积旋回特征，同时参照埕岛油田馆上段主体对比划分结果，考虑油水纵向分布特点进行的大层划分。把研究区馆陶组上段分为7个砂组，（1+2）~5砂组为主力含油砂组。

在埕岛油田沉积旋回和大层对比的基础上，根据岩性、测井曲线特征，考虑断层组合、地层沉积和油气水的合理组合关系等多重因素，基于单一砂层的原则将研究区馆上段(1+2)~6砂组按沉积时间单元细分为36个小层、52个时间单元，7砂组基本不含油气，未细分小层。

三、构造演化与沉积特征

一般认为，渤海湾盆地所在的"华北构造区"大致经历了三个构造演化阶段：①太古宙至古元古代地台结晶基底的形成、形变和固结阶段；②中、新元古代至古生代稳定地台盖层发育阶段；③中、新生代地台解体、陆相盆地盖层形成阶段。埕岛地区也经历了这三个大的构造演化阶段(图2-2、图2-3)。

⑤现今(主断层进入坳陷活动阶段,基底形态基本稳定)

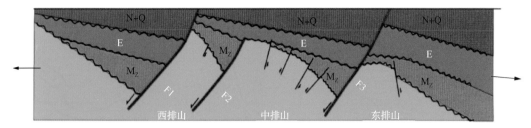

④新近系沉积前(古近纪主断层持续断陷并发生了构造翘倾)

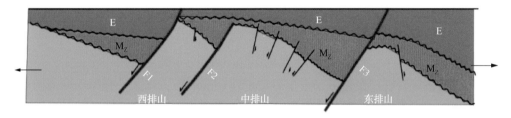

③古近系沉积前(早侏罗世—晚白垩世燕山早期主断层发生负反转)
埕北凹陷

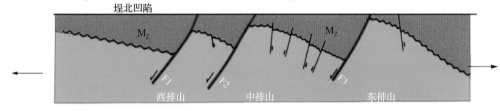

②中生界沉积前(三叠纪末期印支运动区域发生由南西向北东的推覆)

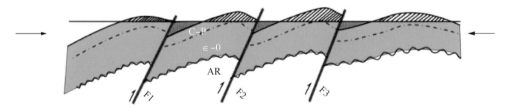

①三叠系沉积前(奥陶纪末期的加里东运动使该区稳定抬升并接受沉积)

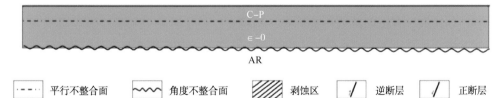

┅┅ 平行不整合面　　 ∿∿ 角度不整合面　　 ▨ 剥蚀区　　 ╱ 逆断层　　 ╱ 正断层

图 2-2　埕岛地区近东西向构造演化示意图

AR—太古界;　∈-O—寒武系—奥陶系;　C-P—石炭系—二叠系;　Mz—中生界;　E—古近系;
N—新近系;　Q—第四系;　F1—埕北断层;　F2—埕北 20 断层;　F3—埕北 30 北断层

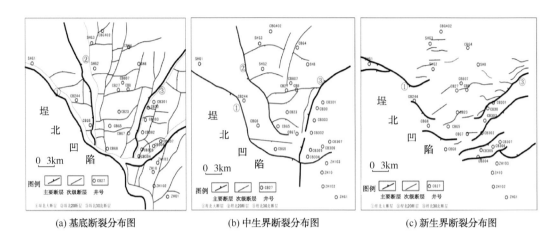

(a) 基底断裂分布图　　　　　(b) 中生界断裂分布图　　　　　(c) 新生界断裂分布图

图 2-3　埕岛油田层系断裂分布图

印支期挤压阶段：在经历了古生界稳定地台沉积后，该区受到印支期南西西—北东东向挤压，形成了三组雁列式背斜并进一步发育了逆推构造，以逆断层性质产生了埕北断层、埕北 20 断层及埕北 30 断层。

燕山早期阶段：至早侏罗世期间，区域构造相对稳定。推覆构造形成的背斜轴部遭受长期、强烈剥蚀，并在准平原化作用的过程中，在斜坡低部位开始沉积早侏罗统。早侏罗世—晚白垩世燕山运动早期，在受到早期挤压相反的构造应力场的作用下，先存的逆断层沿早期的断层面发生了反方向的运动（即发生了构造负反转），从而开始了中生代裂陷盆地的构造演化过程。在此期间，受到区域右侧郯庐断裂带巨大的左旋走滑构造运动的影响，发生了北撒南敛的构造旋转。在此旋扭期间潜山收敛端发生了南东—北西向的叠瓦状逆推构造，而在撒开端则发生了伸展。在平行于构造应力方向上，形成了一系列堑垒构造；在垂直于构造应力场方向上，形成了一系列走滑断层。在南部挤压、北部伸展的变形过程中，发育了埕北 8 调节断层带，以调节平衡不同构造应力场的转换。

燕山晚期阶段：燕山晚期郯庐断裂带的右旋走滑对该区进一步作用，随着构造应力场的持续作用，断层的走向发生了变化。燕山晚期至喜山早期，伸展方向逐渐向南西—北东向转变，并使中排山开始发育北西—南东方向的伸展断层（反向断层），切割了早期的走滑断层带。在该时期伸展应力场的作用下，整个埕北低凸起开始了南西抬升、北东倾没的翘倾运动。

喜山期阶段：喜山期潜山构造形态基本稳定，但这种翘倾在整个新生界充填过程中持续发展，形成了现今潜山整体上南西高、北东倾的构造形态。

四、圈闭类型及油气成藏

（一）多源供烃的资源基础

埕岛潜山四周发育了埕北、桩东、渤中及沙南四个生油凹陷，这些凹陷充填了几千米乃至上万米厚的古近系与新近系，并以斜坡或边界断层与（低）凸起相接，形成了多套生烃层系、多期生烃阶段、多元输导体系、多期油气充注的油气地质特征。优越的成藏条件使埕岛地区成为了多源供烃、多样油藏、多套含油层系的复式油气藏（图2-4）。

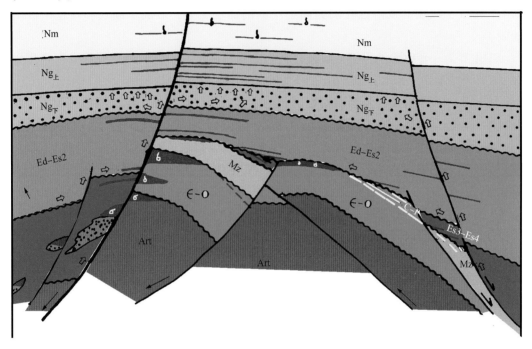

图2-4　埕岛油田油气成藏模式

周边生油凹陷埕北、渤中及沙南、桩东凹陷具有相似的沉积演化，凹陷中均主要发育了沙三段、沙一段及东营组下段三套大段的暗色泥岩，成为有效的烃源岩段。沙三段为湖盆扩张期浅湖—深湖相沉积，凹陷沉积中心暗色泥岩厚度大。至沙一段沉积时期水体大面积扩张，形成广泛分布的浅水、咸化环境，以滨浅湖环境为主，地层沉积厚度小，仅在凹陷中部形成小范围的深湖—半深湖沉积，暗色泥岩的厚度分布不均。东营组下段沉积时期，受湖盆持续断陷控制，湖盆面积萎缩，水体加深，以深湖—半深湖沉积为主。东上段时期，随着水平面的下降，发育了三角洲平原相及浅湖相沉积。

根据周边生油凹陷的烃源岩分析资料，各凹陷生油门限在2500~3000m的范围内，主力生油层系均为沙三段，且沙三段烃源岩在东营组末期至馆陶组末期陆续达到生烃门限，在馆陶组末期至明化镇组末期进入成熟阶段。沙一段及东营组烃源岩也在明化镇组末期逐渐进入生烃门限。各凹陷烃源岩生烃序列、主要输导体系决定了成藏期次，形成了多层系含油的埕岛复式油气田。

（二）生储盖组合及成藏规律

埕岛地区发育了太古界、古生界、中生界、古近系、新近系及第四系六套沉积建造，岩性上由变质岩、碳酸盐岩、砂泥岩等组成，形成了太古界、古生界、中生界、沙河街组、东营组、馆下段及馆上段多套良好的储盖组合。

太古界为一套巨厚的花岗片麻岩基底，风化程度高，裂缝高度发育，顶部被非渗透层遮挡，易于形成不整合油气藏。古生界为海相碳酸盐岩沉积，受构造应力及溶蚀影响，形成了以裂缝及溶蚀孔洞为储集空间的储层类型，形成了断块、残丘型潜山油藏。

中生界为一套山麓洪积相、沼泽相夹火山喷发建造，岩性致密，裂缝发育带集中在断层附近及风化壳，以断块构造油藏及风化壳油藏为主。

古近系沙河街组及东营组以湖相沉积为主，以滨浅湖滩坝、半深湖扇体为主，发育岩性—构造、构造—岩性油藏。

新近系披覆在古近系及潜山之上，呈角度不整合接触。明化镇组底部和馆上段及馆下段顶部为主要含油层段。馆上段油藏区域性盖层为明化镇组泥岩，单层厚度大，质地较纯，分布广。另外，馆上段为多期曲流河沉积，具有典型的"二元结构"，各砂组内发育的泥岩为局部盖层，且自下而上泥岩单层厚度增大，(1+2)~3砂组泥岩发育，遮挡条件好。油藏以河道砂体为储集体，以长期继承性活动的基底大断层为主要油源通道，油气分布受构造和岩性双重因素控制。从宏观上看，油气的分布受构造控制，构造高部位油气富集程度高。从微观上看，油藏的分布还受储层的发育程度和横向变化的控制，油水关系非常复杂。

新近系明化镇组、馆上段油藏的形成及展布主要受构造和岩性双重因素控制，主要有构造油藏、构造—岩性油藏和岩性油藏三种类型。馆陶组为本区的主力含油气层系，砂岩为典型的曲流河沉积砂体，以细砂岩、粉砂岩为主，成岩作用弱，平均孔隙度在33%以上。不同构造部位油藏类型不同，在披覆构造的主体部位发育了构造油藏，在披覆构造的腰部发育了岩性—构造油藏，在翼部则主要为构造—岩性或岩性油藏。

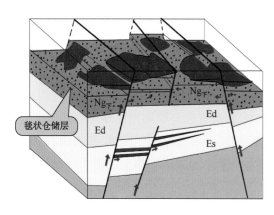

图2-5　埕岛油田新近系网毯式成藏模式

该区馆上段发育多期河道砂储层，纵向储盖组合好。来自周围凹陷的油气以断层、不整合面及馆下段厚砂组成的复合输导体系为路径向埕北低凸起运移，在大面积分布的河道砂体内富集成藏，形成大型的整装油气田(图2-5)。主力含油层系为馆上段的3~5砂组和明化镇组的下部。从宏观上看，油气的分布受构造控制，构造高部位油气富集程度高；从微观上看，油藏的分布还受储层的发育程度和横向变化的控制。构造控制着油气的成藏和分布，岩性控制着油气的丰度和富集。

在垸岛主体断裂带，构造复杂，主要形成构造油藏；在主体周边翼部，河道砂体发育，易于形成岩性油藏和构造—岩性油藏。明化镇组下部、馆上段储层为曲流河点坝砂体，纵向、横向变化大，油水关系非常复杂，每个含油砂体都有属于自己的油水系统，表现为纵向叠置、横向交错的空间展布特点。

第二节　油藏储层及流体特征

垸岛地区自太古界基底到第四系平原组发育了复杂的地层层序，也形成了多套有利的储盖组合，主要有太古界内幕及风化壳、古生界内幕及风化壳、中生界火山喷发及山麓洪积相、古近系及新近系河流湖泊相沉积等多套储层。前人流体包裹体研究表明，垸岛地区主要以两期成藏为主：一期为古近系沉积末期，二期为明化镇组沉积末期。周围生油洼陷生成的油气以主干断裂及其次级断裂、不整合面、横向输导层组成的油气运移通道向垸岛主体运移，在有利的储盖组合及圈闭背景下聚集成藏。主要有古生界—太古界潜山油藏、中生界裂缝性及风化壳油藏、古近系及新近系油藏，不同层系油藏流体性质具有各自的特征。

一、储层特征

（一）太古界

太古界在漫长的历史中经历多次岩浆活动、构造运动，岩石普遍发生热变质、区域变质和强烈的混合岩化作用，形成了一套介于花岗岩和变质岩之间的过渡性岩石。岩性以混合岩化二长片麻岩、混合花岗岩和多种片麻岩为主，其次为斜长角闪岩、黑云母石英片岩、黑云母斜长变粒岩及伟晶岩和各类脉岩等。

垸岛油田太古界潜山储层岩性变化大，储集空间类型多样，储层发育控制因素复杂。多期构造运动使基岩内幕断裂发育，使一定厚度的基岩活化，储层溶洞、溶孔、裂缝发育，形成良好的混合岩类变质岩油气储层。

1. 储集空间类型

混合岩类岩石岩性纵向、横向变化大，具有极端非均质性。该类变质岩储层储集空间原生孔隙不发育，以次生孔隙为主，主要包括裂缝和溶蚀孔洞。且以裂缝为主，其次是溶蚀孔洞，有效储集系统是孔、洞、缝连通体，储集类型为孔洞—裂缝型储层。

根据对垸岛地区多口井岩心观察分析，归纳出 5 种储集空间（图 2-6）：①风化缝隙：岩石由于物理风化干裂和冰裂造成的裂缝；②溶缝孔：岩石风化裂缝直接受大气溶蚀扩大的孔隙；③晶溶孔：岩石矿物晶体直接被大气水溶蚀生成的孔隙；④淋漓孔：岩石矿物晶体先蚀变再被流水带走留下的孔隙；⑤构造缝：岩石受应力作用而破碎形成的缝,有挤压缝、张裂缝、剪切缝,按裂缝的宽度和长度还可分为微细裂缝、小裂缝、中裂缝和大裂缝。

(a) 斜长片麻岩网状风化缝　　(b) 混合二长片麻岩中石英、钾长石、
斜长石直接被溶蚀产生的溶蚀孔

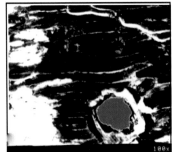 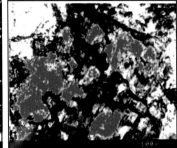 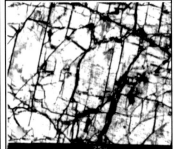

(c) 黑云母不均匀绿泥石化,局部　　(d) 角闪石不均匀绿泥石化,绿泥石　　(e) 正长岩碎裂张开解理缝
绿泥石被冲掉留下的圆孔　　　　大部分被冲走留下筛状孔

图 2-6　埕岛地区太古界储层储集空间分类

2. 裂缝发育特征

由于裂缝的高度发育,使得取心的完整性破坏严重。而深层地震资料主频低、品质差、噪声干扰严重,地球物理方法对裂缝的研究难以实现。目前井径成像测井是定量评价裂缝储层的有效方法,它能够比较准确的识别井筒裂缝的发育程度、走向、性质,以及地应力方向。储层裂缝在成像测井中主要表现为网状缝和成组缝(图 2-7)。

微电阻率成像测井(FMI)资料显示,埕岛潜山带南端的埕北古 7 井钻遇储层裂缝发育度高,在 210m 井段裂缝发育段达 163m,统计裂缝条数为 693 条,裂缝发育密度达 4.25 条/m,裂缝角度为中—高角度,裂缝走向主要有北西向、北东向及近东西向三组。埕北 30 潜山带南部受到埕北 302 断层向南滑脱影响,裂缝走向为近东西向,而北部受到西界断层影响,以北北东向为主,裂缝均为高角度发育。多口探井的 FMI 资料表明,区域内裂缝发育方向与断裂系统走向相吻合。由于探井构造位置的不同,裂缝的发育方向也有一定的差异。

(二) 古生界

1. 储集空间类型

埕岛地区的古潜山在形成过程中经历了多期的构造运动和长期的风化剥蚀,在沉

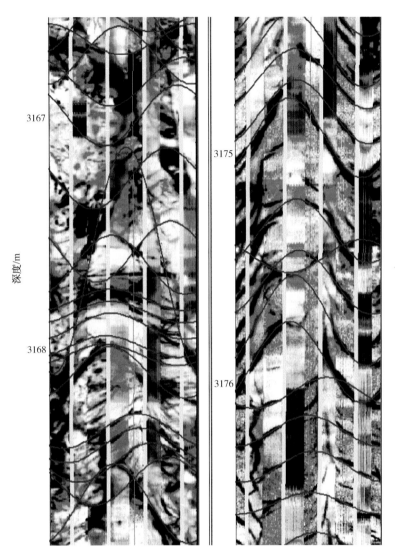

图 2-7　储层裂缝在井径成像测井上的特征

积孔隙、构造裂缝的基础上产生大量的溶蚀孔洞及溶缝，形成了储集空间类型多、结构复杂、分布极不均匀等特点，既具有同生成因储集空间，也有后生和表生成因储集空间，其突出特点是原生储集空间不发育，发育裂缝、溶蚀孔洞、晶间溶孔等多种储集空间类型，其中裂缝是主要的储集体及输导体，多期次、多方向的高角度裂缝将各种储集空间有机的连接在一起，构成复杂的储集体系，是埕岛地区下古生界潜山富集高产的储集基础。根据大量岩心研究和露头观察，下古生界碳酸盐岩的储集空间主要是成岩后在内外地质营力作用下产生的各种次生孔隙。按其成因可分次生孔隙、溶蚀孔洞和构造裂缝三大类、十余种储集空间类型。

1）晶间孔

主要由白云岩晶体之间的间隙组成的孔隙，孔喉最大宽度可达 30μm，最小宽度

$0.1\mu m$，孔隙度一般为 3%~5%，个别可达 23%。主要分布在奥陶系冶里组—亮甲山组结晶白云岩中，由白云岩化或者白云石重结晶而成，晶间孔隙多数见含油显示（图 2-8）。

2）晶间溶孔

方解石晶体、白云石晶体或花岗片麻岩中黑云母、长石晶体经过溶蚀作用形成的晶间溶孔，最大直径可达 $20\mu m$，一般为 $5\sim20\mu m$，孔喉最小 $0.1\mu m$，在下古生界碳酸盐岩和太古界花岗片麻岩中易发生溶蚀的部位普遍发育（图 2-9）。

图 2-8　埕北 302 井晶间孔（4001.2m）

图 2-9　埕北 30 井晶间溶孔

3）晶洞

多存在于晶粒状白云岩中的白云石晶体之间，是由石灰岩白云岩化而产生的孔隙。孔喉最大 $270\mu m$，孔隙虽小但孔隙度可以很高。

4）充填溶洞

溶蚀洞穴被本层岩石垮塌和后来沉积物所充填，充填物由于溶洞的支撑而欠压实，其孔隙度为 18%~38.6%，渗透率为 $608\times10^{-3}\mu m^2$，薄片鉴定为硅化泥岩，扫描电镜观察为小的石英晶体相互搭架形成的孔隙。

图 2-10　桩海 102 井晶簇孔

5）晶簇孔

多发育在方解石脉的中央部位，为方解石沿裂缝两壁未充填的部分。埕北 302 井上马家沟组 3552.79m，裂缝中充填两期方解石，早期方解石成马牙状，后期结晶方解石较粗大；桩海 102 井冶里组—亮甲山组 4623m，发育垂直裂缝，缝宽 1cm，未被方解石全部充填，发育晶簇孔，长 1.5cm，宽 0.8cm（图 2-10）。

6）溶蚀洞穴

是地下水或地表水对碳酸盐岩进行

溶解作用而形成的洞穴，主要依据钻井过程中的钻具放空、井喷及岩心上的孔洞确定。下古生界潜山在中生界沉积以前，下古生界地层受到长期的剥蚀与淋滤，产生了大量的裂缝、溶孔溶洞。由于地下水活跃，更利于溶洞的发育。灰岩地层更容易产生溶孔溶洞。

岩心观察以及成像测井清晰可见大小不等的溶洞、溶孔。如桩海 102 井八陡组4306.79cm 附近，溶蚀强烈，溶洞发育，最大 5cm×3cm，一般 1cm×0.2cm 左右。埕北306、桩海 103 以及桩海 104 井都在钻井过程中发生井漏，其中桩海 104 井在下马家沟组 4274m 处目前已经漏失海水 1763.29m^3，这可能是钻遇较大的溶蚀洞穴所致（图 2-11）。

7）半开启、开启裂缝

指基本未被方解石晶体或泥质充填，或未被全部充填的裂缝（视为有效裂缝）。开启裂缝内基本无充填物，或两壁具方解石薄膜或黑色碳化物薄膜。普遍见含油显示。按照裂缝宽度分为大、中、细、微四级。大缝宽度大于 1mm，中缝 0.5~1.0mm，细缝0.25~0.5mm，微缝小于 0.25mm。裂缝倾角一般在 20°~90°之间，以高角度裂缝为主，裂缝密度一般为 3~15 条/m，宽度 1~4mm，开启度一般为 20%~45%，半开启、开启裂缝占 40% 左右（桩海 102 井）（图 2-12）。

图 2-11　桩海 102 井溶洞　　　　　　图 2-12　桩海 102 井开启的高角度裂缝

近年来桩海地区大部分潜山探井进行了各种成像测井，清楚地展示出下古生界中高角度天然裂缝、溶蚀缝、溶洞、溶孔等各种储集空间类型以及发育的层段，为研究桩海地区储层类型及其对油气藏的控制作用奠定了基础。老 301 井在 FMI 成像测井图像上可观察到大量的高角度天然裂缝，尤其是在前震旦系中，发育了近乎垂直的直劈缝。这种直劈缝若发育在孔隙性地层将会起到非常好的连通作用，使储层的渗透性大为提高。在奥陶系上马家沟组地层可观察到一些层间溶蚀缝，这些缝受层理限制，不穿层，基本平行层面。老 301 井主要裂缝发育段为：上马家沟组 3840~3880m，发育两组裂缝，其走向为北北东—南南西、北东东—南西西，倾角 30°~70°；太古界 4030~4130m、4266~4390m、4525~4597m，走向为近东西向，倾角 32°~90°。

老292井在FMI成像测井图像上可观察到许多裂缝,特别是在太古界中裂缝呈网状结构,沿裂缝发育了大量溶孔,其主要裂缝发育段为:上下马家沟组3941~3951m、3957~3973m,其走向为北东东—东西向,倾角46°~78°;太古界4014~4030m、4042~4074m、4103~4109m、4134~4142m,其走向为近东西向,倾角48°~82°。桩海102井的FMI图像分析表明,地层的基质孔隙很小,储集空间类型主要为裂缝和溶孔,其中裂缝起到了很好的沟通作用,许多溶孔常沿裂缝发育。孔洞在FMI图像上为高导异常体,多为分散的星点状或串珠状,其主要裂缝发育段为:八陡组—上马家沟组4316~4334m、4358~4363m、4400~4415m、4442~4469m,其走向为东西向,倾角10°~85°;冶里组—亮甲山组—凤山组4625~4646m,其走向为东西向,倾角25°~80°。埕北305井的图像可见大量裂缝,主要发育段为:八陡组3794~3860m,馒头组—太古界4200~4317m,其走向北东东—南西西,倾角10°~90°。

埕北39井的图像可见大量高角度裂缝及溶蚀孔洞,主要发育层段为:冶里组—亮甲山组—凤山组4175~4335m,其走向为北东东—南西西,倾角38°~90°;馒头组—太古界4766~4845m,其走向为近东西向,倾角38°~90°。桩古斜47的图像可见奥陶系中大量裂缝、溶蚀孔洞以及寒武系致密灰岩中类似"蚯蚓状"的缝合线,其主要裂缝发育段为:上马家沟组、下马家沟组、冶里组—亮甲山组—凤山组、张夏组,其走向为近东西向。

根据上述各井的FMI成像测井分析,各口井裂缝普遍发育,主要发育段为3段:八陡组—马家沟组、冶里组—亮甲山组—凤山组、馒头组—太古界顶部,个别见于张夏组。结合潜山的断裂组合图发现,每口井的主要裂缝走向与井旁主要断层的走向有很好的一致性,这充分说明了裂缝的构造成因,即本区的断层主要是燕山期形成的,其走向控制影响了主要裂缝的走向。

图2-13　桩海102井含油的溶蚀裂缝

8)溶蚀裂缝

由地下水沿风化裂缝、构造裂缝溶蚀扩大而形成的空间。其特点是裂缝两壁凹凸不平,同一裂缝的宽度不一,在岩心上见到宽达1cm的溶缝,多发育在潜山上部及近断层处。据桩海102井岩心可观察到60°倾角的溶蚀裂缝,裂缝内含油(图2-13)。

9)全充填裂缝

裂缝内被方解石、泥质或碳化物所充填,在岩心上,缝宽0.1mm~6cm的裂缝被方解石充填,某些岩心段的碳酸盐岩被纵横交错的方解石所穿插,据岩心统计全充填裂缝占70%左右。桩海101、桩古斜47井裂缝非常发育,但几乎全部被方解石充填,这类裂缝通常不含油,视为无效裂缝(图2-14)。

综上所述，溶蚀裂缝与半开启、开启裂缝不仅是两种最主要的储集空间，而且还是油气运移的主要通道。

10）缝合线（压溶缝）

下古生界碳酸盐岩中发育了大量的缝合线，有平行、垂直和斜交层面三种情况，多以水平缝合线为主，少量垂直或斜交缝合线。其形状有三种，一种是较平直，锯齿不明显，且缝合线延伸较短；一种是较平直，锯齿明显，起伏较小，缝合线延伸较长；另一种则是锯齿明显，起伏大，延伸也较长。从缝合线充填成分看，有的以灰黑色泥质为主，有的为灰黑色泥质和铁质，有的则充填了灰色泥灰质、硅质等。如桩海102井八陡组4305.79m附近，岩心长度约30cm，中部发育一条45°倾角的缝合线，锯齿明显，形态不规则，曲折延长约39cm，缝合线附近还派生出众多微细裂缝，偶见溶蚀缝（图2-15）。

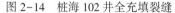

图 2-14　桩海 102 井全充填裂缝

图 2-15　桩海 102 井缝合线

由此可见，本区下古生界发育了裂缝、溶蚀孔洞、晶间孔、晶间溶孔等多种储集空间，其中裂缝是主要的储集体及疏导体，多期次、多方向的高角度裂缝将各种储集空间有机地连接在一起，构成复杂的储集体系，成为下古生界潜山富集高产的储集基础。

根据上述储集空间的主要类型以及其发育的主要层段，埕北30—桩海地区下古生界潜山储集体纵向上大致主要分为3套储集层，属于两套储集系统：①风化壳型。八陡组—马家沟组、馒头组—太古界；②内幕型。冶里组—亮甲山组—凤山组，个别见于张夏组。其中在地层残留厚度较大的桩海10—埕北39一带，以前两类储集层为主，而在埕北30潜山、老301井等地层残留厚度较少的区块，下古生界、太古界储集层互为一套。

11）风化破裂缝

属早期裂缝。为岩层暴露地表或近地表的岩层受风化作用影响产生的破裂缝，后期大都被泥质和方解石充填。

以上十余种类型的储集空间，在下古生界潜山中，以开启、半开启裂缝及孔隙、溶蚀缝洞中多见含油显示。以桩西潜山为例，7口取心井作荧光薄片鉴定179块，具有含油荧光显示的有144块。其中微裂缝含油65块，占含油的45%；晶间含油44块，占30%；微缝和晶间均有含油21块，占15%。因此认为，这些空间具有油气储集的意义，孔隙、溶洞及溶缝是油气储集的场所，裂缝是油气运移的主要通道。

2. 储集空间组合特征

从已发现的下古生界潜山油气藏储油物性研究中发现，灰岩储集体和白云岩储集体其孔隙类型和储集空间组合都因岩石性质的不同而存在差异。在不同类型的潜山和不同层位的地层中，其孔隙类型和储集空间组合类型不同。

1）灰岩类储集层的储集空间组合特征

灰岩储集层主要有微、粉晶灰岩和颗粒灰岩。微、粉晶灰岩形成于低能环境，其方解石晶粒细小，晶间孔不发育，不利于溶蚀流体渗透。高能环境下形成的颗粒灰岩，经后期胶结后也变得致密，溶蚀流体难以通过。灰岩中溶蚀作用主要沿裂缝、缝合线对周围基质进行溶蚀。形成沿裂缝、缝合线溶蚀扩大形成的孔、洞、缝，这类孔隙受裂缝、缝合线发育的控制，所以孔隙的发育具有不均质性和局限性，但易形成大缝大洞型、微裂缝型储集层。

（1）大缝大洞型。

大缝大洞型岩性为奥陶系、八陡组、上下马家沟组及张夏组隐晶灰岩、豹斑灰岩、鲕状灰岩，储集空间类型为受次生改造后形成的溶蚀缝洞。它以大中型裂缝为喉道，连通大中型溶洞为主，形成的储集空间几何结构连通好。钻井过程中多见放空、漏失现象，并伴有井喷、井涌、油花气泡显示，测井反映一般呈井径扩大、密度值低、声波跳跃、双侧向正异常等。该储集类型测井中子孔隙度一般可达25.6%，高角度裂缝开启度为2000~17000μm。

（2）微裂缝型。

岩性主要为隐晶灰岩，储集空间类型为微细裂缝，该类型中裂缝既是喉道，也是油气储集的场所，裂缝开度为30~100μm，孔隙度一般小于1%。

2）白云岩类储集层的储集空间组合特征

白云岩储集空间的形成与白云岩化及溶蚀作用密切相关。白云岩常形成晶粒支撑结构而发育晶间孔，加上构造裂缝贯通，为溶蚀作用创造了条件。白云岩化后残余的方解石易于溶蚀，形成各类溶蚀孔隙。因而白云岩的孔隙类型主要是晶间孔、晶间溶孔、粒间溶孔以及不受组构限制的溶蚀扩大的孔、洞、缝等，易形成裂缝孔隙型、微孔隙型储集层。

（1）裂缝孔隙型。

岩性主要为八陡组、上下马家沟组、冶里组—亮甲山组、凤山组、府君山组微—细晶白云岩，储集空间类型为晶间孔和晶间溶孔及微细裂缝。晶间孔发育且具有裂缝称为裂缝孔隙型，晶间孔发育差、微细裂缝发育称为孔隙裂缝型。它是以微裂缝及白云岩晶间孔隙为喉道，连通各种孔隙所组成的储集空间几何结构。该类型孔隙度一般为 3%～5%，最高达 23%，渗透率（100～1000）$\times 10^{-3} \mu m^2$，裂缝开度为 30～1100μm。

（2）微孔隙型。

岩性主要为裂缝不发育的灰质白云岩、白云岩，储集空间类型为晶间孔和晶间溶孔，孔隙度一般为 1.3%～3%，裂缝开度为 3～36μm，该类型以晶间孔喉连通各种孔隙，渗透率极差。

（三）中生界

埕岛—桩海地区中生界主要发育碎屑岩和火成岩两种类型储层，以碎屑岩为主，发育少量火成岩储层，而凝灰岩和凝灰质砂岩属于碎屑岩的一种特殊类型。不同类型的储层其储集空间特征不同，通过铸体薄片观察和描述分别总结了中生界碎屑岩和火成岩储层的储集空间类型。

1. 碎屑岩储集空间类型

1）孔隙

根据成因可分为原生孔隙、次生孔隙和复合孔隙。原生孔隙主要是指沉积物原始沉积时就形成并保存至今的粒间孔隙，同时也包括杂基中的微孔隙（图 2-16）。

(a) 原生孔隙，埕北30井，2980.8m，100×，(-)　　(b) 粒间孔，高41-1井，922.6m，100×，扫描电镜

图 2-16　原生孔隙特征

次生孔隙是指岩石在埋藏过程中由于各种成岩作用和其他地质因素如构造作用、脱水收缩作用等形成的孔隙。中生界碎屑岩储层主要发育有溶解孔隙、自生高岭石晶间孔隙两种类型的次生孔隙。溶解孔隙主要指岩石中碎屑颗粒、杂基、胶结物等，在一定的成岩环境中溶解所形成的孔隙，可分为颗粒溶解和填隙物溶解两类，颗粒溶解包括部分溶解孔隙、粒内溶解孔隙、溶解残余孔隙、铸模孔隙和溶蚀孔隙（图 2-17）。

其中，部分溶解孔隙主要发育为长石颗粒被溶解为港湾状；粒内溶解孔隙是指碎屑颗粒内部溶孔，主要见有长石颗粒粒内溶解孔隙；溶解残余孔隙是碎屑颗粒被强烈地溶解后仅有少量残余，进一步溶解可形成铸模孔隙，主要为长石颗粒的溶解残余；铸模孔隙是陆源碎屑、盆屑、生物碎屑或自生矿物被溶去后而保留其碎屑颗粒原样的一种孔隙，该区主要发育长石溶解形成的铸模孔隙；溶蚀孔隙是指碎屑颗粒的不一致溶解，矿物中残留下来的未溶组分有所改变，并形成与被溶矿物化学组成相近的矿物，该区中生界碎屑岩储层主要发育有长石溶蚀为高岭石形成的溶蚀孔隙；填隙物溶解孔隙主要指碳酸盐胶结物的溶解形成的孔隙（图2-18）、颗粒间不稳定杂基的溶解形成的粒间溶孔和颗粒周围填隙物溶解形成的贴粒孔隙（图2-19）。

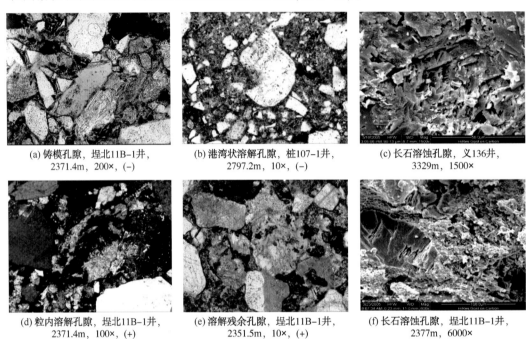

(a) 铸模孔隙，埕北11B-1井，
2371.4m，200×，(−)

(b) 港湾状溶解孔隙，桩107-1井，
2797.2m，10×，(−)

(c) 长石溶蚀孔隙，义136井，
3329m，1500×

(d) 粒内溶解孔隙，埕北11B-1井，
2371.4m，100×，(+)

(e) 溶解残余孔隙，埕北11B-1井，
2351.5m，10×，(+)

(f) 长石溶蚀孔隙，埕北11B-1井，
2377m，6000×

图2-17　长石溶解孔隙特征

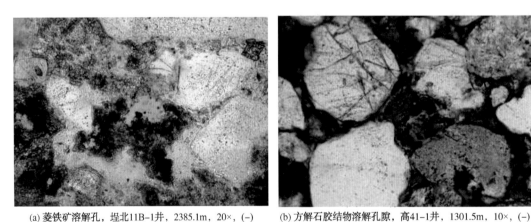

(a) 菱铁矿溶解孔，埕北11B-1井，2385.1m，20×，(−)　　(b) 方解石胶结物溶解孔隙，高41-1井，1301.5m，10×，(−)

图2-18　碳酸盐矿物溶蚀孔隙特征

　　自生黏土矿物晶间孔隙：由地层水中沉淀出的自生矿物在较大空间内自由结晶形成的晶间孔隙（图2-20）。

　　复合孔隙：主要是指多种成因形成的孔隙。如由于胶结作用形成缩小的粒间孔隙和胶结物和颗粒的溶解与原生孔隙共同组合而成孔隙。

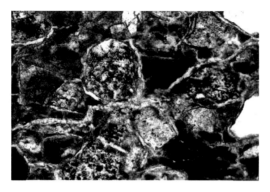

图 2-19　贴粒孔隙特征，高 41-1 井，
908.8m，10×，（-）

图 2-20　晶间孔隙特征，埕北 11B-1 井，
2371.4m，20×，（-）

2）裂缝

中生界碎屑岩储层中主要发育有构造裂缝、压实碎裂缝和解理缝。压实裂缝是脆性颗粒在上覆地层的压力作用下破碎而形成的一种储集空间（图 2-21）。构造裂缝是由于构造作用形成的裂缝，一般延伸较长（图 2-22）。解理缝是长石云母等解理发育的颗粒在上覆压力作用下使得解理缝张开，形成的有效储集空间（图 2-23）。

(a) 埕北11B-1井，2367.8m，100×，(-)　　　　　(b) 桩107-1井，2847.79m，10×，(-)

(c) 义136-1井，3247.5m，10×，(+)　　　　　(d) 高41-1井，939.26m，10×，(-)

图 2-21　压实裂缝特征

(a) 孤北古2井，3549m　　　　　　　　　　(b) 高41-1井，1026.4m

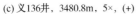

(c) 义136井，3480.8m，5×，(+)　　　　　　(d) 高41-1井，945.6m

图 2-22　构造裂缝特征

(a) 高41-1井，1301.5m，10×，(-)　　　　　(b) 高41-1井，920.56m，10×，(-)

(c) 桩107-1井，2832.5m，4×，(-)　　　　　(d) 埕北11B-1井，2382.2m，10×，(-)

图 2-23　节理缝特征

2. 火成岩储层储集空间类型

通过普通薄片、铸体薄片观察，发现中生界火成岩储集空间共发育以下几种类型。

1）裂缝

裂缝是火成岩储层的主要储集空间，根据裂缝的成因可划分为收缩缝、构造缝和炸裂缝。

收缩缝：镜下发现了绿泥石杏仁体在成岩作用时期形成的脱水收缩缝。按收缩缝的位置可将其分为杏仁体周边收缩缝和内部收缩缝（图2-24）。杏仁体内部收缩缝指收缩缝分布于杏仁体内部，其规模较小，具体特征如下：①收缩缝形态不规则，似泥裂；②收缩缝中间宽，两端窄，终止于基质；③收缩缝在杏仁体内部从中心向四周发散分布。杏仁体周边收缩缝主要是指杏仁体发生整体收缩作用而形成的贴粒缝，位于杏仁体与基质之间。根据杏仁体和收缩缝的位置可分为一侧型收缩缝和四周型收缩缝。

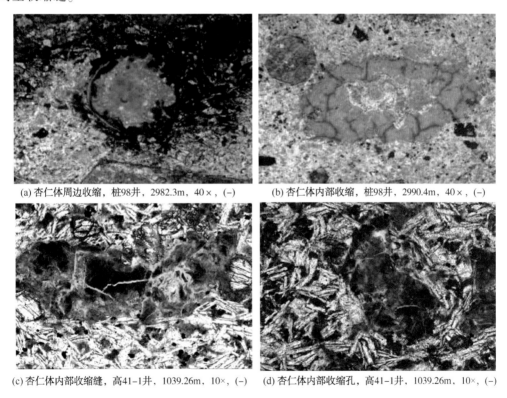

(a) 杏仁体周边收缩，桩98井，2982.3m，40×，(−)　　(b) 杏仁体内部收缩，桩98井，2990.4m，40×，(−)

(c) 杏仁体内部收缩缝，高41-1井，1039.26m，10×，(−)　　(d) 杏仁体内部收缩孔，高41-1井，1039.26m，10×，(−)

图2-24　收缩缝特征

构造缝：指由于构造应力作用所形成的裂缝，常同区域构造应力作用有关。这种裂缝规模较小，常切穿杏仁体和气孔，起到了很好的连通作用，加大了火成岩的渗透性，也是火成岩良好的储集空间。由裂缝切穿杏仁体可以推断此构造裂缝形成时间较晚。操应长等（1999）认为裂缝由于火成岩在埋藏成岩过程中受到向上拱张力作用所致（图2-25）。

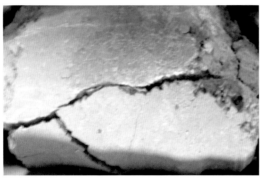 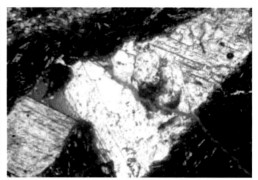

(a) 安山质火山角砾岩大角度构造裂缝, 老30井, 3945.7m　　　(b) 构造裂缝, 桩98井, 2994.8m, 40×, (-)

图 2-25　构造缝特征

图 2-26　炸裂缝特征, 桩98井,
2967.8m, 40×, (-)

炸裂缝: 属于火成岩成岩过程中形成的一种原生储集空间, 主要分布于斑晶中, 表现为斑晶中沿解理缝发育一些微裂隙, 规模较小, 在桩98井各深度的薄片中均可见(图 2-26)。

2) 矿物晶间孔隙

主要见于桩海地区中生界火成岩中, 桩98井25张薄片中几乎都发现一种蠕虫状矿物, 其或穿插于碳酸盐杏仁体内部, 或沿绿泥石杏仁体周围生长。由于时间有限, 没有进一步研究此矿物的确切名称, 只是根据其显微镜下的特征认为其为高岭石, 此矿物的晶间孔隙十分发育[图 2-27(b)]。

3) 半充填气孔

半充填气孔指的是原生气孔经过后期充填作用而没有被完全充填, 仍有部分与其他储集空间相连通的气孔。桩98井后期碳酸盐、绿泥石和硅质充填作用强烈, 完整气孔几乎不存在, 半充填气孔发育也较少[图 2-27(c)]。

4) 斑晶溶解孔隙

安山岩中辉石斑晶在酸性环境下发生溶解形成的次生孔隙[图 2-27(d)]。

(四) 古近系

埕岛地区古近系主要发育沙河街组及东营组, 与下伏前第三系呈角度不整合接触。沙三段为断陷湖盆鼎盛期发育的一套以暗色泥岩为主的半深湖—深湖相沉积, 为埕岛地区的主要生油岩系, 主要分布潜山翼部及洼陷区, 湖盆边缘发育大量陡岸浊积扇或水下冲积扇, 以中生界为母岩的碎屑物在近岸区大量堆积, 扇体以扇三角洲(水下冲积扇)的形式向湖盆凹陷中心推进。

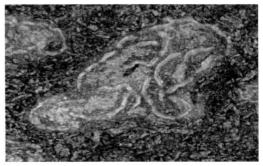

(a) 矿物晶间孔，桩98井，2979.2m，10×，(-)　　　　(b) 矿物晶间孔，桩98井，2980.12m，10×，(-)

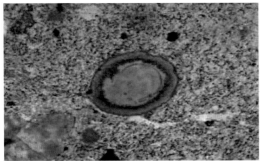
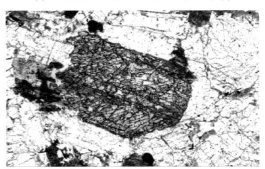

(c) 半充填气孔，埕北11B-1井，2973.0m，4×，(-)　　　　(d) 辉石斑晶溶解孔隙，高41-1井，1104.37m，10×，(-)

图 2-27　火成岩各类孔隙特征

　　沙二段—沙一段为一套滨浅湖相沉积，伴随着埕北断层活动减弱，其断层下降盘的充填强度也逐渐减弱，缓坡区主要以小型洪水浊积扇、小型扇三角洲为主要碎屑类型，缓坡区扇体的发育在第三系上超覆过程中不断随湖岸带迁移，形成水退型的正旋回，扇体本身由于受陆源区洪水沟道发育的控制而分布不稳定。

　　东营组为一套湖相—河流相沉积。东三段沉积环境与沙一段相似，为一套半深湖—深湖相沉积，暗色泥岩发育，亦具有一定的生油能力，砂岩主要发育在基底断层下降盘及潜山斜坡部位；东二段为一套大型扇三角洲沉积，砂岩发育，全区广布；东一段为低弯度河流相沉积体系，颗粒较粗。埕岛地区东营组经历了从湖相到河流相完整的沉积演化序列。根据层序及沉积旋回，自下而上可以划分为 10 个砂组，8~10 砂组为深湖—半深湖相沉积，物源来自邻近埕岛潜山主体，浊积扇体发育。浊积扇砂体多夹于厚层泥岩之中，底部突变接触明显，一般由供给水道和扇体两部分构成。供给水道由砾状砂岩、砂岩组成，主要发育在斜坡位置。位于低洼处的浊积扇表现为多个砂体的侧向叠置，扇体形态明显，主要由辫状水道和扇缘部分组成。6~7 砂组为小型扇三角洲沉积，为近缘局部沉积；5 砂组为大型辫状三角洲沉积，物源来自南部垦东—青坨子凸起，沉积特征具有区域上的相似性；1~4 砂组为低弯度河流相沉积，全区广泛分布。从钻井情况分析，7~9 砂组为主力含油层段。

　　1. 储层特征

　　从已钻井位的薄片资料分析，东营组 8~10 砂组以岩屑长石砂岩为主，石英平均含量为43.5%，长石平均含量为32.5%，岩屑平均含量为20%，胶结类型以接触—孔隙式胶结为主。沙一段以白云质岩屑长石砂岩为主，石英平均含量为43.3%，长石平均含量为26.8%，岩屑平均含量为29.8%，胶结类型以孔隙式胶结为主。该区东营组油层孔隙度在17%~25%之间，渗透率在$(1~200)\times10^{-3}\mu m^2$之间，储层物性较好。

2. 沉积展布特征

埕岛东部斜坡带古近系下部层层超覆在中古生界潜山顶不整合面之上，地层沉积受古地形控制作用明显，储层主要沿古地形沟谷及超覆带环状分布。下第三系上部储层主要受沉积体系发育状况的控制，与古地形关系不大。东二段主要为辫状河三角洲沉积，东一段粒度较粗，表现为低弯度河沉积。下切沟谷是水系冲刷切割作用的结果，也是输送沉积物的供给通道。坡折带是坡度突然变陡的部位，埕岛东部斜坡带发育了两个坡折带，呈北西走向，下坡折带较上坡折带陡，储层主要分布于下坡折带以下，超覆线多分布于坡折带附近，它控制着储层分布的上边界。超覆线以上的下切沟谷为侵蚀性河道，储层发育差。超覆线以下的下切沟谷是主要的沉积场所，砂体主要分布在超覆线附近，单个砂体规模不大，砂体与断层及不整合相配合形成了多种类型的油气藏。

纵向上，东二段储层最发育，5砂组砂岩含量大多在60%以上，6~7砂组砂岩含量在20%~40%，为本区的主要储油层，而1~4砂组砂岩含量为25%，8~10砂组含量最高只有7%。沙一段仅在底部发育砂岩。

平面上，除5砂组砂体连通性较好外，其余各砂组的单个砂体变化大，互不连通。

沙一段：底部发育砂岩，埕北802井发育27m含砾砂岩，顶部含螺；胜海801井沙一段底部含砾砂岩厚9m。

东营组8~10砂组：砂岩发育程度低，单层厚度一般小于5m。

东营组7砂组：砂岩发育程度明显增高，沿沟谷发育较厚砂岩，发育三条较大沟道，即埕北8沟道、胜海8沟道和胜海10沟道，这三条沟道控制了砂岩的发育及分布，进而控制了本区岩性油藏的分布。胜海8井钻遇84.5m厚的浊积砂岩，胜海802井和胜海10井分别钻遇42.5m和75.5m砂岩，埕北8井钻遇60m的砂岩。

东营组6砂组：以胜海8沟道砂岩最为发育，胜海8井砂岩厚63m而胜海10和埕北8沟道6砂组基本填平补齐，沟道很浅，不是主要沉积场所，砂岩发育差。

东营组5砂组：全区都较为发育，为巨厚的三角洲砂体，其沉积中心仍位于埕北8—胜海8一带，砂岩厚度大于120m。

东营组1~4砂组：来自南部低弯度河流，携带大量碎屑物质在埕北8—胜海8—埕北古4一带卸载沉积，在此形成多期叠加较厚的河道砂体。

（五）新近系

根据沉积特征，将馆陶组分为馆下段和馆上段两个层段。

馆下段在电性上表现为自然电位箱状负异常，电阻率曲线为高低相间的锯齿形，而且地震上有可连续追踪的反射相位。该块馆下段地层厚度为 330~600m，为一套灰白色块状含砾砂岩、粗砂岩及细砂岩夹灰色、紫红色泥岩，自下而上砂砾岩岩性变细，泥岩层增多，顶部泥岩较发育，最厚可达 20m，为"砂包泥"组合。根据岩电组合特征和沉积的旋回性又将馆下段分为 5 个砂组，这 5 个砂组向凸起层层超覆。

馆上段依据岩电组合特征及沉积旋回性，自上而下划分了(1+2)~7 砂组共 6 个砂组。除馆上段 7 砂组与馆下段岩性特征相似以外，(1+2)~6 砂组总体呈下粗上细的正旋回特征及向上砂岩厚度由厚减薄、泥岩含量逐渐增高的变化趋势。为一套浅灰色、灰绿色细砂岩、粉细砂岩与紫红色泥岩不等厚互层，顶部为泥岩夹薄层粉砂岩。即馆上段本身从下到上形成一个完整的正旋回，地层厚 420~550m。

1. 沉积特征

根据埕岛油田取心井岩心的观察描述及录井资料，结合测井曲线的形态特征，分析认为馆上段 7 砂组和馆下段 1 砂组属于辫状河沉积，而馆上段(1+2)~6 砂组属于曲流河沉积。

划分标志：辫状河和曲流河均为河流环境，表现在相序上为向上变细的正旋回序列，测井曲线为箱形、钟形。

岩性特征：辫状河河道沉积以砾岩、含砾细砂岩为主，曲流河则以砂岩、粉砂岩为主，总体上辫状河沉积岩性比曲流河粗。辫状河冲刷面滞流沉积以岩屑砾石为主，而曲流河多为泥砾。

结构特征：辫状河河道沉积的砂岩磨圆差、次棱角状，曲流河则磨圆较好，反映了二者沉积搬运距离的差异。沉积构造上，辫状河沉积物层理不发育，多为不明显的交错层理；曲流河沉积中，槽状交错层理发育，在含油性好的砂岩中平行层理发育，含油不均的砂岩中发育小型槽状交错层理、波状层理等。

相序：曲流河具典型的"二元结构"，辫状河"二元结构"不明显。

2. 储层特征

馆上段 7 砂组和馆下段 1 砂组沉积特征相似，为辫状河沉积。储层发育，为一套灰白色块状含砾砂岩、粗砂岩及细砂岩，自下而上砂砾岩岩性变细。馆上段 7 砂组和馆下段 1 砂组砂岩含量高达 80%以上。埕北 20、埕北 14 电镜扫描结果显示，储集空间以原生孔隙为主，次生孔隙不发育，该区岩石类型为岩屑长石砂岩。成分以石英、长石、岩屑为主，有少量泥屑，砂岩基质为泥质物，主要是高岭石和水云母。矿物成分石英含量为 39%~42.2%，平均 41.2%；长石含量为 33.2%~35.3%，平均 34.1%；岩屑含量为 22%~25%。矿物颗粒磨圆度较差，为次棱角状，分选较差，颗粒间以泥质胶结为主。

二、流体性质

（一）潜山油藏

埕岛油田潜山油藏主要包括埕岛潜山及桩海潜山带。埕岛潜山由东、中、西三排山组成，其中东排山主要有埕北古1、埕北244、胜海古1等潜山，中排山有埕北古5、埕北275、胜海古2、埕北古11等潜山，西排山有埕北30潜山；桩海潜山主要有桩海10及桩古潜山带。潜山油藏整体具有油质轻、气油比高的特点，初期产能高、递减快、含水上升快。

东排山以胜海古1潜山为例。胜海古1块下古生界油藏共取得2井3个层段的原油性质资料，从所取得的油性样品看，油藏原油性质较好，地面脱气油密度范围为0.8599~0.8647g/cm³，原油黏度为8.93~15.1mPa·s，凝固点为28~31℃，含硫为0.12%~0.23%。胜海古1井在下古生界各取得了一支高压物性样品，地层原油密度为0.7719g/cm³，地层油黏度为3.88mPa·s，体积系数为1.183。油藏饱和压力为7.86MPa，属低饱和油藏，饱和压力低，地饱压差大。溶解气中甲烷含量一般在64.6%~85.02%之间，平均75.14%，乙烷含量平均8.44%，丙烷含量平均7.38%，正丁烷含量平均3.53%，异丁烷含量平均0.33%，戊烷以上烷烃含量平均1.13%，二氧化碳含量在0~1.47%之间，平均0.9%。天然气相对密度在0.5396~0.9019之间，平均0.7684，属湿气。地层水总矿化度在8718~89121mg/L之间，平均26436mg/L，氯离子含量在4520~50399mg/L之间，平均14315mg/L，水型为NaHCO₃和MgCl₂。地层温度在91~116℃之间，地温梯度为3.72~3.84℃/100m。地层压力为24.55~34.87MPa，压力系数为1.00~11.01。均属于常温、常压系统，油藏类型为稀油、低孔低渗底水块状油藏。

中排山南部发育埕北古7凝析气顶稀油油藏。埕北古7块太古界油气藏共取得2口井5个原油样品，从所取得的油性样品来看，油藏原油性质较好，地面原油密度为0.7497~0.8285g/cm³，地面原油黏度为0.61~6.25mPa·s，含硫量0.02%~0.36%，凝固点为-15~29℃，属于低密度、低黏度原油。其中，埕北古7井取得了4个原油样品，地面原油密度为0.7497~0.7866g/cm³，地面原油黏度为0.61~6.25mPa·s，凝固点为-15~20℃，含硫量0.02%。从埕北古7井井流物的组成分析来看，C₁+N₂为75.36%，C₇₊为6.67%，C₂₋₆+CO₂为17.97%，在三角相图上属于凝析气；从室内相态分析实验的结果来看，埕北古7井的井流物样品属于凝析油气，但实验分析的露点压力为41.7MPa，而原始地层压力仅为32.5MPa，露点压力高于原始地层压力9.2MPa，说明流体在原始地层条件下呈油气两相状态，埕北古7井钻穿油气界面，埕北古7井取得的原油样品既有气顶中的凝析油也有油环中的稀油。埕北古701井取得了1个原油样品，地面原油密度为0.8285g/cm³，地面原油黏度为3.75mPa·s，凝固点为29℃，含硫量0.36%，从埕北古701井流体性质来看，属于稀油。综上所述，埕北古7潜山原油性质好，构造高部位为凝析油，构造低部位为稀油。埕北古7井天然气样品的组分分析结果显示，甲烷含量为82.74%~84.01%，重组分含量少，不含硫化氢，相对密度为0.6734~0.6757，属于凝析气顶中的干气。从潜山低部位的埕北古701井天然气样品的组分分析结果，甲烷含量为44.53%，重组分含量多，不含硫化氢，相对密度为0.9477，属于溶解气。埕北古7块油气藏油气层中深为3422m，从埕北古7井试油和试井测试的结果来看，地层压力为 33.77MPa，压力系数为 1.01；地层温度为 143.72℃，地温梯度为 3.62℃/100m，属常温、常压裂缝型凝析气顶稀油油藏。

西排山主要包括埕北 30—埕北 306 潜山带、埕北 313 块等，各块具有独立的油水系统。

埕北 306 井下马家沟组 3929.17～4050m 井段试油，累积出油 62.4m³，累积出水 47.1m³，含水 44.7%，分析化验结论为地层水。低部位的埕北 307 井对 4169.3～4446.7m 井段试油，10mm 油嘴，获得日产油 112t，不含水。从两口井的原油性质来看，埕北 306 井地面原油密度为 0.818g/cm³，地面原油黏度为 2.73mPa·s，含硫 0.04%，凝固点为 24℃，埕北 307 井地面原油密度为 0.792g/cm³，地面原油黏度为 1.31mPa·s，含硫 0.17%，凝固点为 8℃，两口井的原油性质存在较大差别。从埕北 306 井和埕北 307 井地震连井剖面上也对比出一条断层，该断层可能对埕北 306 潜山油藏演化起到了控制作用。根据目前资料分析，埕北 306 井区和 307 井区为两个独立油水系统，307 井区油水界面在 4446.7m 以下，306 井区油水界面在 4000m 左右。油藏类型为常压偏高温系统、裂缝型块状潜山稀油油藏。

埕北 313 井区古生界油藏共取得 3 口井 3 个层段的原油性质资料，从所取得的油性样品看，油藏原油性质较好，地面脱气油密度范围为 0.7941～0.8178g/cm³，原油黏度为 1.43～3.04mPa·s。其中，埕北 313 井取得了一个层段的原油性质资料，地面脱气油密度为 0.8174g/cm³，原油黏度为 3.04mPa·s，凝固点为 22℃，含硫 0.04%；埕北 306 井取得了两个层段的原油性质资料，地面脱气油密度为 0.8178g/cm³，原油黏度 2.73mPa·s，凝固点为 24℃，含硫 0.04%；埕北 307 井取得了两个层段的原油性质资料，地面脱气油密度为 0.7941g/cm³，原油黏度为 1.43mPa·s，凝固点为 9℃，含硫 0.16%，属低密度、低黏度、高凝固点、低含硫原油。埕北 313 井在古生界取得了一支高压物性样品，取样井段为 4164.15～4270.20m，层位为上马家沟组，地层原油密度为 0.611g/cm³，体积系数为 1.675；油藏饱和压力为 29.44MPa，地饱压差为 10.7MPa，油藏属低饱和油藏，饱和压力低，地饱压差大。根据埕北 313 井古生界中途测试进行的天然气组分分析结果，溶解气中甲烷含量为 73.21%，乙烷含量为 12.88%，丙烷含量为 4.99%，二氧化碳含量为 4.82%。天然气相对密度为 0.7727，属湿气。埕北 313 井天然气组分检测报告显示，CO_2 的物质的量分数为 0.22%，H_2S 含量为 1mg/m³。邻近区块已经生产多年的埕北 303 井的天然气组分检测报告显示，CO_2 的物质的量分数为 0.206%，H_2S 含量为 0。可见无论从老井还是新井分析，本区块 CO_2 的含量均很低，不含 H_2S。根据邻近区块地层水分析，地层水总矿化度为 7179mg/L，氯离子含量 1237mg/L，水型为 $NaHCO_3$。埕北 313 块地层温度为 142℃，地温梯度为 3.0℃/100m，地层压力为 40.65MPa，压力系数为 0.98，属于常温、常压系统。埕北 313 井古生界 4164.15～4357m 井段试油，累积采油 1131t，累积采水 3898m³，分析化验结论为漏失海水，所以埕北 313 井没有钻遇油水界面。油藏的类型为缝洞型储层、常压常温系统、块状潜山稀油油藏。

桩海潜山以桩海10块为例。桩海10块古生界油藏共取得5口井5个层段的原油性质资料，从所取得的油性样品看，油藏原油性质较好，地面脱气油密度为0.774~0.8628g/cm³，原油黏度为0.96~11mPa·s，凝固点为−4~38℃，含硫0.01%~0.13%。桩海10井在古生界取得了一支高压物性样品，取样井段为4278.16~4358.08m，层位为八陡组、上马家沟组，地层原油密度为0.499g/cm³，地层油黏度小于0.5mPa·s，体积系数为2.553；油藏饱和压力为28.95MPa，地饱压差为18.88MPa，油藏属低饱和油藏，饱和压力低，地饱压差大。天然气性质，古生界溶解气中甲烷含量一般为25.57%~66.22%，平均53.55%，乙烷含量平均15.74%，丙烷含量平均11.93%，二氧化碳含量为1.95%~14.91%，平均6.12%。天然气相对密度为0.86~1.37，平均1.02，属湿气。地层水总矿化度为7179mg/L，氯离子含量为1237mg/L，水型为NaHCO_3。地层温度为162℃，地温梯度为3.7℃/100m，地层压力为47.8MPa，压力系数为1.11，均属于偏高温、常压系统。根据目前对构造、储层、流体性质及温度压力系统的认识，认为桩海10区块古生界油藏的类型为裂缝性储层、常压偏高温系统潜山稀油油藏。

（二）东营组油藏

东营组油藏目前主要分布在埕岛东斜坡、埕岛南部断裂带，油藏类型属中孔中渗、低饱和、稀油、常温常压岩性—构造层状油藏。

东斜坡缓坡带埕北古4-812井区原油性质好，为低密度、低黏度原油。地面原油密度为0.8462~0.8642g/cm³，平均为0.8570g/cm³。地面原油黏度为1.7~10.8mPa·s，平均5.94mPa·s、平均地下原油密度为0.6635g/cm³，平均地下原油黏度为0.67mPa·s。埕北812井区产出的天然气CH_4含量为66.49%~86.57%，平均75.67%；C_2H_6含量为6.46%~13.75%，平均9.88%；天然气相对密度为0.65~0.96，平均0.80，为湿气。本井区只有埕北古4井进行了地层水分析，根据分析化验资料，地层水水型为NaHCO_3型，钾钠离子含量为3161.81mg/L，氯离子含量为4037.9mg/L，碳酸氢根离子含量为1102.71mg/L，总矿化度为8732.37mg/L。埕北古4井和胜海8井在东营组共做了3个高压物性试验，其中埕北古4井在两个井段取样（2977.4~2998.0m和3213.3~3360.8m），得到的体积系数分别是1.457和1.339，气油比分别是133.9和114.2，原始地层压力为29.56MPa和39.15MPa，饱和压力为22.72MPa和28.87MPa，地饱压差为6.87MPa和10.28MPa，测得的地层温度分别为124℃和131℃。胜海8井取了一个样品（3021.3~3052.0m），得到的体积系数是1.483，气油比是122.6，原始地层压力为30.37MPa，饱和压力为23.08MPa，地饱压差为7.29MPa，测得的地层温度为113℃。埕北812井区东营组油藏温度为100~124℃，油藏中部压力为29.41~30.37MPa，压力系数为1.02，地温梯度为3.1℃/100m，油藏属常温常压系统。油藏原始地层压力为30.4~30.9MPa，饱和压力为22.72~23.08MPa，地饱压差6.84~7.29MPa，属低饱和油藏。埕北812井区东营组油藏分布主要受构造控制，其次受岩性控制。油藏类型属中孔中渗、低饱和、稀油、常温常压岩性—构造层状油藏。

埕岛东斜坡陡坡带埕北 326 块原油性质好，为低密度、低黏度原油。Ed9 层原油地面密度为 0.8558g/cm³，地面原油黏度为 11.5mPa·s，地下平均原油密度为 0.7309g/cm³，地下原油黏度为 0.82mPa·s；Ed8 层原油地面密度为 0.9076g/cm³，地面原油黏度为 92.3mPa·s。产出气主要为 $C_1 \sim C_4$，无 C_5 以上组分。CH_4 含量为 69.29%~88.07%，天然气相对密度为 0.6418，为湿气。埕北 326 井试油未见水，根据邻区埕北 32 块资料，地层水水型为 $NaHCO_3$ 型，氯离子含量为 6215mg/L，总矿化度为 10616mg/L。埕北 326 块东营组油藏属常温常压系统，油藏温度为 115℃，地温梯度为 2.72℃/100m；油藏中部压力为 33.31MPa，压力系数为 0.95，油藏饱和压力低，饱和压力为 15.71MPa，地饱压差为 17.6MPa，属低饱和油藏。埕北 326 块纵向上具有多套油水系统，根据测井资料分析，Ed8⁵⁺⁶ 层油水界面为 3392m，Ed9³⁺⁴ 层油水界面为 3515m。埕北 326 块东营组油藏分布主要受构造控制，其次受岩性控制。油藏类型属中孔中渗、低饱和、稀油、常温常压岩性—构造层状油藏。

（三）馆陶组油藏

各含油层系流体性质差异较大，纵向上自上而下流体性质由差变好。

明化镇组地面原油密度为 0.94~0.96g/cm³，地面原油黏度为 250~807mPa·s，凝固点为 -8~-3℃，含硫 0.25%~0.33%，平均气油比 52m³/t。

馆陶组地面原油密度一般为 0.86~1.00g/cm³，平均 0.94g/cm³；地面原油黏度为 43.8~536mPa·s，平均 279.8mPa·s，凝固点为 -33~3℃，平均 -10.1℃；含蜡 6.71%~16.18%，平均 11.65%；含硫 0.03%~0.53%；胶质含量为 29.83%~42.14%，平均 36.35%；沥青质含量为 0.22%~1.63%。地下原油密度为 0.85~0.95g/cm³，平均 0.90g/cm³；地下原油黏度 8.81~178.4mPa·s，平均 64.8mPa·s。埕岛油田馆上段原油性质受构造影响，构造高部位原油性质好，向边部逐渐变差。如构造顶部埕北 20 井地下原油黏度为 12.93~20.86mPa·s，翼部埕北 20-1 井地下原油黏度为 24.42mPa·s，较高部的埕北 12、埕北 12-1 井地下原油黏度分别为 16.1mPa·s、17.9mPa·s，较深部的埕北 14 井地下原油黏度为 31.2mPa·s。油田原油性质由北向南变好。埕岛油田馆上段地层水分析化验资料显示，总矿化度平均为 4755mg/L，其中氯离子含量平均为 1991mg/L，钾钠含量平均为 1223.72mg/L，重碳酸根含量平均为 258mg/L。地层水 pH 值平均为 8.13，水型以 $NaHCO_3$ 型为主，为常压、偏高温系统。馆上段油藏是在构造背景下发育的受岩性控制的油藏，纵向上和平面上都有多套油水系统。储集层属高渗透砂岩，原油属常规稠油，具有低凝固点特征。油藏类型为高孔高渗常规稠油岩性构造层状油藏。

第三节　河流相薄储层精细描述

一、河流相储层特征

埕岛油田上第三系馆上段的岩性主要以灰色、浅灰白色中砂岩、细砂岩、粉砂岩及紫红色泥岩为主。砂岩组分以石英、长石及变质岩屑为主，石英含量为34%～48%，平均41.0%；长石含量为29%～38%，平均37%；变质岩屑含量为15%～34%，平均26.0%。砂岩岩性以长石岩屑砂岩为主，岩石磨圆度中等，以次棱角状为主。胶结物以泥质胶结为主，胶结物总含量约10.3%，其中泥质胶结物含量约9.6%，还包括少量的黄铁矿、碳酸盐质、菱铁矿、高岭石等胶结物，胶结类型以接触—孔隙式为主。馆上段岩石石英含量相对较低，而长石、变质岩屑含量较高，表现出低成分成熟度和低结构成熟度的特点，表明沉积物搬运距离较近，水动力条件较弱。

馆上段砂岩概率曲线表现为两段式特征，以悬浮和跳跃组分为主。其中，跳跃组分占总组分的45%左右，斜率为50°左右；悬浮组分占总组分的44%左右，斜率为17°左右。缺少滚动组分，具有典型的河流相沉积特征（图2-28）。从 C-M 分析图上看，递变悬浮组分的QR段比较发育，其他组分段不发育或发育较差，这也是河流相沉积的典型特征（图2-29）。

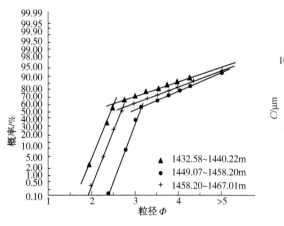

图 2-28　CB22 井粒度概率累积曲线图

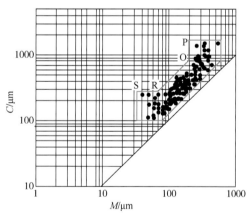

图 2-29　CB22 井馆上段 C-M 图曲线图

根据实际岩心观察以及总结前人研究可以看出，上第三系馆上段沉积具有典型的二元结构特点。由下往上，馆上段底部由于河水能量相对较大、携砂能力比较强，以巨厚的砾岩或含砾砂岩沉积为主，属河床滞留沉积，底部可见明显的沉积冲刷面，大多发育大型槽状交错层理；中部砂岩以细砂岩、粉砂质细砂岩为主，沉积构造上多表现为小型槽状层理以及水平层理；顶部砂岩一般不发育，沉积岩性以泥岩、粉砂质泥岩和泥质粉砂岩为主组成，表现为泛滥平原沉积，发育小型的水平层理和波状层理（图2-30、图2-31）。在沉积剖面上表现为多个二元结构重复出现，从而表现出曲流河沉积具有多阶性的特点。

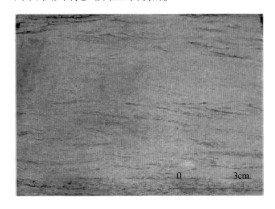 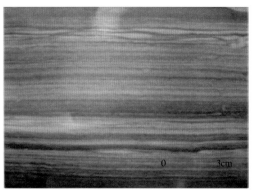

图2-30 波状层理，CB12A-2，1814.2m　　　图2-31 平行层理，CB20B-4，1922.8m

依据储层岩石学特征、粒度分析、沉积构造、沉积层序、古生物及测井相的研究结果，确定新近系馆上段为曲流河沉积。

二、河流相层序地层及沉积特征

（一）层序地层划分

探井层序显示（图2-32），上升半旋回边滩及河道砂岩发育，下降半旋回则发育泛滥平原相泥岩沉积，局部发育废弃河道及决口扇沉积砂体。上升与下降半旋回以发育相对较厚的灰绿色、灰色的泛滥平原相泥岩相隔。馆下段以辫状河沉积为主，发育在基准面旋回底部，以厚层砂岩为主，岩性以灰色细砂岩、粉细砂岩为主，砂岩储层物性较好，孔隙度一般达30%~38%，具有分布广、侧向上连通性好、砂岩均质性强的特点。随着基准面上升，可容纳空间增大，曲流河沉积及网状河沉积发育，砂地比降低，横向上连通性变差，厚度较薄，多为5~8m。

目前主流的沉积学家均认为，河流相沉积结构受构造沉降、可容纳空间变化控制。低可容纳空间条件下，常发育相互叠置、彼此切割的辫状河沉积砂岩；高可容纳空间条件下，曲流河以至网状和沉积发育，边滩发育，泛滥平原相泥岩逐渐增多，各相渐变的特征逐步明显。总体来说，随着基准面上升，可容空间增大，埕岛地区馆上段沉积一般表现为辫状河到曲流河，再到网状河的演变特征（图2-33）。因此总体来看，由下至上砂地比逐渐降低，岩性具有下粗上细的正韵律特征。

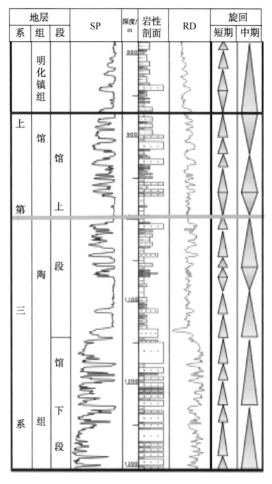

图 2-32　馆陶组高精度层序划分

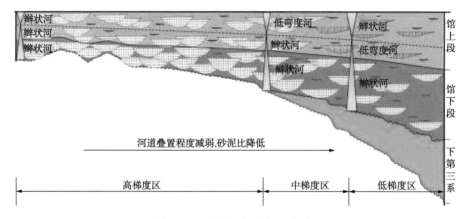

图 2-33　馆陶组沉积相组合图

埕岛地区馆陶组根据可容纳空间大小，可划分为两个长期基准面旋回，即馆上段与馆下段。馆下段以辫状河沉积为主，发育巨厚砂岩及含砾砂岩。随着基准面上升，可容纳空间增大，辫状河沉积逐渐过渡为曲流河沉积，砂岩单层厚度变薄，岩性以细砂岩、粉砂岩为主，随基准面进一步抬升，可容空间进一步增大，曲流河沉积环境进一步演化成低弯度曲流河—冲积平原环境，牛轭湖及废弃河道发育，河道砂岩多呈线性分布，泛滥平原相泥岩发育，砂地比进一步降低。总体来说，馆上段沉积具有由下而上砂岩厚度逐渐减薄、砂地比逐渐降低的特点，反映了物源供应逐渐减少的趋势（图2-34）。

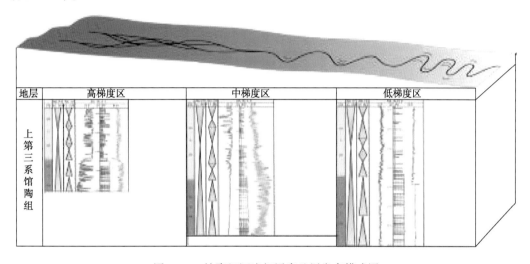

图2-34　馆陶组河流相层序地层发育模式图

（二）曲流河沉积微相类型

沉积微相的划分与沉积亚相有着直接的关系。埕岛油田馆上段(1+2)~5砂组属河流相曲流河沉积，依据前人研究结果，结合本区沉积特点，可划分为四种亚相：河床亚相、堤岸亚相、河漫亚相和废弃河道(牛轭湖)亚相。不同的沉积亚相有着不同的微相类型。

1. 河床亚相

发育于沉积旋回的中下部，砂岩发育，以块状、大型交错层理和平行层理为主，概率曲线以具有牵引流特征的两段式为主，底部多具冲刷面或突变面。岩性自下而上分别为含砾砂岩、细砂岩、粉砂岩、泥质粉砂岩、泥岩，表现为完整的正旋回韵律特征。该亚相是曲流河相中的主要砂体和最有利储集相带，通常细分为边滩和河床滞留微相。

边滩微相位于每期河流河道的中心部位，也是河流砂体的主要沉积部位。沉积物粒度粗，以细砂为主，物性好，孔隙度大于33%，渗透率在$1500 \times 10^{-3} \mu m^2$以上，经统计砂岩厚度一般大于3 m。埕北208井边滩岩性以中细砂岩为主，成熟度低、不稳定组分高，长石含量高，垂向上自下而上具有层理规模变小、粒度由粗变细的正韵律。该微相也具有独特的电性特征，自然电位为较大负值，深浅侧向测井曲线有较大的正幅度差，总体来说测井曲线较平滑(图2-35)。

河床滞留微相位于每期河流河道的边部，沉积物以粉砂为主，砂岩厚度一般为2~5m，自然电位曲线幅度较大，电阻率曲线幅度大，但曲线锯齿状较边滩微相明显。

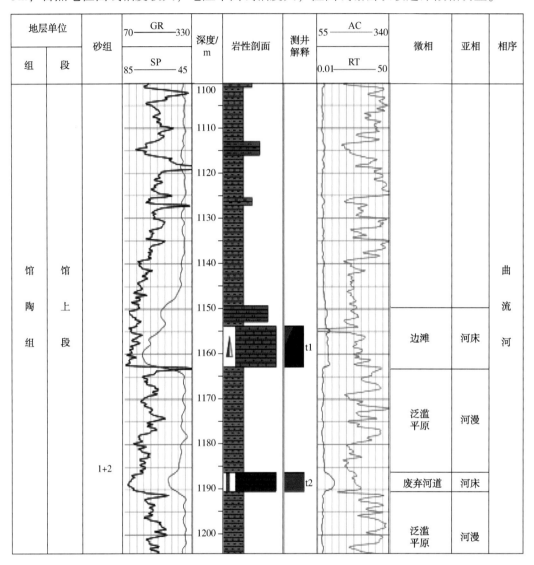

图2-35　CB208边滩微相岩性及电测曲线特征

2. 堤岸亚相

具有小型波状交错层理和波状层理结构，发育于旋回上部。该类沉积中的砂岩一般小于3m，与泥岩互层，储集性能一般，主要包括天然堤和决口扇微相。天然堤以粉细砂岩、泥质粉砂岩为主，物性较差，孔隙度为26%~32%，渗透率为$(50~500)\times10^{-3}$ μm^3，测井曲线以齿化箱形—钟形为主，曲线幅度中等(图2-36)；决口扇是河流洪水期产物，多呈扇形分布，垂向上由粉砂岩、泥质粉砂岩与泥岩组成，具正韵律沉积特征，测井曲线以指状—钟形为主，测井曲线幅度中等，幅度差小。

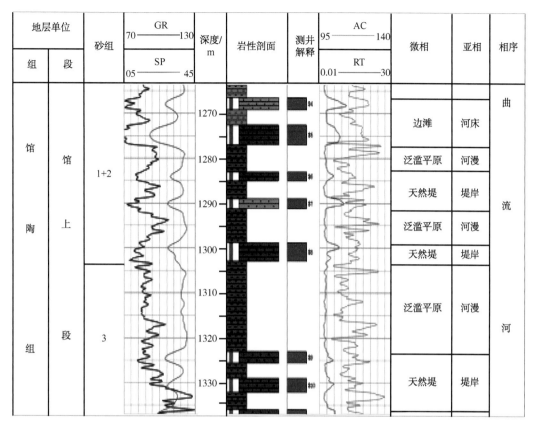

图 2-36　CB208 天然堤微相岩性及电测曲线特征

3. 河漫亚相

由水平纹理泥岩和块状泥岩组成，位于天然堤外侧。洪水泛滥期间，水流漫溢天然堤，流速降低，使河流悬浮的沉积物大量沉积。通常河漫亚相又可进一步细分为河漫滩、河漫湖泊和河漫沼泽三个沉积微相。

4. 废弃河道(牛轭湖)亚相

弯曲河流的截弯取直作用使弯曲的河道废弃，形成牛轭湖。其沉积特征与河床亚相近似，岩性主要为粉砂岩及黏土岩，具交错层理和水平层理，砂岩成透镜状，厚度相对较薄，一般为 2~5m，物性相对较差，孔隙度为 26%~32%，渗透率为 (100~1000)×10⁻³μm²。

三、河流相储层地震响应特征

(一) 纵向微相组合划分时窗的确定

馆上段目的层地震子波主频为 35Hz，在地震剖面上，目的层内一个完整的地震波形通常为 20~25ms。

目的层馆上段 1~4 砂组埋藏深度为 1000~1900m。由于其成岩性差，泥岩固结度低，砂岩疏松，导致钻井泥浆对井筒周围地层影响很大。特别是当井径变化大时，声波时差曲线测量结果容易与地层的真实地球物理特征不符合。因此，在开展岩石物理特征统计时，需遵循 2 个原则：第一，选择以馆上段为目的层的探井、开发井，要求其钻井周期短，测井时条件与油基泥浆相近；第二，需将井径曲线是否平直作为拾取单井声波时差曲线有效样点的重要指标。统计分析结果表明，目的层砂岩相比于泥岩表现为低速、低密度和低波阻抗的"三低"特征。砂岩速度为 1850~2700m/s，泥岩速度为 1900~3100m/s，砂岩平均速度为 2300m/s，泥岩平均速度为 2600m/s。据此，一个完整的地震波形所对应的地层厚度约为 25~35m。

（二）沉积微相组合类型

由前述分析可知，馆上段底部由于河水能量较大、携砂能力强，具有辫状河—曲流河过渡沉积的特点，5~6 砂组岩性以厚层含砾砂岩或砾岩为主；中部的 3~4 砂组由细砂岩、粉砂质细砂岩为主，沉积构造上多发育小型槽状层理以及水平层理；1+2 砂组砂岩不发育，多被泥岩、粉砂质泥岩和泥质粉砂岩夹持，形成"泥包砂"组合。

根据馆上段曲流河 1~4 砂组沉积微相划分方案，结合勘探实际，着重考虑边滩、天然堤及漫滩三种微相形成的组合类型。以本区纯波地震数据体为基础，在一个完整的地震波形内，将馆上段(1+2)~4 砂组曲流河沉积微相组合划分为 5 种模式，其典型岩性剖面特征如图 2-37 所示，由左至右依次为"漫滩+边滩""天然堤+边滩""边滩叠置""漫滩+天然堤"及"漫滩"型，其中前三类为本区主要的储油类型，后两者因物性较差，主要充当盖层或侧向遮挡层。

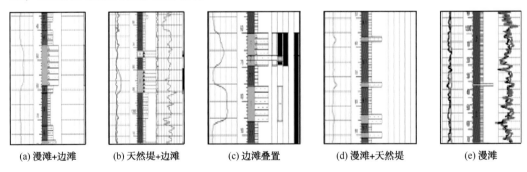

(a) 漫滩+边滩　　(b) 天然堤+边滩　　(c) 边滩叠置　　(d) 漫滩+天然堤　　(e) 漫滩

图 2-37　微相组合岩性剖面特征

（三）地震波形特征

1. 宏观地震波形特征

在地震剖面上，本区馆上段地层总体呈平行—亚平行反射结构。在纵向上，受岩性组合变化，地震反射形态变化规律较为明显。由前述分析可知，馆上段下部主要发育辫状河沉积砂岩，砂岩厚度大，泥岩不发育，表现在地震剖面上，若上覆泥岩发育，则砂岩顶部往往可形成较强振幅、高连续性反射特征，而砂岩内部则表现为弱地震反射特征；馆上段中部泥岩相对发育，在地震剖面上形成较高振幅、低频率、低连续性反射特征，局部具有顶部上凸、底部下凹的反射特征；馆上段上部逐渐演变为网状河沉积，砂岩多成线状、孤立状分布于泛滥平原相泥岩中，地震反射多以弱反射为背景的不连续的强振幅反射为主(图2-38)。

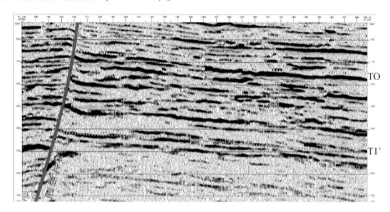

图2-38　馆上段典型地震剖面响应特征

2. 沉积微相组合下的地震波形特征

针对前述5种组合模式，选取馆上段$(1+2)^2$、3^2、3^3、4^1及4^3共5个典型砂组开展地震波形的统计分析，累计完成100个样本的归纳，涉及探井38口。从饼状图(图2-39)上可看出，5种组合类型在不同砂组内出现的频率各有不同，从一定程度上也反映出曲流河砂体在不同时期的发育规模。

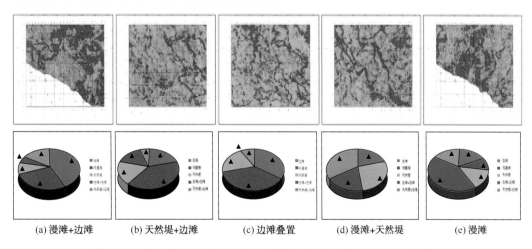

| (a) 漫滩+边滩 | (b) 天然堤+边滩 | (c) 边滩叠置 | (d) 漫滩+天然堤 | (e) 漫滩 |

图2-39　馆上段$(1+2)^2\sim4^3$砂组储层平面特征及微相组合比重饼状图

1) 模式1："漫滩+边滩"型(泥包砂型)组合

由饼状图可以看出，该组合自下而上所占比例逐渐增大，3^3砂组占18%，$(1+2)^2$砂组占42%，反映了馆上段由下至上含砂量逐渐降低，具有下粗上细的正韵律特征。

经统计，边滩砂岩厚度为 3~21m，主要集中在 5~10m 之间，各砂组间边滩砂岩厚度差异不大，泥岩隔层厚度在 10m 以上。

合成记录及井旁地震道显示，该组合在地震剖面上通常呈单峰波形特征，主要为波形圆滑的钟形反射波(图 2-40)。

当河道沉积相对稳定、边滩发育规模较大时，其厚度变化与振幅呈正相关关系，与频率呈负相关关系。如馆上段 1+2 砂组边滩厚度与振幅、频率相关性达 60% 以上。

当河道迁移变化快速、边滩发育规模相对较小时，如馆上段 3^2、3^3 及 4^1 砂组，厚度与振幅、频率相关性降低。此时，依据沉积微相空间分布的有序性，有一定展布规模的钟形反射可判定为该组合类型。

2) 模式 2："天然堤+边滩"型组合

该组合可进一步分为上薄(天然堤)下厚(边滩)型和上厚(边滩)下薄(天然堤)型。井旁地震道及合成记录显示，其地震波形反射的主要贡献方为边滩微相。对于上薄下厚型组合，当泥岩隔层小于 7m 时，天然堤无地震响应；当泥岩隔层超过 7m 时，同相轴出现上拉现象，天然堤厚度对地震波形有所贡献，形成强振幅下旋反射波(图 2-41)。而对于上厚下薄型组合，即便泥岩厚度超过 7m，受上覆相对厚层边滩沉积的影响，天然堤仍无法单独形成反射。

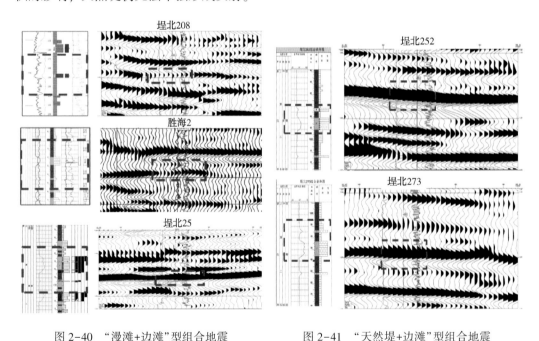

图 2-40 "漫滩+边滩"型组合地震
响应特征[(1+2)² 砂组]

图 2-41 "天然堤+边滩"型组合地震
波形响应特征

3) 模式 3："边滩叠置"型(互层型)组合

该组合由多个厚度在 3m 以上的单砂体所组成。由饼状图可以看出，由自下而上该组合所占比例逐渐减少，4^3 砂组占 42%，(1+2)² 砂组仅占 5%。与"漫滩+边滩"型组合相似，单个边滩的砂体厚度与振幅、频率呈一定的相关关系。在地震剖面上，主要为波形圆滑的钟形反射波或两个圆滑的钟形反射波叠合(图 2-42)。

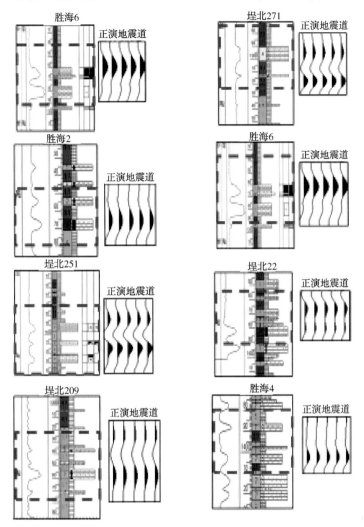

图 2-42　"边滩叠置"型组合地震波形响应特征

4）模式 5："漫滩+天然堤"型组合

该组合为互层型薄砂岩组合，单砂体厚度在 3m 以下，因厚度较薄，相消干涉并不明显，地震剖面通常仍为单峰波形特征(图 2-43)，但在振幅上与"漫滩+边滩"型单峰相差 1~2 个数量级。

尽管振幅、频率等参数与该类型砂体发育及组合无明显相关关系，但无论砂体厚薄，均可形成一定程度的地震反射，这是与河漫滩沉积的最大差别，也反映出储层物性与地震反射关系极为密切。

5）模式 4："漫滩"型组合

该组合类型由泥岩、薄层泥质砂岩组成，岩性单一，主要作为盖层及遮挡层，在

$(1+2)^2$、3^2、3^3 砂组中所占比例均较高，而 4^1、4^3 砂组所占比例极小。在地震剖面上通常呈空白反射(图2-44)。

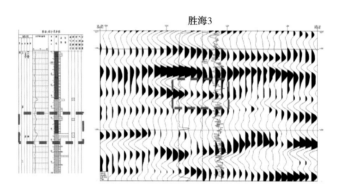

图 2-43 "漫滩+天然堤"型组合地震波形响应特征

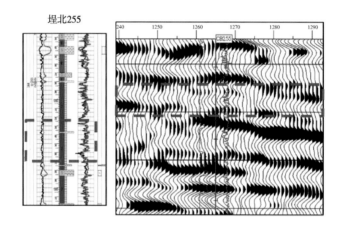

图 2-44 "漫滩"型组合地震波形响应特征

四、井震结合稀井网储层精细描述

浅海地区地表条件复杂，地震采集处理难度大，地震资料基础差。河流相储层沉积展布规律复杂，精细刻画难(图2-45)。储层预测面临的主要难点有以下三个方面。

一是地震分辨率低。受极浅海潮汐、淤泥、鸣震等复杂地表条件影响，地震采集水检陆检一致性差，地震资料处理难度大，处理成果目的层段地震主频仅32Hz，主频段27~44Hz，砂岩按速度2400m/s、极限分辨率1/8波长计算，分辨率仅7.1m，地震分辨率明显不足。

二是储层沉积规律复杂。曲流河沉积速率高、横向相变快、纵向叠置复杂，储层展布及叠置关系极为复杂，储层具有极为复杂的构型特征。埕岛地区为典型的高弯度曲流河沉积，馆上段划分为7个砂组30个小层，储层纵横向变化快，地震响应弱，仅64%的砂体有反射响应，基于井震标定的常规追踪描述方法难以实现薄储层的描述，尤

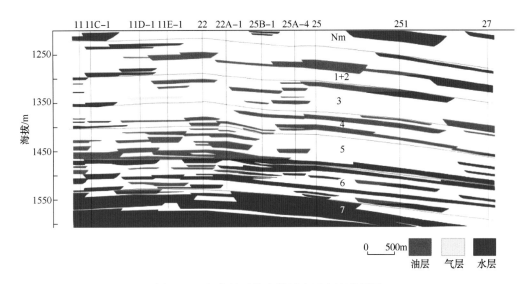

图 2-45 埕岛油田馆上段近东西向油藏剖面

其是 2～5m 的薄层描述缺乏有效的技术手段。

三是井控程度低。海上采用稀井高产的开采政策，井网井距在 400～500m 之间，储量控制程度仅 62.7%。在地震资料品质较差的情况下，钻井资料控制程度不足，井震结合开展储层预测的精度仍然不高，精细描述难度较大。

综上原因，河流相砂体精细刻画难，严重制约了储量的精细落实和后续开发调整。针对埕岛河流相储层精细描述的难题，攻关形成了海陆双检微分合并成像及保幅拓频处理技术、多域多属性储层分级描述技术、叠前叠后流体联合预测技术三项创新技术，突破了高弯度曲流河 2m 单砂体的准确刻画及油砂体识别，准确率达 93% 以上。

（一）海陆双检地震资料采集及提高分辨率处理技术

1. 复杂地表条件对地震采集的影响

工区处于黄河入海口极浅海区域，地表条件可分为潮间带与极浅海两部分，工区南部海底主要为软泥，北部海底为硬砂板。由于受风浪、潮汐、海流的影响，水中检波器的位置会随水流而出现漂移，检波器的位置移动造成的时差影响地震资料成像精度，地表条件复杂导致地震处理难度大。此外，南边界离东营港 13.7km，且处于莱州港到黄骅港的主要航道上，过往的船舶频繁。全区范围内大约有近百个平台，同时在海底分布着大面积的海底电缆及输油管道，对野外地震采集产生严重干扰。与陆上采集对比，浅海地震在地震资料处理方面存在以下难点。

一是表层结构差异大。滩浅海地表由滩涂、潮间带、极浅海三部分组成。表层结构差异较大，不同的表层结构对地震波的影响与衰减规律不同，在资料采集、处理中地表一致性方面存在难点。

二是海、陆采集信息存在差异。滩浅海区域激发采用两种震源，水中激发采用气枪震源，滩涂采用炸药震源。两种震源存在着机理的不同、激发方式的不同以及激发环境的差异，这些差异造成了地震子波能量、频率和相位的差异，致使在资料处理过程中降低了地震资料的分辨率，影响了地震勘探精度。

三是存在海底鸣震、虚反射等干扰。滩浅海地区的地震勘探中，由于海平面和海底是两个强反射界面，产生严重的鸣震干扰，不仅多次波和有效波混杂在一起，影响地质解释结果，而且存在滤波作用，使有效频带缺失，造成分辨率低，影响地震勘探精度。

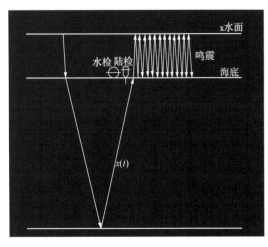

图 2-46　海底双检采集与鸣震示意图

2. 海陆双检微分合并成像处理技术

1）海陆双检微分合并及鸣振压制原理

由于本工区的海水深度为 $2\sim25m$，西南浅、东北深。根据鸣震理论（图 2-46），水检地震资料上鸣震出现峰值和陆检资料上出现谷值的频率分别为 $\frac{1}{2\tau}$，$\frac{3}{2\tau}$，$\frac{5}{2\tau}$，…，其中 τ 为地震波在海水中的双程旅行时。从海底鸣震理论分析与实际资料测试结果可以看到，工区绝大部分地方都存在鸣震的影响，特别是在工区的东北部鸣震现象比较严重。

另外，水检资料和陆检资料的鸣震峰值位置正好对应陆检资料的谷值位置，这就为用海底双检资料压制鸣震提供了可能。

根据海底电缆水检和陆检的特性，在水检和陆检上接收到的地震波分别为：

$$\hat{x}(t) = x(t) - (1 + k_r)\sum_{i=1}(-k_r)^{i-1}x(t - i\tau) \tag{2-1}$$

$$\tilde{x}(t) = x(t) + (1 - k_r)\sum_{i=1}(-k_r)^{i-1}x(t - i\tau) \tag{2-2}$$

式中，$x(t)$ 为不含鸣震干扰的地下反射波；k_r 为海底反射系数；τ 为地震波在海水中的双程旅行时。采用水陆检混波压制鸣震，就是需要通过合适的混波系数，根据水检资料 $\hat{x}(t)$ 和陆检资料 $\tilde{x}(t)$ 求取地下反射资料 $x(t)$。

2）海陆双检混波系数的构建

从水检和陆检的表达形式可以看到，当海底的反射系数为 1 时（即硬海底），在陆检资料上是不存在鸣震干扰的，而对于水检资料来说，不管海底反射系数为何值（$k_r > 0$），鸣震总是存在的。另外，根据这两个表达式，水检上的鸣震是非最小相位的，而陆检上的鸣震是最小相位的，因此对于水检资料不能简单地采用预测反褶积来消除鸣震干扰。

根据水检和陆检的表达式，构建了如下形式的混波公式：

$$\overline{x}(t) = \alpha \hat{x}(t) + \beta \widetilde{x}(t) \qquad (2-3)$$

式中，α 和 β 为混波系数：

$$\alpha = \begin{cases} 1, & k_r < 1 \\ 0, & k_r = 1 \end{cases}, \quad \beta = \begin{cases} \dfrac{1 + k_r}{1 - k_r}, & k_r < 1 \\ 1, & k_r = 1 \end{cases} \qquad (2-4)$$

3）海底反射系数求取

海底反射系数是决定混波效果的关键参数。根据鸣震理论，海底反射系数可以根据陆检资料和水检资料求取。在处理中，首先根据海底反射系数求取方法获得本工区的海底反射系数，然后通过海底反射系数参数扫描来验证所求取的海底反射系数的合理性。当已知海底反射系数 k_r 时，根据水检和陆检资料求取地下反射资料 $x(t)$，从而达到压制鸣震的目的。

从求取的结果可以看出（图 2-47），本工区的海底反射系数变化比较大，海底反射系数的变化在 0.01~0.72 之间，但海底反射系数的变化规律明显，在工区西北部位海底反射系数比较小，在工区的东北部位海底反射系数比较大。

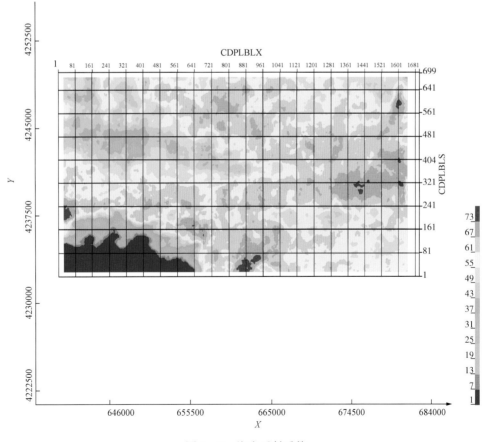

图 2-47　海底反射系数

4）应用预测反褶积消除残余鸣震

在理论上只要给出的海底反射系数正确，则可以根据水检和陆检资料的正确合并，彻底地消除鸣震干扰。但在实际中，一方面由于检波器的耦合等因素，水检和陆检接收到的波场不是完全精确的波场；另一方面由于鸣震消除方法是在垂直入射假设条件下取得的，对于实际非垂直入射不一定完全适应，再则根据水检和陆检资料求取的海底反射系数可能存在一定的误差。因此，经水检和陆检资料混波后获得的双检资料虽然消除了大部分鸣震干扰，但仍然可能存在残余鸣震的影响。这需要后续反褶积等处理进一步加以消除。

水检资料和陆检资料上的鸣震相位类型不同，前者不是最小相位而后者是最小相位，经水陆检混波之后的双检资料剩余鸣震是最小相位，因此采用最小平方预测反褶积进一步消除剩余鸣震（图2-48）。

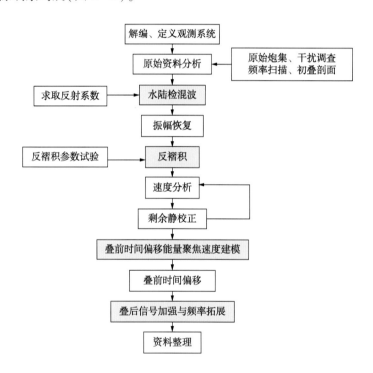

图2-48　海底电缆海陆双检资料处理流程

在对海底水陆检资料合并处理的基础上，继续进行了诸如叠前去噪、振幅补偿、剩余静校正、面元均化、叠前时间偏移等处理，获得了工区的双检地震资料叠前时间偏移剖面。在处理过程中，对陆检和水检分别从炮集质量、频率分布和叠加剖面进行了较为详细的分析，对水检和陆检的特点进行了比较，并针对水陆检混波压制海底鸣震机制，特别根据水检和陆检估算精确的海底反射系数和水陆检混波系数进行了研究和试验，以获得最佳的鸣震压制效果。在获得最佳的水陆检混波的基础上，对混波后的地震资料进行了波前扩散振幅补偿、反褶积、DMO和叠前时间偏移等处理，最终获得水陆检混波资料的叠前时间偏移结果，并在压制鸣震干扰、信噪比、分辨率和波场成像等方面取得了良好的处理效果(图2-49)。

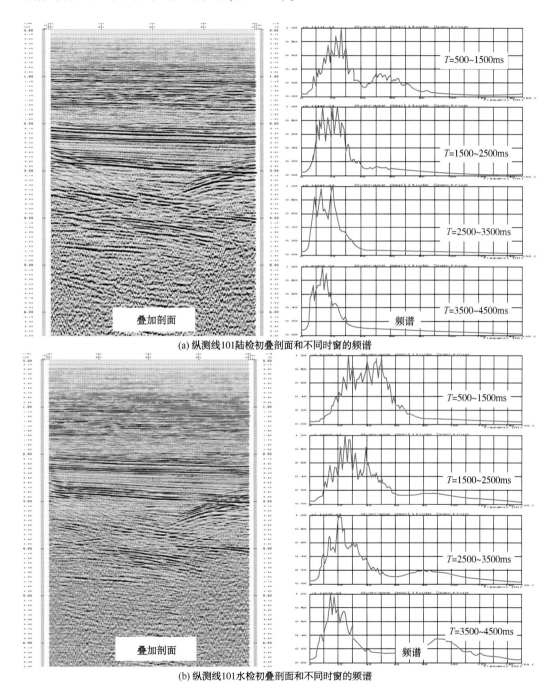

(a) 纵测线101陆检初叠剖面和不同时窗的频谱

(b) 纵测线101水检初叠剖面和不同时窗的频谱

图2-49　处理先后效果对比

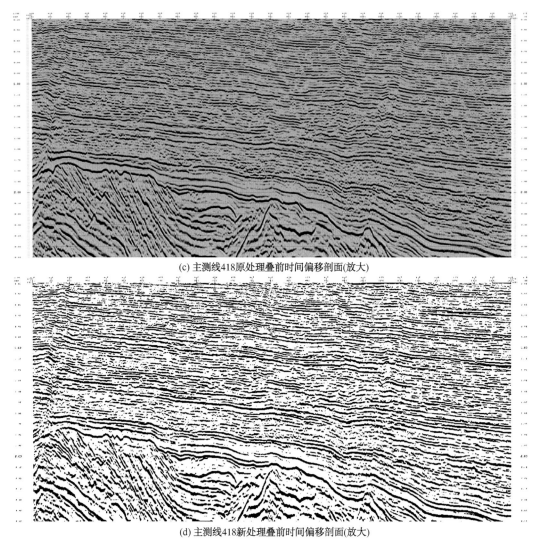

(c) 主测线418原处理叠前时间偏移剖面(放大)

(d) 主测线418新处理叠前时间偏移剖面(放大)

图 2-49　处理先后效果对比(续)

3. 基于角度匹配的地震保幅拓频处理

常规资料处理得到的动校正道集记录中，道与道之间是炮检距的函数，为了便于观测和分析地震反射振幅随入射角的变化，往往需要把固定炮检距道的记录转换成固定入射角(或一定角度范围内的叠加)的角道集记录。所谓一个角度道是指来自某一反射角或某一反射角范围内的所有不同时刻的反射能量的一道记录。把属于期望反射角(或反射角范围)的和固定炮检距记录的相应部分合并，就可以得到该反射角的角度道。对于不同的反射角，重复这一过程，就得到不同的角度道集。在一个 CDP 道集中，不同炮检距的记录经过动校正后构成一个普通的动校正道集，经角度道转换后，不同角度道的集合构成一个角度道道集。这两种道集对于 AVO 分析来说是一致的，即在同一时刻近炮检距对应小角度道，远炮检距对应大角度道。在抽取角度道集数据之前，需要对道集数据进行切除等处理工作,消除初至波和动校拉伸。

叠前地震道集受调谐干涉影响,地层时间厚度随着炮检距的变化而变化,产生与炮检距有关的频率缺失,导致 AVO 特征畸变。偏移后叠前道集中的一个同相轴反映了地下一个反射点的信息,随着炮检距的增加,地层顶底反射点被压缩在一个更窄的时窗范围内,从而造成调谐效应越来越明显,当时间厚度小于四分之一波长时,地层在叠前道集上将无法分辨。需要说明的是,叠前 CMP 道集中调谐效应的产生机理与叠后剖面中调谐效应的产生机理是不同的,后者是由于地层的实际厚度小于四分之一波长而导致地层在地震剖面上无法分辨,前者则是由于随着炮检距增大,地层时间厚度减小,从而导致大炮检距时调谐效应明显(图 2-50)。

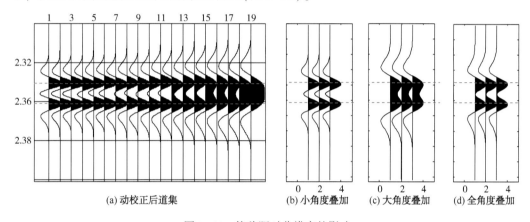

图 2-50 偏移距对分辨率的影响

通过前面的分析,可以发现小角度地震数据具有有效的高频信息,可以利用小角度数据恢复大角度数据缺失的高频信息,同时进行这类拓频处理时,需要注意地震数据陷频现象,以其陷频为指导开展处理工作。将基于角度数据能量均衡化的保幅拓频处理方法应用到工区,取得了较好效果。

首先求解角度道集之间的匹配关系,这一过程等效于构建大角度地震数据和小角度地震数据之间匹配误差的目标函数,从而求解得到一个匹配因子。这一求解过程与反演类似,具有不适定性,为了稳定求解,在目标函数中引入正则化约束项,建立目标函数如下:

$$J = \min \| T(FS_{\text{far}} - S_{\text{near}}) \|^2 + \mu R(F) \qquad (2-5)$$

式中,S_{far} 为大角度地震数据;S_{near} 为小角度地震数据;F 为匹配因子,T 为稳定窗函数;μ 是正则项权值;$R(F)$ 为正则约束项。

对于算法输入数据,我们可以选取地震道,实现两种数据道与道之间的匹配,但是地震道数据含噪声以及陷频信息,会导致匹配过程的不稳定。这里选取零相位振幅谱子波作为输入数据,地震子波既能够有效反映地震数据的频率特征,又具有稳定的波形和频谱。

令待求的互均衡化因子的二范数作为正则约束,并对目标函数求导即可得到互均衡化因子:

$$F = \left[(TS_{far})^T (TS_{far}) + \mu I \right]^{-1} \left[(TS_{far})^T (TS_{near}) \right] \qquad (2-6)$$

为使处理后地震数据的相位保持不变，将计算得到角度数据互均衡化因子进行零相位化处理。将最终得到的因子作用到大角度叠加数据，得到校正后的地震数据。

在埕岛东双检资料叠前 CRP 道集资料的基础上，开展了保幅拓频处理。首先，分析共反射点道集，该套资料入射角为 $0° \sim 45°$，偏移距为 $25 \sim 2300m$。而新近系河流相储层埋深较浅，时间深度为 $950 \sim 1850ms$。由于叠前成像道集远近不一致，影响叠加成像效果，因此基于角度数据匹配的叠前保幅恢复方法在小角度和大角度地震数据间求解匹配关系，构建一个匹配因子，对大角度地震数据进行恢复，从而提高叠后地震数据整体分辨率。

保幅拓频处理资料对砂体边界的刻画更为准确，提高了横向分辨率，同时可识别薄储层，提高了纵向分辨率。大量实例验证，同相轴与单砂体对应关系可达 90%。因此，针对目的层的部分角度叠加剖面对储层刻画更为精细，为新近系油藏精细描述提供了可靠的资料基础。

将所述方法应用到工区，得到了较好的应用效果，以埕北 208 井区为例，处理后馆上段目的层主频和有效频带拓展，高低频信息增强。地震资料分辨率得到较大幅度提高(图 2-51)。馆上段目的层主频和有效频带拓展，高低频信息增强。地震资料分辨率得到较大幅度提高，纵向分辨率保幅拓频资料使薄互层地震响应特征得到较合理的加强，横向分辨率因岩性差异造成的振幅相对关系好，砂体边界清晰，众多小而分散的河道、边滩被刻画出来，有效储层范围扩大 $10\% \sim 15\%$。地震资料有效频带拓宽 $25Hz$，主频由 $32Hz$ 提升到 $45Hz$，原薄层空白和弱反射呈现中强反射，砂体反射对应率由 64% 提升到 86%。

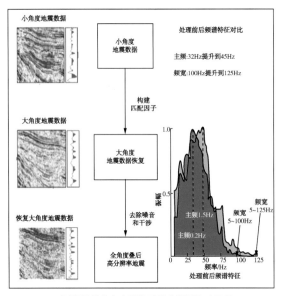

(a)压制叠前大角度道集干涉的提频方法流程　　(b)埕岛208井区地震处理前后储层地震响应对比

图 2-51　埕北 208 井区地震保幅拓频处理效果

（二）多域多属性河流相储层分级描述技术

通过保幅拓频处理，地震资料的分辨率得到了大幅提升，但由于河流相储层不同沉积微相的地震响应差异大，常规储层描述手段仍然不能满足河流相复杂沉积砂体的精细刻画要求。针对河流相储层沉积特征，探索应用了在地震相控、地质层控的基础上，应用连续小波变换数学算法进行地震资料频谱分解，创新攻关人工智能学习技术、神经网络法融合技术及分频遗传反演技术，实现曲流河储层的分级预测及薄储层定量刻画。

1. 储层描述的相控层控基础

河流相储层相控地震描述的指导思想是不同河流类型、不同沉积相带的地震反射特征不同，其反射所代表的地质意义不同，但沉积相带分布有序，岩性组合特征明显。因此，在河流沉积相带沉积演化研究的基础上，根据不同河流类型的地震反射特征，在特定范围、特定时窗内，优选不同的地震敏感参数，提高储层预测的精度。薄层砂体之所以描述困难，究其原因是由于地震资料分辨率满足不了砂体描述的精度。如何提高地震分辨能力，在现有的地震资料基础上提取尽可能多的地质信息，是储层精细描述的根本思路。

相控约束的整体思路是，首先在整体地质统计分析的基础上，确定研究区的沉积相带，在沉积相带的控制下，平面上、剖面上采取分级预测的方法，平面上从工区—区带—目标区逐级细化，剖面上从层段—砂组—油层组逐级细化，采用多属性拟合、分频扫描技术对储层发育情况做出精细描述。

层控约束的整体思路是建立等时约束格架，实现储层各沉积单元的整体描述。对于单砂体储层描述方法在识别和追踪刻画中存在的问题，主要在于识别和追踪的环节过多，不能保证每个环节都准确，特别是砂体地震识别应用的属性信息不够全面。尽管曲流河沉积空间变化较大，但沉积微相分布有序，岩性组合特征明显。在特定时窗内，利用地震参数识别曲流河的沉积微相是可行的。如果将目的层等时追踪，再由地震反射波的属性特征综合识别砂体，可更客观地反映目的层地质体的特征。选取SH202、CB203等典型井开展井间精细对比，将馆上段1~6砂组细分为12个小层，利用常规及拓频地震资料进行等时追踪，采取短时窗属性提取方法得到振幅、频率等有效信息，结合实钻井位情况制作地震相图。

根据描述结果（图2-52），明确了本区河流相砂体宏观演化规律。馆上段早期（5~6砂组）辫状河发育，河道多呈北东走向，储层厚度大，连通性好；中期（3~4砂组）曲流河广泛发育，河道走向由北东逐渐转为北西，储盖配置较好，横向连通性变差；后期（1+2砂组）为网状河沉积，平面呈块状展布，连通性变好。不同的沉积类型造就了不同的油藏类型。5~6砂组主要为构造油藏，含油范围均沿埕北断层展布；3~4砂组油藏类型多样，曲流河砂体各自独立成藏，油气分布范围最广；1+2砂组油藏又转为构造主控，但局部可形成岩性油藏。利用振幅类属性开展储层预测，明确了埕岛主体北部和主体南部 3~6 各砂组储层有利发育带。与已钻井对比，储层预测吻合率达 94%。

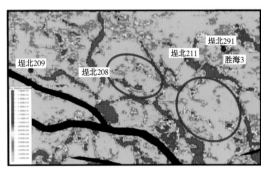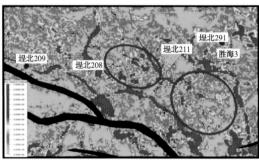

(a) 成果   (b) 保幅拓频

图 2-52 　埕北 208 井区 Ng 3^3 砂组储层预测图

2. 基于分频处理的多属性融合分级预测技术

以曲流河定量构型模式为指导，采用地震正演、分频地震属性分析与分频反演相结合的方法，在海上大井距条件下，对埕岛油田馆上段曲流河储层进行了多级次精细构型解剖。

首先，提出了先优选地震数据频段，再优选地震属性的分频属性优选方法，将振幅随频率变化(AVF)关系和地震分频技术引入到地震属性优选中，应用新的分频地震属性优选方法精确刻画复合曲流带分布，精细刻画了复合曲流带的分布。

其次，采用"井震结合""规模控制""动态验证"的方法，结合单一曲流带及点坝构型模式和研究区分频反演及正演成果识别单一曲流带和内部点坝，提出了"井震结合"的曲流河多级次构型表征方法，在复合曲流带内部识别了单一曲流带和单一点坝。

1）曲流带砂体边界地震响应标志

正演模拟是确定曲流带构型边界标志的重要手段，可为地下地质研究提供先验性认识。在对井震资料预处理的条件下，提取研究区砂岩和泥岩的波阻抗参数、岩性参数和泥岩及地震子波(研究区目的层的统计子波，中心频率约 32Hz)，构建不同曲流带边界的正演概念模型，结合实际剖面的正演模拟结果，分析不同砂体叠加方式的地震波形响应特征，为研究区分层次构型分析提供支撑。

（1）纵向构型边界识别特征。

纵向分期是井间构型预测的前提和基础，精细的构型解剖首先需要准确划分垂向构型单元期次，即划分至单一期次河流沉积单元(一般为油层对比单元的小层或单层)。以往单层等时地层对比的依据主要包括标志层、沉积旋回和岩性组合，但是河流相储层砂体切叠关系复杂，下切或叠加现象时有发生，单纯根据多井剖面对比很难确定砂体的叠加方式，"相控正演指导"正是在这样的背景下提出的井震结合的构型垂向分期技术，应用该技术可识别纵向构型边界。依据井上砂体展布建立可能的砂体叠置模式，应用研究区目的层地震资料中提取的子波激发正演模型进行模拟，并将获得的正演响应与实际地震响应进行对比，从而推测真实的砂体构型边界。由此可见，应用相控正演技术提高了目的层的构型纵向边界的识别精度。

（2）横向构型边界的波形响应标志。

由于曲流河的迁移、改道、截弯取直等作用比较频繁，复合曲流带砂体往往是多条单一曲流带侧向拼合而成，从成因上讲发育河道—溢岸—河道、河道—河道侧向切叠、河道—废弃河道—河道等砂体叠合方式。通过设计不同叠合方式的正演概念模型，选取的子波、密度、速度等正演参数与实际剖面所选参数相同，并结合概念模型与研究区实际地震剖面的正演模拟结果，明确了曲流带边界各种叠合方式地震波形响应特征。

河道—溢岸—河道组合通常是同期河道或后期形成的河道切叠了另一条河道伴生的溢岸沉积而成。正演模拟结果显示，在河间溢岸沉积位置振幅减弱明显，波峰表现为略向上凸起特征，为砂体厚度减薄所致。河道—河道侧向切叠类型是河流相储层比较常见的砂体叠加样式，是后期形成的河道砂体切叠了前期形成的河道砂体，造成两期河道砂体部分叠加的现象，通常两期河道有一定的高程差异，正演模拟结果显示，在两期河道侧向叠合部位会呈现明显的波谷错位特征，同时振幅亦有一定程度减弱。河道—废弃河道—河道组合通常发育于复杂曲流带中，为河道侧向加积切叠先前形成河道凸岸一侧所致，正演模拟结果显示，废弃河道部位砂体较薄，振幅减弱，波峰呈略向下弯曲特征。由此可见，3 种砂体叠合方式均表现为在叠合部位振幅减弱的特征，这一正演响应规律为应用波形预测井间砂体分布提供了可靠依据。

2）地震分频处理技术

谱分解技术（分频）是一项基于频率的储层解释技术，利用地震数据及其傅立叶变换对薄层和不连续地质体进行精细成像和刻画的地震解释方法，可以解决在时间域内解决不了的问题。频谱分解技术利用调谐反射独特的频率域响应识别薄层，并可根据陷频周期定量确定时间地层厚度。频谱分解技术识别薄层的能力能突破四分之一波长的限制，是检测薄层和特殊岩性体的有效手段。特定的频率可以刻划特定的地质体，频谱分解技术适用于检测横向上不连续的地质异常体，如河道等。

早期分频处理是将地震资料处理成多个单频体，通过分析单频体与储层的响应关系进行频率体的优选，进而通过应用不同的单频体来描述不同厚度的储层展布，或者在多个优势单频体进行融合的基础上开展储层描述（图 2-53）。通过研究对该方法进行了改进。首先通过对地震资料频段的分析，结合地震响应，进行低、中、高三段多频体的优选，然后进行 RGB 三色融合（图 2-54），通过建立储层厚度、频率与 GRB 的关系，实现储层的定量描述。

3）曲流河储层分级刻画

层次约束是构型分析的重要方法，曲流河储层构型往往划分为复合曲流带、单一曲流带、单一点坝、点坝内部侧积体等 4 个级次，其中曲流带（包括复合曲流带和单一曲流带）为 5 级构型单元，单一点坝为 4 级构型单元，点坝内部侧积体为 3 级构型单元。本文首先刻画复合曲流带（河道带），然后识别单一曲流带和点坝。

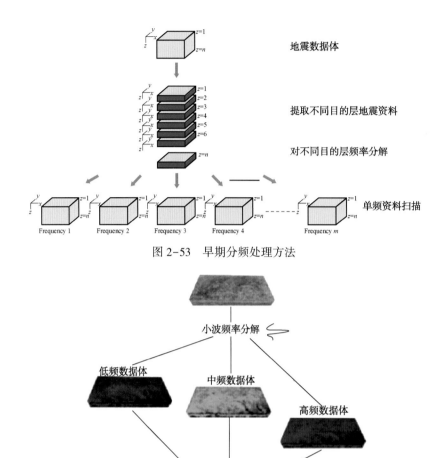

图 2-53　早期分频处理方法

图 2-54　RGB 三色融合处理方法

（1）分频多属性融合识别复合曲流带。

一是频段优选与数据融合。研究区砂体厚薄不均，砂体平均厚度约4m，最大厚度约20m，砂体厚度远大于原始地震数据的调谐厚度。在利用正演模型分析各个分频地震数据调谐厚度的基础上，以"倍频"重构原则，分别选取 20Hz、40Hz，25Hz、50Hz，30Hz、60Hz 的分频数据融合重构得到地震数据体 A、B、C，均不同程度压制了相对低频与相对高频信号（图 2-55）。

二是分频地震属性优选。以目的层顶底界面的地震层位解释为界，分别提取原始地震数据以及 A、B、C 3 个重构地震数据体的 16 种地震属性，各地震属性与测井解释的砂体厚度之间的相关关系表明，与原始的地震数据体相比，重构的数据体相关性得到了极大的改善，效果最好的是地震数据体 B，其振幅类属性与砂体厚度的相关性强，均方根振幅（RMS）最佳，相关系数达 0.771。

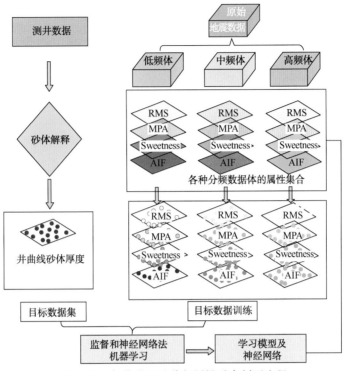

图 2-55　智能学习及分频属性融合刻画流程

对比原始地震数据体和分频重构地震数据体 B 中提取的均方根振幅属性可知，整体上二者的属性高值区均能反映砂体的分布趋势，但是原始地震数据体部分井砂体厚度与振幅属性值响应矛盾。例如，钻井砂体厚度较小而属性值很高，砂体厚度较大而属性值较低，但分频地震属性有效解决了井点处的这些矛盾。再如，钻井附近原始地震属性呈现小范围内低属性连片分布，而这井上砂体厚度均较大，相比而言，分频重构的地震属性高值区连续性更好，更客观地刻画了砂体的分布，且边界更加清楚。整体上，研究区复合曲流带（实质上是微相的复合体）砂体厚度较大，正韵律明显，自然电位幅度差较大，均方根振幅属性值高；溢岸包括天然堤、决口扇、河漫滩砂等微相类型，砂体厚度较薄，自然电位幅度差较小，均方根振幅属性较低；泛滥平原为泥质沉积，自然电位近基线，均方根振幅属性最低。根据分频地震属性，结合井点的沉积相（构型单元）解释结果，在沉积模式指导下预测了研究区复合曲流带的分布，各小层河道砂体呈连片分布，发育少量的天然堤和泛滥平原（图 2-56）。

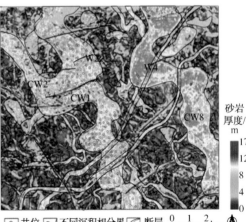

图 2-56　埕岛地区 Ng4^2 复合曲流带刻画

（2）模型正演与分频遗传反演结合识别单一曲流带及点砂坝。

为了进一步深入解剖复合曲流带砂体的内部构型特征，探索应用了分频属性、分频反演、地震正演相结合的单一曲流带和点坝识别方法。

① 分频属性初步识别单一曲流带边界。

单一曲流带边界的识别标志包括河间溢岸沉积、废弃河道沉积、河道高程差异等，这3种成因边界均表现为振幅减弱的特征，再加上研究区古水流方向为北西—南东向，可在分频地震属性上初步将振幅低的区域连接成线，初步得到单一曲流带部分边界。

② 分频反演约束、规模控制的单一曲流带识别。

首先，分频反演的可靠性分析。AVF关系显示在同一时间厚度下（或同一储层）不同主频的子波表现出不同的振幅特征。分频反演是通过人工智能（BP神经网络、支持向量机、深度学习等）的学习方法，在地震属性（不同频率分频地震数据体的地震道与道积分）与测井属性之间建立非线性映射关系，进而将该映射关系作用到井间，从而得到等效于测井属性的三维数据体（图2-57）。该方法主要有两个方面的优点：一是能够充分利用不同频段的地震信息，将AVF关系作为独立信息引入反演，分别建立不同主频的地震波与目标曲线的映射关系，有效地降低地震反演的多解性，大大提高了反演精度；二是该反演方法无需地震子波、地震层位解释、断层解释等解释工作，无需基于测井插值得到的初始模型，只需要输入地震数据与测井数据，即该方法受解释人员的限制较少，且井间无初始模型的干扰，能更真实地保留井间构型界面的信息。反演过程包括反演曲线选取与标准化（本书选取反映砂体的自然伽马曲线）、中心频率优选、反演算法稳定性检测等。反演结果为等效的伽马数据体，其可靠性分析表明不同砂体厚度范围相对误差平均值差别较大。当砂体厚度小于3.5m时反演基本无法识别，当砂体厚度在3.5~5.0m之间时平均相对误差为18%，当砂体厚度大于5.0m时相对误差小于7%，整体还是非常可信的。

其次，单一曲流带规模控制。应用Leeder关于河道满岸深度与满岸宽度的经验关系以及Lorenz关于满岸宽度和单一曲流带宽度的经验关系，可以得到单一曲流带宽度范围。具体计算步骤包括：由单一向上变细的旋回厚度经过压实校正（目的层埋深1000~1400m，压实系数为1.1）得到满岸深度，由满岸深度推测满岸宽度，由满岸宽度推测单一曲流带宽度。计算结果表明，Ng(1+2)小层两个单一曲流带砂体厚度最大，最厚达20m，曲流带宽度较大，最宽达2000m；其他单一曲流带砂体厚度相对较小，一般分布在6~12m，整体上单一曲流带宽度小于1000m。在单一曲流带规模的控制下，横切河道流向得到一系列反演剖面，在分频反演剖面上逐一识别单一曲流带（单河道砂体）边界，并进行合理组合，从而得到单一曲流带识别结果。这种基于井震结合的单一曲流带识别充分挖掘了分频地震属性与分频反演的河道边界信息，比以往只用多井资料识别单一曲流带边界可靠得多（图2-58）。

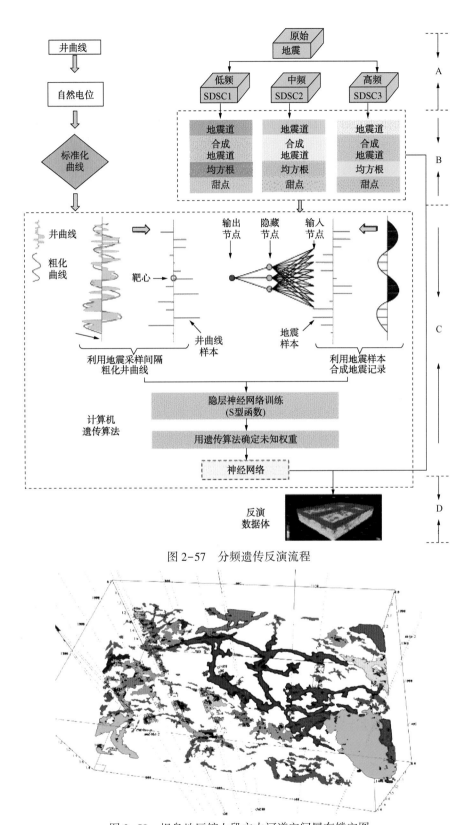

图 2-57　分频遗传反演流程

图 2-58　埕岛地区馆上段主力河道空间展布镂空图

③ 点坝识别。

点坝又称为边滩，是曲流河中最重要的沉积微相(构型单元)类型，点坝定量构型模式的建立是地下点坝预测的关键。

首先，点坝定量构型模式的建立。点坝跨度为河弯之间的最大长度，是衡量点坝规模及识别点坝的重要参数。以往得到的计算点坝跨度的经验公式中，仅基于一条曲流河(岳大力等，2007)，提出的公式没有考虑很小、很大规模的曲流河(李宇鹏等，2008)。通过全球卫星照片(Google Earth)，选取我国 6 条不同规模的典型高弯度曲流河(弯曲度大于1.7)为研究对象，共测量曲流河河段 125 个，其中长江 21 个河段。回归分析表明，上述典型高弯度曲流河段河道满岸宽度与点坝跨度之间具有良好的正相关关系，相关系数达 0.9683，由此建立了单一点坝定量构型模式。应用该经验公式可以根据沉积条件下活动河道满岸宽度估算出单一点坝规模，这对地下单一点坝识别的规模控制有重要意义。

其次，正演—反演—属性相结合的点坝识别。点坝为曲流河的富砂带，砂体厚度较大，在均方根振幅属性图上表现为高值，在分频反演剖面上亦表现出厚层砂体的响应特征，即反演属性值较高。废弃河道代表点坝的结束，故在平面图上点坝总是紧邻废弃河道分布，多为细粒沉积充填，表现为砂体"厚—薄—厚"、弯月状较低振幅属性值、下凹状反演属性低值、正演剖面振幅减弱等分布特征。

最后，在曲流河点坝现代沉积模式指导下，依据点砂坝与废弃河道的沉积序列，结合井资料，依据 Leeder(1973)建立的经验公式，推算出沉积条件下活动河道满岸宽度，继而根据本文建立的经验公式，估算出点坝的跨度，为点坝的识别起到了规模控制的作用。根据反演剖面和正演剖面识别的废弃河道发育位置，考虑地震属性及砂体厚度的分布特征，并在定量规模的约束下刻画出废弃河道的分布，进而完成点坝的识别。采用该思路，对全区的废弃河道及点坝进行识别，精细刻画了点坝的分布。描述结果完全符合点坝的定量构型模式，对油田的进一步高效开发与剩余油挖潜起到有效的指导作用。

第四节　油田级精细地质建模

一、国内外地质建模技术进展

油藏精细地质建模就是首先应用地质、物探、测井及生产动态等多种信息，开展精细油藏描述研究，然后通过先进的建模手段，将对油藏取得的可靠认识准确地以"数学模型"体现出来，建立"三维数字油藏"，以供油藏工程技术人员开展油藏数值模拟、开发调整及跟踪等研究，最终达到改善油藏开发效果、提高油藏采收率的目的。影响油藏精细地质模型准确性的因素很多，诸如油藏的复杂程度、研究区资料的丰富程度、油藏描述研究的深度(即对油藏非均质性认识的可靠程度)、建模方法及技术水平等。欲达到建立准确的油藏地质模型之目的。首先,要开展精细油藏描述研究,以取得对油藏尽可能可靠的地质认识,这是必备基础;其次,要以先进、适合的建模技术将对油藏的认识准确地反映出来,即恰当的建模处理,这是建模的关键。两者缺一不可。

在储层建模技术发展的初期,人们已经明确地认识到该技术和油藏数值模拟的密切关系。经过几十年的发展,从储层建模的发展现状看,把油气田开发作为其应用目的和应用对象是正确的。国内外众多文献报道,储层地质建模不仅已经在井间砂体预测、隔夹层建模、储量估算、裂缝油藏建模、水平井建模及地质统计学历史拟合等领域取得了进展,而且在流动单元划分、不同尺度的数字岩心制作与油气田开发方案编写等传统领域上,也正在取得重要成果。在决策分析与风险分析技术的参与和推动下,储层建模和经济数据结合,已经直接进入了油田经济管理中的各种不确定性评价。

从最初的三维地质建模尝试至今,三维地质建模的研究已有50多年的发展历史,已经形成了比较成熟的理论。在20世纪60年代初期,由法国人马特隆(G Matheron)领导的巴黎矿业学校地质统计中心提出了区域化变量的理论,并创建了地质统计学。进入90年代,地质统计学的理论与方法体系在不断地科学探索和实践中得以丰富和完善,尤其是地质统计学随机模拟技术在石油勘探、开发领域的应用,为这一技术带来了无限的生机。1996年以来,随着计算机存储的扩大及运算速度的大幅提高,各种随机模拟算法的应用日益广泛,随机建模技术进一步发展,并取得了突破。

目前,国外学者主要从储层的物理特性和空间变化规律两方面进行研究。一方面,通过现代沉积考察、露头观测、储层描述和井间地质研究,来建立一维或二维储层地质知识库和原始地质模型,结合成岩作用的演变规律,利用分形和地质统计学方法建立多种经验公式来描述储层的物性特征及其变化规律。另一方面,结合沉积体的成因单元和界面分级揭示其模型的空间特性,利用高分辨率地震技术对储层进行横向追踪,以达到预测砂体空间展布的目的。

20世纪80年代中期,裘怿楠等对我国河流砂体储层非均质性模式的研究,也是国内的储层地质模型研究工作的开始。1994年,文健、裘怿楠研究了油藏早期评价阶段随机建模储层建模技术的原理、优缺点及发展方向。1997年,张永贵等开展了模拟退火组合优化算法在油气储层随机建模中的应用研究,指出在储层建模中使用模拟退火优化算法有两方面的优点,即易于综合多种类型的资料,可以客观地再现储层变量的空间相关结构。其主要缺点是计算量大,有必要进行并行处理。2004年,姚凤英等在相控的基础上,采用顺序高斯模拟方法建立了储层地质模型并开展了剩余油分布研究。2006年,张奎应用地质统计学方法开展了官104块储层建模应用。2007年,盖凌云、张昌民等通过储层地质建模建立储层格架,对储层的物性进行评估,预测储层可采油气的空间分布,指导优选加密井井位及水平井钻进轨迹,以提高油气最终采收率。

储层地质建模使得油气藏的非均质性描述更为精确,也为油气田的开发生产设计及相应的开发方案提供了数据。储层地质建模自20世纪80年代开始提出,虽然起步较晚，但已在关键的技术上取得了很大突破。至今，我国地质工作者积累了大量的建立陆相盆地地质模型的知识库信息。但是，相关的研究仍然存在一些问题，如建模对象局限于碎屑岩中的常规储层，建模精度不高等。储层地质建模的发展趋势必然会更好地解决这些问题，更好地用于指导油气的开发。目前，储层建模方法多样，有必要对地质储层建模方法进行总结并对目前储层建模研究中存在的问题和下一步的发展趋势进行探讨。

油藏数值模拟方法是迄今为止定量地描述在非均质地层中多相流体流动规律的唯一方法。例如许多常规方法要假定油层为圆形的均匀介质，如油藏几何形状稍复杂一些，且为非均质介质，则求解非常困难，甚至无法求解。而对油气藏数值模拟而言，计算形态复杂的非均质油藏和计算简单形态的均质油藏工作量几乎是一样的。因此油藏数值模拟可解决其他方法不能解决的问题，对于其他方法能解决的问题，用数值模拟方法可以更快、更省、更方便、更可靠地解决，并增加其他分析方法的可信度。

当前油气田开发已经全面进入了数字化时代，地下油藏的数字可视化是数字化油田的关键基础。要解决油藏的精细描述问题，精细地质建模和数值模拟的一体化技术是有效的解决方案。

海上油田由于其地理位置的特殊性，开发具有"高投入、高风险、高技术"的特点。以往伴随埕岛油田馆上段的滚动开发，采用分区建模方式建立多个"小"地质模型，受当时开发初期地质资料少、建模技术不够完善等因素制约，没能建立整个油藏的完整精细地质模型，无法满足今后的开发调整及后期跟踪研究。因此，在馆上段油藏进入开发调整期后，充分利用大量的钻井资料和地震资料，开展精细油藏描述研究，建立能够准确、精细反映油藏三维非均质的地质模型，既是开发调整的基础，也是科学设计调整方案的研究关键之一。综合运用各种资料和信息，采用先进的建模技术和方法，建立油藏整体的精细地质模型，对埕岛油田馆上段油藏的高效开发调整、改善油藏开发效果、大幅度提高油田最终采收率及经济效益之目标具有重要意义。

伴随埕岛油田馆上段的滚动开发，以往只根据研究目标区进行分区建模，而且开发前期受资料少、对油藏认识深度及建模软件和技术限制，所建模型精细程度不够。埕岛油田馆上段油藏井距大(大部分在400~500m之间)、斜井多(占总井数的80%以上)、钻井及取心等基础资料较少，对储层连通关系、砂体边界、物性参数、含油性变化等方面研究深度不够，如油砂体边界刻画不够准确，储层内部物性非均质性体现不够精细，含油饱和度模型过于简单等。到目前的开发阶段，油藏工程研究要求地质研究提供越来越精细的、能充分反映储层三维非均质特征的精细地质模型，而原有的各个分区块的地质模型没有很好地从整体上考虑以上这些问题，已经远远不能满足目前开发调整阶段的要求，因此需要进一步开展精细油藏描述研究，最终建立能够反映储层复杂非均质性的全区整体精细三维地质模型。

在建立油藏精细地质模型基础上，油藏工程研究人员进一步通过油藏数值模拟、油藏工程分析等手段，研究剩余油分布，优化合理的提高采收率措施，编制科学的开发调整方案，最终实现大幅度提高油藏采收率的目标。

二、埕岛油田级地质建模

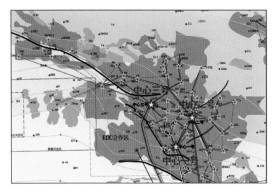

图2-59 地下油藏及地面管网分布叠合图

海上大规模调整涉及探明地质储量达到$2×10^8 t$，油藏平面跨度达20km，纵向井段达500m，规划设计新井近429口，涉及新老平台86座，海底注水、输油及电缆等管网120条（图2-59）。如何实现地上错综复杂的地面设施与地下分布零散的油藏间的统筹布局是整体调整的关键难点。因此，为统筹地上、地下，实现平台、井网、管网的整体优化布局，针对河道砂油藏地质模型建立、剩余油分布预测、调整策略定量优化等三大难题，开展了超大规模建、数模一体化技术攻关（图2-60）。

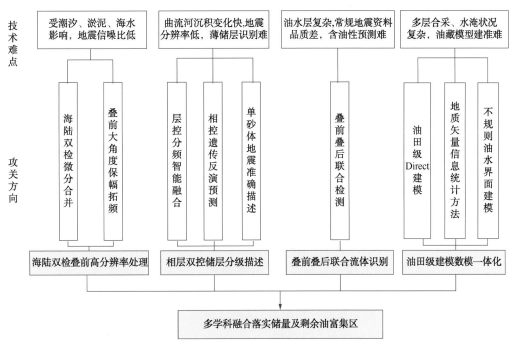

图2-60 超大规模建数模一体化难点及对策分析

（一）等时对比控制下的砂体建模技术

埕岛主体馆上段河流相沉积砂体具有横向变化快、纵向叠置复杂、河道高程差异明显等特点。在地质研究和储层建模过程中，地层对比难度较大，常规的地层建模手段往往会造成砂体失真，模型数模结果显示，地层建模的网格横向连通性差

（图 2-61）。针对存在的这两个问题，采用砂体建模的理念来指导地层对比和小层劈分。

砂体建模的思路是通过将含油单砂体图的顶底面作为小层、小层面和层组面作为层组的处理方法建立单砂体构造模型，避免相建模和属性建模插值时跨岩性插值现象，从而使模型更精细合理。在实际操作中，需要在小层对比的基础上，还需要将砂体的顶底界面识别出来作为虚拟小层界面，以助于在建模过程中小层劈分合理。通过添加虚拟层，能更好地刻画砂体的形态，并且对于砂体内部网格的划分更加科学合理，各个网格的连通性也更好（图 2-62）。为了实现砂体建模，需要做好以下几个关键点。

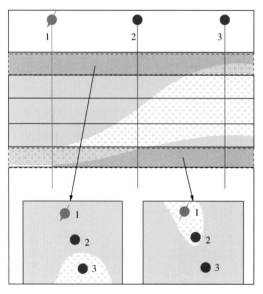

图 2-61　常规地层建模网格划分图　　图 2-62　砂体建模网格划分图

1. 建准等时格架

综合利用工区的取心、录井和测井资料，建立了馆上段高分辨率层序地层格架（图 2-63）。埕岛油田馆上段共识别出 3 个中期旋回，自上而下依次为 MSC1、MSC2、MSC3、MSC1 砂岩具有较明显的砂包泥的特点，识别出三个短期旋回分别相当于 7、6、5 砂组；MSC2 发育两个短期旋回分别相当于 4 和 3 砂组；MSC3 表现出明显的泥包砂特征，识别出两个短期旋回相当于 1+2 砂组。

2. 精细劈分小层

在等时地层格架建立的基础上，利用 INPEFA 曲线可识别更高级别的层序界面。INPEFA 曲线是通过对特定测井曲线进行最大熵频谱分析（MESA）、预测误差滤波分析（PEFA）以及特定积分处理得到的一种能够显示出原始测井曲线显示不出来的趋势和模式的曲线。其可以识别出 4 级、5 级层序界面，为更精细的小层对比提供了前所未有的技术手段。通过 INPEFA 曲线，对一个小层内存在多个砂体的情况进行细分，实现单小层对应单砂体,这样做的优势在于对砂体的刻画更准确,网格劈分也不会影响连通性(图2-64)。

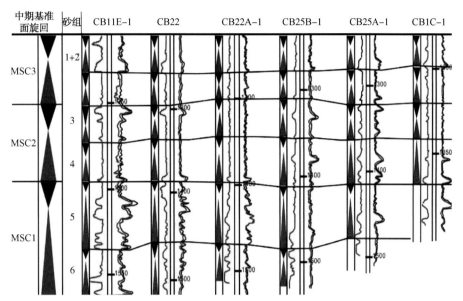

图1-63 埕岛油田馆上段高分辨层序地层格架

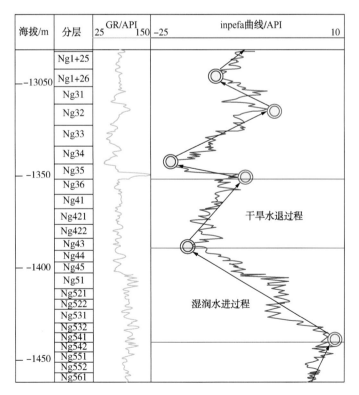

图2-64 埕北6A-1井INPEFA曲线

3. 开发软件功能

为了更方便实现虚拟层加入，与 Talon 公司结合，开发 Direct5.0 软件新功能。通过细分单砂体功能实现砂泥岩细分，识别出砂体的顶底界面，将每个小层劈分为三个层(图 2-65)。有砂体的小层，虚拟层为砂体的顶底界面，没有砂体的小层，则对小层等厚劈分，形成两个虚拟层。除此之外，对于大套厚砂体，虚拟层可以与小层顶底界面重合。

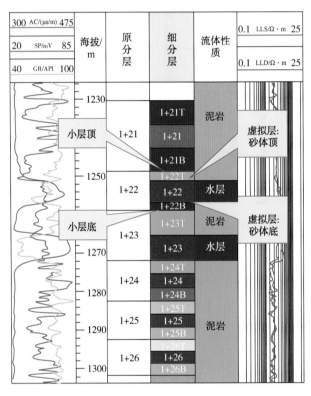

图 2-65　埕北 6B-1 井虚拟层分层

该技术有效解决了常规建模过程中网格劈分不规律、连通性差的问题，砂体的形态也更贴近于实际，并且在油藏数值模拟过程中拟合度更高。

(二) 多层面约束下复杂断层处理技术

埕岛油田断层发育，二级断层 3 条，三级断层 9 条，四级断层 25 条，还有低序级小断层百余条。断层的空间搭接关系复杂，存在很多 Y 字形断层，纵向上只断开部分层位，横向上不同层位延伸长度不一致(图 2-66)。

在建模过程中，断层模型的准确性直接影响模型的质量以及数模的准确性。为了建准断层模型，首先需要对断层精细解释，刻画清楚断层的走向、倾向、延伸长度等参数，然后在建模过程中再对断层进行特殊处理，从而使模型更加准确。

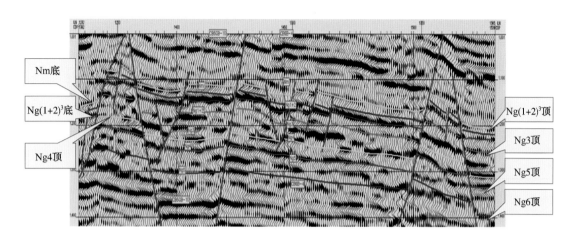

Nm底
Ng(1+2)³底
Ng4顶
Ng(1+2)³顶
Ng3顶
Ng5顶
Ng6顶

图 2-66　埕岛油田北区南北向地震剖面

1. 纵向解释多层面

研究区均有三维地震资料覆盖，平面上地震测网为 25m×25m，纵向上地震资料的采样间隔为 2ms。以地震资料为基础，利用测井数据制作合成地震记录，建立本区的时深转换关系，对地质分层数据进行准确的层位标定。为精细刻画断层的空间形态，平面上层位解释精度为 5m×5m，局部微构造发育和断层分布区域加密解释精度为 2m×2m；纵向上 300m 左右的馆上段自上而下共解释了 7 个层位 $[Ng(1+2)$ 顶、$Ng(1+2)^3$ 顶、$Ng(1+2)^3$ 底、Ng3 顶、Ng4 顶、Ng5 顶和 Ng6 顶 $]$，通过多层面约束控制，能精确刻画断层的纵向错段范围。

低序级断层在地震剖面上多表现为反射波同相轴的扭曲、分叉、合并以及由强弱相位转换引起的振幅变化。断层的解释应用构造导向滤波技术、蚂蚁体技术及相干切片技术，突显断裂特征，辅助精细断裂解释，结合常规三维地震资料解释技术，最终落实断裂平面展布特征，确定正确的断裂组合方式。

2. 低序级断层的处理方法

对于层内发育的低序级断层，其断距小，错段层位少，但是在断层模型中，断层必须贯穿建模层位顶底界面，这就需要对这类小断层进行空间拉伸（图 2-67），然后选择相应的层位进行激活/不激活设置。

对于层间发育的低序级断层，其在不同的层位延伸距离不一致，这就导致其错段层位在空间上不一致。在实际处理中，根据解释层位对这类断层进行劈分—连接处理（图 2-68），将断层分为多个独立的相互连接的小断层。

（三）复杂油水界面定义技术

馆上段油藏是在构造背景上发育的受构造和岩性控制的油藏，纵向上和平面上存在多套油水系统（图 2-69），不同断块、不同砂体其油水界面都不一致，存在同一个小

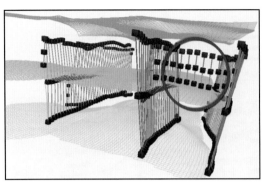
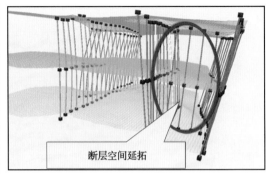

图 2-67　层内发育低序级断层的空间延拓

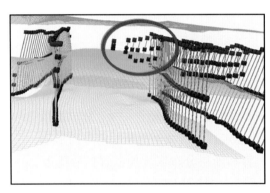
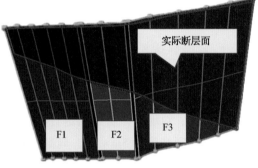

图 2-68　层间发育低序级断层的劈分连接

层内部有多个油水界面的情况(图 2-70)。在建模过程中,这种复杂油水界面定义的准确与否直接关系到储量计算的精度。

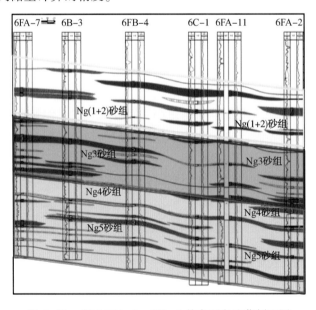

图 2-69　北区 6GA-9—6FA-2 井东西向油藏剖面图

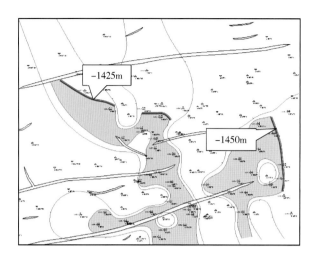

图 2-70　埕岛油田北区 Ng5^{4}小层平面图

对于构造和岩性双重控制且油水关系复杂的油藏，往往比常规单一的油藏做油水界面要复杂难处理一些。这种情况，可以采用以下两步来解决。

1. 边界线提取

在 2D 窗口下，显示构造层面，选择合适的构造等值线间距，如果有确定的油水边界文件，可以输入到建模软件中，如果没有这类数据，可以按照分析的确定性成果，在构造图上圈取油水边界线及岩性控制的边界线(图 2-71)。

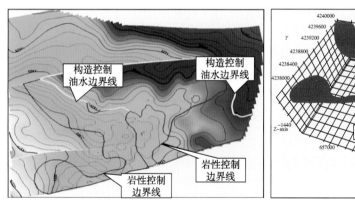
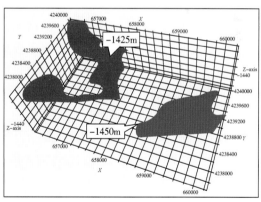

图 2-71　构造趋势与油水边界确定

2. 赋值生成层面

对于构造控制的断块，层面对应一个油水界面的海拔深度值；对于岩性控制的断块，层面对应岩性边界所在的最低构造线值，最后形成了多个油水界面层面文件。通过合并成为一个层面文件完成这种复杂油水界面的定义。

（四）斜井空间归位及网格合理划分技术

1. 斜井空间归位技术

埕岛油田斜井多、大斜度井多。井斜资料差，造成很多砂体存在着油水矛盾，必须进行检验、校正。通过油水关系分析，运用 Forward 软件和 Petrel 软件联合实现井斜误差校正。例如 CB271A-2 与埕北 271A-3 井在 $(1+2)^3$ 和 $(1+2)^4$ 小层对比，通过分析油水界面，应该是存在深度误差，调整 271A-3 井深度，重新归位，这样油水关系合理（图 2-72），平面纵向矛盾解决。

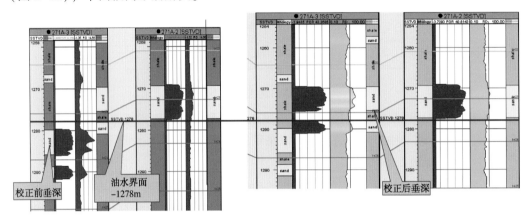

图 2-72　斜井深度校正图

2. 网格合理划分技术

网格是模型的最小描述单元，网格大小反映了模型的描述精度，网格方向影响了模拟运算流体的流动，网格规模影响了模拟运算速度，网格精细与网格规模是一对矛盾。因此，优化出合理网格规模是本项目的关键，最终模型网格既能很好地体现储层非均质特征，又能较好地进行数模运算。

由于目标区较大，平面油水关系复杂，根据油水关系分布及埕岛油田开发上的分区，最终划分为 7 个建模区（Segment）。

平面网格划分：尽量以断层作为网格边界，精细描述断层。复杂构造或微构造处网格加密，充分考虑井距的大小，尽量保证每 2 口生产井之间相距 3 个网格以上，生产井与注水井之间相距 6 个网格以上，考虑工区大小以及井组平台的特点，平面网格设计为 50m×50m。

纵向网格划分：纵向上采用逐级控制的方法建立网格模型。6 个解释层面文件为一级控制，30 个小层的地质分层数据为二级控制，小层内的网格划分为三级控制。三级控制采用的是不等距法：对于主力油砂体和储层厚度较薄的砂体，为了反映出储层纵向上的变化，一般采用 1m 一个网格，而对于较厚的水砂体，一般 3m 一个网格，最终纵向上分为 292 个网格。

最终模型区面积为 96km²，平面网格步长为 50m，纵向模拟层数为 292，网格厚度为 1.0m 左右，总网格数为 196×316×292＝18085312，有效网格数为 1169927。

（五）相控建模技术

1. 沉积微相建模技术

沉积微相研究成果能提供大量井间储层信息，将沉积微相作为储层参数的约束控制条件建立相控模型，有利于利用地质信息预测井间储层参数。在单井相分析和平面相图的共同控制下，采用确定性与随机模拟结合的沉积微相建模技术建立的储层沉积微相模型，能充分体现地质认识。

沉积微相研究成果能提供大量井间储集层信息，将沉积微相作为储集层参数的约束控制条件建立相控模型，有利于利用地质信息预测井间储集体参数。

首先将沉积微相图输入 Petrel 工区，以数值代码标示沉积微相，建立各砂组沉积微相数值代码网格。沉积微相代码如下：1—主河道；2—河道边缘；3—天然堤；4—决口扇；5—废弃河道；6—河漫滩。

相模拟包括了以下几个步骤。

1）平面相模拟

对于主力小层，并进行了沉积微相划分的，首先根据全区已知的沉积微相图确定各沉积微相的概率分布（图2-73），以该概率分布为基础，采用赋值的方法模拟出各沉积微相，得到平面相模拟结果。

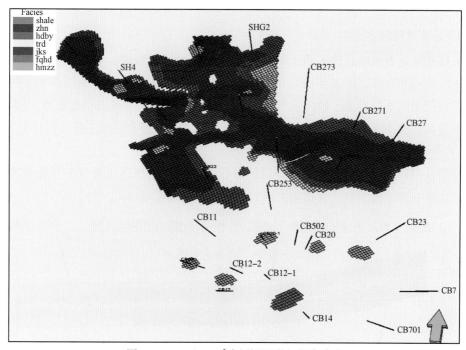

图 2-73　Ng(1+2)^{3}小层沉积微相概率分布

2）岩相控制模拟

运用模拟的岩相(泥岩和砂岩相)控制上步的沉积微相模拟结果，即在泥岩处选择泥岩相,在砂岩处选择沉积微相(主河道、河道边缘和天然堤或决口扇),得到砂体的沉积相模拟结果。

3)二次模拟

因为按照地质认识划分的沉积微相图是以小层为单元的,所以根据小层平面图得到的沉积微相模型在一个小层内纵向上是没有变化的,如何在小层内部体现出沉积微相的差别,需要二次模拟。

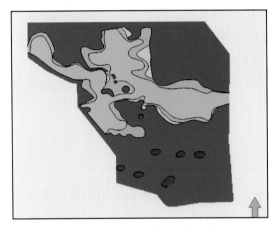

图2-74 Ng(1+2)³ 沉积微相模型

首先,把模型中的沉积相体离散到单井上,得到单井的相数据,根据小层砂体发育和地质认识修改单井相数据,使同一个小层内部的不同砂体赋予不同的相类型,运用修改后的相数据重新进行模拟。同时,地质工作者对全区的认识和模型的细微处可以通过交互的方式模拟出来,采用交互的方式修改分步模拟的结果,这样就得到最终的沉积微相模型。最终细分了106个井点的沉积微相类别,弥补了按小层划分沉积微相的不足,得到按砂体模拟的沉积微相(图2-74)。

2. 夹层建模技术

夹层建立是否准确直接影响了数值模拟时的油水运动规律,在建立夹层模型时要根据工区特点和对该工区夹层的认识程度来选择恰当的方法,建立夹层模型。因为在建立网格模型时不仅考虑了砂体发育的特点,同时也考虑了本区夹层的特点,所以1m以上夹层都能够体现出来。为了精细建立夹层模型,在处理夹层时主要应用以下方法。

1)分布稳定的夹层(隔层)

地质认识较清楚,能够描述出夹层的分布范围,即能描述出夹层的顶面和底面分布图。这样在建立模型时,直接把夹层的顶底面镶嵌进模型(图2-75)。

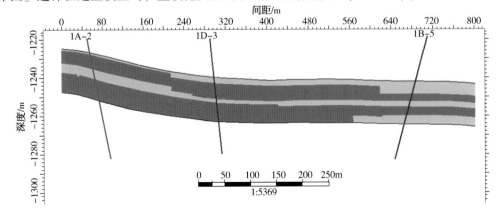

图2-75 岩相模型内夹层剖面发育图

2）依靠井点物性变化区分零散分布夹层

这种方法的建立还是以地层层面作为建模的层面，夹层的体现是依靠井点上的物性差别来区分的。这种方法适合于对夹层的平面分布范围认识不是很深入，不能描绘出夹层的分布范围，依靠模型来模拟夹层（图2-76）。

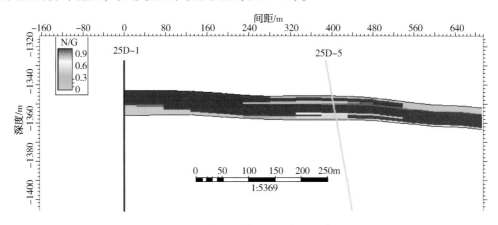

图2-76　净毛比模型夹层剖面发育图

（六）多方向变差函数分析技术

对于相控建模，以往的做法是在一个模拟层内分沉积微相进行变差函数分析，即一个小层内每个沉积微相只能确定一个主变程。而埕岛油田工区范围大且为多期河道叠加，河道摆动频繁，因此用一个变差函数进行模拟是不合理的。打破传统的解决方法，研究出属性模拟中多方向变差函数分析技术，其具体方法为，根据研究区砂体展布情况首先进行分区，再利用井过滤进行分区变差函数分析。通过对比分区前的变差函数图（图2-77）和分区后的变差函数图（图2-78）可以看出，分区建立的变差函数图拟合更好。这种方法解决了同一沉积微相内只能运用单一变差函数的难题，运用这样的多个方向的变差函数模拟储层属性更准确、合理。

（七）分区带饱和度模拟技术

埕岛油田馆上段油水关系复杂，平面和纵向上具有多套油水系统，给饱和度模拟带来了较大困难。首先统计注水开发前的钻井情况，应用这些井的测井解释饱和度进行全区饱和度模拟。

在模拟饱和度时，如果油水混合模拟，会导致油层饱和度降低，采用分步模拟可以使油层饱和度更准确。饱和度建模采用如下步骤。

1. 模拟油层饱和度

首先构建一条油层的饱和度曲线 Sw1，然后模拟 Sw1，即只模拟油层饱和度，这样在模拟油层饱和度时，可以通过地质认识，确定油层饱和度的两端截止值，即进行输入输出截断控制，这样可以确保模拟出的油层饱和度不会出现异常值。

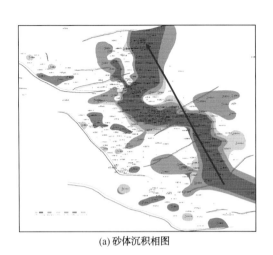

(a) 砂体沉积相图

(b) 主方向变差函数图

(c) 次方向变差函数图

(d) 垂向变差函数图

图 2-77　埕岛馆上段油藏 Ng4^2 砂体单一变差函数分析图

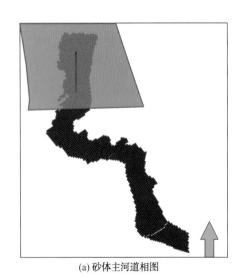

(a) 砂体主河道相图

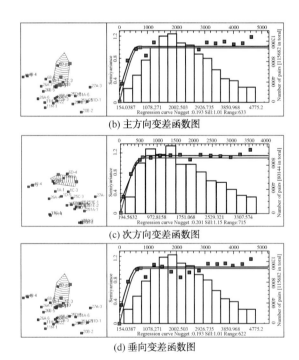

(b) 主方向变差函数图

(c) 次方向变差函数图

(d) 垂向变差函数图

图 2-78　埕岛馆上段油藏 Ng4^2 砂体主河道分区变差函数分析图

2. 确定纯水层饱和度

根据油水界面，确定纯水区，产生水层的饱和度。

3. 处理油水过渡带

J 函数处理可以得到含油高度和饱和度的关系，在模拟时用此关系作为纵向约束条件，这样，模拟的结果就可以反映出在油水过渡带处饱和度随深度的变化。最后对 3 次模拟结果进行合并，油层处饱和度选第一步模拟结果，水层处选第二步模拟结果，油水过渡带处选第三步模拟结果。水层的饱和度也可以通过油水界面赋水层为一常数。这样采用分步模拟的饱和度将更准确、更合理。

通过应用不规则油水界面建模方法，分区带模拟建准饱和度模型，攻克了油区、油水过渡带、水区之间饱和度模型界定难题，落实了多层复杂水淹区单砂体剩余油分布(图 2-79)，建成了国内首创、具有自主知识产权的千万节点三维地质模型，覆盖储量 $3.0 \times 10^8 t$，实现了注采井网、平台及管网的统筹优化；发明了多点地质统计方法、不规则油水界面建模实现方法，攻克了复杂水淹区 1800 万网格节点的超大规模建模数模一体化技术，为剩余油定量描述、开发调整方案优化决策提供了技术支撑。

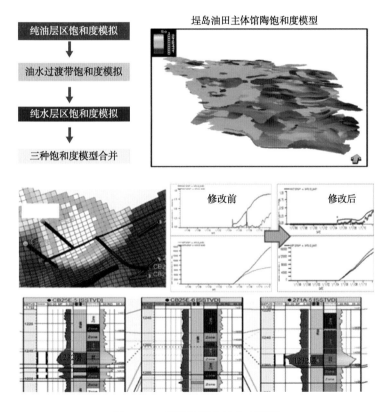

图 2-79　单砂体剩余油分布模型

三、建模数模一体化实施效果

（一）高精度数值模拟技术

油藏模拟指由于油藏流体及其与岩石作用的复杂性，通过油藏描述或模拟实现油藏开发的动态变化过程。

油藏模拟方法包括两种：物理模拟和数学模拟。物理模拟就是根据同类现象和相似现象的一致性，利用物理模型来观察和研究其原型或原现象的规律性。数学模拟用数值的方法来求解描述油藏中流体渗流特征的数学模型，与物理模型不一样，它不是一个实体模型。物理模拟的优点是保持模拟原型的物理本质，缺点是严格的物理模型难以建造，并且花费大量的人力、物力，实验周期长，同时测量技术存在困难。数学模拟的优点是周期短、见效快、适用广泛。因此，物理模拟可用于机理研究，为数学模拟提供必要的参数，验证数学模型的结果。数学模型考虑各种复杂因素，通过求解得到油藏参数。

基于窄河流相储层精细描述，针对河道砂油藏地质建模、剩余油分布预测、调整策略优化等难题，开展了埕岛油田的超大规模建模数模一体化技术攻关。通过应用斜井空间归位、网格合理划分、相控储层建模、多方向变差函数分析及分区带饱和度模型建立方法，解决了纯油区、油水过渡带、水区之间饱和度模型界定难题，建成了国内首例、1800万节点、96km^2、覆盖 $2.37×10^8$t 探明储量的自主知识产权超大规模三维地质模型。在精细地质模型的基础上，开展数值模拟技术应用，分阶段进行精细历史拟合，落实了单砂体油水分布及不同开发阶段剩余油分布，为整体调整及统筹布局落实了资源基础。

大部分区块储层非均质性较强，加上早期笼统注水，使得地下流场分布异常复杂，注入水低效无效循环更加突出，层内、层间、平面矛盾加剧，剩余油分布零散。控制油藏含水上升，减缓油藏递减速率已成为这些区块开发的首要目标。应用数模研究，摸清剩余油分布规律，对于挖潜增效、措施上产具有重要的意义。

数值模拟历史拟合工作量占整个数值模拟的 $50\%\sim60\%$ 以上，目前主要依靠人工进行，油藏工程师经验严重影响结果精度，拟合周期长，不能满足油藏模型及时性更新需求，严重制约了数模成果在日常注采调配工作中的有效推广应用。因此，研究自动历史拟合方法，编制自动历史拟合软件，实现历史拟合自动化，使得油藏工程师能将精力更多投入到方案决策优选当中，提高油田管理水平，实现油藏精细化管理。

数模结果本身具有多解性。油藏数值模拟历史拟合是一个根据实际生产情况和油藏地质认识来调整参数、获取最优解的过程。井间的油藏物性参数是连续分布的，但只能通过井点监测获得少量准确值。用少量的准确数据来预测大量连续分布的油藏参数，容易产生误差甚至错误，需要在历史拟合过程中不断调整相关参数，发现影响动态开发的主控因素，减少不确定性，求取最符合油藏工程师认识和生产实际的最优结果。

人工历史拟合想要取得成功，需要油藏工程师具有大量的拟合经验对工区有足够的认识。不同油藏工程师的经验和认识不同，所选择的参数范围和调整幅度不同，拟合效果也会千差万别。

自动历史拟合本质上是最优化问题，关键点是优化算法研究。表2-2所示为目前国内外不同自动历史算法及其优缺点的汇总。

表2-2 自动历史拟合方法及优缺点总结表

类别	主要方法	主要优缺点
伴随梯度算法	高斯牛顿（Kalogerakis，1995）、BFGS、LBFGS（Zhang 与 Reynolds，2002）	梯度较为准确、计算效率高，但求解过程异常复杂，伴随阵嵌入油藏数值模拟计算中，难以应用于实际油藏
启发式全局算法	模拟退火（Ouenes，1994）、遗传（Sen，1995）、微粒群（Eberhart，1995）	仅涉及目标函数计算，易于和任意模拟器结合，计算时易"早熟"，代价较大
无梯度算法	SPSA（Gao，2007）、EnOpt（Chen，2009）、SGSD（Reynolds，2010）	计算简单易行，局部寻优、计算效率介于梯度类方法与启发式算法之间
数据同化法	EnKF（Naevdal，2002）、ES-MDA（Reynolds，2013）	采用多模型优化、考虑油藏模型不确定性，适用于线性或弱非线性问题

基于贝叶斯统计理论，同时考虑油藏模型与先验地质模型的偏差、模拟生产动态与油藏历史动态的偏差，确定油藏模拟历史拟合问题的目标函数。该目标函数将生产观测数据和地质信息相结合，所得出的模型参数更符合油藏实际地质统计规律。

基于无梯度类和数据同化类算法这两类国际先进算法进行算法优化优选。最终选取 SVDP 算法、ESMDA 算法和 EnKF 算法作为本文应用的算法进行软件编制。

基于 Digital Visual Fortran 平台，使用 FORTRAN 语言完成自动历史拟合软件编制。将 SVDP 算法、ESMDA 算法和 EnKF 算法整合在一起，通过前端界面实现人机交互。核心算法支持并行计算，可提高大型油藏的自动历史拟合效率和精度。技术路线如图2-80所示。

根据不同的决策要求，用户可以灵活地选择自动历史拟合参数设置。根据历史拟合问题所需的计算资源，该自动历史拟合软件可以运行单个数模运算，也可以同时启动多个模拟作业，最大限度地提高拟合效率。软件能够自动调整各种地质模型参数以及相渗曲线、各向传导率等油藏动态参数，最大程度地匹配实际开发动态。

自动历史拟合软件包括模型准备、自动历史拟合计算、结果查看三个模块。

当使用人工历史拟合时，不仅参数调节流程繁琐，而且还需要等待计算结果出来后才能判断计算精度如何，才能进行下一步的运算。图2-81所示为数模模型前处理模块界面。通过对数值模拟 data 文件的解析，通过选择相关地质和动态参数，实现自动生成历史拟合文件，并可以同时运算多个拟合过程。同时能够结合油藏工程师实践认

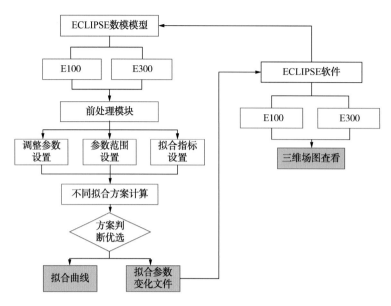

图 2-80　自动历史拟合功能流程图

识，选择调整参数及拟合指标，并确定参数调节限度，提高拟合效率降低拟合随机性，提高拟合准确性。

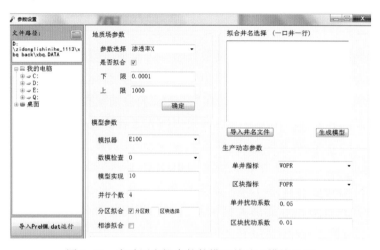

图 2-81　自动历史拟合软件模型前处理模块界面

自动历史拟合计算模块提供 SVDP、ENKF 或 ES-MDA 等算法，可以根据油藏类型和方案的需求进行选用，实现 E100、E300 模拟器的自动历史拟合运算，生成拟合曲线及拟合调整参数文件。

结果查看模块能够以树形列表方式直观显示历史拟合的计算结果，支持计算结果曲线和数据的保存，并可将数据输出到 Excel 表格中，便于进一步编辑和应用。

以埕岛中区为例，应用自动历史拟合软件对数模模型进行自动历史拟合，并对拟合效果进行实时动态评测，及时反馈问题、查找原因，进一步完善、优化更新自动历史拟合方法，并将历史拟合完成后的数模模型应用到注采调配中去。

中区油藏数值模型模型网格为 105×54×82，共 464940 个网格。模型总井数为 78 口井，拟合时间为 1995 年 4 月—2019 年 11 月。拟合动态指标包括区块(含水率、累产油)、单井(含水率、累产油)，调整参数包括相渗、渗透率(上下限设置为 0.001 ~ 15000)、传导率(上下限设置为 0.1 ~ 10)、初始含油饱和度(上下限为 0 ~ 1)。利用 SVDP 方法对模型进行拟合。

在进行自动历史拟合时，先拟合区块指标，在区块拟合指标达到要求后，再对部分"重点井"进行拟合，达到逐步拟合的目的。如图 2-82 所示，从场图分布结果来看，自动历史拟合剩余油分布结果与人工拟合相比基本一致，自动历史拟合没有出现"只为拟合而拟合"的渗透率呈现条带状分布的情况，符合油藏工程认识。

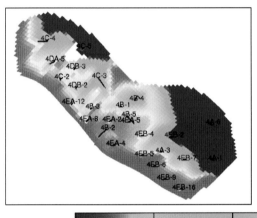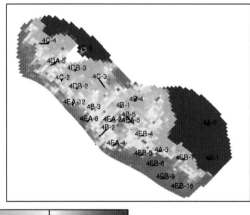

| 0.00000 | 0.18283 | 0.36566 | 0.54859 | 0.73132 |

      (a) 人工拟合结果   (b) 自动拟合结果

图 2-82　剩余油分布场图对比

如图 2-83 和图 2-84 所示，为区块和部分主力单井的自动历史拟合效果曲线。自动历史拟合与人工拟合效果对比如表 2-3 所示。从应用结果来看，自动历史拟合整体效果较好，大大提高了拟合工作效率，单井拟合效率达 85%，且拟合结果较为符合地质认识，说明了自动历史拟合可以大幅提升效率，有助于减弱由于油藏工程师对于区块的经验认识不足所造成的不确定性。

表 2-3　人工拟合与自动历史拟合

对比项	人工历史拟合	自动历史拟合
拟合所用时间	25 个工作日	7 天
工作模式	逐井调整，工作易出现反复	设置参数，选择算法，计算机自动拟合计算
拟合精度	符合地质及开发认识	拟合后油藏物性场图更符合地质实际，剩余油及水淹特征与人工拟合结果基本一致，符合认识
模型更新效率	效率低，周期长，仍需逐井调整	自动拟合，且支持重启案例的自动历史拟合计算，效率高

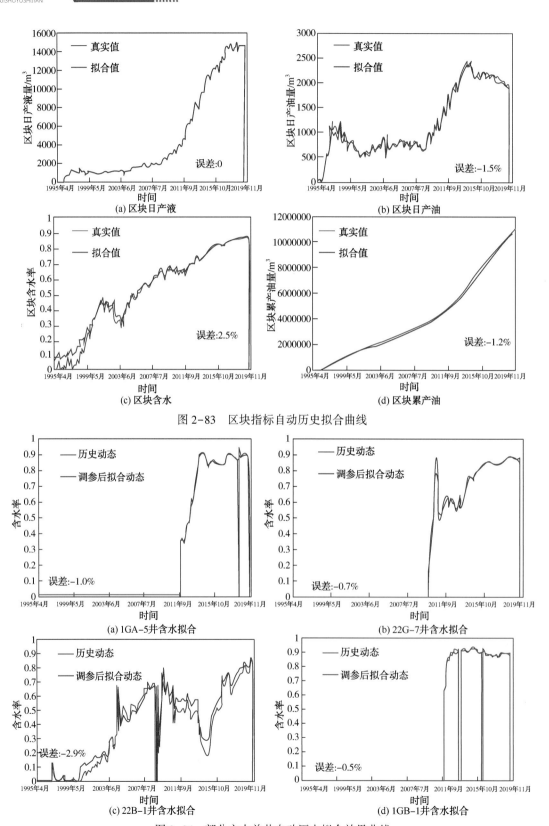

图 2-83　区块指标自动历史拟合曲线

图 2-84　部分主力单井自动历史拟合效果曲线

（二）剩余油分布规律及定量描述

随着开采程度的加深，地下油水关系越来越复杂，剩余油高度分散，寻找剩余油相对富集的部位对高含水期油田调整挖潜具有重要的意义。

目前对剩余油研究主要有以下方法：①利用各种手段直接监测剩余油的分布。②通过地质油藏数模一体化的手段，间接预测剩余油的分布。在微型构造和沉积微相等地质因素对剩余油分布的控制下，一是依据油藏动态、生产测试资料，利用递减和物质平衡等油藏工程原理量化油砂体的资源和剩余潜力；二是以精细地质研究为基础，综合密闭检查取心井、水淹层解释及生产动态和检测的多元信息，通过数学方法和数值模拟等手段描述剩余油分布（图2-85）。

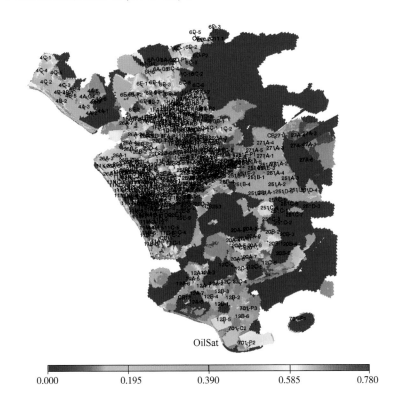

图2-85 埕岛油田主体剩余油饱和度图

1. KD481 剩余油分布规律及方案优选

新北 KD481 区块位于垦东凸起向桩东凹陷倾没的斜坡部位，地层构造平缓，整体表现为南高北低、西高东低的趋势，倾角约为5°~8°，主要开采层位为馆上段，包括3个井组平台，共27口井（16口油井、9口水井、2口气井）。KD481区块油气主要分布在 Ng2、Ng3 砂组，带气顶同时具有一定的边底水能量，含油层数少且厚度较薄，平均单层有效厚度为3.4m。平均孔隙度为37.3%，平均空气渗透率为$3348×10^{-3}\mu m^2$，地面原油黏度为50.3mPa·s，地饱压差为4.5MPa，压力系数为1.0，地温梯度为3.7℃/100m，属曲流河沉积的偏高温、常压、高孔高渗岩性构造层状气顶油藏。

KD481区块经历两个开发阶段，如图2-86所示。

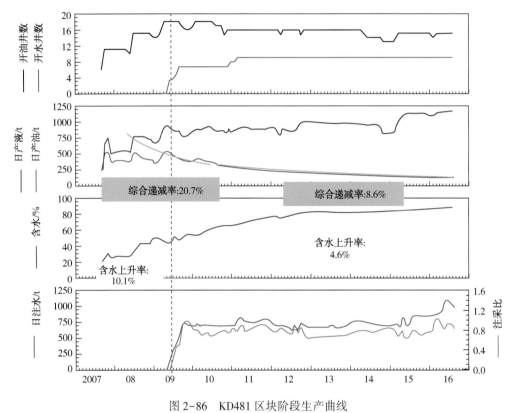

图2-86　KD481区块阶段生产曲线

天然能量开发阶段(2008年1月—2009年5月)：阶段采出程度为3.7%，采油速度为4.8%~8.9%，阶段累产油26.3×10⁴t，阶段末含水45.6%。

注水开发阶段(2009年6月至目前)：采出程度为8.5%，采油速度为0.8%~1.9%，阶段累产油61.1×10⁴t，阶段末含水88.2%

虽然含水较高，但采出程度较低，剩余油分布范围不均衡。平面上剩余油普遍分布，局部富集；纵向上带气顶层能量亏空严重，剩余油较多。边底水发育层水淹严重，注入水在平面上波及差异不大，纵向上驱油不均，主力油层水淹严重，储量动用状况较好，目前剩余油仍然主要集中在主力层注入水未波及的区域，如图2-87和表2-4所示。

针对这种情况，进行了配产配注设计方案优选。

方案设计原则：平面注采不均衡，以调流线为主，压高耗水主流线。提低耗水的非主流线；地层能量低，采用限液量提水量方式调整流场分布，提高低效井产能，增加储量动用。

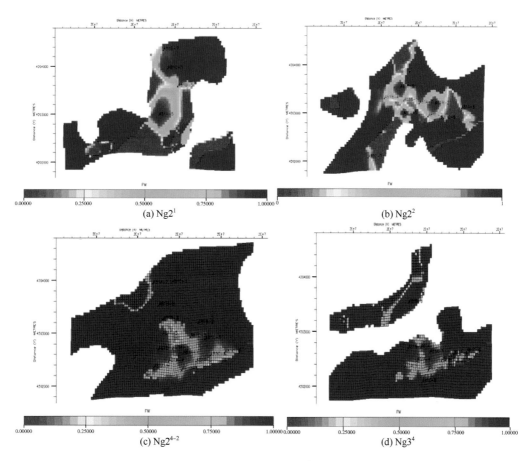

图 2-87　KD481 主力层剩余油分布图

表 2-4　**KD481 区块分层储量动用状况统计表**

层位	地质储量/10^4t	剩余油储量/10^4t	水淹储量/10^4t	波及系数/%	驱油效率/%
Ng2^1	120.1	103.4	74.61	62.1	13.8
Ng2^2	159.7	133.9	95.87	60.0	16.1
Ng2^3	12.8	11.6	1.16	9.0	9.3
Ng2$^{4-1}$	56.0	51.9	42.56	76.0	7.4
Ng2$^{4-2}$	193.9	149.2	131.77	68.0	23.1
Ng3^1	3.7	3.7	0.69	18.6	0.0
Ng3^2	19.1	17.9	1.80	9.4	5.9
Ng3^3	29.8	28.8	16.89	56.6	3.6
Ng3^4	112.8	86.6	89.18	79.0	23.2
Ng3^5	6.8	6.8	0.00	0.0	0.0
合计	714.8	593.9	454.5	63.6	16.9

方案设计思路如图 2-88 所示，根据剩余油分布状况，分类调参调配。

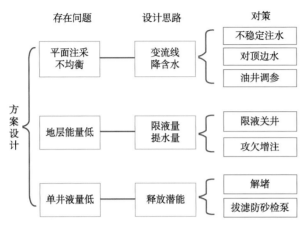

图 2-88　方案设计思路图

在 Ng2^2 层，由于气窜导致能量亏空严重，压降大(图 2-89)，剩余油较多，大多位于注入水未波及的区域。针对低能量区通过限液量提水量进行能量补充，扩大水驱波及范围。

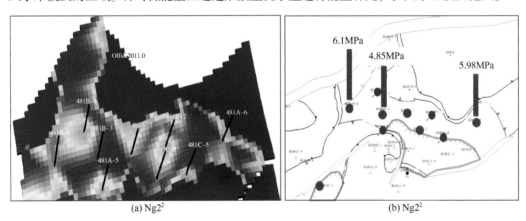

(a) Ng2^2　　　　　　　　　　　　　(b) Ng2^2

图 2-89　Ng2^2 层剩余油分布和压降分布图

如图 2-90 所示，481B-8 井配注量由 75m^3/d 提升至 100m^3/d，481A-5 井配注量由 60m^3/d 提升至 160m^3/d，481B-2 井配注量由 50m^3/d 提升至 90m^3/d，481C-5 井配注量由 110m^3/d 提升至 140m^3/d。同时对 481A-6、481B-3、481B-4 进行关井限产，补充地层能量，扩大波及面积，均衡地下流场。具体效果如表 2-5 所示。

表 2-5　调流场见效井统计表

序号	井号	生产层位	关井前生产情况					目前生产情况					差值		
			工作制度/mm	油压/MPa	日产液/t	日产油/t	含水/%	工作制度/mm	油压/MPa	日产液/t	日产油/t	含水/%	日产液/t	日产油/t	含水/%
1	KD481B-3	Ng2^2、Ng2$^{4-1}$、Ng2$^{4-2}$、Ng3^3	4	6.0	82.4	12.3	85.1	4	5.9	79.8	15.6	80.4	-2.6	3.3	-4.7

续表

序号	井号	生产层位	关井前生产情况					目前生产情况					差值		
			工作制度/mm	油压/MPa	日产液/t	日产油/t	含水/%	工作制度/mm	油压/MPa	日产液/t	日产油/t	含水/%	日产液/t	日产油/t	含水/%
2	KD481B-4	Ng2^2	3	7.0	41.6	6.9	83.5	3	7.5	46.9	9.2	80.3	5.3	2.3	-3.2
3	KD481A-6	Ng2^2	3.5	7.4	86.5	13.8	84.0	3.5	7.7	88.5	17.4	80.3	2.0	3.6	-3.7
合计					211	33	84.3			215	42	80.4	4.7	9.2	-3.9

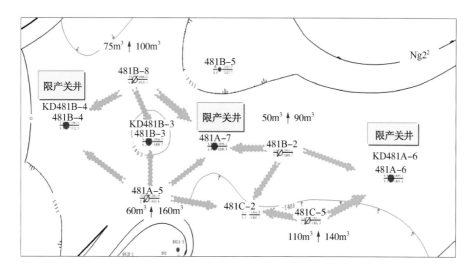

图 2-90　481B-3 井组注采调配示意图

2. 流线数模辅助定量分层精细注采调配

在层系、井网调整到位的情况下，合理的精细注采调配可以经济有效地实现这一目标。注采调配介入时机越早，优化效果越好，最佳时机是在含水率 80% 左右的阶段。

海洋采油厂目前处于中高含水阶段，含水快速上升，保持目前开发态势的难度加大，控含水、控递减、控成本、提效益属于当务之急。相对于实施措施和部署新钻井而言，注采调配成本较低，提高注采调配成功率能够有效均衡地下流场，扩大波及面积，提高水洗效率，是行之有效的手段之一。应用油藏数模结果后处理辅助注采调配，可以实现地下流场可视化，定量分析注采受效关系，也可以尽量降低含水上升速度，提高增油量。

以埕岛油田中二区为例，对 ECLIPSE 流线模型的数据文件进行大数据挖掘，实现分层产液、吸水数据的提取和计算，可以快速定量分析生产井受效情况，评价井组注水效率，进而计算和评价全区、分层、井组、单井的水淹动态和开发指标，并以此为依据确定目标区域和井组，实现工区的井组矢量化注采调配。

埕岛油田中二区储层物性好，油水关系复杂，油藏类型为高孔高渗常规稠油岩性构造层状油藏。

1995—2000年为天然能量开采阶段；2000—2008年为注水开发阶段；2008年以后，井网加密，层系细分，分层注水，属于综合调整阶段。目前注采比0.95，累计注采比0.83，平均含水85.7%，处于注采调配介入的最优时间范围。

根据中二区分布范围，圈定了油藏边界，将模拟区域平面上划分为126×137×93＝1605366的角点网格系统，其中有效网格112473个，纵向上根据地质小层分层结果划分为93个模拟层。

对埕岛中二区油藏的生产指标进行拟合，主要包括模拟区压力水平、综合含水率、产油速度、单井含水率等，历史拟合效果较好。截至模拟期末，该油藏综合含水85.0%，数模计算值为85.8%，拟合相对误差仅为0.94%，累产拟合相对误差仅为0.4%（图2-91）。

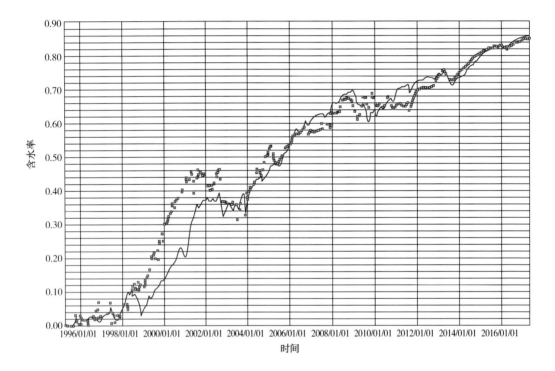

图2-91 含水率拟合曲线

由于可用于流线法数模的关键字数量少（图2-92），流线法模型的结果文件虽然给出了每层单井的含水和注采对应量数据，但是对于井组、层内、单层的含水、日产油、日产液等生产指标，没办法直接计算量化并给出图表，没办法直接应用于动态分析和注采调配，针对这个情况开发了流线法数模结果后处理程序，主要包含如图2-93所示的模块和功能。

```
1-----------------------------------------------------------------------------------------
WELLS                    Status of wells and groups                2953.0000 Days  report step 97,  1 Jun 2
     ------------------------------------------------------------------------------------------

                                      PRODUCTION REPORT
                                      ------------------
|-----------------------------------------------------------------------------------------
| Well or Group  |  I  |  J  |  K  | Grid | WellCnt | THP/Blck | BHP   | ResRate  | OilRate  | WaterRate | LiquidRate
|                |     |     |     |      |         | BAR      | BAR   | RM3/DAY  | SM3/DAY  | SM3/DAY   | SM3/DAY   |
|-----------------------------------------------------------------------------------------
|         FIELD|      |     |      |      | NONE  |          |       |3.615e+003|2.278e+003|1.069e+003|3.347e+00
|-----------------------------------------------------------------------------------------
|         GROUP|      |  GROUP|     |      | NONE  |          |       |3.615e+003|2.278e+003|1.069e+003|3.347e+00
|-----------------------------------------------------------------------------------------
|        11C-6|  31|  93|     |   0| SHUT  |0.000e+000|8.011e+001|0.000e+000|0.000e+000|0.000e+000|0.000e+000|
|        11C-5|  34|  92|     |   0| LRAT  |0.000e+000|7.044e+001|4.018e+001|2.175e+001|1.583e+001|3.758e+001|
|             |  37|  89|  75|   0| OPEN  |7.735e+001|7.044e+001|2.237e+001|2.006e+000|2.006e+000|2.006e+000|
|             |  37|  89|  79|   0| OPEN  |6.835e+001|7.133e+001|0.000e+000|0.000e+000|0.000e+000|0.000e+000|
|             |  37|  89|  83|   0| OPEN  |8.803e+001|7.241e+001|3.813e+001|1.974e+001|1.583e+001|3.557e+001|
|        11C-4|  37|  95|     |   0| SHUT  |0.000e+000|5.501e+001|0.000e+000|0.000e+000|0.000e+000|0.000e+000|
|        11E-2|  25|  71|     |   0| SHUT  |0.000e+000|1.102e+002|0.000e+000|0.000e+000|0.000e+000|0.000e+000|
|        11E-5|  33|  64|     |   0| LRAT  |0.000e+000|8.943e+001|5.631e+001|2.935e+001|2.345e+001|5.281e+001|
|             |  34|  64|   9|   0| SHUT  |1.076e+002|1.076e+002|0.000e+000|0.000e+000|0.000e+000|0.000e+000|
|             |  37|  61|  73|   0| OPEN  |9.219e+001|8.943e+001|4.173e+001|1.746e+001|2.216e+001|3.962e+001|
|             |  34|  63|  17|   0| SHUT  |1.255e+002|1.255e+002|0.000e+000|0.000e+000|0.000e+000|0.000e+000|
|             |  37|  61|  79|   0| OPEN  |9.466e+001|9.089e+001|5.366e-001|4.556e-001|2.802e-002|4.837e-001|
|             |  37|  61|  77|   0| OPEN  |9.251e+001|9.033e+001|1.404e+001|1.144e+001|1.261e+001|1.270e+001|
|             |  38|  60|  87|   0| SHUT  |1.264e+002|1.264e+002|0.000e+000|0.000e+000|0.000e+000|0.000e+000|
|        11E-6|  28|  63|     |   0| SHUT  |0.000e+000|1.095e+002|0.000e+000|0.000e+000|0.000e+000|0.000e+000|
|       11E-2D|  25|  71|     |   0| SHUT  |0.000e+000|9.790e+001|0.000e+000|0.000e+000|0.000e+000|0.000e+000|
|             |  25|  70|  61|   0| OPEN  |9.790e+001|9.790e+001|0.000e+000|0.000e+000|0.000e+000|0.000e+000|
|       11E-2G|  25|  71|     |   0| SHUT  |0.000e+000|1.280e+002|0.000e+000|0.000e+000|0.000e+000|0.000e+000|
```

图 2-92　流线法数模结果文件数据

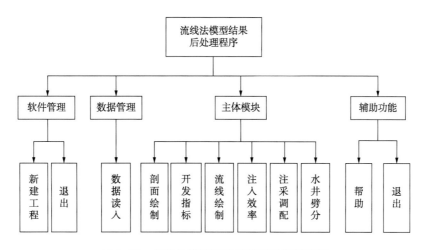

图 2-93　流线法模型结果后处理程序结构图

针对 ECLIPSE 流线法得到的海量流线数据，该程序可以提取全区或任意生产井(注水井)在任意开发时刻下各层位的开发指标数据，包括日度数据、月度数据、累积状况以及含水率状况；可以计算出单井的分层产液、吸水数据，并评价全区以及单井在各生产层位的开发状况。

通过对流线数模计算结果进行后处理，通过井组分层流线分布情况和井组的注采井注采分配关系，快速定量分析生产井受效情况，评价井组注水效率，并以此开展井组注采调配，实现工区井组矢量化注采调配的实际现场应用。

1）井组注采比研究

合理的井组注采关系是保持合理地层压力、使油田具有旺盛的产液产油能力、降低无效能耗并取得较高采收率的重要保证。合理的井组注采关系是通过合理的注采比来表现的，目前国内外计算注采比主要有注采比与水油比关系法、物质平衡法、多元回归法等，但是这些方法计算的注采比都是通过数学方法间接推导得到的，而通过流线模拟可以直接计算井组注采比。

流线模拟可利用公式计算井组注采比：

$$R_{ip} = \frac{Q_{oi}}{\sum_{i}^{n}(Q_{oi} + Q_{wi})} \tag{2-7}$$

式中，R_{ip} 为注采比；Q_{oi} 为井组中油井 i 方向日产油量；Q_{wi} 为井组中油井 i 方向日产水量；n 为井组中油井数。

从流线模拟结果可以读出注水井组的注水量，同时也可以读出该井组各个生产井对于注水井的产油量和产水量，因此根据公式即可求出井组的注采比。基于此原理编制井组注采比软件模块，软件可通过调用流线数值模拟结果数据，即可迅速查看每个井组在任意时间的井组注采比，该功能模块可为决策者提供井组的注采比情况，为后续调整决策提供依据和指导（图2-94）。

序号	日期	中心井	生产井	注水量/(m³/d)	注水比例/%	产油量/(m³/d)	产油比例/%	产水量/(m³/d)	产水比例/%	产液量/(m³/d)	含水率/%	井组注采比
1	2017/04/30	1D-4	1GA-5	0.00	0.001	0.00	0.002	0.01	0.008	0.01	100.00	
2	2017/04/30	1D-4	1C-1	8.00	1.800	1.53	5.760	3.93	1.940	5.46	71.98	
3	2017/04/30	1D-4	1FA-P2	139.00	31.300	16.60	41.300	120.00	53.200	136.60	87.85	
4	2017/04/30	1D-4	22FA-4	89.80	20.200	12.90	78.100	70.20	77.300	83.10	84.48	
5	2017/04/30	1D-4	25FC-P2	74.80	16.900	14.50	43.000	58.50	66.400	73.00	80.14	
6	2017/04/30	1D-4	25GA-P1	12.70	2.870	1.93	20.100	21.70	19.200	23.63	91.83	
7	2017/04/30	1D-4	1GA-2	4.99	1.120	0.52	4.780	5.49	3.090	6.01	91.35	
8	2017/04/30	1D-4	1FB-6	51.30	11.600	4.87	55.000	42.30	88.800	47.17	89.68	
9	2017/04/30	1D-4	1FC-1	19.10	4.310	2.58	7.520	15.90	16.100	18.48	86.04	
10	2017/04/30	1D-4	22FA-5	32.20	7.260	7.09	40.200	23.60	26.500	30.69	76.90	
11	2017/04/30	1D-4	进入油藏…	12.00	2.71							
12	小计			443.69		62.52		361.63		424.15		1.05

图2-94 某井组下的注采比统计表

以水井1D-4为中心提取某月流线模拟数据。该井总注水量为443.89m³，其注水分别以不同比例从周围10口油井中采出，还有一部分进入油藏。其中，比例最高的为1FA-P2井和22FA-4井，这两口油井恰好位于主流线方向，距离水井最近，受效最好；其次为22FC-P2井和1FB-8井，位于水井左对角线方向，有2.71%的水量进入地层。

同时可以看到水井向各个方向采油井推进的油量、水量以及来自该方向的油、水占该采出井全井产量的比例。通过以上数据计算出每口来自该水井方向的采油井的液量和含水。进一步对该井组进行分析，发现产量比例最高的25GA-P1井与1GA-2井含水也最高，已超过90%，应适当控制该方向来水，避免无效循环。而1C-1井尽管从该井获得的水量比例不高，但含水很低，油量贡献较大，可以适当提高该方向注水量，挖掘该方向剩余油潜力。通过可以计算出该水井为中心的井组注采比为1.05，分析该井组注采比较高，水突破无效循环严重，考虑是否调整注采关系，控制含水上升，提高产油比例。另外，有2.71%的注入水进入油藏，从而增大地层压力。

2）井组注水效率评价

从流线模拟中得到了有价值的信息。井分配文件(.ALLOC)提供了分配到单个注入井采油井对的流体量，井分配系数表明了由于多口井提供能量在给定井中流量所占的百分数。对于多口注水井为一口采油井提供能量来说，井分配系数表示每口注水井提供的能量在该采油井的采油量中所占的百分数。同样，对于一口注水井为多口采油井提供能量来说，井分配系数表明向每口采油井注入的水量所占的百分数。通常井分配系数能够提供以下信息：

①注入水向对应采油井的分布情况；②注入含水层的水损失情况；③与每口注水井相对应的采出原油的百分数；④与每口注水井相关的含水变化。

通过分析大量的采油井来评价一口注水井的效用。一口高效注水井通常能为多口采油井提供能量，并均匀分布注入流体。

将注水效率IE定义为：

$$IE = \frac{采出的补偿液量}{注水井注入的总水量} \qquad (2-8)$$

绘制每口注水井注水量与相应采出的补偿采油量/采液量的曲线，具体步骤包括：①选择一口注水井。②收集总注水量数据，该数值是二维曲线上的X轴。③选择与这口注水井对应的每口采油井，得出与第一个步骤中选择的注水井对应的采油量。④对于这口注水井的所有对应采油井，重复步骤③。⑤把所有对应采油井（在步骤④中得到的)的采油量相加，这就是由于该注水井而采出的补偿采油量，表示为Y轴。⑥对于油藏的每口注入井来说，重复上述步骤。

如图2-95所示，绘制注水井的注水效率交会图，图上的每个点代表一口注水井。把注水效率曲线分成百分比效率。100%海水效率在45°线上，因为注入每桶水采出了相等体积的原油，所以位于这条线上的注水井注水效率最高。同样，75%注水效率33.75°线上，以此类推，目的是在该曲线上把注水井向上或向左移动。另一方面，在25%注水效率线(11.25°)以下的注水井注水效率最低。就补偿采油量/采液量而言，在注水井注入了大量的水，而在对应采油井却采出了很少的原油。这些注水井是关井的主要候选对象，特别是在水量受到限制或可以把这些水量用于油田其他地区时更是如此。

基于以上注水效率定义与评价方法，编制了注水效率评价软件模块。图2-95展示了25C-4井在不同时间的注水效率。从图中可以看出，该井的注水效率基本都处于45°线下面，说明该井组的注水效率偏低，后期调整可以通过限制注水量来提高注水效率。

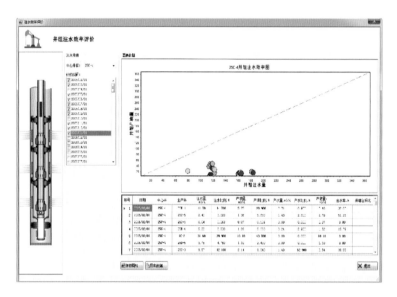

图2-95　注水效率评价图

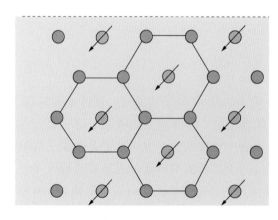

图2-96　七点法井网图

3）流线注采调配的优势

常规注采调配基于水井无法跨越一线井考虑，往往通过人工计算井组注采比来进行调配，而在面积井网中，实际生产井是受多个注采井组影响的。因此，实际井组注采比计算有其缺陷，且计算费时费力，而通过流线模拟，可辅助进行调配，提高调配效率（图2-96）。

流线调配是以流线模拟为基础，选取注水井为中心的典型井组，快速获取井组注水效率、注采比及井组含水率作为调配依据。

流线注采调配可快速获得目前时刻的任意注采井组的注采比（表2-6），以及井组各生产井在井组内的产油量和产水量、井组的注水效率，直观、可靠，可迅速判断注采调配的方向、方法和潜力，克服了传统调配人工计算注采比费事、费力的缺点（图2-97）。

表2-6 22A-6D井组注采分配表

注水井	生产井	注水井量/（m³/d）	注水比例/%	产油量/（m³/d）	产水量/（m³/d）	产液量/（m³/d）	含水率/%	井组注采比	注水效率/%
22A-6D	22C-6	8.75	12.7	0.36	8.4	8.76	95.9		
22A-6D	22E-1	23.7	34.5	9.73	15.5	25.25	61.4		
22A-6D	22A-5	2.5	3.63	0.15	2.2	2.35	93.6		
22A-6D	22E-3	33.8	49.1	3.02	30.4	33.42	91		
小计		68.75		13.26	56.5	69.76		0.99	19.28

4）注采调配

根据流线分布能够直观显示注采井间连通状况，再根据流线疏密和流线的分流量来确定油水井分配系数，进而可以定量表征注采井间动态关系。对注水井而言，分配系数是指周围各受效生产井所获得的注水量的相对大小；而对生产井而言，则是周围各水井对其产水量贡献的相对大小，即油井受效系数。

油水井分配（受效）系数是通过计算某时刻连接油水井间的各流线的通量得到的。以注水井为研究对象，引入注水井单层分配因子概念描述某时刻第k层注水井分配给油井的相对大小。

以CB22FC-2注水井井组为例。从流线模拟结果可以看出（表2-7），该井组在Ng3^{1}注水层位存在注采比比较大的问题（图2-98），因此，需对注水井进行注水量调节（表2-8）。

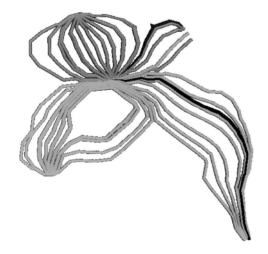

图2-97 22A-6D井组Ng4^{5}层流线图

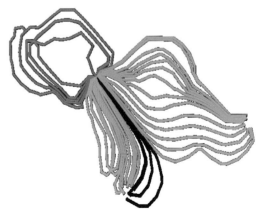

图2-98 22FC-2注水井在Ng3^{1}层
注采流线图

表 2-7　22FC-2 注水井在 Ng3[1] 层调配前流量分配

序号	注水井	生产井	注水量/(m³/d)	注水比例/%	产油量/(m³/d)	产油比例/%	产水量/(m³/d)	产水比例/%	产液量/(m³/d)	含水率/%	井组注采比	注水效率/%
1	22FC-2B	22FC-1	8.24	15.60	2.52	18.00	4.74	23.40	7.26	65.3		
2	22FC-2B	22FC-4	16.30	30.80	7.82	67.40	11.00	76.70	18.82	58.4		
3	22FC-2B	22B-5	3.75	7.10	2.30	14.10	2.20	10.50	4.50	48.9		
4	22FC-2B	22FC-5	0.42	0.79	0.14	0.88	0.03	0.12	0.17	17.6		
5	22FC-2B	进入油藏	24.10	45.60								
6	小计		52.81		12.78		17.97		30.75		1.72	24.20

表 2-8　22FC-2 注水井目前注水层位

井号	测试日期	注水方式	电测序号	层位(统层后)	生产层段(斜)/m
CB22FC-2	2016/8/26	一级、二段	1	Ng(1+2)³	1719.8~1735.2
CB22FC-2	2016/8/26	一级、二段	4	Ng3[1]	1786.3~1787.9
CB22FC-2	2016/8/26	一级、二段	5	Ng3[1]	1790.5~1794.0

　　实际现场在 2017 年 4 月对该注水井组进行了调配。实际现场统计发现注采比偏大，因此通过下调 CB22FC-2 注水井在各小层的注水量，实现注采调配的目的。现场通过跟踪动态发现，通过调整注采比，周围生产井 CB22B-5 井取得了比较明显的效果。2017 年 6 月下旬开始，日油开始逐渐上升，开发效果明显改善(图 2-99)。

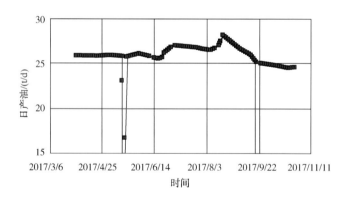

图 2-99　2017 年 4 月调配后 CB22B-5 生产井日产油变化

　　以 CB1GB-8 注水井井组为例。流线模拟显示(表 2-9)，CB1GB-8 井组注水效率偏低，仅为 5.3%。分析知，井组生产井含水率偏高，注水井的水量超过 85% 流入到 1GB-6 井和 1GB-9 井，水窜严重(图 2-100)，因此，需要适当降低注水井水量，提高注水效率(表 2-10)。

表 2-9　CB1GB-8 注水井组在 Ng5^3 层调配前流量分配

序号	注水井	生产井	注水量/(m^3/d)	注水比例/%	产油量/(m^3/d)	产油比例/%	产水量/(m^3/d)	产水比例/%	产液量/(m^3/d)	含水率/%	井组注采比	注水效率/%
1	1GB-8	1GB-6	72.10	52.40	3.49	23.70	66.00	27.50	69.49	95.0		
2	1GB-8	1GB-9	48.60	35.40	2.72	34.70	44.30	27.40	47.02	94.2		
3	1GB-8	1GA-12	0.01	0.01	0.00	0.01	0.01	0.01	0.01	100.0		
4	1GB-8	25E-1	16.80	12.20	1.10	4.82	14.50	10.40	15.60	92.9		
5	小计		137.51		7.31		124.31		132.12		1.04	5.32

表 2-10　CB1GB-8 注水井目前注水层位

井号	解释序号	层位	射孔井段顶深(斜)/m	射孔井段底深(斜)/m
CB1GB-8	9	Ng5^3	1498.6	1505.0

实际现场在 2017 年 3 月对该注水井组进行了调配。实际现场统计发现注采比偏大，因此通过下调 CB1GB-8 注水井在 Ng5^3 小层的注水量，下调注采比实现注采调配的目的。现场通过跟踪动态发现，通过调整注采比，周围生产井 CB1GB-6 井取得了比较明显的效果。2017 年 4 月开始，日油开始逐渐上升，同时，含水率下降明显，开发效果明显改善（图 2-101、图 2-102）。

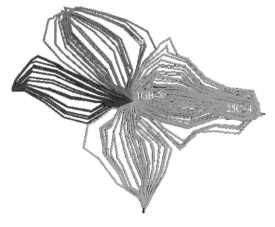

图 2-100　CB1GB-8 井组目前流线图

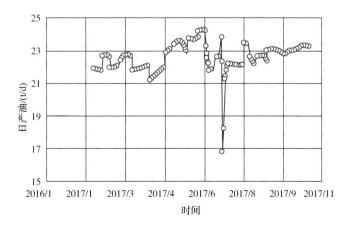

图 2-101　CB1GB-6 井调配后日产油曲线

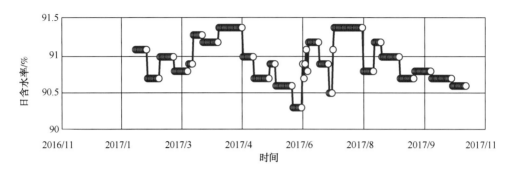

图 2-102　CB1GB-6 井日含水率曲线

在井组注采调配的基础上保存注采调配结果，并实现与 eclipse 数据快速对接，方便用数值模拟开展区块整体调配效果预测(图 2-103)。采用该方法对中二区进行了注采调配，调配结果如表 2-11 所示。数值模拟预测表明，注采调配后，可累计增油 $13.1 \times 10^4 t$，提高注水效率 0.50%，提高采收率 0.24%。

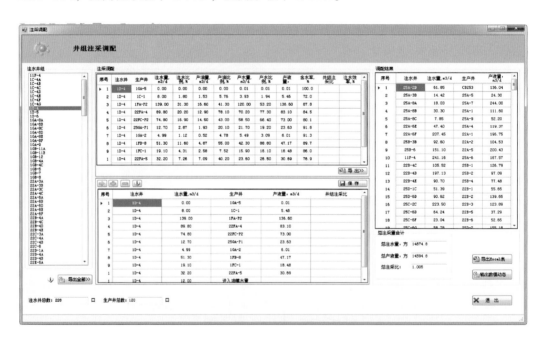

图 2-103　整体调配处理界面

表 2-11　中二区注采调配后注水井注水量

注水井	注水量/(m³/d)	注水井	注水量/(m³/d)	注水井	注水量/(m³/d)
1GA-8	215	22FC-8	50	25GB-2	165
1GB-11	113	22G-3	200	25GB-4	255
1GB-4	216	22G-6	310	25GB-6	138

续表

注水井	注水量/(m³/d)	注水井	注水量/(m³/d)	注水井	注水量/(m³/d)
22A-3	169	22G-9	200	25GB-8	102
22A-4	139	22H-10	160	25GC-5	248
22A-6	383	22H-5	105	25GC-6	160
22B-4	403	22H-6	170	25GC-8	158
22C-3	80	22H-7	180	25GC-9	188
22C-4	50	22H-8	220	1C-4	150
22D-1	25	25A-2	250	11F-4	269
22E-5	373	25A-3	300	1D-4	444
22FA-10	250	25A-8	110	1D-5	237
22FA-11	248	25B-3	220	1GA-9	82
22FA-13	140	25B-5	125	1GB-12	102
22FA-16	238	25C-2	340	1GB-5	286
22FA-18	265	25C-6	370	1GB-7	175
22FA-2	105	25D-1	65	1GB-8	138
22FA-6	80	25D-6	230	22C-6	54
22FA-8	200	25E-5	120	22D-4	55
22FB-1	105	25GA-1	360	22FB-10	75
22FC-2	165	25GA-2	240	22FB-13	64
22FC-3	210	25GA-6	125	22FB-14	91
22FC-7	180	25GB-10	142	22FB-15	181
22FB-2	94	22FB-8	150	25C-4	181
22FB-3	57	22G-4	57	25GB-1	99
22FB-5	116	22H-1	90	25GB-3	142
22FB-7	166	22H-2	101	25GC-1	126
25B-6	151	1D-6	152		

2019 年中二区以调整流场、提高注水波及系数为原则，实施水井调配 62 井次，日配注调整量 1990m³，见效油井 22 口，日油能力增加 35.1t，累计增油 5989t。

（三）建模数模一体化实施效果

应用油田级精细建模及数模一体化技术成果，为 9 个开发单元剩余油分布、层系井网调整部署及方案优化决策对比提供了依据。细分加密后由一套层系开发细分为 2~4 套，单个开发单元油层数从 18~30 个简化为 4~8 个，有效厚度从 30.7m 减少为 14.2m，注采井距由 450m 缩小至 300m，水驱储量控制程度由 68.5%提高到 96.3%，注采对应率由 71.7% 提高到 90.2%。结合平面水淹特点，新油井均布在滞油区及分流线上，投产初期含水率平均比周围老井低 35%，产量高 15t/d，平均单井增加可采储量 $7.1×10^4t$。

1. 调整中模型快速更新应用技术

在埕岛油田老区的综合调整过程中，为了节省成本、提高效率，海上施工安排紧密，一个区块的调整往往多平台同时施工，调整时间特别短，平均定向井的钻井周期仅有 8d，地质工作分析时间仅为 3d 左右。这就要求提高工作效率，保证每口井的钻井实施安全和钻遇情况。

为了提高工作效率，在老区调整过程中，充分发挥地质信息平台的优势，利用地质模型的实时更新来保证后续钻井的钻井成功率。在钻井过程中，通过随钻测井资料以及完钻井资料，结合储层展布、顶面微构造以及流体性质等的变化，对原模型进行不断修正，提高预测的可靠性，进而修正调整方案，指导后续井位的部署及水平井的跟踪，降低钻井风险。

1）通过地质工作平台实现数据的及时传输

借力互联网技术，建立各类专业软件的网络工区，配合油田和采油厂的专业辅助系统(包括油田的测井数据查询库、录井远程实时发布系统等，采油厂的地质开发工作网络数据库、OFM 等)，搭建地质工作平台。通过地质工作平台实现海上钻井进度的实时掌握，通过无线信号，将海上钻井的进度和数据第一时间传输到技术人员手中，迅速开展研究工作，实时调整。

2）通过地质工作平台实现数据的及时转化

新井完钻后，需要及时处理数据以更新模型，通过 Excel 和 Access，利用 VBA 程序语言编制宏，形成各类数据操作整理的模块和小软件。在新井资料到手后，利用这些小程序可迅速进行数据的整理，大大节省了数据整理的时间，并且还实现了各类数据的一体化管理。

3）通过地质工作平台实现模型的实时更新

新井随钻地质资料导入建模软件后，完善地质认识，落实砂体展布和油水分布，基于此对初始地质模型进行修改和完善，保证地质模型与实钻结果的一致性。对于油水关系较复杂的地区，可以通过数值模拟来进一步确定。从而指导后续井位的部署和单井的实时钻进，以达到提高钻井成功率和开发效果的目的。在随钻跟踪调整中，采用数据处理比较快捷方便的 Direct 地质建模软件来进行地质建模，平均每两口井即可完成一次模型的更新，整个流程所需时间仅为 1~2d，大大提高了工作效率，缩短了单次地质研究的时间，为后续井位的优化和部署节约出足够的调整时间。

【实例 1】　根据钻遇结果落实油水分布规律

研究区馆上段 Ng(1+2)^3 砂体属于典型的曲流河沉积，河道砂体厚度大，展布范围广，是主力产油层。但是在横向上相变快、相互叠置，所以砂体的横向连通性及油水界面的具体位置存在很多不确定性。

地震剖面上地震反射轴连续性很差，因此在原始模型中把 $Ng(1+2)^3$ 砂体解释为三个独立的砂体，并在该砂体上部署了三口井，包括水平井 6GA-平2、对应注水井 6GA-7 和定向采油井 6GA-8 [目的层段为 $Ng3^3$，兼顾 $Ng(1+2)^3$]。由于该区域 $Ng3^3$ 砂体分布比较稳定，所以三口井的钻井顺序为 6GA-8→6GA-平2→6GA-7。6GA-8 井完钻后，发现其 $Ng(1+2)^3$ 砂体都为水层，因此推测砂体横向是连通的，所以暂时取消了 6GA-平2，并对 6GA-7 调整了靶点，先实施 6GA-7 井，6GA-7 井钻遇油水界面，油水界面为 1250m，与主力砂体油水界面一致，最终确定砂体的横向连通性，所以 6GA-平2 位于油水过渡带，考虑到砂体的发育情况不稳定和调整空间太小，故取消该井（图 2-104）。

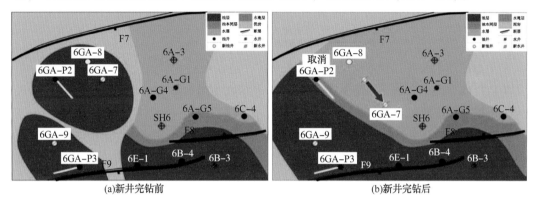

(a)新井完钻前　　　　　　　　　　　　(b)新井完钻后

图 2-104　埠岛油田北区 $Ng(1+2)^3$ 小层平面图

【实例2】　根据钻遇结果修改砂体范围

在综合调整过程中，单井的设计垂深都能钻穿整个馆上段，以便在保证单井钻遇效果的前提下，尽量钻遇更多砂体，特别是在砂体的边缘地区，能有效确定砂体边界和油水界面，防止损失地质储量，对于最终保证整体的调整效果具有重要意义。

CB6GB-10 井设计为合层注水井，预计钻遇油层数 2 个，为 $Ng(1+2)^3$、$Ng4^5$，砂体厚度 8.2m，油层厚度 5.6m，完钻垂深 1510m，完钻井深 1650m，全部射开，初期配注 120m^3/d。该井完钻后，除 $Ng(1+2)^3$ 和 $Ng4^5$ 层的钻遇油层，还钻遇了一套 $Ng4^2$ 砂体，油层厚度 8.4m。通过对该边缘地区重新地震解释，发现有一套平均厚度约为 6m 左右的砂体，结合后续井的钻遇情况，最终确定该砂体为一底水油藏，预计储量 20×10^4t（图 2-105）。对于底水油藏，且为区块的边部，水平井就具有很大的优势，不仅能控制水锥，与直井相比，还有更高的临界产量和采收率。所以在该位置新增了一口水平井 6GB-平2，该水平井投产后效果非常好，实钻水平段好油层 244m，初期日产液量 60.1t，日产油 49.4t，含水仅 17.8%。

2. 局部精细建模跟踪水平井技术

与定向井相比，水平井具有泄油面积大、生产压差小、储量控制程度高、单井产量高并且采油成本比定向井要低等优势。鉴于此，在满足经济界限条件的前提下，综合考虑储层厚度、物性及水淹情况等因素，在一些主力油层单一、具有一定油层厚度且分布稳定或油层厚度较大可局部再细分的区域，特别是砂体平面展布范围较小、无

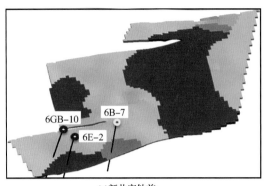
(a)新井完钻前

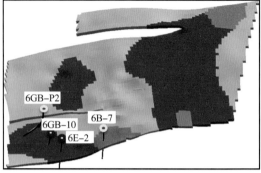
(b)新井完钻后

图 2-105　埋岛油田北区 $Ng4^2$ 小层平面图

法采用面积注水井网开采的储层，部署水平井。但在水平井实施过程中存在较多难点，主要包括以下几个方面：①工区直井很少，大多数为定向井，老井轨迹的测量误差较大，根据不同井校准的油层顶面深度不同；②储层都为河流相砂体，物性变化复杂，发育泥质夹层，影响实时判断；③考虑到河流相砂体多为正粒序的特征，水平井多要求部署在靠近油层顶面的位置，可以有效避免水淹；④随钻测井仪器受限，为节省成本，海上水平井钻井采用的是普通的 LWD 地质导向系统，其缺点是测量点延迟较长，电阻率测量模块距钻头 14m 左右，自然伽马测量模块距钻头 16m 左右，井斜数据测量模块（MMD）距钻头 22m 左右，延缓了对钻头位置的实时判断，大大降低了水平井的钻遇率。

为了解决这些难题，以地质模型为中心分五步来进行水平井跟踪（以 6FA-平 1 井为例）：埋北 6FA-平 1 井为 $Ng(1+2)^3$ 层水平井，控制面积 $0.11km^2$，控制储量 $21×10^4t$，油层厚度 10m 左右，设计水平段长度 210m，该水平井初期产能预计 38t/d，含水 70%。

1）探准油顶深度

确定油层顶部深度是水平井二开的关键，其主要受靶前距和井斜角的控制，并且靶前距和井斜角的选取也直接影响水平段长度和井轨迹质量。不同的区块、层位油层的地质条件不同，所以确定方法也不同。靶前距的设计一般在 A 靶点前 30~50m，当地层下倾和水平状态时，一般靶前距选在 50m 左右；地层上倾时靶前距一般选择 30m 左右，地层上倾幅度越大，则靶前距越小。井斜角一般选择小于地层倾角 3°~4°效果比较好，这样在油层推后时能及时增加垂深，在油层提前时又能及时增斜上挑，控制进入油层深度。

探准油层顶部深度之后，通过合成记录标定对水平井井区的 $Ng(1+2)^3$ 砂体进行精细地震解释，解释精度由原来的 5×5，细化到 1×1，充分利用地震反射轴的横向分辨率来刻画水平井井区 $Ng(1+2)^3$ 砂体顶面的微构造特征。6FA-平 1 井区 $Ng(1+2)^3$ 砂体顶面构造幅度较小，倾角 1°~2°，结合邻井的实时对比结果，确定进入油层的倾角选择 85°~87°左右（图 2-106），二开钻头钻进油层之后，适时地增加井斜，钻井的深度调整井斜至与油层顶面构造近平行，垂向钻进控制在 1~2m 内，水平钻进过 A 靶点 10~20m 即可。

2）局部精细建模

确定油层顶部深度之后，结合地震构造趋势和单井的分层数据，重新校正微构造，并建立局部精细的单砂体地质模型。该模型有以下几个特点：网格更细，网格选择 10×10，这与钻井过程中每根井管的长度一致，方便调整；层位少，只对目的层位和上下邻层进行建模；建模方法选择单砂体建模，能清晰刻画砂体展布和形态；属性单一，模型只被应用在水平井跟踪中，所以只需做伽马属性模型（图 2-107）。

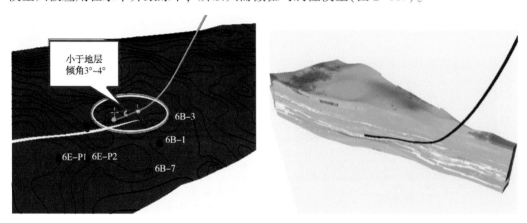

图 2-106　Ng(1+2)³砂体顶面构造图　　　　　　　图 2-107　伽马属性模型

3）依据模型增加关键控制点

根据模型中砂体的顶面构造特征，在构造突变点或构造异常点设置控制点，使其基本保持在储层顶面之下 1~2m 处的有利位置，生成井轨迹，将设计井轨迹和控制点数据交给平台随钻跟踪人员，以防止不能及时调整钻头角度而钻出油层（图 2-108）。

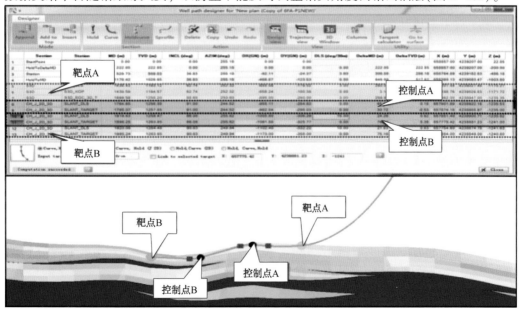

图 2-108　6FA-P1 井设计图

4）计算钻井参数

井的钻进速度主要受地层岩性、钻头类型、钻压、转速、泵排量、钻井液性能、射流参数以及井斜角等因素影响，不可控因素主要是地层岩性的变化，其他参数均为可控参数。每一个可控因素对钻进效果的影响都很小，在井底充分清洁的情况下，地层对 PDC 钻头钻速的影响程度达到 85% 左右。因此在钻井过程中，通过对钻井可控因素进行控制，在保证井内压力平衡和清洁井眼的前提下，钻压、转速、泵排量、钻井液性能等参数尽量维持稳定，可以放大地层对钻速的影响程度，这样即可通过钻速来估测地层岩性。

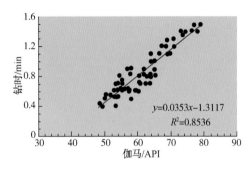

图 2-109　伽马值与钻时关系图

对于砂泥岩地层来说，泥质含量是区分地层岩性最有效的手段之一，通过统计 6FA-平 1 井已钻地层的伽马值和相对应的钻速，发现二者之间存在很好的线性关系（图 2-109），这样在钻井过程中即可通过钻时的大小，及时估算正钻地层的伽马值，然后结合地层伽马模型，判断钻头所处的位置。

5）实时调整井轨迹

通过对完钻井的录井数据统计，发现当钻时为 0.4~0.6min 时，储层岩性多为细砂岩，物性很好；当钻时为 0.6~1.0min 时，多为粉砂岩，物性好；当钻时为 1.0~2.0min 时，多为泥质粉砂岩，物性较差；当钻时大于 2.0min 时，则为粉砂质泥岩或泥岩，纯泥岩段的钻时能达到 4.0~5.0min 左右。河流相储层多为正粒序结构，所以在钻井过程中，保证钻时在 0.5~0.7min 左右时最好。当钻时大于 0.7min 时，适当的增加井斜角，使井轨迹钻进油层内部；当钻时小于 0.5min 时，适当的减小井斜角，保证井轨迹不会钻入油层底部（图 2-110）。最终，通过地质模型对实钻轨迹进行实时调整，避免了钻头钻出砂体的风险，该井实钻水平段 265m，钻遇好油层 226.5m，钻遇率 85.4%，日产油 37.5t，含水 25.1%，远远小于设计含水 70.0%。

3. 小结

在埕岛油田北区综合调整中，前期的基础井位部署和单井地质设计、在调整过程中井位的随钻跟踪调整和后续井位的优化、建模数模一体化技术都发挥了其固有优势，比传统方法更直观准确地确定了工区地质情况，井位的实施也达到了零失误的高水平。

北区综合调整方案共设计井数 54 口，最终实钻井数 49 口。方案设计定向平均单井钻遇 9.3m/2.36 层，实际钻遇 12.4m/2.26 层（表 2-12）。6 口水平井水平段总长度 1470.5m，钻遇油层 1264m，钻遇率高达 85.9%，并且水平段均处于油层靠上的位置，开发指标远远优于设计水平（表 2-13）。

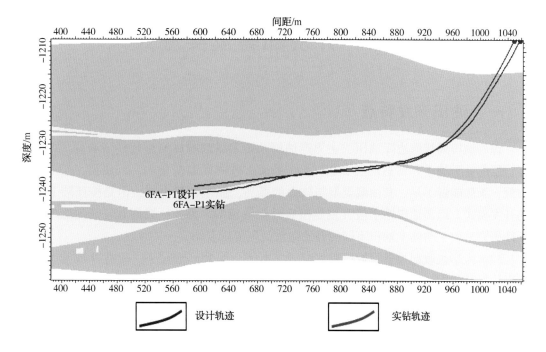

图 2-110　过 6FA-P1 井剖面砂体钻遇图

表 2-12　北区定向井钻遇情况汇总表

井组	井数	层数/层		油层垂厚/m	
		预计	实钻	预计	实钻
6FA 井组	11	2.64	2.82	10.2	13.7
6FB 井组	4	2.75	2.5	7.4	14.5
6GA 井组	14	1.92	1.62	7.7	10.3
6GB 井组	10	2.5	2.4	11.2	13.1

表 2-13　北区水平井钻遇情况汇总表

井号	层位	实钻水平段/m	钻遇油层/m	钻遇率/%	日产液/t	日产油/t	含水/%	设计日油/t	设计含水/%
6GA-P1	$Ng(1+2)^2$	179.5	134.8	75.1	89.20	4.55	94.9	28t	73
6GA-P3	$Ng(1+2)^3$	253.0	203.0	80.2	52.10	43.19	17.1	38t	50
6GB-P1	$Ng3^3$	217.0	156.0	71.9	62.10	51.98	16.3	35t	70
6GB-P2	$Ng4^2$	274.0	244.0	89.1	48.30	40.96	15.2	40t	40
6FA-P1	$Ng(1+2)^3$	265.0	226.5	85.4	50	37.5	25.1	38t	70
6FB-P1	$Ng3^3$	282.0	249.6	88.5	107	50.4	52.9	35t	60

第五节　开发部署及实施效果

一、油田开发特点

埕岛油田属浅海边际油田，主力产油层系馆上段油藏属河流相砂岩油藏，纵向层多、层薄，平均单井钻遇油层 2.9m/层，平面上砂体横向变化大，且油稠，米采油指数低，天然能量不足。其油藏类型与陆上的孤岛、孤东油田类似，但是按照陆上已有的开发模式，埕岛油田馆上段开发是没有经济效益的。为此，根据其特殊的地理环境条件研究采取了与陆上油田不同的开发做法，主要特点如下：

（1）为尽快收回投资，取得较好的经济效益，采用一套层系，优化井段开发。油井平均射开油层 4.4 层，平均射开有效厚度 20m，使得油井初期产能较高，开发效果较好。

（2）采用大井距丛式定向斜井，井距 500m 左右，不规则三角形井网，油砂体布井，不同层位井组间井距变化大。

（3）油田滚动开发，各井组油井陆续投产，延续时间长达近 10 年。水井陆续转注，转注时间长达 5 年以上。

（4）开发早期充分利用天然能量，饱和压力附近注水。

方案实施后，初期油井产能较高，开发效果较好。1996 年 $100×10^4$t 产能建设方案设计平均单井日产油能力 69t，年产油量 $67.5×10^4$t，实施后平均单产井日产油能力 71t，年产油量 $77.7×10^4$t，其值均高于设计指标，投资远低于同类国内其他海上油田，使边际油田得以成功开发。到 2000 年，累计建成年产油能力 $282.5×10^4$t，年产油突破 $200×10^4$t，百万吨产能投资 23.9 亿元，把在常规开发技术条件下难有经济效益的极浅海边际油田开发为高效油田，并形成了一系列极浅海油田高速开发配套技术。

采用大井距丛式定向井、一套层系优化射孔井段、饱和压力附近注水的开发政策必将出现与陆上油田注水开发不同的开发特点和注水开发规律；且鉴于海上油田的特殊性，注水滞后 2 年，注水时已经出现了局部井区压降大、脱气严重、油井液量和油量较低的现象，注水后油井在平面和层间的矛盾将比陆上同类油田突出，如层间平面水淹不均匀性、含水上升加快、注水对油层的适应性等问题，将直接影响油田注水开发采收率和总体开发效果。"十五"以来，埕岛油田进入中高含水开发阶段，油田开发矛盾日益明显：稀井网（500m 井距）、18~30 个小层合采，造成单井控制储量高，平均单井控制储量 $78×10^4$t；层间矛盾突出，储量有效动用程度低，出油层数仅占 55%，水驱动用程度 63%；采油速度低，平均 0.6%~0.7%；产量递减快，年产油量三年递减12%；采收率低，海上平台设计寿命仅剩 5~10 年，期末地质储量采出程度仅 18.9%。

"十一五"以来针对问题和矛盾，深化海上油田开发模式认识，坚持当期利益和长远发展统筹兼顾，既追求当期盈利提高采油速度，又考虑可持续发展提高采收率，打破海上油田"开发一次井网，一步到位，不进行开发调整"的传统认识，提出并实施国内首次海上油田综合大调整，细分开发层系，加密注采井网，提高储量动用，快速做大增量，2014年实现海上产油量 300×10^4t 的历史跨越，2019年年产量 336×10^4t，年总产油量占胜利油田的比例由2007年的8.3%提高到2019年的14.4%，为胜利油田稳产效益开发做出了贡献。

二、早期产能建设

埕岛油田1993年开始编制第一个开发方案——埕北11井区东营组初步开发方案。截至2005年年底，已编制埕北11、埕北21、埕北151等十六个开发方案，动用明化镇组、馆陶组、东营组、沙河街组、中生界、古生界、太古界等七套含油层系，动用含油面积 $92.1km^2$，动用石油地质储量 20705×10^4t，设计总井数317口，设计建成年产油能力 404×10^4t；实施完毕完钻开发井286口，投产油井251口、注水井63口，建成年产油能力 378.6×10^4t。

（一）东营组开发方案

1. 东营组初步开发方案

埕岛油田处于渤海湾南部 $2\sim18m$ 水深的极浅海海域，其复杂的海洋环境、气候条件、地质条件给油田的生产建设带来了许多困难，海上油田开发建设成为高风险、高投入的行业。为经济高效地开发好埕岛油田，中国石油天然气总公司和中国石化胜利石油管理局组织了油田地质、油藏工程、采油工程、海工工程等各方面专家提前介入埕岛油田的开发准备工作。

截至1993年12月，埕岛油田投产油井8口，开井7口，日产油能力1338t，综合含水3.4%，当年产油 10.15×10^4t。

2. 海上 30×10^4t 开发方案

在埕北11、埕北35、埕北151三个井区开发方案成功实施的基础上，1994年2月组织编制了以开发海上东营组小断块油藏为主的胜利油田海上1994年产 30×10^4t 地质开发方案。方案包括已完成建产能的埕北11、埕北35、埕北151三个东营组断块油藏，新增实施以开发埕北11块中生界潜山油藏为主要目的层的埕北11B井组开发方案及埕北21单井东营组试采方案，共规划产能 30.02×10^4t。

埕岛油田开发初期处于边开发、边建设时期，以探索开发模式为主，完全采用自喷采油、船舶拉油生产模式。1994年年底，海上第一个年产 30×10^4t 开发方案实施完成后，建成年产油能力 30×10^4t。1994年12月埕岛油田投产油井22口，开井19口，日产油能力1819t，综合含水38.4%，当年产油 30.56×10^4t（图2-111、表2-14）。

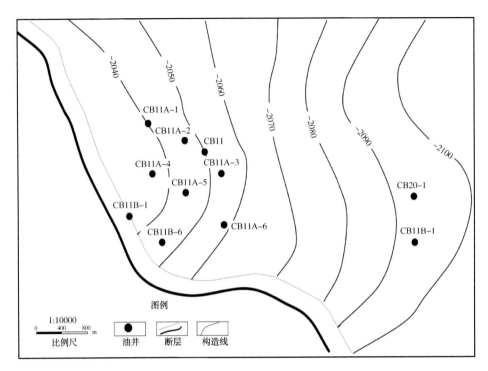

图 2-111　埕北 11 井区东营组构造井位图

表 2-14　埕岛油田 30×10⁴t 开发方案实施情况统计表

井区	方案设计				方案实施			
	动用储量/10⁴t	设计井数/口	单井日产油能力/t	年产油能力/10⁴t	动用储量/10⁴t	投产井数/口	单井日产油能力/t	年产油能力/10⁴t
埕北 11 东营组	456	7	72	10	456	9	85	10
埕北 11 中生界	298	6	85	10	298	5	60	10
埕北 35 东营组	516	5	40	4	516	4	65	4
埕北 151 东营组	150	3	50	3	150	3	78	3
埕北 21 东营组	42	1	150	3	42	1	180	3
合计	1462	22		30	1462	22		30

3. 埕北古 4 井区开发方案

埕北古 4 井区位于埕岛油田东部斜坡带，是埕北低凸起向北东方向倾斜的披覆构造带，东营组地层自东向西超覆在构造带上。1998 年 4 月 30 日完钻埕北古 4 井，在东营组钻遇电测解释油层 4 层 29.5m，在 2978.4～2990.0m 井段测试，10mm 油嘴获日产油 230t、天然气 34415m³。1999 年 6 月 18 日，埕北古 4 井投入试采，10mm 油嘴，井口油压 7.2MPa，平均日产油 207t，当年累计产油 2.38×10⁴t。试采证实油藏自喷能力强，具有一定的天然能量。2000 年该块上报Ⅲ类探明含油面积 4.4km²，石油地质储量

$440×10^4t$。

1999 年 11 月编写完成埕北古 4 井区东营组开发方案，2000 年组织实施，实施过程中因方案设计主力层比预测情况变差，将方案设计的 2 口水平井中的一口取消，另一口变更为定向井实施。到 2001 年 10 月，该块产能方案实施完成，共完钻新井 3 口，利用老井 1 口，共投产油井 4 口，因方案设计水平井变更原因，实际建成年产油能力 $10×10^4t$，比方案设计年产油能力减少 $8×10^4t$。2001 年 12 月该块开井 4 口，日产油能力 302t，含水 8.9%，累计产油 $8.9×10^4t$。

4. 埕北 32 块开发方案

埕北 32 块位于埕岛油田东部斜坡带，是埕北低凸起向北东方向倾斜的披覆构造带，东营组自东向西超覆在构造带上。区内完钻探井 3 口，东营组试油 3 口井 9 层段，有 5 层段获得日产 30t 以上油流。其中埕北 32 井 $Na6^5$ 层，井段 3202.3~3206.6m，有效厚度 4.3m，10mm 油嘴试油，折合日产油 99.8t，不含水。2000 年该区块上报Ⅲ类探明含油面积 $2.4km^2$，石油地质储量 $486×10^4t$。

2002 年 3 月编写完成埕岛油田埕北 32 块东营组产能建设方案，到 2003 年 2 月按照方案设计工作量全部实施完成，共完钻开发井 4 口，利用老井 1 口，投产油井 5 口，建成年产油能力 $12×10^4t$。2003 年 12 月，油井开井 5 口，日产油能力 198t，综合含水 42.2%，年产油 $3.5×10^4t$。

（二）馆陶组开发方案

馆陶组是埕岛油田分布面积最广、探明动用储量最大的主力产油层系。

1. 埕岛主体馆陶组开发方案

2000 年年底埕岛主体馆陶组油藏已基本探明，上报Ⅲ类探明含油面积 $70.4km^2$，石油地质储量 $22515×10^4t$，是埕岛油田已发现油藏中最大的整装油藏。为高效开发埕岛主体馆陶组油藏，决定在埕岛主体开辟馆陶组油藏开发先导试验区，主要进行馆上段油层沉积特征、发育状况、纵向和平面分布规律研究；确定合理的井网形式、井距、单井产量，摸索极浅海整装油田开发管理方式、油井生产特征；探寻适合极浅海稠油高渗透率出砂油田的采油工艺技术、生产测井技术、配套海工建设工程模式；总结极浅海油田油水井科学管理方法，如动态监测、数据处理、资料传送，为主体馆陶组油藏全面开发提供可靠依据。

开发先导试验区选在油层发育较好、代表性较强的主体北部埕北 11—埕北 25 井区。针对埕岛油田探井少，馆上段油藏河流相沉积横向变化大、油水关系复杂的特点，利用测井约束地震反演技术对油砂体分布范围、埋藏深度、油层厚度进行横向追踪预测，对设计井位靶点和轨迹进行优化设计，提高了对主力油砂体的控制程度，有效地指导了开发井的部署。1994 年编写完成埕岛油田馆陶组开发先导试验方案，1994 年三季度至 1996 年 9 月组织实施。由于海上注水工程不配套，除方案设计的 14 口注水井未能及时转注外，先导试验区其他实施情况与方案设计基本一致，动用含油面积

$3.58km^2$，石油地质储量 2707×10^4t，采用 $250\sim400m$ 的四点法面积注采井网，完钻 7 个井组 44 口开发井，其中油井 30 口，注水井 14 口，建成年产油能力 54×10^4t。1996 年 12 月，油井开井 44 口，日产油能力 2376t，含水 5.4%，年产油 65.5×10^4t（表 2-15、图 2-112）。

表 2-15 埕岛油田馆陶组先导试验方案实施情况统计表

井区	方案设计				方案实施			
	动用储量/10^4t	设计井数/口	单井日产油能力/t	年产油能力/10^4t	动用储量/10^4t	投产井数/口	单井日产油能力/t	年产油能力/10^4t
埕北 11C	150	5	45	5.5	150	5	45	5
埕北 11D	323	6	55	6.6	323	6	60	6
埕北 11E	942	6	75	9	942	6	76.8	9
埕北 22A	327	6	75	9	327	6	78.2	9
埕北 25A	381	9	65	12	381	9	67.5	12
埕北 25B	342	6	55	6.6	342	6	60.3	7
埕北 25D	242	6	55	6.6	242	6	58.6	6
合　计	2707	44		55.3	2707	44		54

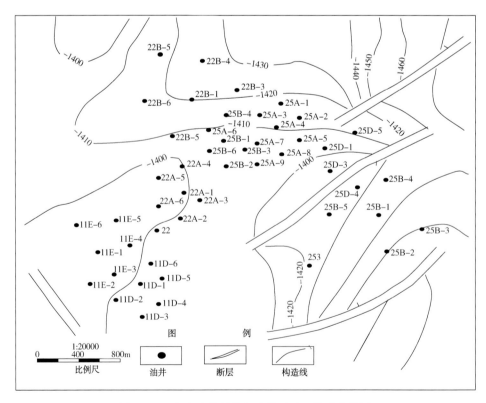

图 2-112 埕岛主体馆陶组先导试验区构造井位图

先导试验区攻克了少井条件下的储层预测难题，确定了海上开发方式、井网井距等开发技术政策界限，验证了防砂、采油方式等海上油田开发工艺的适应性，初步形成了适应海上油田开发需要的浅层河流相储层预测技术、三维可视化地质建模技术、开发方案优化技术、油层保护技术等。

在1995年埕岛油田馆上段先导试验区取得成功的基础上，为全面整体部署开发埕岛主体馆陶组油藏，1996年编制实施全面开发埕岛油田主体馆陶组油藏产能建设方案。方案编制遵循以下原则：采用新技术、新方法，力争高速高效开发埕岛油田；优选开发区，开发区内储量采用一套井网、一套层系、一次动用，采用适时注水补充地层能量并保持能量开发；采用四点法面积注采井网，按主力油砂体形态部署开发井网，注采井数比1∶2，井距400～500m；生产井采取早期防砂、机械采油方式；工程设计和建设遵循"先进实用、经济简易、安全可靠、注重环保"的原则，以"半海半陆式生产系统"为主，采用中心平台与卫星平台相结合的海上平台总体布局，采用桩基式钢质导管架平台、海底热油管道双层保温、海底电缆、刚性节点、导管架封隔器等新技术、新工艺；埕岛主体馆陶组开发方案采用滚动部署分年实施。

1996年方案部署在主体北部先导试验区外扩区域，方案设计新钻井32口，其中水平井2口，平均单井日产油能力55t，设计年产油能力43.2×10⁴t。实施中根据油层发育变化情况，取消2口水平井，增加6口定向丛式井，共完钻并投产新井36口，平均单井日产油能力57.3t，动用石油地质储量4051×10⁴t，新建产能40×10⁴t。1996年12月开井36口，平均单井日产油56.1t，区块日产油能力2020t，含水3.8%，当年产油40.78×10⁴t。实际建成产能比方案设计减少3.2×10⁴t，主要是由于变更2口水平井造成的。

1997年依据"依托已建老区，采取先高产后低产、先肥后瘦、逐步扩建的原则"，利用测井约束地震反演技术，落实埕岛油田主体北部埕北11E井组西、埕北22B井组西、埕北251B井组南、埕北27井区、埕北271井区等储层分布情况，部署扩建5个开发井组即埕北11G、埕北22D、埕北251C、埕北27A、埕北271A，设计总井数29口，利用老井2口，新钻井27口，采油井21口，注水井8口，动用含油面积5.22km²，石油地质储量1133.3×10⁴t，平均单井日产油能力49t，设计建成年产油能力30.9×10⁴t。开发方案于1997年3月编制完成，实施过程中因油层发育变差取消埕北27A-2井，其余均按方案设计完成。1998年3月，方案设计工作量全部完成，共完钻26口井，方案设计2口老井因海上工程原因，未能利用，投产新井26口，建成产能31×10⁴t。1998年4月开井26口，平均单井日产油60.6t，区块日产油1576t，综合含水3.7%。

1998年埕岛主体馆陶组产能建设区部署在埕岛主体南、胜海1-6井区。设计动用含油面积12.66km²，石油地质储量3544×10⁴t，部署开发井57口，利用老井4口，新钻井53口，采油井38口，注水井19口，平均单井日产油52.6t，设计建成年产油能力60×10⁴t。开发方案于1997年11月编制完成，实施过程中因油层发育变差取消一口井，因海上工程原因实际仅利用投产2口老井。到1999年6月全部实施完成，实际完钻开发井 52 口，投产油井 54 口，建成产能 58×10⁴t。1999 年 7 月开井 54 口，平均单井日产油 53.8t，区块日产油 2905t，含水 5.3%。实际建成年产油能力比方案设计减少 2×10⁴t，主要是由投产井数减少 3 口所致。

1999 年埕岛主体馆陶组产能建设区在埕北 251C 井组东、埕北 20A 井组东分别部署埕北 251D、埕北 20B 井组，在胜海 4 井区馆上段油藏部署埕北 4A、埕北 4B、埕北 4C 井组。开发方案设计动用含油面积 9.43km²，石油地质储量 1598×10⁴t，部署新钻井 28 口，其中水平井 3 口，利用老井 1 口。其中采油井 18 口，注水井 11 口，平均单井日产油 59t，设计年产油能力 32×10⁴t。开发方案于 1999 年 1 月编制完成，实施过程中，因埕北 251D 井组靠近主体馆陶组油藏边部，油层变差，取消 1 口设计定向井；埕北 4 井区因油层发育变差、分布范围变小，取消 2 口水平井，将 1 口水平井变更为 1 口定向井实施；因工程原因，方案设计的 1 口老井没有利用；其余按方案设计于 2000 年 6 月全部实施完成，共完钻投产新井 25 口，建成产能 27×10⁴t。2000 年 7 月开井 25 口，平均单井日产油 54.8t，区块日产油能力 1370t，综合含水 7.5%。实施后定向井平均单井日产油达到方案设计值，因取消 3 口水平井导致实际完成产能比方案减少 5×10⁴t。

2000 年埕岛主体馆陶组产能建设区在埕岛油田主体南、埕北 12A 井组东馆上段油藏部署了埕北 12B、埕北 12C 两个井组，开发方案设计动用含油面积 2.39km²，石油地质储量 475×10⁴t，部署新钻井 12 口，其中采油井 8 口，注水井 4 口，平均单井日产油 42.5t，设计年产油能力 10.2×10⁴t。开发方案于 2000 年 6 月全部编制完成，实施工作全部按方案设计要求于 2001 年 5 月完成，共完钻投产开发井 12 口，建成产能 10×10⁴t。2001 年 6 月开井 12 口，平均单井日产油 48.6t，区块日产油 583t，含水 3.1%。

2001—2005 年在埕岛油田主体馆陶组油藏的边部及井网不完善井区部署埕北 11H、埕北 11K、埕北 11M、埕北 1D、埕北 6E、埕北 6D、埕北 25E、埕北 251E 共 8 个井组，设计新钻井 41 口，其中油井 28 口，水井 13 口，平均单井日产油 50.2t，设计年产油能力 42.2×10⁴t。开发方案于 2001 年 6 月—2004 年 3 月全部编制完成，实施工作全部按方案设计要求于 2005 年 10 月完成，共完钻投产开发井 41 口，建成产能 42.2×10⁴t。2005 年 12 月开井 41 口，平均单井日产油 44.3t，区块日产油 1816t，含水 7.3%（表 2-16）。

表 2-16 埕岛主体馆陶组 1996—2005 年开发方案实施情况统计表

年度	方案设计				方案实施			
	动用储量/10⁴t	设计井数/口	单井日产油能力/t	年产油能力/10⁴t	动用储量/10⁴t	投产井数/口	单井日产油能力/t	年产油能力/10⁴t
1996	4051	32	55	43.2	4051	36	57.3	40
1997	1133.3	29	49	30.9	1133.3	26	60.6	31
1998	3544	57	52.6	60	3544	54	53.8	58

续表

年度	方案设计				方案实施			
	动用储量/10^4t	设计井数/口	单井日产油能力/t	年产油能力/10^4t	动用储量/10^4t	投产井数/口	单井日产油能力/t	年产油能力/10^4t
1999	1598	29	59	32	1188	25	54.6	27
2000	475	12	42.5	10.2	475	12	48.6	10
2001—2005	1297	41	50.2	42.2	1297	41	50.5	42.2
合 计	12098.3	200		218.5	11688.3	194		208.2

截至 2005 年年底，埕岛主体馆陶组油藏共完钻开发井 238 口，累计建成产能 262.2×10^4t，核实产能 153×10^4t。2005 年 12 月油井开井 164 口，日产油水平 4277t，综合含水 48%，年产油量 153.3×10^4t，采油速度 1.13%。注水井开井 62 口，日注水 6887m³，注采比 0.73。

2. 埕北 21 块馆陶组开发方案

埕北 21 区块位于埕岛油田东南部，该区块在 1991 年仅完钻埕北 21 探井，1991 年 7 月 14 日在馆上段 1469.1～1480.6m 试油，12mm 油嘴自喷，日产油 116t，不含水。1992 年上报馆陶组含油面积 0.6km²，石油地质储量 111×10^4t。2000 年 6 月埕北 21 块馆陶组产能建设方案编制完成，方案设计动用含油面积 0.55km²，石油地质储量 97×10^4t，方案设计新钻井 2 口，平均单井日产油能力 35t，年建产能 2×10^4t。该区块方案于 2001 年 8 月开始实施，2002 年 1 月实施完成，共完钻并投产油井 2 口，实际动用含油面积 0.6km²，石油地质储量 111×10^4t。2002 年 6 月开井 2 口，日产油能力 121t，平均日产油 60.5t，含水 2.2%。该块实施效果好于方案设计，2002 年上报产能 2×10^4t。

3. 埕北 243 块开发方案

埕北 243 块位于埕岛油田潜山披覆构造主体的西翼、埕北断层的下降盘，包含胜海 7、埕北 243 两个井区，平均水深 11.7m。该区块完钻探井 2 口，1995 年 7 月胜海 7 井在馆陶组 1438.4～1471.5m 井段试油，日产油 23.9t；2000 年 1 月埕北 243 井在明化镇组 1237.5～1245.3m 井段试油，8mm 油嘴获日产油 89.9t。2000 年埕北 243 块上报探明含油面积 1.7km²，石油地质储量 346×10^4t。2002 年编制完成埕北 243 块产能建设方案，方案设计动用含油面积 2.16km²，石油地质储量 341×10^4t，设计总井数 7 口，利用老井 1 口，新钻井 6 口（其中水平井 1 口），油井 4 口，水井 3 口，设计单井日产油能力定向井 42t，水平井 85t，建成年产油能力 6.3×10^4t。该区块方案于 2003 年实施，到 2003 年 10 月方案全部实施完成。在方案实施过程中，根据实际钻遇情况对方案进行了优化调整，取消 1 口水平井，增加了 2 口定向井。实际完钻新井 7 口（全部为定向井），比方案设计增加 1 口，其中油井 6 口，水井 2 口。埕北 243 区块钻遇情况与方案设计相比较，构造、储层基本相符。其中北块埕北 243 块油层钻遇效果比预测情况好，南块胜海 7 块储层与预测的基本相符，但含油性变差，馆上段变为油水同层。2003 年 12 月，油井开井 6 口，日产液 145t，日产油 134t，含水 7.1%，平均单井日产油 22.4t。2003 年上报年产油能力 4.8×10⁴t，比方案减少 1.5×10⁴t。未达到设计指标的主要原因是设计水平井取消，影响产能较大，同时埕北 243A-3 井钻遇油水同层，投产效果差。

4. 埕北 246 块开发方案

埕北 246 块位于埕北低凸起西北部浅海海域，为一继承性发育的断鼻构造，构造高点位于南部断层附近。该块完钻探井 1 口，2000 年 10 月埕北 246 井在馆陶组 1403.9~1412.9m 井段试油，测试仪求产，获日产油 23.3t。2002 年该块上报明化镇组、馆上段Ⅲ类探明含油面积 5.4km²，石油地质储量 1393×10⁴t。2002 年编制完成埕北 246 块产能建设方案，设计新井 9 口，生产井 6 口，注水井 3 口，其中定向井 6 口，水平井 3 口。设计定向井初期单井日油能力 40t，水平井初期单井日油能力 60t，动用含油面积 2.15km²，石油地质储量 450×10⁴t，建成年产油能力 9.0×10⁴t。该区块方案于 2004 年实施，在方案实施过程中因为砂体发育变差、油井产能低取消了水平井 2 口、定向井 3 口。到 2004 年 12 月开发方案全部实施完成。实际完钻新井 4 口，其中定向井 3 口，水平井 1 口，2004 年上报产能 3.6×10⁴t。与方案设计相比，构造、储层基本相符，油水界面比方案预测有所提高。2004 年 12 月开井 4 口，平均单井日产油能力 25.2t，区块日产油能力 101t，只有方案设计的 56%。该块产能较低的主要原因之一是原油性质较方案设计变差，方案设计该块馆陶组 5 砂组地面原油密度 0.96g/cm³，地面原油黏度 682mPa·s，实际实施后该井馆陶组 5 砂组地面原油密度 0.98g/cm³，地面原油黏度 2184mPa·s；原因之二是方案设计生产压差偏高，根据埕岛油田的采油工艺水平，邻区生产压差为 1.2~1.4MPa，方案设计生产压差为 3.0MPa，设计值偏高。

（三）中生界开发方案

埕北 11 中生界油藏位于埕北断层上升盘、埕北主体构造的高部位。1992 年完钻开发井埕北 11A-5 井，在中生界 2226~2229.0m 井段，18mm 油嘴试油，日产油 354t，发现该块中生界高产油藏。1993 年该块在只有两口井（埕北 11 井、埕北 11A-5 井）钻遇中生界地层情况下上报控制含油面积 2.3km²，石油地质储量 246×10⁴t。1993 年 4 月埕北 11A-5 井中生界油藏投入试采。1994 年上报Ⅲ类探明含油面积 2.7km²，石油地质储量 298×10⁴t。1994 年在对中生界潜山油藏缺乏深入认识，对层系、井网、井距等难以论证的情况下，采用滚动开发方式，方案部署油井 6 口，其中新钻井 5 口，利用老井 1 口（埕北 11A-5 井）。依靠天然能量，初期采用自喷采油方式，平均单井日产油 100t，设计年产油能力 10×10⁴t。在实施中加强随钻跟踪分析，做好后续井位调整。到 1994 年 9 月方案全部实施完成（图 2-113），实际完钻开发井 5 口，除埕北 11B-4 井在潜山构造低部位钻遇储层较差外，其余 4 口新钻井钻遇效果都较好。1994 年 12 月采用自喷采油方式，油井开井 6 口，平均单井日产油 110t，区块日产油 660t，含水 16.3%，建成年产油能力 10×10⁴t。

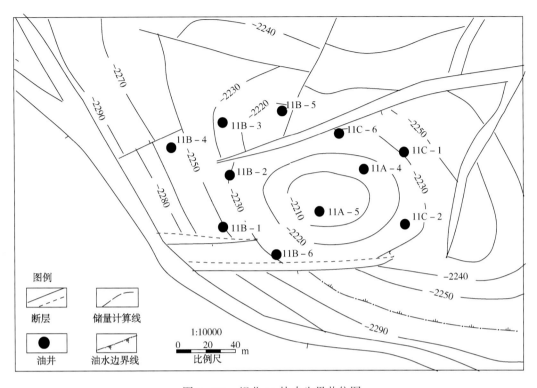

图 2-113 埔北 11 块中生界井位图

（四）古生界、太古界开发方案

"九五"以来，埕岛油田主体外围区块中深层系勘探力度不断加大，相继发现并开发了埕北 242、埕北古 1、埕北 30、胜海古 2 等古生界、太古界潜山油藏。

1. 埕北 242 潜山开发方案

埕北 242 潜山位于埕岛古潜山西排山的中部，为一断块残丘山，完钻井揭示地层为古生界冶里组—亮甲山组，岩性为白云岩，储集类型为潜山风化壳型，含油层系为古生界。该块完钻探井 2 口，其中埕北 242 井 1995 年 1 月完钻，对古生界 2928～2945.79m 井段试油，15mm 油嘴试油获日产 1010t 的高产工业油气流。1995 年 2 月投入试采，初期 18mm 油嘴生产，自喷日产油 440t，不含水。但投产后不久，井口压力急剧下降，最后停喷，1996 年 4 月关井，累计生产 55d，累计产油 7359t。埕北 244 井 2000 年完钻，2000 年 5 月对 2962.0～2978.4m 井段古生界 25mm 油嘴放喷试油，日产油 494t，不含水。2000 年埕北 242 块潜山上报Ⅲ类探明含油面积 0.9km²，石油地质储量 349×10⁴t。埕北 244 井 2001 年 5 月投入试采，8mm 油嘴自喷生产，初期日产油 166.3t，含水 10.5%。该区块 2000 年编制了开发方案，方案设计总油井 4 口，利用老井 2 口，新钻井 2 口。根据埕北 242 块试油资料，确定该区块单井初期日产油量 80t，区块年产油 8×10⁴t。该区块 2001 年实施了一口开发预备井埕北 244-1 井，未钻遇储层后地质报废，因实施风险较大，取消了另一口开发井。2002 年 3 月，该块开井 1 口，日产油能力203t，上报年产油能力6.5×10⁴t。

2. 埕北古1潜山开发方案

埕北古1潜山位于埕岛油田主体埕北12井区，水深5~10m。该块共完钻探井2口，其中埕北古1井1996年12月开钻，1997年2月完井，裸眼测试下古生界2544.92~2627.25m井段，12mm油嘴试油，日产油336t。1997年4月投入试采，试采表明古生界油藏单井自喷产量高，地层能量比较充足。埕北古100井1999年7月开钻，1999年10月测试下古生界、太古界2575.31~2900.0m井段，8mm油嘴试油，日产油163t。1999年该潜山上报太古界、古生界Ⅲ类探明含油面积2.8km²，石油地质储量622×10⁴t。埕北古100井于2000年6月投入试采生产。2000年12月开井2口，日产油能力294t，含水17.1%，上报年产油能力8×10⁴t。

3. 埕北30潜山开发方案

埕北30潜山是胜利油田"九五"以来探明储量规模较大的潜山之一。埕北30潜山位于渤海南部极浅海海域，水深10~16m，西距埕岛油田主体11km，东距渤中25-1油田15km，区域构造位于渤中坳陷与济阳坳陷交汇处的埕北低凸起的东部，主要含油层系为古生界、太古界。1995年5月胜利石油管理局完成该地区三维地震勘探，在此基础上部署并钻探埕北30井，对古生界3065.52~3224.87m井段进行裸眼测试，8mm油嘴日产油97.3t，日产气92279m³，不含水；对太古界3340.20~3542.0m井段进行裸眼测试，10mm油嘴日产油88.9t，日产气84714m³，不含水。1997年在完钻3口探井的基础上，古生界、太古界合计上报控制含油面积9.7km²，石油地质储量1227×10⁴t。1999年该区共完钻探井6口，上报古生界、太古界探明含油面积19.2km²，石油地质储量2730×10⁴t。利用埕北30全区三维地震资料和6口探井的钻井、取心、测井、试油、试井资料进行前期研究，重点对潜山构造内幕进行深入研究，并在调研国内外潜山大量案例的基础上，设计部署埕北30A、埕北30B、埕北30C等三个开发井组，部署开发井17口，利用老井3口，新钻井14口，动用含油面积18.23km²，石油地质储量2638×10⁴t，采用天然能量开采，平均单井日产油75t，设计建成年产油能力38×10⁴t。埕北30潜山油藏开发方案于2002年2月编制完成，因潜山地质条件复杂，设计井深大，实施进度缓慢。2000年仅开钻2口开发井，进尺0.82×10⁴m，没有1口井完钻，当年投产探井埕北302井，上报产能5×10⁴t，当年产油3.34×10⁴t。在方案实施过程中，因埕北30潜山储层复杂程度高，实施风险大，取消埕北30C井组钻井计划。方案设计的埕北30A井组、埕北30B井组到2003年底全部完钻，2004年4月投产。共完钻开发井9口，投产油井10口，建成产能29×10⁴t。2004年12月，开井8口，日产油能力607t，综合含水19.4%，年产油17.8×10⁴t。因开发方案实施中取消埕北30C井组5口井钻井计划，埕北30A-4井钻遇储层差没有投产，埕北301井因工程原因到2005年底没有投产，导致埕北30潜山油藏实际建成年产油能力与方案设计值差距较大（图2-114）。

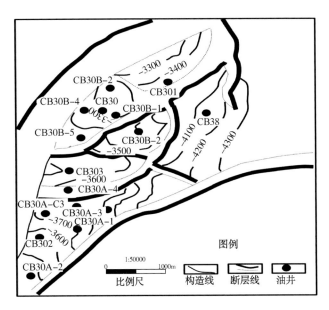

图 2-114 埕北 30 区块井位部署图

4. 胜海古 2 潜山开发方案

胜海古 2 潜山位于埕北低凸起的东部斜坡埕岛潜山带，为受西界断层控制的单斜构造。1996 年完钻胜海古 2 井，在古生界 2400.17~2469.58m 井段，12mm 油嘴试油，日产油 168t，不含水；1997 年 3 月进行试采，10mm 油嘴，井口油压 6.2MPa，日产油 204.5t，不含水。1997 年该潜山下古生界上报Ⅲ类探明含油面积 5.8km²，石油地质储量 514×10⁴t。2004 年 11 月完成胜海古 2 块产能建设方案编制，方案设计古生界采用一套层系开发，动用含油面积 5.1km²，石油地质储量 312×10⁴t，设计总井数 3 口，利用老井 1 口，新钻水平井 2 口，新井初期单井日油能力 80t，老井日产油能力 20t，建成年产油能力 4.2×10⁴t。2005 年 4 月开始实施，2005 年 10 月全部实施完成，共完钻并投产新井 2 口。与方案设计相比较，构造、储层基本相符。这两口水平井实施过程中全井段油气显示活跃，两井钻井过程中均发生了严重井漏，但该块两口水平井投产后效果不理想。方案设计水平井日产油能力 80t，投产初期平均单井日产油能力 2t，综合含水 98%。因产油能力低，未上报产能，分析主要原因是该潜山古生界含油高度较低，仅有 70m 左右，古生界储层裂缝发育以高角度裂缝为主，投产后高角度裂缝连通下部地层中的水层，导致底水锥进速度过快，发生水淹。

三、开发调整阶段

"十五"以来，随着勘探程度的提高，海上新区探明石油地质储量品位逐年下降，建产难度越来越大，而埕岛油田馆陶组老区相对为优质储量，但储量实际动用率为 78.5%，采出程度为 12%，综合含水 58.3%，采油速度保持在 0.9%，采油速度低，单井控制储量大、采油速度低，平台寿命期内采出程度较低，无论与陆地同类油田还是海上同类油田比，都有较大的提升空间。"十一五"以来，随着国际油价的不断攀升，使油藏开发的经济极限不断降低，给埕岛油田提高储量动用程度、合理调整井网、提高采油速度、改善开发效果提供了难得机遇。同时，海上地面系统主体油气集输管网已基本建成，钻井、海洋工程技术已具备成熟体系，老区调整单井平均投资可有效降低，为埕岛油田综合调整提供了良好的技术与经济条件。在此基础上，胜利油田明确将埕岛油田馆上段大调整确定为油田"三大调整，两大接替"工程之一，随后以"大幅度提高采油速度和最终采收率"为主旨的埕岛油田馆上段油藏整体调整拉开了序幕。

（一）加密细分调整技术政策

2006年2月，胜利油田召开了"加快海上发展"的会议，要求解放思想，系统、整体规划，充分研究"层系细分、井网加密"，努力提高埕岛油田储量动用程度及开发效果，最终提出以"大幅提高采油速度和最终采收率"为主旨的馆上段油藏整体调整建议。

针对埕岛油田面临储量动用程度低、层间矛盾突出、地层压降大、单井液量低、采油速度低等突出问题，把科技创新作为优化油藏方案的抓手，针对性地开展创新性研究。应用相似油藏类比、油藏工程综合分析、数值模拟和经济评价等技术方法，对老区开发技术政策进行深入研究。针对油藏一套层系开发，井网井距不规则，细分层系、完善井网难度大等特点开展了井网部署极限经济条件研究；针对老区注采不平衡开展了剩余油分布与老区油水界面分布的研究；开展层系划分与组合、井网井距研究，明确了井距控制在250~300m左右，细分、加密相结合，改善层间动用状况，提高储量控制程度。最终形成以下开发技术政策。

（1）层系：主体馆上段油藏中区、西北区油层厚度大，层数多，剩余储量丰度高，分别细分两套、三套层系开发；北区、东区、南区不具备细分条件，部署加密井开发。

（2）井网形式：中区老井尽量归于上层系且仍采用四点法不规则面积注采井网，下层系部署新井且井网形式调整为五点法井网，井距控制在300m左右。西北区为典型的断块油藏，采用边外注水+内部点状注水方式；北区、东区、南区调整为五点法井网。

（3）恢复压力：注采比1.1，逐步恢复压力至11.5MPa后保持压力开采。

（4）提液：油井放大压差提液开采。

（5）应用水平井技术：大力推广水平井、分支水平井的应用。

（二）方案编制情况

按照"整体规划、优选先导、分区部署、逐年实施"的原则，2007年完成先导试验区《埕岛油田埕北1井区馆陶组油藏综合调整方案》的编制，试验区含油面积4.49km²，地质储量1677×10^4t。主要采用细分层系与井网加密相结合，即能细分的区域细分为两套层系开发，不能细分的区域整体加密；充分考虑老井井位，仍采用不规则四点法面积注水井网，井距控制在300m左右。方案共设计37口新井，新增年产油能力27.7×10^4t。

2007 年 9 月,完成《埕岛油田埕北 11 井区馆陶组油藏层系细分开发调整方案》的编制。方案动用面积 6.57km²,石油地质储量 2796×10⁴t,细分、加密相结合,具备细分条件的区域按二套层系完善,不具备细分条件的区域整体加密,总井数 101 口。利用老井 44 口,设计新井 57 口,新增年产油能力 50.7×10⁴t。

2008 年 11 月,完成《埕岛油田埕北 22—埕北 25 井区馆陶组油藏层系细分加密开发调整方案》的编制。局部细分两套层系开发,不能细分区部署加密井合采,上层系充分利用老井,井网形式仍采用不规则四点法井网,下层系井网形式采用五点法井网。根据海工整体实施进度安排,确定 2009 年实施埕北 22G 和埕北 25G 两个井组平台,方案动用面积 3km²,石油地质储量 1323×10⁴t。设计新钻调整井 48 口,新增年产油能力 27.5×10⁴t(图 2-115)。

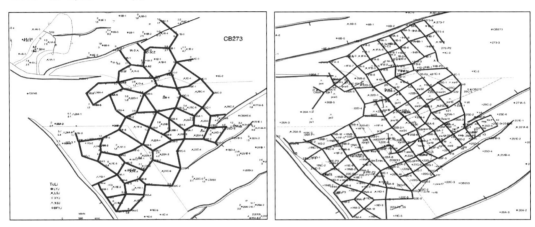

图 2-115　埕北 22-25 井区下层系调整前后井网

2010 年 4 月,完成《埕岛油田埕北 1G 井区馆陶组油藏层系细分加密开发调整方案》的编制。为了与已调整区井网有效衔接,保证中区馆上段井网的完整性,埕北 1G 井区沿用已调整区的井网形式,即在原井网基础上分层系考虑井网部署,上层系充分利用现有老井,仍采用不规则四点法面积井网,下层系调整为五点法井网形式。方案动用含油面积 2.1km²,石油地质储量 980×10⁴t,设计新钻调整井 39 口,新增年产油能力 23.1×10⁴t。

2010 年 12 月,完成《胜利海上埕岛油田南区馆陶组油藏井网加密开发调整方案》的编制。采用一套层系开发,井网形式以五点法井网为基础,采用不规则面积井网,定向井+水平井组合布井。方案动用油面积 7.82km²,石油地质储量 1384×10⁴t,设计新钻调整井 37 口,新增年产油能力 22.8×10⁴t。

2011 年 7 月,完成《埕岛油田埕北 22F 井区馆陶组油藏层系细分加密开发调整方案》的编制。为了与已调整区井网有效衔接,保证中区馆上段井网的完整性,埕北 22F 井区沿用已调整区的井网形式,即采用两套层系开发:Ng(1+2)~3 为上层,采用不规则的四点法井网形式;Ng4~6 为下层系,采用五点法井网形式。方案动用含油面积 5.9km²,石油地质储量 1502×10⁴t,设计新钻调整井 57 口,新增年产油能力 29.9×10⁴t。

2012年5月，完成《胜利海上埕岛油田西北区馆陶组油藏层系细分加密开发调整方案》的编制。采用三套层系开发：Ng（1+2）～3砂组为一套，Ng4为一套，采用边缘注水加内部点状注水方式；Ng5～6砂组为一套，采用五点法井网形式。定向井+水平井组合布井。方案覆盖含油面积5.4km²，石油地质储量1202×10⁴t，设计新钻调整井50口，新增年产油能力25.7×10⁴t。

2013年3月，完成《胜利海上埕岛油田北区馆陶组油藏层系细分加密开发调整方案》的编制。采用三套层系开发：Ng（1+2）砂组为一套；Ng3～5砂组为一套；Ng4～5砂组为一套。第一套和第三套层系以老井为主，井网仍以四点法面积注采井网为主，第二套层系以新井为主，井网以五点法面积注采井网为主。定向井+水平井组合布井。方案动用油面积8.5km²，石油地质储量1601×10⁴t，设计新钻调整井54口，新增年产油能力23.3×10⁴t。

2014年7月，完成《胜利海上埕岛油田东区馆陶组油藏加密开发调整工程可行性研究报告》的编制。采用一套层系整体加密分区部署，井网形式采用不规则面积注采井网，定向井+水平井组合布井。方案动用油面积11.8km²，石油地质储量1978×10⁴t，设计新钻调整井48口，新增年产油能力19.6×10⁴t。

2006—2014年期间，共编制了埕北1、埕北11、埕北CB22G-25G、埕北1G、埕岛南区、埕北22F、西北区、北区、东区共9个井区调整方案，设计新井427口（油井291口，水井136口），新增年产油能力250.3×10⁴t（表2-17）。

表2-17 埕岛油田馆上段主体调整方案设计及实施对比表

区块	实施年度	地质储量/10⁴t	方案设计					累计完成			
			新油井/口	新水井/口	合计/口	设计单井产能/（t/d）	新增产能/10⁴t	新油井/口	新水井/口	合计/口	新增产能/10⁴t
埕北1	2007—2011年	1677	27	10	37	40～80	27.7	27	16	43	29.1
埕北11	2008—2012年	2796	40	17	57	48～70	50.7	41	14	55	39.6
埕北1G	2010—2013年	980	27	12	39	33～55	23.1	26	12	38	24.6
埕北22G-25G	2009—2011年	1323	28	20	48	35～55	27.5	29	19	48	30.3
埕北22F	2012—2015年	1502	36	21	57	25～38.6	29.9	36	26	62	32.1
南区	2011—2012年	1384	25	12	37	35～50	22.8	24	12	36	20.4
西北区	2013—2017年	1202	36	14	50	22～35	25.7	40	13	53	30.1
北区	2014—2016年	1601	37	17	54	23～36	23.3	35	14	49	23.7
东区	2015年至今	1978	35	13	48	23～36	19.6	4	1	5	3
合计		14443	291	136	427		250.3	262	127	389	232.9

（三）加密细分调整实施情况

2007 年 8 月，胜利六号钻井平台就位埕北 1F 平台，标志着埕岛油田馆上段主体油藏进入综合调整开发阶段。2007 年全年完钻新井 23 口，其中油井 16 口，水井 7 口，上报新增产能 5.0×10^{4}t；当年无新井投产。

至 2019 年底共完钻新井 389 口，其中油井 262 口，水井 127 口，上报新增产能 232.9×10^{4}t。

第六节　开发规律及调整做法

一、油藏开发规律

（一）注采比及地层压力变化规律

海上油田转注情况与陆上油田不同，陆上油田一般是整体转注，而埕岛油田水井陆续转注，转注跨度长，因此注采比、地层压力变化规律也与陆上油田不同。

第一阶段：弹性驱动阶段，从 1995 年到 1999 年 2 月。投产初期，累积采出量少，地下亏空小，外部流体的驱动作用反映不明显，地层压力呈直线下降，幅度较大，该阶段为弹性能量开采阶段，主要表现为依靠岩石和多孔介质中流体弹性膨胀驱动为主。该阶段的主要生产层位为 Ng4~5 砂组，测压资料显示，地层压力下降快，平均压降为 3.58MPa 左右（图 2-116），年压力下降速度为 1.0MPa/a。

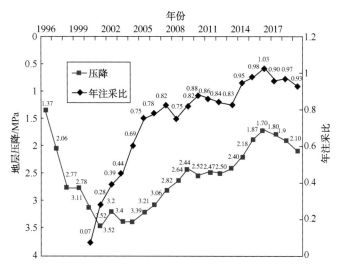

图 2-116　埕岛油田主体馆陶组压降—注采比关系曲线

第二阶段：弹性+溶解气+边底水驱动阶段，从 1999 年 3 月到 2000 年 7 月。埕岛油田馆陶组油藏平均地层压力为 13.52MPa，饱和压力为 10.12MPa，地饱压差为 3.4MPa。由于弹性能量开采阶段地层压力已下降到饱和压力，局部井区油层开始脱气，出现弹性气压驱动，并且随着地下累积亏空的增大，边底水能量较充足的油层出现水侵，外部流体的驱动作用越来越明显，地层压力下降幅度减缓，驱动方式逐渐转化为以流体（边水）驱动为主。由于溶解气膨胀和边底水能量补充，该阶段地层压力基本没有下降，并且由于新投产井的补充，所测平均地层压力有所回升。

第三阶段：温和注水开发阶段，从 2000 年 8 月到 2004 年 6 月。转注时间滞后 2 年，且注水初期由于转注井数少、压降大、井网不完善、油藏压力仍不均衡，高注采比可能会造成单向突进，为避免含水过快上升，采取温和注水方式，井组注采比为 0.7~1.2，整体注采比在 0.4 左右，地层压力仍在不断下降。2001 年以后，随着注水井数的增加，整体注采比不断增加，到 2004 年 6 月注水区注采比达到了 0.87，水井附近的油井压力基本保持稳定，测压井点平均地层压力为 10.46MPa，总压降为 3.39MPa。

第四阶段：强化注水阶段，从 2004 年 7 月到 2009 年 10 月。2004 年下半年以来，在注采井网基本完善基础上，将主体馆上段注采比由 0.7~1.2 提高到 1.1~1.5，31 口注水井日增注水量 910m³，馆陶组整体注采比由年初的 0.37 提高到年底的 0.60。区块开始提注开发，实施过程中根据区块能量状况和注采井网完善程度，对注采比进行进一步优化，进行井区差异化配注，分区分块优化注采比，加快地层能量恢复。结合区块开发动态和注采比优化研究成果，制定了注采比优化原则：①对于地层压降大于 3MPa 的低压力、低含水区块，强化整体注水，注采比提高到 1.5~1.6，尽快恢复地层能量。②对于地层压降为 2~3MPa 的较低压力区块，注采比提高到 1.3~1.4。③对于地层压降小于 2MPa 的区块，以改善注入、采液剖面为主，注采比设为 1.1~1.2。区块注采比逐年提高，2009 年达到 0.82，地层压力稳步回升，地层压力年回升速度为 0.19MPa/a，2009 年压降为 2.44MPa。

第五阶段：压力稳定阶段，从 2009 年 11 月到 2013 年 6 月。2009 年后随着综合大调整的深入，生产规模不断扩大，但受施工能力不足、中心三号投产滞后等因素影响，水量不足，水量缺口最多时每天达 5000m³，导致区块注采比仅维持在 0.8 左右，地层压力恢复缓慢。2009—2012 年，地层压降始终保持在 2.5MPa 附近。

第六阶段：压力回升并稳定阶段，从 2013 年 7 月至今。通过投产中心二号水源井，陆地污水回调，中心一号、二号注水泵"小换大"技术改造，新建中心三号注水系统等配套措施，实现注水水源的弹性补充和注水能力的大幅提升。2013 年后开始加大了水井投转注、检修工作量的实施，注采比维持在 1.0 左右。2015 年整体压力恢复到合理地层压力保持水平，目前压降 2MPa 左右，为有序开展提液工作奠定了条件。

（二）产液、油能力变化规律

1. 初期产能分析

埕岛油田馆陶组油藏储层物性好，初期产能高，平均单井产油量达 71t/d。统计馆陶组油藏开发初期 13 口油井资料，平均无水期每米采油指数为 3.1t/(d·MPa·m)，陆上同类型的孤东、孤岛、埕东油田分别为 2.0t/(d·MPa·m)、2.7t/(d·MPa·m)、3.77t/(d·MPa·m)，海上绥中 36-1 油田为 1.14t/(d·MPa·m)，与同类油田比较，无水采油指数高(表 2-18)。

表 2-18 同类油田比采油指数统计表

油田	平均单井日产油能力/(t/d)	采油指数/[t/(d·MPa)]	每米采油指数/[t/(d·MPa·m)]
孤岛油田	31	35	2.7
孤东油田	23	20	2
埕东油田	34.5	33	3.77
埕岛油田	61.6	76	3.1
绥中 36-1 油田	116.7	75	1.14

2. 产液、产油能力变化规律

一般水驱油藏产油量、产液量变化主要是根据油水相对渗透率曲线所得的无因次采油、采液曲线进行预测，从埕岛油田的无因次采油、采液曲线看，随着含水的上升，无因次采油指数逐渐下降，无因次采液指数逐步上升。到高含水期，无因次采液指数增长加快。含水 60%时，无因次采液指数是无水采油指数的 1.97 倍，到含水 90%时达到 4.2 倍。同类型的孤东油田含水 60%时，无因次采液指数是无水采油指数的 2.2 倍，含水 90% 时，无因次采液指数是无水采油指数的 3 倍，与埕岛油田基本相同(图 2-117)。

从单井日产液、日产油、含水与时间的关系曲线可以看出，液量、油量变化大致可以分为 4 个阶段(图 2-118)。

（1）第一阶段(天然能量快速下降阶段)，1995 年 7 月至 2000 年 7 月。该阶段投产井数不断增加，但是天然能量开发，地下亏空不断加大，地层压降大，气油比、含水上升快。液量、油量均持续大幅下降，递减快，该阶段区块递减率为 10.5%。单井日产液从 78.8t 降低到 41.6t，日产液年递减率为 10.5%；单井日产油从 62.7t 降低到 32.5t，日产油年递减率为 10.3%。

（2）第二阶段(温和注水液量稳定阶段)，2000 年 8 月至 2004 年 6 月。该阶段水井陆续转注，地层压力明显下降趋势受到抑制，且油井补孔、卡封等措施工作量增加，该阶段单井日产液量基本稳定在 45t 左右，单井日产油递减减缓，单井日产油从 62.7t

降低到 32.5t，日产油年递减率为 8.1%。使得区块日产液年递减率降低到 3.4%，区块日产油年递减率为 6.8%；平均单井日产液略有上升，平均单井日产油年递减率为 8.1%。

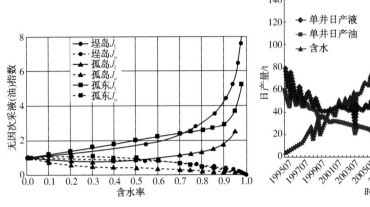

图 2-117　不同油田无因次采液
采油指数曲线

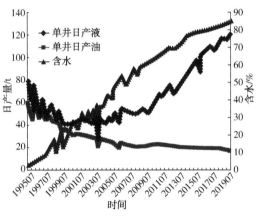

图 2-118　埕岛油田单井日产液、日产油、
含水与时间的关系曲线

（3）第三阶段（强化注水液量稳升阶段），2004 年 7 月至 2009 年 7 月。该阶段随着注采井网进一步完善，井组注采比由 0.7~1.2 提高到 1.1~1.5，地层压力有序回升。此阶段加大了油井重新防砂、提液等措施工作量的实施，单井日产液量由 42.6t 增加到 52.5t，单井日产油递减减缓，单井日产油从 26.6t 降低到 21.7t，日产油年递减率为 4.7%。

（4）第四阶段（综合调整液量快速上升阶段），2009 年 8 月至今。该阶段老区综合大调整全面展开，注采井网进一步完善，地层能量进一步恢复，此阶段综合含水超过 60%，进一步加大了提液力度，单井日产液量上升趋势明显加强，由 52.5t 增加到 121.5t，单井日产油递减减缓，日产油年递减率为 4.7%，目前单井日产油 18.3t。

3. 含水上升规律

根据埕岛油田的油层物性、流体性质、相对渗透率曲线、采用流管法计算了馆陶组油藏含水与采出程度的理论曲线，与实际曲线对比，开发前期含水上升快，没有无水采油期，开发效果差，而理论计算无水采出程度为 2.0%。分析认为，馆陶组油藏存在一定能量的边底水，投产初期，生产井射孔底界偏低，所以油田没有无水采油期，低含水阶段含水上升率为 6.1%；油田含水大于 20% 后，油田由天然能量开采转为注水开发，有效抑制了边底水的侵入，并且采取了封堵部分高含水层、补孔上部 Ng(1+2)~3 砂组等措施，含水上升率有所减缓，含水上升率为 3.1%，与理论值持平。油田进入中含水阶段后，多层合采、单井控制储量大，水井层段划分粗、分层注水合格率低，层间吸水状况差异大（不吸水井层占 39.8%），平面层间矛盾加剧，含水上升速度加快，含水上升率为 4.97%。"十五"末油田进入中高含水阶段，通过实施细分加密大调整，注采井网得到完善，储量控制程度增加，水驱动用程度大幅度增加，当含水 84.9% 时，含水上升率为 1.5%，开发效果好，相同采出程度下，实际含水明显小于理论计算含水（图 2-119）。从实际含水与采出程度关系曲线看，与同类型的孤东、孤岛油田比较，除投产初期含水相对略高，其他各含水阶段含水上升率均比孤岛、孤东油田小。

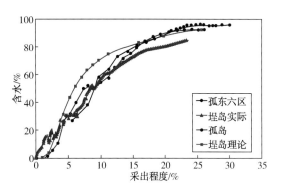

图 2-119　含水与采出程度关系曲线

二、细分加密调整做法

（一）馆陶组老区调整地质基础

馆陶组老区调整在基础地质研究方面存在以下难点。

（1）斜井（297 口）多、工程井斜和测井井斜误差大于 5m 的井有 90 多口，对地质研究造成困难。

（2）井距大（200～300m），砂体相变快，砂体边界准确刻画难，沉积微相准确识别难。

（3）测井曲线不统一，储层参数准确解释难。

针对上述存在的问题和难点，积极展开如下攻关研究。

（1）利用地震资料标定、油水界面和构造趋势面等方面研究测井井斜和工程井斜合理性，经综合判识，共 28 口井采用测井井斜，其余井采用工程井斜，校正后构造图上一个井距内无显著的 5m 以上的"假高点或假洼地"，单个小层有较统一的油水界面。

（2）以 Ng5 砂组顶部的高伽马泥岩为全区标准层，以标志层拉平进行等高程对比，建立符合曲流河"二元结构"的等时地层格架。

（3）对边部和少井区开展窄时窗反演，确定主力油砂体空间展布，在密井区通过钻井资料，结合地震资料，确定砂体分布形态、范围，通过精细地层对比确定砂体的连通和接触关系，建立砂体的空间分布模式。

（4）通过 Bayes 方法建立各沉积微相的判别函数，平面上投测井曲线认识沉积特征、参考地震和反演资料、遵循控制沉积的规律和模式，进行沉积微相的精细划分。

（5）根据岩心分析资料、测井信息，研究、建立了储层属性参数测井解释模型，对不同时期的测井曲线进行标定，二次解释了 397 口井的孔隙度、渗透率和饱和度参数，为储层建模提供了高分辨率的井点数据。

（6）以地质基础三年规划为契机，建立了埕岛馆陶组主体三维地质大模型，用于埕岛主体老区加密调整井的部署优化和跟踪调整中，取得了较好效果。

（二）馆陶组老区调整开发技术

1. 多轮次井位优化技术

井位优化时首先按照不同经济界限下的极限和合理布井参数，结合目前井网现状及剩余油分布特征，分两套层系部署新井，然后结合海工现状确定新平台位置。根据新建平台位置、钻井工程及油层发育状况，对水平井进行第一次筛选，然后根据数值模拟结果对部署的新井进行第二次筛选，剔除开发效果差的新井，最后根据模拟钻井轨迹将新井井位投到每一个小层上，研究平面注采井网、井距是否合适，进行井位微调，确定最终优化方案。具体井位优化思路为：①根据老井射孔及储层发育状况，确定老井上下层系归属。②按布井原则，分层系部署定向井基础井网，并保证与周围已调整区井网的有效衔接。③对符合水平井部署条件的区域部署水平井。对储层发育比较单一或独立砂体区域、有2个或2个以上主力层且厚度满足布井条件的区域以及离边底水较近的厚油层区域部署水平井。④根据地震、平台位置、数模等成果优化新井井位、井别、水平井方位，得到最后优化结果。

2. 优化射孔方案，减缓层间干扰，实现油藏精细开发

老区调整新井完钻后，及时根据新完钻井的实际钻遇情况重点落实各块的构造和储层展布特征，完成对储层的再认识，通过对投产层位水淹及能量的评价，优化制定油水井射孔方案，主要原则如下：一是新井生产层系按方案设计执行，油层动用以提高注采对应率和水驱储量为主要目的；二是针对油层底部水淹相对严重的特点，对油层厚度大及靠近油水界面的油井采取必要的避射措施，对应新调整水井也采取相应的避射措施；三是针对层间干扰这一最突出矛盾，新井动用油层宜少不宜多，一套层系内油层较多时，优先动用下部油层，后期根据实际情况上返。方案讨论时实施"两结合"工作制度：地质方案讨论时采油、工艺人员参与，工艺方案讨论时地质、作业、采油人员参与，工艺已经成为地质改善油水井开发效果的重要手段。工艺采取压裂或高压充填等进攻型增产措施前，充分听取地质方面的意见和建议，工艺开展新技术、新工艺试验，地质在设计中积极支持。如CB11NA-2井设计目的层$Ng5^6$砂层，周围生产井钻遇该层油层厚度均在10m左右，该井钻遇$Ng5^6$砂层突然变薄，仅钻遇1.1m。地质和工艺人员一起共同讨论CB11NA-2井的投产方案，地质人员分析尽管该井$Ng5^6$砂层只有1.1m厚，但是CB11N井组$Ng5^6$砂层分布连片，注采完善，储层物性和供液能力较好，采用先进的工艺技术还是具有开发价值，确定砂层上下各扩射1.5m，增大泄油面积；工艺人员针对该井采用深穿透射孔扶正、酸洗炮眼、活性柴油预处理地层等工艺，优化挤压充填防砂工艺，既改造地层，又防止与下部砂层边底水串通。该井投产后日产液40.1t，日产油39.3t，含水仅2%，采液强度是埕岛油田老井的10倍。

(三) 老区调整方案实施跟踪调整技术

1. 钻井顺序优化和跟踪调整技术

海上钻井投资大，风险高，钻井平台一旦开钻不能停工，给地质研究的时间有限。针对这些难点，形成了有海上特点的跟踪调整技术。在进行精细油藏描述、整体部署的基础上，按预测油层的可靠性排出井位实施顺序，优先实施地质风险较小的井位。先定向井后水平井，降低水平井实施风险。钻井顺序的优化原则为：①先实施储层落实、有利于落实储层发育情况和水淹情况的井；②风险井和把握较大的井交叉实施，留出相对宽松的研究和调整时间；③先实施能够落实水平井储层发育的井；④为利用水平井的优质泥浆，一般在水平井后排口储层发育较好的油井。

在钻井过程中，测井初步资料在测完井 2h 内传到地质技术人员手中，在 direct 和 discovery 上进行单井分析，多井对比、储层研究并修改已经建好的三维地质模型，正式测井资料来前就能完成大部分地质研究工作，大约可以节约 10d 的时间，适应了海上钻井生产对地质研究快节奏的要求。地质技术人员根据钻井现场反馈的资料，分析钻遇情况，和周围井进行对比，根据先期完钻的开发井进行滚动地质分析，分析预测油层和水淹变化情况，及时提出调整意见，实时监控，进行后续井位的调整和钻井轨迹优化，避免低效井的产生，提高油层钻遇厚度。

比如在埕北 22G 井组实施的过程中优化钻井顺序为埕北 22G-6、埕北 22G-8、埕北 22G-9、埕北 22G-2、埕北 22G-P1、埕北 22G-P2、埕北 22G-1、埕北 22G-5、埕北 22G-3、埕北 22G-4。主要考虑埕北 22G-5 与 22G-P1 为 $Ng3^3$ 小层为主要目的层的上层系油井，处在老井埕北 22C-2 井与埕北 22C-6 井注水分流线上，但因井距较大，水淹情况及剩余油分布认识不够，于是首先钻下层系过路水井埕北 22G-6，落实 $Ng3^3$ 小层的水淹情况。该井完钻后发现 $Ng3^3$ 层水淹程度比方案预计严重，于是决定取消原设计的上层系油井 CB22G-5、22G-P2 两口井的井位，避免了低效井的出现。同时在该井组的其他新井完钻后，重新落实了 $Ng5^6$ 层的储层分布情况及水淹状况，发现该区的 $Ng5^6$ 层发育变好，范围变大，根据这种情况决定在 $Ng5^6$ 层新增加一口水平井 CB22G-P2。CB22G-P2 井投产初期日产液 103.4t，日产油 76.5t，含水 26%，目前已累计产油 $12.6×10^4t$，取得良好效果。

2. 水平井跟踪调整技术

在埕岛油田馆陶组调整方案井水平井实施中存在以下技术难点：①由于资料精度限制，油顶预测误差较大；②底部水淹，要求水平井轨迹在油顶下 1~2m 穿行。

在水平井实施过程中不仅要确保钻遇储层，而且要控制轨迹，防止油层过早水淹。采取的技术对策是：①设计轨迹提前 A 靶 50m 着陆，留有足够的调整井段；②控制轨迹，优化进油层的井斜角在 84°~87° 之间；③着陆后按钻遇的油层情况重新修正油层微构造图，重新模拟轨迹，实时监控，控制水平轨迹。

由于海上大部分开发井都是有一定斜度的定向井，部分老井的井斜有一定误差，且海上的井距差别较大，一般在 400m 以上，井间构造和砂体的变化较难预测，在实践中充分利用地震和测井资料来精确确定油层的深度，把设计轨迹加到地震剖面上，修正设计轨迹。

在钻目的层前 300~400m（斜深）下入随钻测井仪器（LWD），对比邻井的测井资料，对目的层的深度进行预测。实时监控井深轨迹数据，控制轨迹点的位置接近或少量滞后于设计轨道，并保持合适的井斜，将井眼轨迹限定在有利于入靶点矢量中靶的范围内。在预计将钻到油层的深度，时刻注意气测烃值和 LWD 数据的变化，当烃值有上升的变化和电阻率有增大的趋势时，注意适当调整钻井轨迹，一般当水平段设计为水平或上倾钻进时调整进油层的井斜角 86°~87°，当水平段设计为下倾钻进时调整进油层的井斜角 84°~85°。

水平井中靶着陆后，及时修正目的层的微构造图，重新修正水平井的两个靶点，应充分利用 A 靶点前后 50m 的下技术套管段进行井斜和垂深的调整，以利于三开后的轨迹调整。由于二开完钻后下技术套管前需要通井，馆上段为疏松砂岩油藏，储层胶结程度差，通井时井斜要下降 1°~1.5°，一般在三开为水平钻进时，调整二开完钻的井斜角 90.5°~91°，当三开水平段设计为下倾钻进时调整进油层的井斜角 89°~90°，当三开水平段设计为上倾钻进时调整进油层的井斜角比三开的井斜角大 1°~1.5°。三开稳斜钻进，通过胜利录井远程显示系统实时监测钻井过程，通过钻时、LWD 和气测资料分析是否在油层中穿行，在 discovery 的地震剖面上加上现场传过来的井身轨迹数据，控制轨迹在油层上部穿行。

（四）老区调整钻采工艺配套技术

一是在钻井上形成了大型丛式井组防碰工艺技术。主要技术方法有优化井口各井位置，避免轨迹交叉现象；加强轨迹优化设计，必要时采用绕障轨迹设计技术；实施表层定向工艺，从 100m 处即开始定向；采用陀螺定向工艺，防止磁干扰，确保轨迹数据准确；采用 MWD 无线随钻实时监测技术，及时调整钻井轨迹参数。

二是天然高分子聚合醇非渗透油层保护技术。针对老区油藏地层压力下降、渗透性好的特点，钻井油层保护工作的重点是防止钻井液固相侵入和钻井液滤液、固井水泥浆滤液的侵入对油层造成的伤害，应用天然高分子聚合醇非渗透钻井液体系。该体系具有低失水（小于 4mL）、流变性能好、润滑性能好、携砂能力强和高抑制性的特性。钻至油层前 150m 至钻井完井加入 YBWD-2 井壁抗压稳定剂和聚合醇等油层保护剂，在井壁形成致密泥饼（实验抗压能力达 12MPa 以上），阻止滤液侵入油层，减少油层污染。

三是配套形成馆陶组主导防砂工艺。埕岛油田主力油层馆陶组为稠油疏松砂岩油藏，油藏埋深浅，岩石胶结疏松，生产中易出砂，新井投产采取先期防砂政策。埕岛油田经过十年来的不断研究、试验和推广，不断发展、配套和完善，形成了馆陶组主导防砂工艺，从最初的挂滤防砂到充填防砂，再发展到目前的高速水充填防砂和一趟管柱多层高速水充填防砂，炮眼充填效率国际一流水平为 50L/m，目前海上炮眼充填效率达到 50~200L/m，海上高速水充填防砂工艺整体已经达到国际一流水平，为下一步海上大幅提液创造了防砂工艺保障。

四是馆陶组提液工艺配套完善。定向井形成大枪大弹大负压返涌射孔、射孔泵抽测试联作、酸液预充填技术、高速水充填防砂、大泵变频提液、完井及时排液六项配套技术，取得较好效果。如 CB25F 井组平均单井日油能力 51t，超过方案设计，涌现了 3 口百吨高产井。水平井形成裸眼水平井充填防砂、适度防砂、延缓底水锥进、分段酸洗泥饼、低压井防漏失、大泵变频举升、完井及时排液、控压差试采八项配套技术。

五是改进完善长效分注工艺。以"分得细、注得进、调得准、长寿命""细分到单层、改造到单层"为目标，攻关配套形成液控分注、密闭防蠕动分注、小直径分层防砂、地层精细分段增注、测调一体工艺为主的多层细分注水工艺，实现了单井 6 段细分注水、一次管柱分 7 段改造增注，提高了海上注水层段合格率和注水管柱在井免修期。

第三章

密槽口大斜度丛式钻完井及复杂压降剖面油藏保护工艺

第一节 密集丛式井组防碰绕障技术

一、密集丛式井组整体优化技术

（一）平台位置优化

丛式井技术能够降低油田开发成本，有利于提高经济效益，也便于集中管理。采用丛式井平台技术，平台位置的选择是整装区块油田开发初期的重要决策项目之一，面临的问题之一便是平台的部署优化问题，因为它影响和决定着钻完井所需的费用，同时也是丛式井平台优化需要考虑的因素之一。平台位置的选择不仅影响油气生产设施的建设费用，也直接影响钻井施工风险和钻井总成本。当一个区块的井网布置方案确定之后，采用丛式井技术通常所面临的主要问题是丛式井平台位置的优选问题，为了使油田开发各系统总投资之和最少，需要每个平台包含多少口井经济、设置多少个平台合理、平台应建在什么位置合适等问题。当开发方案确定后，区块内设置平台数量越少、斜井井数越多、井身长度越长、井身轨道形态越复杂，那么钻井难度就越大，钻井费用就越高。当区块钻井施工方案确定后，影响钻井费用的主要因素是井身轨道形态和井身长度，而井眼轨道形态和井身长度取决于造斜点垂深与井身剖面。一般来说，地下井位坐标是已知的，井口相对于地下目的层水平位移的变化影响井深长度变化，进而钻井投资发生变化。

海上钻井平台位置优选需要考虑的主要因素为优选的目的是降低钻井施工风险，控制钻完井总成本最小。要考虑如下三方面：①平台选址和修建时应满足油藏开发方案和钻井总进尺最少；②钻井难度和作业风险最低；③钻完井成本最低。其中，钻完井成本最低是钻井平台位置优化工作的最终目标，同时还要兼顾大难度井和地层情况，考虑避让复杂地质的地层，考虑钻入角的影响，降低作业风险。

1. 控制钻井进尺最少法

控制钻井进尺最少的方法主要考虑井口和靶点的位移，当需要在海上部署平台并实施一批新井的情况下，平台数量和总井数及靶点坐标均可以作为已知数据，根据以下步骤进行计算。

1）单个平台位置优化

设计井数量 N_w；靶点坐标 $T_i(X_i, Y_i)$，$i = 1 - N_w$；钻井平台位置 $P(X_i, Y_i)$。则可利用井口位移的平方和最小值作为优化目标，计算公式如下：

$$\min F = \min \sum_{i=1}^{N_w} \sqrt{(X_i - X_P)^2 + (Y_i - Y_P)^2} \tag{3-1}$$

其最优解为：

$$\begin{cases} X_{\mathrm{P}} = \dfrac{1}{N_{\mathrm{w}}} \sum_{i=1}^{N_{\mathrm{w}}} X_i = \overline{X} \\ Y_{\mathrm{P}} = \dfrac{1}{N_{\mathrm{w}}} \sum_{i=1}^{N_{\mathrm{w}}} Y_i = \overline{Y} \end{cases} \tag{3-2}$$

根据式(3-1)、式(3-2)，井口位移的平方和最小值实际就是所有设计井的靶点对应的重心，也叫"重心法"。选用该方法存在计算工作量小、方便快捷的优点。

2）多个平台位置优化

设计井数量 N_{w}；靶点坐标 $T_i(X_i,\ Y_i)$，$i = 1 - N_{\mathrm{w}}$；钻井平台数量 N_{P}；第 j 个钻井平台所允许最大井数为 M_j，$j = 1 \sim N_{\mathrm{P}}$；钻井平台位置 $P_j(X_{\mathrm{P}j},\ Y_{\mathrm{P}j})$，$j = 1 \sim N_{\mathrm{P}}$。则计算公式如下：

$$\min F = \min \sum_{i=1}^{N_{\mathrm{w}}} \sum_{j=1}^{N_{\mathrm{P}}} a_{ij} [(X_i - X_{\mathrm{P}j})^2 + (Y_i - Y_{\mathrm{P}j})^2] \tag{3-3}$$

约束条件为：

$$\begin{cases} \sum_{j=1}^{N_{\mathrm{P}}} a_{ij} = 1 (i = 1 \sim N_{\mathrm{w}}) \\ \sum_{j=1}^{N_{\mathrm{w}}} a_{ij} \leqslant M_j (j = 1 \sim N_{\mathrm{P}}) \\ \sum_{i=1}^{N_{\mathrm{w}}} \sum_{j=1}^{N_{\mathrm{P}}} a_{ij} \leqslant N_{\mathrm{w}} \end{cases} \tag{3-4}$$

求解以上数学问题时，a_{ij} 是一个关键指标，当钻井平台个数、待钻井数量均较少时，可以采用枚举法求解，当钻井平台个数、待钻井数量较多时，枚举法工作量太大，使用起来非常困难，因此后续学者又发明了聚类分析方法、遗传算法、神经网络计算方法等。

2. 控制钻井成本最低法

海上钻井成本相对较高，控制钻井成本是最终目标，影响海上钻井成本的两个重要因素分别是与施工周期相关的成本（如平台日费）和与井身结构相关的成本。控制成本最低的优化方法计算公式如下：

$$\min CT = \min \sum_{i=1}^{N_{\mathrm{w}}} \sum_{j=1}^{N_{\mathrm{P}}} a_{ij} (CD_{ij} + CC_{ij} + CM_{ij} + CB_{ij}) \tag{3-5}$$

约束条件为：

$$\begin{cases} \sum_{j=1}^{N_{\mathrm{P}}} a_{ij} = 1 (i = 1 \sim N_{\mathrm{w}}) \\ \sum_{j=1}^{N_{\mathrm{w}}} a_{ij} \leqslant M_j (j = 1 \sim N_{\mathrm{P}}) \\ \sum_{i=1}^{N_{\mathrm{w}}} \sum_{j=1}^{N_{\mathrm{P}}} a_{ij} \leqslant N_{\mathrm{w}} \end{cases} \tag{3-6}$$

式中，CD_{ij} 为与钻井时间相关的钻井费用；CC_{ij} 为套管及固井费用；CM_{ij} 为钻井液费用；CB_{ij} 为钻头费用。因此，应用钻井成本最优方法优选钻井平台位置时，只要在等效钻进时间的基础上增加套管及固井费用、钻井液费用、钻头费用，即可较好地预测。

（二）槽口分配优化

海上大型丛式井组槽口分配的是一个组合优化的问题，最优化的槽口分配不仅有利于减少防碰风险、提高分离系数，还有利于降低井组总进尺，降低施工总成本。槽口分配优化主要有绘图法和计算法两种，其中绘图法又分为直线划分法和同心圆划分法。当槽口数量为单排、双排等小型井组时，采用直线划分法存在简单、快捷、直观的优点，由于海上单个平台槽口数量较多，海上槽口划分多采用同心圆划分法。

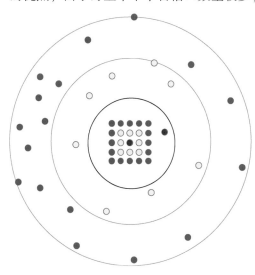

图 3-1　同心圆槽口划分方法示意图

如图 3-1 所示，当井口分布为多排多列时，可以处在中心的某井口作为圆心，以 R 为半径画圆，尽量使外侧的井口对应外侧的靶点，内侧的井口对应内侧的靶点，不断地用同心圆划分，直到全部划分为止，其中 R 根据每层井口—靶点的最大距离进行划分，务求把每个靶点划分在区域内。

若采用数学计算方式，则需先明确设计井数量 N_w；靶点坐标 $T_i(X_i, Y_i)$，$i = 1 - N_w$。根据前面确定的平台中心坐标 $P(X, Y)$，按照以下公式进行计算和分配：

$$\phi_i = \arctan \frac{X_i - X}{Y_i - Y} \quad (X_i - X > 0)$$

$$(3-7)$$

$$\phi_i = \arctan \frac{X_i - X}{Y_i - Y} + 180° \quad (X_i - X < 0) \qquad (3-8)$$

其最优解为：$\phi_1 < \phi_2 < \phi_3 < \cdots < \phi_i$。即最后可以得到重新优化后的槽口分配，使得平面无交叉为最优解。

（三）造斜点深度优化

造斜点应选择在稳定、均质、可钻性较高的地层。丛式井组中相邻两井的造斜点尽可能错开一定距离，一般错开距离不小于 50m，选择造斜点时应尽可能缩短相邻井平行井段。中间井口用于位移小的井，造斜点较深；外围井口用于位移较大的井，造斜点较浅。如果设计的最大井斜角超过采油工艺或常规测井的限制或要求，应将造斜点提高或增加设计造斜率。

对于海上密集井口丛式井防碰段来说，要求外排（前排）井口的预造斜点最浅，内排(后排)井口的预造斜点最深。为了从预防碰段轨道设计上解决直井段防碰问题，应该考虑相邻两井口有效间距的最小值，从外排(前排)井口开始选择预造斜点深度区间。

（四）井眼轨道优化原则

井身剖面类型应满足地质靶区的需要，在丛式井组中，要有利于丛式井组的防碰，还要有利于井斜、方位的控制，而合理的井身剖面还能有效保证后期作业的安全进行。井身剖面优选需要遵循以下原则。

（1）采用简单井身剖面，"直—增—稳"三段制剖面，减小施工难度。

（2）最大限度地避免空间交叉与绕障。

（3）在定向造斜与增斜井段，均衡各井的防碰空间。

（4）定向井设计造斜率尽量控制在$(15°\sim20°)/100m$之间，对于浅地层大井眼定向还应适当降低造斜率，以适应软地层造斜能力。

（5）对于水平井，选择合适的靶前位移十分重要。造斜率不宜过高，容易形成大的狗腿，对后期完井作业不利；造斜率也不宜太低，增加了斜井段长度，延长了周期。建议平均造斜率控制在$(15°\sim22°)/100m$之间。

（6）同一平台井设计方位尽量做到呈放射状，可以大大降低斜井段的防碰危险。

（7）定向井需选择合适的造斜点，控制最大井斜在合理的范围内。井斜越大，井下安全带来的施工风险越高。

二、井眼轨道防碰扫描方法

（一）最近距离计算

井眼轨迹距离扫描方法多种多样，国内外很多专家学者都对其进行了研究。其中比较常用的方法有三种，分别是平面扫描法、法面扫描法和最近距离扫描法。平面扫描法的基本思想是扫描参考井在同一垂深平面上与邻井的交互关系，即在参考井的某一垂深上作一个平面，参考井与平面的交叉点设为P，则P点到该平面与邻井交叉点的距离就是两井的最近距离，其连线方位与正北方位线之间在顺时针方向的夹角称为扫描方位角。在井斜角比较小的情况下，平面扫描法结果可信度较高，多用于靶心距的计算、小井斜定向井防碰施工等。法面扫描法是指以参考井某一点的切线方向线做一个法平面，该平面与邻井相交于一点，则这两点之间的距离为最近距离，两点连线在水平投影图上的方位与参考井的高边方位在顺时针方向的夹角称为扫描角。法面扫描多用来比较两口井井眼轨迹之间的偏离情况，通常将两口井的井眼轨迹相互关系分解到垂直投影图和水平投影图上，这样就可以得到法面扫描图，并且通过参数的计算得到视平移和水平偏移，从而描述两井的偏离程度以及空间姿态关系。由于平面扫描法和法面扫描法计算的结果并不一定是最小距离，对于定向井施工尚可，但是对于井眼轨迹控制精度较高，特别当含有部分井斜较大的定向井、水平井时，其适应性受到限制。

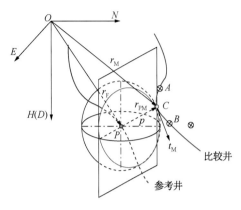

图3-2　最近距离扫描法示意图

最近距离扫描法又叫球面扫描法，如图3-2所示，其基本原理是以参考井某点为球心，做无数个半径不同的同心球，其中与邻井刚好接触的球的半径即为两口井的最近距离，所以又称半径扫描法，其水平投影方向与参考井的高边方向的夹角(顺时针方向为正)为扫描角。最近距离扫描法基本反映了两井的距离及位置关系，适用于任何井斜角度，在丛式井、加密井和连通井的现场施工中得到了广泛的应用。

如图3-2所示，以参考井上的 P 点为中心作半径为 ρ 的球，该球面与邻井交叉于 C 点，则两点之间的最近距离为：

$$\rho_{\min} = \sqrt{(N_C - N_P)^2 + (E_C - E_P)^2 + (D_C - D_P)^2} \tag{3-9}$$

扫描角的计算公式为：

$$当 N_C - N_P > 0 时，\theta = \tan^{-1}\frac{E_C - E_P}{N_C - N_P} \tag{3-10}$$

$$当 N_C - N_P < 0 时，\theta = \tan^{-1}\frac{E_C - E_P}{N_C - N_P} + 180° \tag{3-11}$$

$$当 N_C - N_P = 0 时，若 E_C - E_P > 0，则 \theta = 90° \tag{3-12}$$

$$当 N_C - N_P = 0 时，若 E_C - E_P < 0，则 \theta = 270° \tag{3-13}$$

（二）分离系数计算

井眼轨迹的计算主要依靠三个参数，即测量井深、井斜角、方位角，由于各种各样的原因，三个参数均存在一定的误差，致使实际井眼轨迹位于一个不确定的范围之内。随着测量井深的增加，误差会逐渐叠加，不确定性范围也越来越大，最终形成一个椭圆体椎体，这个椭圆椎体就是井眼轨迹误差椭圆，又称为不确定性椭圆。前文所叙述的最近距离 $\rho_{\min}$ 仅仅代表的是两个椭圆椎体轴线之间的距离，并不能真实地反映两井实际的相对位置，因此需要对井眼轨迹误差椭圆进行计算，而在计算之前首先需要确定井眼轨迹的误差影响因素。

1. 误差影响因素

影响测量井深、井斜角和方位角三个参数的变量大致有以下几个方面。

（1）测量井深误差：由于钻具丈量、测斜时钻具停止位置、钻柱在自身重力作用下的拉伸所或者是受到摩阻影响之后的压缩等导致的误差。

（2）不居中度误差：仪器、底部钻具组合及井眼存在三个轴线，而这三个轴线均不一定相同，由于这种不一致所产生的误差称作不居中度误差，其将导致井斜角误差。

（3）参考方位误差：参考方位误差是指采用磁通门或者陀螺进行方位测量时，相对于地磁北极或者地理北极对准产生的初始偏差角，其将导致方位角误差。

（4）钻柱剩余磁性误差：指钻柱剩余磁性及无磁钻铤内热点产生的干扰场，也包括无磁钻铤长度不足而不能完全屏蔽钻具磁性的情况，这样就改变了磁性测量仪器测量时的磁场环境，从而导致方位角误差。

（5）测量仪器精度误差：测量仪器误差是指受制于仪器制造、加工、封装、标定、使用环境(井斜大小、温度高低)等原因所导致的本身测量精度误差，同时影响井斜角和方位角误差。

2. 误差椭圆

在误差原因分析之后，即可进行误差椭圆计算方法的研究。根据前面的分析，井眼轨迹误差主要受到五个方面的影响，按照中心极限定理，可以近似认为它们呈正态分布，按照中心极限定理，服从正态分布的多个误差累积之后仍然服从正态分布，因此，可以建立分布概率密度计算公式：

$$f(\Delta_r^{\rightarrow g}) = \frac{e^{-\frac{1}{2}(\Delta_r^{\rightarrow g})^T v^{-1}(\Delta_r^{\rightarrow g})}}{(2\pi)^{\frac{3}{2}} |v|^{\frac{3}{2}}} \tag{3-14}$$

式(3-14)为一簇空间相似椭球面，其等概率密度面为 $(\Delta_r^{\rightarrow g})^T v^{-1}(\Delta_r^{\rightarrow g}) = \lambda^2$，$\lambda$ 为置信因子。

利用矩阵分块，可写出截平面方程为：

$$\begin{bmatrix} \Delta N \\ \Delta E \end{bmatrix} \cdot \begin{bmatrix} V_{11} & V_{12} \\ V_{21} & V_{22} \end{bmatrix}^{-1} \cdot \begin{bmatrix} \Delta N \\ \Delta E \end{bmatrix} = \lambda^2 \tag{3-15}$$

这样就得到了误差椭圆方程计算通式，其中 λ 值取决于给定的概率，将决定椭圆的大小。根据坐标系的转换方程，水平面与椭圆主半轴组成的坐标系之间的转换关系为：

$$\begin{bmatrix} \Delta N \\ \Delta E \end{bmatrix} = \begin{bmatrix} \cos\theta & -\sin\theta \\ \sin\theta & \cos\theta \end{bmatrix} \cdot \begin{bmatrix} A \\ B \end{bmatrix} \tag{3-16}$$

椭圆姿态角 $\theta = \frac{1}{2}\tan^{-1}\frac{2V_{12}}{V_{11} - V_{22}}$，引入 λ_1、λ_2 作为协方差矩阵 V 的特征值。根据现行变换原理，将方差进行矩阵变化，可得到标准椭圆方程：

$$\frac{A^2}{\lambda_1} + \frac{B^2}{\lambda_2} = \lambda^2 \tag{3-17}$$

式中，误差椭圆的长半轴 $a = \sqrt{\lambda_1}\lambda$，短半轴 $b = \sqrt{\lambda_2}\lambda$。

3. 分离系数

计算出两井眼中心距和误差椭圆之后，则可以计算分离系数，分离系数计算公式为：

$$R = \frac{p_{\min}}{a_1 + a_2} \qquad (3-18)$$

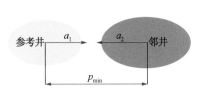

图 3-3　分离系数计算示意图

式中，a_1 为参考井垂深的长半轴；a_2 为邻井相应垂深的长半轴。根据分离系数的概念，其代表了两口井相碰的危险程度。如图 3-3 所示，当分离系数大于 1 时，两井眼轨迹误差椭圆未相交，可以安全钻进；当分离系数等于 1 时，两井眼轨迹椭圆误差表面相交，存在相碰的危险；当分离系数小于 1 时，两井眼轨迹误差椭圆相交，井眼交碰风险极大。因此，井眼轨道设计时要求误差系数大于 1，为了增加安全系数，现场一般要求分离系数大于 3。

以埕岛油田 CB22FB 大型丛式井组加密井为例，对技术进行应用分析。该井组槽口为 4×5 布局，槽口间距 1.80m×1.80m。槽口布局如图 3-4 所示。

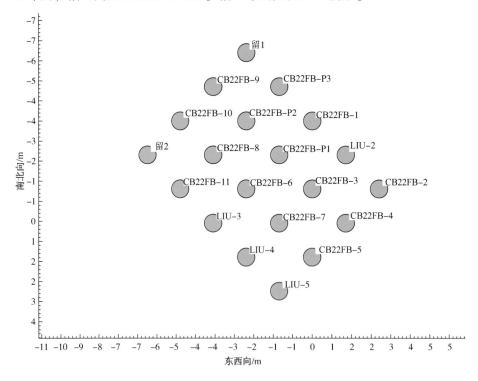

图 3-4　CB22FB 大型丛式井组槽口布局图

利用以上分析，分别对最近距离和分离系数进行扫描，以 CB22FB-1 井为例，其最近距离扫描结果如图 3-5 所示。

分离系数扫描结果如图 3-6 所示。

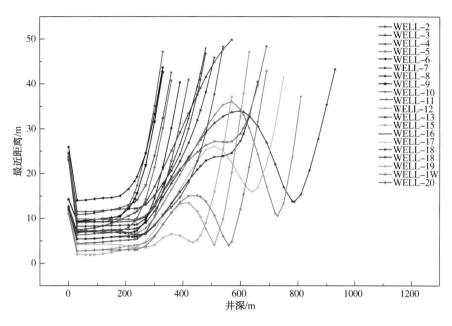

图 3-5　CB22FB-1 井最近距离计算结果

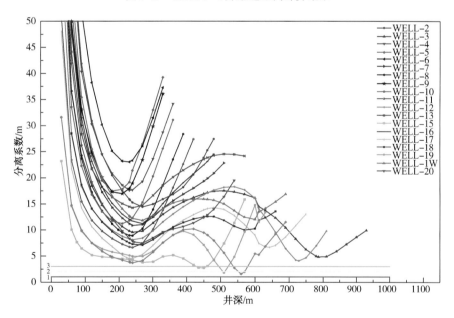

图 3-6　CB22FB-1 井分离系数计算结果

（三）三维防碰绕障技术

　　海上密集丛式井组加密井顺利施工最关键的工作是井眼 防碰，面对"蜘蛛网"一样的地下井眼轨迹，项目组制定了"精、准、细、严"四字防碰方针，全方位加强三维防碰绕障工作。

图 3-7　防碰绕障示意图

1. 精确防碰扫描设计

海上密集丛式井组加密井面临着新老井眼轨迹交叉的情况，因此在施工过程中，对每一口井的实钻井眼轨道都要与其他已钻井实钻轨迹和待钻井设计轨迹进行防碰扫描，既考虑完钻井轨迹绕障，又要为后续井留有充分防碰余地，确保三维空间中每一口井都有最安全的通道(图 3-7)。

2. 减少系统误差，提高数据准确性

(1) 加强定向仪器质量控制，严格按规程进行仪器室内校验，完钻后测多点校验 MWD 数据，减少仪器测量误差。

(2) 为减少仪器测量系统误差，固定使用同一种、同一套探管，以保证探管测量数据的稳定。

(3) 全程监测磁场强度，排除邻井套管的磁干扰影响，提高数据准确性。

3. 细化防碰技术措施

(1) 采取表层深度和造斜点深度错开法，利用椭圆锥形理论优化防碰总体设计，做好防碰预案。

(2) 开钻前，通过对施工井与完钻井实钻轨迹和待钻井设计轨道进行防碰扫描计算，提前做好防碰图，标明防碰井段。

(3) 对于直井段，坚持边测斜、边监控、边扫描和边记录的"组合拳"措施，确保直井段防斜打直。

(4) 对于斜井段，缩短测斜间距加密监测，对防碰危险井段，采取绕障措施提前进行避让。

(5) 重点井段加密测斜，提高轨迹精度，勤预判轨迹趋势，做到心中有数。

(6) 重点防碰井加测陀螺，与 MWD 测量数据比对，防止出现较大偏差。

4. 强化防碰意识，严格技术规程

(1) 强化现场人员防碰意识，定向、工程技术、现场监督三方相互沟通、紧密协作，将防碰工作落实到每个施工环节。

(2) 严格执行防碰技术规程，施工中遇憋跳等异常情况立即停钻并进行分析，查明原因后再恢复钻进，不得盲目打钻，造成严重后果。

如在 CB4E 井组施工过程中，通过强化三维防碰绕障工作，CB4E 井组多口井实现了空间距离在 10m 以内的小间距防碰绕障，成功地绕过了多口井的层层"阻扰"，顺利钻达油气储层，实现地质开发目的(图 3-8)。

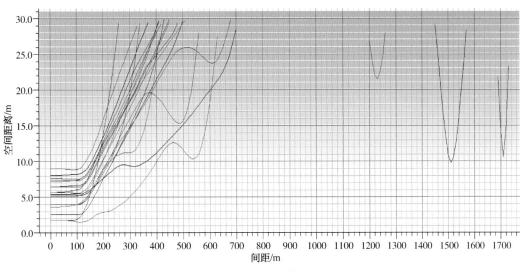

图 3-8   CB4EA-14 井防碰扫描最近距离图

第二节   复杂结构井施工工艺技术

一、超浅层大尺寸井眼定向施工技术

海上的大型丛式井组,大都存在着造斜点浅、定向井眼尺寸大、地层松软(第四系平原组、明化镇组)、造斜率不稳定、井斜角大、水平位移大、多段制剖面设计、位移垂深的比值大、中靶精度要求高、井网密及防碰绕障任务重、单井多次扭方位等多项困难。

在海上,为了节约平台费用,丛式井组的井数呈越来越大的趋势。为了考虑必要的井网和防碰绕障任务,就必须将造斜点错开,导致井组中有的井造斜点非常靠上,布在明化镇组甚至在平原组。另外一个趋势是为了节约套管费用而增加套管层次,原来不经常使用的一些井眼序列成为常规序列。如 Φ444.5mm 井眼,原来在陆上油田不适用,也没有与之配套的动力钻具扶正器,近年来,这种井眼在油田和海上使用越来越多。在该井眼内定向,尚属初步应用。

例如,埕岛油田 CB4D 丛式井组井组的加密调井,造斜点在 100~200m,平原组底深为 350m,且为 Φ444.5mm 井眼。

(一) 浅层大井眼定向施工难点

(1) 井组井间距近,施工时极易相碰和串槽,防碰难度较大,定向时易出现磁干扰。如果井组是大型丛式井组,防碰工作尤为突出。每口井必须沿着设计的井眼轨道施工,不能侵占其他井的井眼轨道,否则后期施工防碰难度更大。施工中必须时刻注意与邻井的防碰。

（2）一开超浅地层、大尺寸井眼定向必须一次成功，这是确保井组后期施工有序、顺利进行的关键。定向地层大部分位于平原组，地层非常松软，值得重视的是造斜点下调的余地很小，造斜点太低必然增大最大井斜角，从而增加后续施工的难度。更突出的问题是，如果第一口井或其中某口井不能按设计一次性成功定向，则其他相邻井及后续施工井的造斜点都要相应下调压低，整个井组剖面和井斜角都得相应改变，这是工程施工中一个突出的难点。

（3）一开采用了泥浆钻进，防串槽。优质钻井液是确保整个井组顺利施工的前提。

（二）浅层大井眼施工技术对策

（1）施工过程的组织协调。井组的施工队伍包括定向技术服务、地质录井、泥浆技术服务、固井、电测及物资工具供应等，组织要有条不紊，形成专业化队伍，施工策划和物资工具准备要充分，施工过程中要形成相互配合、衔接无误的有利局面。集各服务单位的精兵强将，团结协作、群策群力、协从施工，高效高质量地完成各项施工任务。

（2）隔水、表层实施深度错开、防串做法。在确保井口套管头处在同一水平面的前提下，各井深错开和套管下入深度严格错开，防止串槽。

（3）隔水实施插管固井，顶替充分、候凝时间短。油层实施双胶塞固井，顶替充分、固井质量好。

（4）利用导向复合钻井技术是提高钻井速度的关键。优选、优配钻具组合，充分利用导向钻井技术，是确保井眼光滑、减少井下事故发生、提高机械钻速、保证中靶精度的关键。

（5）坚持采用中途少短起下钻，不定点循环，优选高效牙轮钻头和长寿命马达，一趟钻完二开油层井段措施，保证井眼规则、钻井时效高、电测顺利（该措施成功的关键在于马达使用寿命长，保证中途不脱裤、不脱胶、不堵水眼）。完钻后，起钻前为保证电测和下套管顺利短起一次。

（6）优选钻具组合和钻井参数。

（7）使用高性能聚合物海水泥浆和高效三级固控设备。在施工过程中，要利用先进的MWD测量仪器和成熟的特殊工艺井导向钻井技术，积极推广应用各种有效的优快钻井技术和防碰技术措施，采取在浅地层预定向采用大弯度导向马达（1.50°~1.75°）配合MWD定向的方式；下部井段应用MWD监测、采用复合快速钻进施工；为防碰，直井段使用电子单多点监测；根据实钻情况不断完善技术措施；采用LANDMARK应用软件进行定向井剖面优选设计、随时做好预测及防碰扫描工作，确保井组的顺利施工和中靶精度，并且满足地质要求。

（三）浅层大井眼定向钻具组合优选

采用 Φ444.5mm 井眼钻具组合优选。

根据 CB4D 等井组的施工经验，在 $\Phi444.5mm$（$17\frac{1}{2}in$）井眼中采用导向马达（$1.25°\sim1.50°$）配合 MWD 定向方式，采用导向钻具组合，即钻头+单弯+无磁钻铤+MWD 短节+钻铤+加重钻杆+钻杆，选用 $1.25°\sim1.5°$ 的单弯马达，造斜点深在 $160\sim480m$ 不等，造斜率一般控制在（$3°\sim5°$）/30m 以内，采取连续造斜，要求保证井眼轨迹光滑。

而所使用的单弯钻具，是从北石厂研制的扶正器尺寸为 $\Phi440mm$（常规为 $\Phi438mm$）直条式偏置扶正块 1.5° 和 1.25° 两种单弯动力钻具，其结构为：① 扶正块中心距马达下端距离 900mm；② 扶正块满眼尺寸为 $\Phi440mm$；③ 扶正块数量 3 片（比常规的去掉了弯曲面顶面一块）；④ 扶正块底块尺寸（依靠该块良好设计取得最佳支撑力）有效部分长×宽＝130mm×390mm。

因此，根据 CB4D 井组及其他井组的经验，对于 $\Phi444.5mm$ 井眼内定向钻具组合优选结果如下：① 采用的钻具组合为 $\Phi444.5mmBit+\Phi244.5mm$（$1.25°\sim1.5°$）单弯+$\Phi203.2mmNMDC×1$ 根+MWD 短节+$\Phi177.8mmDC×3$ 根+$\Phi127mmHWDP×15$ 根+$\Phi127mmDP$。② $\Phi244.5mm$ 的动力钻具本体扶正块直径必须达到 $\Phi440mm$，且为直条式偏置扶正块。

（四）浅层大井眼定向钻进参数优选

1. 钻压、转速的选择

钻压、转速的选择应满足所钻地层、井眼尺寸和动力钻具的要求。由于所钻地层为平原组或明化镇组地层，地层为软地层，钻压不能过大；井眼一般为 $\Phi444.5mm$ 和 $\Phi346.1mm$；动力钻具一般用 $\Phi244mm$ 的马达，其推荐钻压为 210kN。因此根据 CB11NA、CB11NB、CB22G 井组和其他井组的施工经验，优选可得：①在定向滑动钻进时，在 $\Phi444.5mm$ 井眼，推荐钻压 $100\sim170kN$；在 $\Phi346.1mm$ 井眼，推荐钻压 $80\sim150kN$。要求钻井泵上水良好，泵压稳定，确保工具面准确到位并稳定。②在复合钻进时，推荐在 $\Phi444.5mm$ 井眼使用 $\Phi244mm$ 的马达，钻压 $100\sim240kN$，转盘转速 $60\sim80r/min$；在 $\Phi346.1mm$ 井眼使用 $\Phi244mm$ 的马达，钻压 $80\sim200kN$，转盘转速 $80\sim100r/min$。

2. 排量的选择

钻井中排量的选择除了以上的理论计算外，还应满足单弯马达的最佳排量，使单弯马达得以合理使用，延长其井下工作寿命，同时应满足井眼携砂的要求。因为在 $\Phi444.5mm$ 和在 $\Phi346.1mm$ 井眼内，动力钻具一般用 $\Phi244mm$ 的马达，其排量为 $50.7\sim75.7L/s$。在 $\Phi444.5mm$ 井眼，推荐排量 $50\sim60L/s$；在 $\Phi3346.1mm$ 井眼，推荐排量 $48\sim55L/s$。

（五）浅层大井眼定向应用技术

在 CB4D 等井组表层大尺寸井眼定向过程中，采用有线随钻定向方式，并连续定至稳斜段，在定向过程中，由于设计狗腿度不能超过 3.6°/30m，故实际定向过程中为防止造斜率过高，采用了改变工具面角度的方法来控制造斜率，并取得了明显的效果，有效地控制了井眼轨迹。由于井眼间距比较小，磁干扰严重，在刚开始定向时采用陀螺单点定向，当避开一定的距离后，已经达到防碰的目的，而且使用有线随钻不受磁干扰时，采用有线随钻定向直至稳斜段或预定的目的层。

钻具组合：Φ444.5mm 钻头+Φ244mm×1.25°动力钻具+631×630（定向接头）+Φ203.2mm 无磁钻铤×1 根+Φ203.2mm 钻铤×3 根+631×410 接头+Φ127mm 加重钻杆×15 根+Φ127mm 钻杆。

钻进参数：钻压 20~50kN，转速 50r/min+螺杆，排量 50~55L/s，泵压 10.0~12.0MPa。

表层定向造斜点由浅到深，相邻井造斜点深度错开 30m，防磁干扰做到井眼轨迹防碰、防串槽的目的。

表层坚持有线定向，信号传输快、直观。对存在磁干扰的井果断采取陀螺定向，以防两井相碰。

二、鱼骨状水平分支井钻井技术

由于鱼骨状水平井具有最大限度地增加油藏泄油面积、充分利用上部主井眼、节约钻井费用等显著优点，已成为高效开发油气藏的理想井型。近几年来，鱼骨状水平井在国内部分油田得到了较大范围的应用，如南海西部油田、冀东油田、渤海油田、大港油田、辽河油田等分别进行了鱼骨状水平井钻井的现场试验，取得了较好的现场应有效果。国内冀东油田、大港油田、长庆油田都开展了相应的研究和实践。

胜利油田早在 2000 年就开展了分支井钻井技术的研究与应用，并取得了丰富的科研成果和良好的应用效果。2005 年，在跟踪分析鱼骨状水平井相关技术的基础上，结合大牛地气田的实际情况，完成了鄂尔多斯地区大平 1 井鱼骨状水平井的方案设计，但是在胜利油田所属油区内尚未进行鱼骨状水平井钻井技术的研究应用。为进一步丰富油气藏开发手段，提高油气藏的综合开发效果，胜利油田以埕北 26B 井组为先导试验平台，以埕北 26B-支平 1 井为试验井，尝试利用鱼骨状水平井技术开发馆陶组油藏，以期探索出一条进一步提高浅海油区油气藏综合开发效益的全新技术路线，同时为形成成熟配套的鱼骨状水平井钻井技术创造条件，完善现有的分支井钻井技术，现场应用取得了良好的开发效果。

（一）鱼骨状水平井整体方案设计要点和方法

对于不同的油藏类型，只有选择适当的分支井类型才能达到最佳的开采效果。国内的分支井钻井尝试刚刚起步，分支水平井尚属空白，因此根据前期调研和理论研究的成果，并借鉴国外分支井的设计经验，确定了适合分支井技术开采的油藏及地质条件：①对筛选出的区块进行精细断裂系统和微构造研究、精细地层对比划分、储层参数研究和储层非均质研究，建立目标区块三维地质模型；②利用生产动态和数值模拟方法开展剩余油分布规律研究，确定分支井的平面位置和合适的分支类型；③在剩余油规律研究的基础上，对不同分支进行优化研究，以确定各分支水平段长度及延伸方向。

（二）鱼骨状水平井项目应遵循的基本原则

一个成功的鱼骨状水平井项目，关键在于对鱼骨状水平井技术各个环节的深刻理解与掌控能力，每一步作业都受到许多因素的制约，一旦忽略其中任何一个约束条件，就很有可能导致不可弥补的损失。实践证明，由于鱼骨状水平井的显著优点，这种井近几年来在国内外油田开发中逐渐受到重视，已经成为高效开发油气藏的理想井型之一。而针对一个区块一个油藏，鱼骨状水平井还应该遵循以下设计原则，才能最大限度地利用鱼骨状水平井达到最佳的开发效果。

（1）试验井布井区储层分布要稳定，油砂体井控程度高，同时要有一定的单井控制地质储量，储层描述清楚，避免钻进过程中的盲目性。

（2）距油水边界应有一定距离，设计时应避开边底水，以求得最佳的开发效果。

（3）油层厚度不能太薄，应该有一定的厚度，至少大于 6m，以便为钻进分支井眼预留空间。

（4）部分学者的研究结果表明，在分支井眼长度都相等的情况下，对称分支井在分支数超过 4 个后，其产量增加幅度明显变缓，因此合适的分支数目应不超过 4 个，但是根据油藏特点也有不相同的结果产生。

（5）在分支井眼与主井眼的夹角超过 45°后，其产量增加幅度也显著变缓；况且，如无旋转导向、顶驱等先进的钻井工具仪器作保障，其钻井难度也会随夹角的增大而增加，因此合适的分支井眼与主井眼夹角应在 45°之内。

（6）分支井技术是一个系统工程，涉及多门学科、多个部门，因此地质、油藏、钻井、完井、固井、测井、测试、录井、钻井液、随钻测量等专业技术人员的多学科协同工作是顺利完成一个分支井项目不可缺少的。

（三）鱼骨状水平井井身结构优化技术

鱼骨状水平井属于多分支井范畴，具有水平井和多分支井的优点，可应用于多种油藏条件，与其他多分支井的明显区别在于：在一般情况下，各分支井眼和主井眼在同一个油层，主井眼挂滤筛管完井，各分支井眼完井时不下管柱，采油过程中没有再进入性要求，采用裸眼完井，和 TAML2 级（主井筒下套管并注水泥固井，分支井筒保持裸露或下入简单的割缝衬管或预制滤砂管）相比，鱼骨状水平井的裸眼完井方式避免了注水泥固井对油层的损害，同时在完井管串上加管外封隔器，起到了封隔产层的目的。

胜利油田鱼骨状水平井均采用三层套管的井身结构，套管层次为 $\Phi 339.7\text{mm} \times$

Φ244.5mm×Φ158mm。设计施工时，将 Φ244.5mm 技术套管下至二开水平段着陆点后30m，以降低水平段及分支井眼钻进时的风险，Φ158mm 防砂筛管下至主井眼，其他分支井眼采用裸眼完井方式。胜利油田暨中国石化第一口鱼骨状水平井——埕北 26B-支平 1 井井身结构采用此种方式。下面以埕北 26B-支平 1 井为例，简述鱼骨状水平井井身结构优化技术。

根据埕岛油田埕北 26B-支平 1 鱼骨状水平井油藏地质设计书及钻井工程施工总体方案，埕北 26B-支平 1 井采用三次开钻的井身结构设计方案，一开 Φ444.5mm 钻头钻进至 401m，用表层套管封固平原组松散地层；二开用 Φ311.1mm 钻头钻进至着陆点，采用 MWD/LWD 随钻测量技术监控井眼轨迹，进行地质导向钻井作业，并用技术套管封固水平段着陆点以上地层；三开采用 Φ215.9mm 钻头钻进水平段及 4 个分支井眼，并采用 MWD/LWD 随钻测量技术进行地质导向钻井作业。完井时在主井眼水平段中下入 Φ158mm 防砂筛管，分支井眼采用裸眼完井方式，详细数据如表 3-1、图 3-9所示。

表 3-1　某井设计剖面中侧钻点与邻近分支井眼的最小距离

侧钻点	侧钻点深度/m	邻近分支	与邻近分支最小距离/m
E	1560.00	CD	3.26
G	1610.00	EF	3.71
I	1660.00	GH	3.26

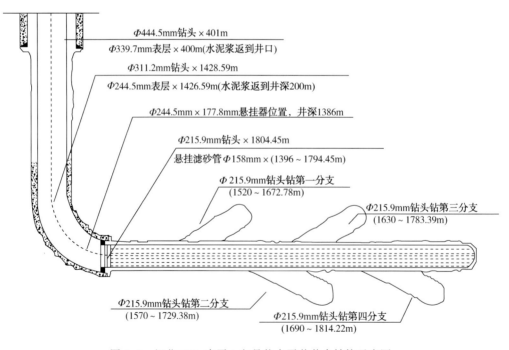

图 3-9　埕北 26B-支平 1 鱼骨状水平井井身结构示意图

（四）鱼骨状水平井侧钻工艺技术研究

1. 鱼骨状水平井侧钻点的选择

在鱼骨状水平井钻进过程中，由于鱼骨状水平井通常应用在同层中，但是不同位置的油藏物性是不一样的，所以侧钻点应该选择在同油层中物性较好的地方。

不论是采用"前进式"或"后退式"钻进方式，侧钻点都应选择在油层相对较厚的地方，以避免侧钻后钻出油层。

考虑到二开完井对井眼造成的影响，为了保证鱼骨状水平井水平段的顺利施工，建议套管鞋至第一侧钻点的距离至少为100m；由于分支井眼的长度至少为150m，即使完井管柱入井时一旦进入分支井眼造成井下复杂情况，也能保证至少200m的油层井段，从而保证有效生产井段的最大长度和寿命。

侧钻点除应满足油藏地质要求外，还需考虑分支井眼之间的安全。即侧钻点间隔须保证在侧钻不顺利及实际侧钻点下移的情况下不会对下步施工造成过度影响，同时侧钻点与先期完成的分支井眼间的最小距离要具有足够的安全范围。剖面设计中侧钻点与邻近分支井眼的最小距离如表3-1所示。

由表3-1可以看出，所选侧钻点与已钻分支井眼的最小距离为3.26m，侧钻点在主井眼上间隔50m的选择是安全的。

2. 鱼骨状水平井侧钻工具的选择

1）旋转导向工具

国外一些鱼骨状水平井钻井施工是依靠旋转导向钻井工具实现的，国内第一口鱼骨状水平井就是依赖此种工具完成的，后来，中国海油、新疆、大庆、长庆等油田施工的一些鱼骨状水平井也是借助于此工具完成的。此种工具的最大优点就是减少了钻具在井眼内的摩阻、增大了井眼的延伸能力、井径较为规则、控制较为便捷，但是此种工具的技术只为国外少数几家大公司所掌握，技术完全封锁，只对外出租，价格较为昂贵，不适合我国国情。

2）斜向器

在分支井钻井设计及施工中常涉及斜向器工具。斜向器可以分为管内斜向器和裸眼斜向器两种，管内斜向器在高级别分支井中较为常用，在鱼骨状水平井"后退式"钻进方式中也可以采用，但是施工工艺较为复杂。裸眼斜向器在国外也见到一些报道，但是未见成功案例，国内广安002-Z2鱼骨状水平井进行了相关应用，当第二分支井眼完成后，回收不成功，造成了井下复杂情况，所以裸眼斜向器的应用存在很大的风险。

3）单弯动力钻具

单弯动力钻具在我国已经较为普及，各种系列的单弯动力钻具应有尽有，价格较为适中，比较适合我国国情，已经在我国广泛应用，但是此种工具在控制井眼轨迹时多采用滑动钻进方式，因而限制了井眼的延伸能力，复合钻进时井眼也不规则、控制较为困难。目前，胜利油田运用此种工具已独立完成了7口鱼骨状水平井的现场施工，形成了一套较为成熟的钻井工艺技术。

3. 主井眼与分支井眼的姿态描述

1)"前进式"钻进方式施工的井眼姿态

鉴于主井眼下筛管完井，分支井眼裸眼完井的"前进式"钻进方式，其关键环节在于两个方面：一是筛管的顺利入井，二是防止或延缓分支井眼的坍塌缺失。因此，分支井眼在分别向横向、纵向远离主井眼的同时，井斜角略有抬升，且分支井眼完成后用无固相防塌钻井液替除常规固相钻井液。这样一方面可以避免分支井眼完成后在主井眼钻进时岩屑在窗口处过量堆积导致分支井眼被堵塞，另一方面分支井眼在窗口处上翘、主井眼下垂，有利于保证完井管柱顺利下入主井眼，提高完井管柱准确下入的成功率，并有利于重力泄油。而无固相防塌钻井液可及时减少油层污染，并保持分支井眼的井壁稳定。"前进式"钻进方式主井眼与分支井眼的相对位置示意图如图 3-10所示。

2)"后退式"钻进方式施工的井眼姿态

"后退式"是基于主井眼与分支井眼均采用裸眼完井方式时采用的一种钻进方式，其井眼姿态与"前进式"钻进方式的井眼姿态正好相反(图 3-11)，其主要缺点是后来钻进形成的岩屑易封堵之前完成的主井眼，导致主井眼不畅通。

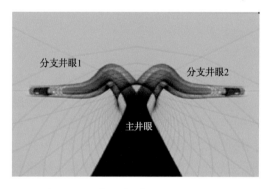

图 3-10 "前进式"钻进方式主井眼与
分支井眼相对位置示意图

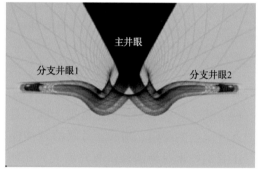

图 3-11 "后退式"钻进方式主井眼与
分支井眼相对位置示意图

4. 侧钻窗口处理技术

鱼骨状水平井钻井施工的关键是如何成功侧钻主井眼，也可以说是悬空侧钻技术决定着鱼骨状水平井的成败。

目前，国内的鱼骨状水平井多下入筛管进行完井作业，所以在此类井型中，悬空侧钻后的井眼轨迹必须保证在钻柱或完井管柱下入过程中，当到达每一个分支井眼侧钻点处，都能顺利进入主井眼而不是各分支井眼。

(1)施工中的井眼再进入措施。

鱼骨状水平井一般不考虑井眼的再进入问题，但是在钻进过程中，一旦出现由于钻头质量问题、单弯动力钻具损坏、随钻测量仪器故障而起钻的现象，就必须考虑这一点了。此时考虑的是下钻时能顺利下入起钻时的井眼，而不是已完成的各分支井眼。

在鱼骨状水平井各分支井眼的轨迹控制过程中，由于常采用的"上鱼骨状"的井身轨迹结构模式，所以其本身就具有防止钻具或完井管柱再进入的功能，而在井身轨迹控制中，定向工程师需要保持主井眼始终在各分支井眼的下方，使钻具或完井管柱在重力的作用下，沿主井眼下入。

（2）必须保证分支井眼与主井眼之间开始分离的夹壁墙快速形成并具有不易坍塌的特性。

在胜利油田鱼骨状水平井岩性胶结程度差的松散稠油区块，为防止侧钻分支井眼与主井眼之间的夹壁墙坍塌，井壁稳定是该井型水平井钻井工程中的一大难题。因此，在侧钻过程中，必须快速形成夹壁墙，并且夹壁墙形状不可形成单一的垂直方向，最终形成的夹壁墙要在垂向和水平面方向上都产生分离，以防止夹壁墙在重力作用下坍塌。

（3）坚持使用悬空侧钻技术进行施工。

悬空侧钻技术的应用原则是分支井眼各向主井眼的侧上方20°~30°（或330°~340°）方向钻进一根，再采用扭方位的工具面钻进一根，确保分支井眼迅速偏离主井眼，并完成分支井眼的钻进。在进行主井眼的侧钻时，钻具要起至侧钻分支的前一个单根，并采用与侧钻分支相反的工具面进行划槽作业。根据钻进的实际情况，划槽作业时间可以不同，在侧钻主井眼前形成一个台阶，为侧钻主井眼做准备，然后再按照悬空侧钻作业程序进行主井眼的侧钻，无论是在松散地层还是在坚硬的地层，都要坚持控时钻进的原则，目的是保证主井眼一次侧钻成功。无论是在松散地层还是在坚硬的地层中进行悬空侧钻施工，都要坚持按照划槽、造台阶和控时钻进三个步骤进行主井眼侧钻。侧钻过程中不能转动钻具划眼，以免造成悬空侧钻井段井斜方位变化过大，井眼轨迹失控。

（4）新主井眼要保证后继施工作业。

要保证侧钻的新主井眼位于分支井眼的下方，这样每次下钻到分支侧钻点处，钻具才能依靠自身重力的作用顺利进入主井眼，而不是各分支井眼。

（五）胜利油田第一口鱼骨状水平井实例

2006年10月26日18：00，由"鱼骨状水平井钻井技术研究"项目组提供技术指导，中国石化胜利油田钻井院承担定向、测量技术服务，海洋钻井公司胜利六号钻井平台承钻的中国石化第一口暨胜利油田第一口鱼骨状水平井——埕北26B-支平1井顺利完钻，28日01：00防砂筛管顺利下入主井眼。

该井设计了1个主井眼和4个分支井眼，4个分支井眼与主井眼之间成鱼骨状分布。该井2006年9月28日一开钻进，井深401m；2006年9月30日二开钻进，2006年10月3日二开完钻，着陆点井深1407.03m；2006年10月24日6：00开始水平段三开钻进；2006年10月26日18：00，历时60h顺利完钻，完钻井深1810m。该井实钻主井眼长度为402.97m，第一分支井眼长度为150.70m，第二分支井眼长度为

135.67m，第三分支井眼长度为 145.40m，第四分支井眼长度为 83.94m，三开总进尺 918.68m，筛管下深 1790.63m(表 3-2、图 3-12)。

表 3-2　埕北 26B-支平 1 鱼骨状水平井实钻基本情况表

井眼名称		侧钻点井深/m	分支井深/m	分支长度/m	分支距实钻主井眼最大距离/m	分支与设计主井眼最大夹角/(°)
主井眼	A-B	A：1407.03（套管鞋）	B：1810.00	402.97		
	主井眼 A-C		C：1521.30	114.27		
分支井眼情况	第一侧钻分支 C-D	C：1521.30	D：1672.00	150.70	35.82	13.55
	主井眼 C-E		E：1589.16	67.86		
	第二侧钻分支 E-F	E：1589.16	F：1724.83	135.67	32.68	17.35
	主井眼 E-G		G：1637.61	48.45		
	第三侧钻分支 G-H	G：1637.61	H：1783.01	145.40	38.89	27.54
	主井眼 G-I		I：1686.06	48.45		
	第四侧钻分支 I-J	I：1686.06	J：1770.00	83.94	23.00	23.85
	主井眼 I-B		B：1810.00	123.94		
	主井眼进尺	402.97				
	分支井眼进尺	515.71				
	总进尺	918.68				

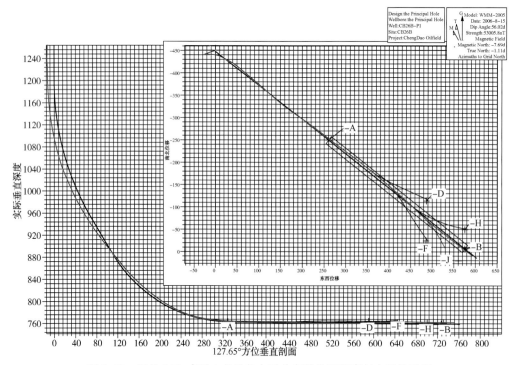

图 3-12　埕北 26B-支平 1 鱼骨状水平井实钻轨迹垂直与水平投影图

三、大位移井施工工艺技术

(一) 大位移井摩阻扭矩监测方法

在大位移井摩阻扭矩模型建立的基础上，利用编制的摩阻扭矩分析软件进行摩阻扭矩的计算分析，通过收集实钻井数据，可以反算摩阻系数，根据确定的安全摩阻系数范围，能够计算待钻井达到某井段时的摩阻扭矩控制目标。在此基础上建立了大位移井井下摩阻扭矩监测方法(图3-13)，主要步骤如下。

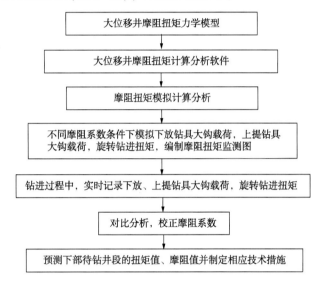

图 3-13　大位移井摩阻扭矩监测方法

(1) 分别计算套管内和裸眼段不同摩阻系数条件下的上提钻具、下放钻具的大钩载荷和旋转钻进扭矩，编制监测图版(摩阻系数经验参考值如表3-3所示)。

表 3-3　大位移井摩阻系数经验参考值

钻井液类型	摩阻系数	
	套管内	裸眼段
合成基(酯基或醚基)钻井液	0.10	0.13
矿物基钻井液	0.17	0.21
聚合物水基钻井液	0.22	0.25
含盐聚合物水基钻井液	0.26	0.29
氯化钾盐水基钻井液	0.41	0.44
海水	0.50	0.50

(2) 以每个立柱为单元，连续记录每次接立柱时上提钻具、下放钻具的大钩载荷和旋转钻进扭矩。

（3）将所记录的值标注于摩阻扭矩监测图版上，实时对比监测曲线与理论计算曲线。

（4）利用现场实测数据反演钻柱实际摩阻系数。

（5）预测下部待钻井段上提、下放钻具大钩载荷和旋转钻进扭矩变化曲线，制定相应技术措施。

通过摩阻扭矩的现场实时监测，可及时了解井眼清洁程度、井眼缩径垮塌等井壁失稳情况，能够对钻井液性能变化、井眼轨迹光滑度、减摩降扭工具的使用、钻具组合的优选等进行相应分析。如实际作业过程中摩阻扭矩异常，应判断主要影响因素，并采取相应措施，根据摩阻扭矩监测结果，可以为钻进及套管下入方案的优化提供依据。

（二）大位移井减摩降扭配套工具

为减轻大位移井技术套管磨损、降低钻柱旋转扭矩而研制的套管减磨降扭工具已完成产品系列化工作，加工样机265套，并进行了15口井的现场试验与应用，单只工具累计工作时间最高达到702h，扭矩与摩阻降低均超过15%，所有应用井中间套管得到很好的保护。

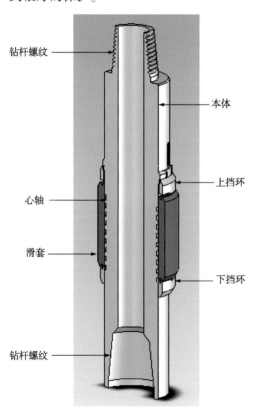

图3-14 套管减磨降扭工具结构

套管减磨降扭工具主要作用是解决套管磨损与降低高扭矩问题。数年以来，国内外先后研制出分体式套管减磨减扭衬套、钻杆接头敷焊减磨减扭合金带和滚轮式钻杆扶正器等工具及技术。其中分体式套管减磨减扭衬套容易损坏落井，钻杆接头敷焊减磨减扭合金带在合金选材与比例成分不当时，不仅不会减少套管磨损，反而会加剧磨损的速度与程度。滚轮式钻杆扶正器同分体式套管减磨减扭衬套一样，存在销轴薄弱易断、工具失效等风险，会造成井下安全问题，为此，提出如图3-14所示的滑套式减磨降扭工具结构。

如图3-14所示，工具主要由心轴、上下挡环和套管防磨滑套等组成，心轴和滑套之间、滑套和上、下挡环之间设计有轴承摩擦副。其基本思路与工作原理是：钻井过程中，根据井下工况将适当数量的工具连接到钻柱之中，在钻柱旋转时，钻柱和滑套之间为相对转动，滑套和套管之间理论上不存在相对转动，即滑套相对于套管处于静止状态，从而避免钻柱旋转磨损套管。再者，由于轴承摩擦副的摩擦系数非常低，同时也大幅度地降低钻柱旋转扭矩。此外，由于它改变环形空间中钻井液的过流面积，因此有助于井眼清洁，从而达到降低摩阻的目的。

　　设计过程中，综合考虑套管尺寸、工具强度与寿命、环形间隙、加工工艺可行性、钻杆接箍外径等因素，设计完成适合不同套管尺寸的系列滑套式套管减磨降扭工具，工具设计如图 3-15 所示。

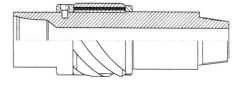

图 3-15　滑套式套管减磨降扭工具设计图

　　工具的关键部位是心轴与滑套配合的摩擦副，它不仅直接影响到工具的寿命和减磨降扭效果，而且由于它是整个工具最薄弱部位，也关系到工具的安全可靠性。设计过程中，根据现场的具体工况要求，筛选了聚四氟乙烯橡胶-钢、尼龙-钢、镀铬面-镀铬面、硬质合金-硬质合金等四种可供选择的摩擦副，并进行对比分析和优选，对比情况如表 3-4 所示。

表 3-4　四种摩擦副对比情况

摩擦副类型	摩擦系数	耐温	耐磨	强度	轴向抗拉与侧向承载能力
聚四氟乙烯橡胶-钢	较低	较好	一般	低	较差
尼龙-钢	较低	较差	一般	理想	一般
镀铬面-镀铬面	较低	较好	较差	较好	较高
硬质合金-硬质合金	较低	较好	理想	较好	较高

　　通过对比各项性能指标，本着"确保井下安全和强度、最大程度地减少套管磨损"的设计原则，选择硬质合金-硬质合金摩擦副。

　　硬质合金-硬质合金摩擦副的防磨滑套内壁采用碳化钨镶嵌硬质合金烧结，硬质合金块之间填充碳化钨合金粉末与黏结剂，内表面磨加工表面粗糙度为 $0.8\,\mu m$；心轴的硬质合金摩擦面采用冷镶硬质合金圆柱，再处理时表面磨加工表面粗糙度为 $0.8\,\mu m$；防磨滑套钢体材料热处理硬度不能高于套管的热处理硬度；工具本体采用与钻杆材质性能基本等同的 40CrMnMo 合金钢；工具两端采用钻杆连接螺纹，并进行磷化处理，防止锈蚀、粘扣；硬质合金轴承摩擦副采用钻井液开式润滑；滑套外表面喷涂低摩阻材料。这对减少滑套对套管的损坏、降低钻柱的旋转扭矩起决定作用。工具研制成功后，为验证工具实际减磨效果，在室内滑台式全尺寸动载套管磨损试验机上完成与普通钻杆接头的对比测试。

　　图 3-16 是新研制的套管减磨降扭工具、普通钻杆接头分别与 TP110 钢级套管试样进行冲击-滑动复合磨损试验得到的结果。

　　由图 3-16 可以看出，8h 内普通钻杆接头对套管的质量磨损率高达 15.2%，而新研制的套管减磨降扭工具对套管的磨损率是 0.83%，仅为普通钻杆接头的 1/18，减磨效果明显。

在室内实验的基础上，在海上某中深层水平井进行了应用。图 3-17 为该井预计套管磨损比例和实际磨损比例对比图，通过对比可见套管防磨接头对于降低套管磨损具有重要作用，在复杂结构井、施工周期较长、井下复杂情况较多的井中值得进一步推广应用，有利于降低套管磨损。

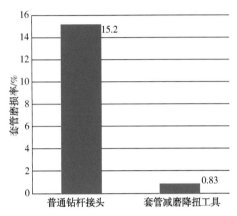

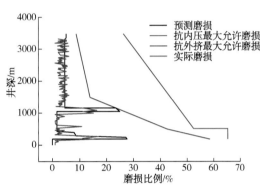

图 3-16　套管减磨降扭工具和普通钻杆
接头对套管的磨损严重程度

图 3-17　井预计套管磨损比例和实际磨损
比例对比图

四、储层综合地质导向技术

根据海上施工的特点，集成应用了近钻头地质导向仪器，随钻测量盲区由前期 20m 缩短至 10m，精确控制轨迹最佳位置，配套数据远程传输及专家支持系统，加强了基地与海上的协同能力，实现了地质工程一体化，大幅提高了储层有效钻遇率，由前期的 85% 提高到 90%。

（一）近钻头 MRC 集成应用技术

MRC 近钻头地质导向系统是在由感应电阻率和伽马形成的第 1 代双参数地质导向系统基础之上，以电磁波电阻率取代感应电阻率，前移方位伽马随钻测量仪形成的新的近钻头地质导向随钻测量系统。MRC 近钻头地质导向系统主要包括近钻头井斜/伽马测量系统、随钻电磁波电阻率测量系统、高速总线互连系统、MWD 无线随钻测量系统等（图 3-18）。整个系统采用多参数紧凑型设计，以多频多深度电磁波电阻率测量仪为核心，自然伽马采用方位结构设计，测井斜工具采用近钻头结构设计，将方位伽马、近钻头井斜、电磁波电阻率结构集成在 1 根钻铤上，连接在动力钻具的后面，上接 MWD 测量仪，实现了工程参数（井斜及方位）、地质参数（多深度电磁波电阻率和自然伽马）与近钻头井斜一体化集成设计。同时，还可通过增加旋转方位测量模块，对自然伽马计数率进行分扇区统计，实现动态方位自然伽马测量。与原有技术相比，MRC 近钻头地质导向系统同时可实现近钻头测量方位伽马及不同探测深度电阻率，主动调整井眼轨迹，降低打穿油层的风险，提高储层钻遇率和油气采收率。此外，MRC 近钻头地质导向系统亦可串接其他随钻测量仪器组合使用，例如随钻中子、随钻刻度、随钻密度测井仪等，更适用于复杂油气藏开发的多参数随钻地层评价。

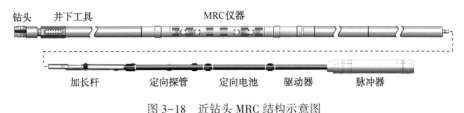

图 3-18　近钻头 MRC 结构示意图

（二）胜利海上轨迹实时传输检测技术应用及改进

1. 海上 LWD 数据实时传输技术

LWD 数据实时远程传输装置可以将随钻测井以及随钻工程参数测量的数据实时传输到后方服务器（图 3-19）。每个需要了解现场随钻仪器测量数据的工程师都可以在办公室无时延地调取钻井现场随钻测量数据的显示和分析软件，对现场随钻测量结果进行后方会诊和地层穿越位置调整和决策，不受距离限制和时间限制的发挥后方多学科结合的地质导向钻井技术优势，提高和优化钻井轨迹穿越油藏的位置，减少决策时间及效率。

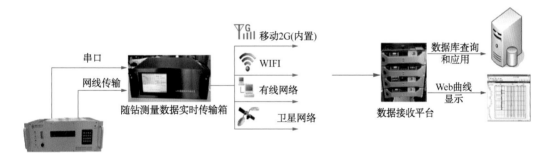

图 3-19　数据传输图

针对海上通信环境的特点，新改进的随钻数据远程传输设备可以根据钻井平台实际通信条件，在公共通信及卫星专线通信等多链路下切换，在保证通信质量的前提下极大的降低通信费用，通信稳定可靠。

2. 后方实时数据存储及轨迹监控

将简单的定向测量数据和单道单曲线显示方式扩充为工程信息、测量曲线信息、其他信息三部分。其中，工程信息包括定向测量数据、井眼轨迹数据、工具面数据等；测量曲线信息包括实时测量伽马数据、单条或多条电阻率数据（图 3-20）；其他信息主要是对所测量数据的查看和编辑修改等。同时，针对不同的用户设置了不同的管理操作权限，方便数据库油井体系的管理。后方数据处理中心可对服务的随钻仪器工作状态以及钻井过程进行实时监控，实时指引轨迹最优的穿越油藏，实时指导现场施工。

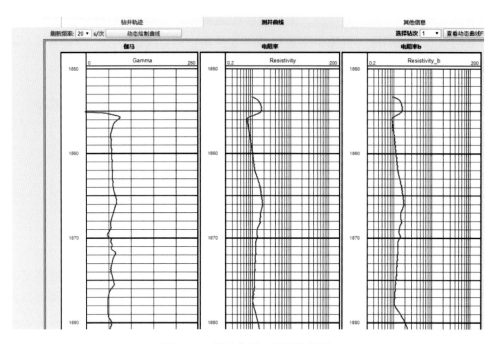

图 3-20　随钻伽马、电阻曲线图

针对随钻测井数据远传传输系统的软硬件平台输出稳定性问题，包括因系统以外断电、断网等异常情况进行了多次优化处理，一旦井下仪器有新数据发出且网络可用，就进行实时远程传输，如果不可用则处于等待状态，具备了 24h 不间断运行的工作能力和产业化推广。数据可以在数据中心、办公室终端以及手机端实时同步查看轨迹数据和 LWD 曲线(图 3-21)。

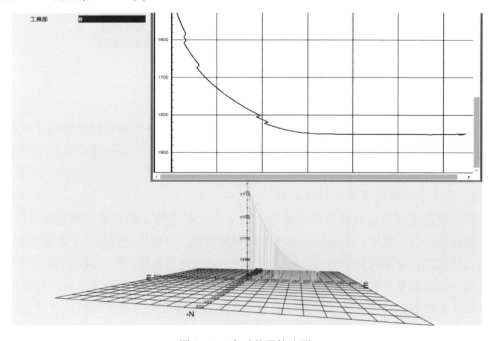

图 3-21　实时井眼轨迹图

3. 埕岛区域化三维建模及专家支持系统

1）建模及剖面自动化生成

目前，开发地质建模由多家公司的软件构成，代表为 Petrel、Direct。不同的软件数据相互之间不兼容，在埕岛油田开发中建立了一个开放的数据研究平台进行多源的数据集成，形成了统一的数据体，便于调用。

2）可视化专家支持技术应用

在海上轨迹控制及仪器测量过程中，通过收集相关井钻井、测井、录井数据，形成钻、测、录一体化的待钻井地质构造图，正演随钻测井曲线，预定义随钻测井数据实时解释计算参数，从随钻测井现场将随钻测井数据实时传回解释中心，通过数据接口将数据导入实时解释软件系统，实时解释软件可以实时输出解释结果（可以实现人机交互，地质专家、钻井专家、仪器专家等协同工作，多学科融合），同时解释结果可实时传回现场（图3-22）。

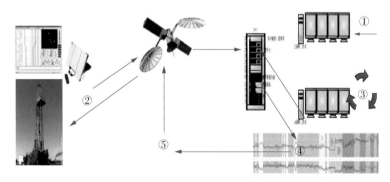

图 3-22　多方实时联络平台

搭建了后方实时数据接收处理工作平台、编制了实时解释数据库和实时解释软件系统（图3-23），实现了对现场随钻仪器的工作状态以及钻井过程的实时监控，为钻、测、录一体化钻井模式的推广以及提速提效提供了很强的技术支持。目前，建立了一个较完善的随钻测量数据采集、远程传输、后方决策的一体化解决方案，加快了勘探开发进程，显著降低了作业成本，增加了投资回报。

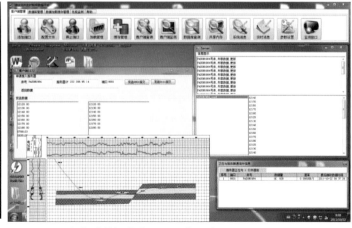

图 3-23　后方实时数据接收处理工作平台

第三节 高效钻井液技术

埕岛油田浅层主要采用定向井和大位移开发，在钻井过程中由于重力作用，大部分钻具躺在井眼下侧，导致其滑动阻力大幅度增加，因此研制出高效润滑剂尤为重要。同时，经过多年开发，该地层压力亏空较多，容易出现漏失问题，因此需要研制随钻堵漏剂。最后，由于开发储层属于低渗储层，其伤害严重，其中以液相伤害和固相颗粒侵入伤害最为严重，为了尽可能减少黏土颗粒和水锁的伤害，需要开发出新型低伤害的低固相海水聚合物钻井液和无黏土储层钻开液。

一、高效润滑剂的研制

（一）基油的优选

环保型油基润滑剂可选择使用的基础油有聚醚、合成脂和天然植物油。聚醚是以环氧乙烷、环氧丙烷及环氧丁烷等化合物开环均聚或共聚制得的线型化合物，于1943年由美国联合碳化物公司推出应用。聚醚具有良好的润滑性能、高闪点、高黏度指数、低倾点、抗燃等优点。调整聚醚分子结构中的可变因子可得到多种性能的产品，但其有一定的毒性。聚醚生物降解性与分子结构及分子量有很大关系，同时可溶于水，使其应用范围受到限制。合成醋作为高性能润滑剂的基础油在航空领域已得到广泛的应用，近年来也被应用于内燃机润滑油领域以弥补矿物油在某些性能上的缺陷。合成醋的生物降解性与其化学结构有很大关系。通常，支链和芳环的引入会降低合成醋的生物降解性，如邻苯二甲酸醋、1,2,4-苯三甲酸醋及1,2,4,5-苯四甲酸醋的生物降解率分别为38%、6%和0，所以用作环保型润滑油的合成醋一般是双醋和多元醇醋。双醋是由二元羧酸，如己二酸、癸二酸等与2-乙基己醇、壬醇、异癸醇等一元醇直接醋化而成；而多元醇醋是由新戊基多元醇，如季戊四醇、三经甲基丙烷等与长链羧酸酯化而得。新戊基多元醇酯分子量大，挥发性低，热稳定性高，能够满足比较苛刻的工况，已在润滑油领域内广泛使用，但成本较高。

植物油是最早被用作润滑油的基础油，但由于其氧化稳定性很差，所以逐步被矿物油所代替。近年来由于保护生态环境的需求，植物油又被重新作为可生物降解润滑油而受到关注。植物油具有优良的润滑性能，黏度指数高，无毒，易生物降解(生物降解率在90%以上)，而且可以再生，但其热氧化稳定性、水解稳定性和低温流动性差，价格较高。天然植物油成本较低、来源丰富，是可再生性资源，它包括菜籽油、大豆油、棕榈油等，主要成分是脂肪酸甘油酯。本研究选用改性的植物油及矿物油等不同的基油评价。采用润滑系数降低率、黏附系数降低率对润滑性进行评价。

1. 基油类型筛选

如表 3-5 所示，无论是极压润滑系数还是黏附系数降低率，1#基油都是效果最好的。其 EC_{50} 值为 $4.15×10^4$ mg/L，为生物无毒，因而选择 1#基油为基础油。

表 3-5　基油优选

配方	极压润滑系数降低率/%	黏附系数降低率/%	状态	生物毒性/（10^4 mg/L）
6%坂土浆+3%基油 1#	66.36	58.33		4.15
6%坂土浆+3%基油 2#	55.82	51.67		3.69
6%坂土浆+3%棉籽油	58.09	49.67	细泡	4.18
6%坂土浆+3%KT9134	48.36	50.33	增稠	3.23
6%坂土浆+3%KT9136	50.1	51.33		3.76

2. 基油加量优选

1#基油的加量对润滑系数也有一定的影响，结果如表 3-6 所示。

表 3-6　基油加量优选结果

基油加量/%	极压润滑系数降低率/%	黏附系数降低率/%
1	45.8	41.8
1.5	58.7	52
2	65.6	58.2
3	66.3	58.3

从表 3-6 的结果可以看出，润滑系数随着基油加量的增大而降低，开始降低的幅度很大，但当加量为 2%时，润滑性几乎不变。

（二）抗磨剂优选

1. 抗磨剂优选

性能良好的润滑剂必须具备两个条件：一是分子的烃链要足够长（一般碳链在 C_{12}~C_{18} 之间），不带支链，以利于形成致密的油膜；二是吸附基要牢固地吸附在黏土和金属表面上，以防止油膜脱落。一般来说，单纯的基油对润滑系数的降低率是有很大局限的，因为基油主要是通过在金属、岩石和黏土表面形成吸附膜，使钻柱与井壁岩石接触（或水膜接触）产生的固—固摩擦，改变为活性剂非极性端之间或油膜之间的摩擦，但这还是远远不够的。优选抗磨剂时，在摩擦表面上形成一种隔离润滑薄膜，将滑动摩擦转化为滚动摩擦，从而达到减小摩擦、防止磨损的目的。本研究对不同的抗磨剂进行了优选，结果如表 3-7 所示。

表 3-7　抗磨剂优选

配方	极压润滑系数	极压润滑系数降低率/%	黏附系数	黏附系数降低率/%
6%坂土浆	0.55		0.1	
6%坂土浆+2%(基油 1#+抗磨剂 1#)	0.086	84.3	0.272	72.8
6%坂土浆+2%(基油 1#+抗磨剂 2#)	0.078	85.8	0.021	79
6%坂土浆+2%(基油 1#+抗磨剂 3#)	0.065	88.2	0.019	81
6%坂土浆+2%(基油 1#+抗磨剂 4#)	0.071	87.1	0.022	78
6%坂土浆+2%(基油 1#+抗磨剂 5#)	0.092	83.2	0.0258	74.2

由表 3-7 的结果可见，抗磨剂 3#的效果是最好的，其在基油中对基浆的极压润滑系数降低率达到 88%，对黏附系数的降低率达到 81%。

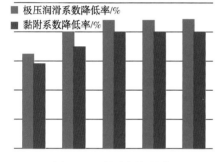

图 3-24　抗磨剂加量优选

2. 抗磨剂加量优选

图 3-24 对抗磨剂的加量进行了优选。研究结果表明，当抗磨剂的加量达到 1.5%时，其对基浆的极压润滑系数和黏附系数的降低率均达到 80%以上，继续增加其含量对润滑性没有太大影响，因而抗磨剂的加量为 1.5%。

(三) 乳化剂优选

乳化剂是乳浊液的稳定剂，是一类表面活性剂。乳化剂的作用是：当它分散在分散质的表面时形成薄膜或双电层，可使分散相带有电荷，这样就能阻止分散相的小液滴互相凝结，使形成的乳浊液比较稳定。乳化剂从来源上可分为天然物和人工合成品两大类。而按其在两相中所形成乳化体系性质又可分为水包油(O/W)型和油包水(W/O)型两类。按其解离情况不同分为离子型和非离子型两大类，其中离子型表面活性剂又分为阴离子型、阳离子型和两性离子型三类。本节主要优选表活剂为阴离子和非离子表面活性剂，使钻柱表面形成牢固的化学吸附，从而增强润滑剂的稳定性。

采用阴离子型表面活性剂配制的阴离子型润滑剂的主要优点是所配成的乳状液的油滴界面膜带电，乳化、分散能力强，所形成的油滴细，因此其润滑性能优良。而其缺点是容易受外界阳离子的干扰，故其抗盐、抗钙能力差，有的磺酸盐产品还易起泡。

非离子型润滑剂由于非离子型表面活性剂分子在乳状液中不电离，亲水端的亲水能力弱，整个分子吸附在油—水界面上形成具有一定取向的、紧密排列的、具有一定机械强度的界面膜。此膜能阻止液滴聚结、合并变大，起到稳定作用。但由于这种表面活性剂分子在乳状液中不电离，形成的界面膜不带电荷，其乳化、分散能力较差，所形成的油滴粗，润滑性能也较差。其优点是不容易受外界阳离子的干扰，故其抗盐、抗钙能力较强。

复合型润滑剂就是在水中加入阴离子型和非离子型表面活性剂后，这两种表面活性剂分子均能在油—水界面上形成具有一定取向的、紧密排列的复合膜。此复合膜的机械强度高，且带电荷，能阻止油滴聚结、合并变大，起到稳定作用。采用两种类型表面活性剂复合作为乳化剂所形成的复合界面膜，其特性是既吸取了两者乳化、稳定的优点，又克服了它们的缺点。故采用这种原理配制的润滑剂，既具有优良的润滑性能，又具有优良的抗盐、抗钙能力。

本研究采用阴离子和非离子型表活剂复配，其乳化性能如图 3-25、表 3-8 所示。

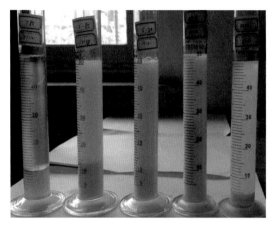

图 3-25 乳化剂优选

表 3-8 乳化剂优选

序号	乳化剂名称	实验结果	序号	乳化剂名称	实验结果
1	FHR-1	分层严重	4	FHR-4	不分层
2	FHR-2	分层	5	FHR-5	分层
3	FHR-3	分层			

由实验结果可知，FHR-4 复合乳化剂的效果最好。

（四）环保型油基润滑剂的制备

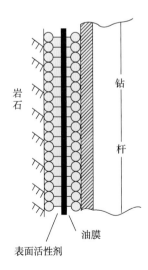

图 3-26 环保型油基润滑剂的润滑机理

称取一定量的基油、抗磨剂和乳化剂加入一定量的水中，边搅拌边升温，当温度升至 50℃时，分别加入一定量的助表面活性、渗透剂，在 50~60℃搅拌反应 60min，停止升温，在 40~50℃时再按比例加入配方量的助润滑剂。根据组成成分的特性，水基润滑剂的性能主体要取决于基油、抗磨剂和乳化剂三种物质，而助表面活性、渗透、助润滑是改善润滑性能的添加剂。

环保型油基润滑剂的作用机理：环保型油基润滑剂主要是通过在金属、岩石和黏土表面形成吸附膜，使钻柱与井壁岩石接触（或水膜接触）产生的固—固摩擦，改变为活性剂非极性端之间或油膜之间的摩擦，或者通过表面活性剂的非极性端还可再吸附一层油膜，从而使回转钻柱与岩石之间的摩阻力大大降低，减少钻具和其他金属部件的磨损，降低钻具回转阻力，其原理如图 3-26 所示。同时，抗磨剂的加入能够在两接触面之间产生物理分离，其作用是在摩擦表面上形成一种隔离润滑薄膜，从而达到减小摩擦、防止磨损的目的，类似于细小滚珠可以存在于钻柱与井壁之间，将滑动摩擦转化为滚动摩擦，从而可大幅度降低扭矩和阻力。

（五）环保型润滑剂性能评价

1. 与其他常用润滑剂的润滑性能对比

选择在钻井市场上应用效果比较好的几种钻井液用润滑剂与新研制的产品做比较实验，在钻井液中分别加入2%的润滑剂，分别在极压润滑仪上测定其润滑系数，结果如图3-27所示。

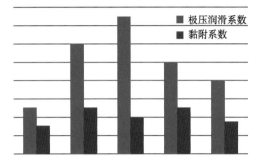

图3-27　不同润滑剂润滑性能对比

由图3-27的结果可知，环保型润滑剂的极压润滑系数、黏附系数均比市面上常见的润滑剂效果要好。

随后，考察润滑剂加量对润滑性能及钻井液基本性能的影响，结果如图3-28、图3-29所示。

从图3-28、图3-29的结果可以看出，随着环保型油基润滑剂加量的增大，润滑系数、黏附系数均降低，润滑剂总加量超过3%后，润滑系数、黏附系数变化不明显，合适加量应在3%左右。随着润滑剂加量的增大，表观黏度、塑性黏度、动切力变化不大，API滤失量略有减小。

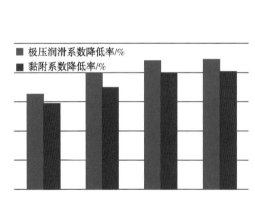

图3-28　润滑剂加量对润滑性的影响

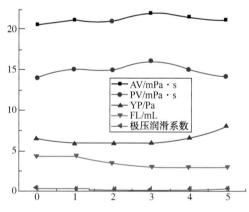

图3-29　润滑剂加量对体系性能的影响

2. 不同密度下润滑性能评价

研究润滑剂在不同密度钻井液条件下的作用效果，配置不同密度基浆，随后加入不同浓度润滑剂，考察其极压润滑系数和黏附系数，结果如表3-9所示。

从表3-9的实验结果来看，不同密度的钻井液对润滑性能的影响十分明显，当钻井液密度达到 1.5 g/cm³ 时，需要加入更多的润滑剂才能保证钻井液的润滑性能。因此，在实际应用中，当钻井液密度达到一定程度时，要适当增加润滑剂用量。

表 3-9　不同密度下润滑性能评价

配方	ρ/(g/cm^3)	FL/mL	Φ600mm	Φ300mm	极压润滑系数	黏附系数
基浆 1	1.05	16	28	22	0.55	0.1
基浆 1+1%润滑剂	1.05	15.2	28	22	0.08	0.08
基浆 2	1.20	12.2	49	36	0.59	0.18
基浆 2+1%润滑剂	1.20	11	48	36	0.1	0.10
基浆 3	1.50	9.4	74	52	0.62	0.22
基浆 3+2%润滑剂	1.50	8.8	76	53	0.11	0.12
基浆 4	1.80	6.0	96	67	0.66	0.28
基浆 4+2%润滑剂	1.80	5.0	90	61	0.13	0.14

3. 润滑剂的热稳定性

由于井下条件复杂，特别是温度变化异常，因此需要研究润滑剂在不同温度条件下的稳定性，结果表 3-10 所示。

表 3-10　热稳定性评价

配方	AV/mPa·s	PV/mPa·s	YP/Pa	FL/mL	极压润滑系数	黏附系数
基浆	14	6	8	15	0.55	0.1
基浆(150℃老化 16h)	28	13	15	10.4	0.734	0.09
基浆+2%环保型润滑剂	16	7.5	8.5	14.8	0.075	0.02
基浆+2%环保型润滑剂(120℃老化 16h)	29	14	15	10	0.03	0.035
基浆+2%环保型润滑剂(150℃老化 16h)	31	16	15	10	0.03	0.035
基浆+2%环保型润滑剂(180℃老化 16h)	39	21	18	16	0.21	0.08

由表 3-10 的结果可见，环保型润滑剂具有良好的热稳定性，在 150℃下，钻井液的润滑性及流变性变化不大。

4. 生物毒性

由于该润滑剂需要在海洋环境使用，因此需要它具有很高的环保性能。采用国家环保局和国家技术监督局推荐的测定工业废水生物毒性的方法——发光细菌法，测定水基高效极压润滑剂 BH-1 的生物毒性，其结果如表 3-11 所示。

用 EC_{50}(相对发光率 50%时)来表征被测物的生物毒性，EC_{50} 值越大，被测物的生物毒性越小，反之越大。由于发光细菌法比糠虾法更严格、更敏感，EC_{50} 总是小于或等于 LC_{50}，因此，参照糠虾法的排放标准($LC_{50}>30000$mg/L)，以 $EC_{50}>30000$mg/L 作为钻井液允许排放的标准。采用发光细菌法，对水基高效极压润滑剂 BH-1 进行了生物毒性评价，实验结果表明，环保型油基润滑剂的 $EC_{50}>30000mg/L$，是无毒的。

表 3-11 生物毒性评价

配方	生物毒性/（$10^4mg/L$）	无毒标准/（$10^4mg/L$）	结果
环保型油基润滑剂	4.06	3	无毒
6%坂土浆+2%环保型油基润滑剂	4.15	3	无毒
现场浆+3%基油 2#	3.69	3	无毒

二、随钻堵漏技术

在埕岛油田极浅层钻井过程中，由于长期压力亏空，在钻开新井时容易出现漏失现象。因此，为了解决该问题，特别是为了防止钻井液对储层的污染，需要研制新型的随钻堵漏剂。

（一）抗压稳定剂的研制

抗压稳定剂是一种主要利用独特界面化学封闭作用机理，实现集多种优良性能于一体的钻井液前沿性新技术。与以往钻井液体系相比，该体系具有关键处理剂作用机理独特、防漏、防塌和防卡以及保护油气层性能优越、环境友好，且地层适应性较广泛的显著特点。

抗压稳定剂主要工作原理特点为：利用特殊聚合物处理剂，在井壁岩石表面浓集形成胶束，依靠聚合物胶束或胶粒界面吸力及其可变形性，或与其他封堵剂协同配合，能自适应封堵岩石表面较大范围的孔喉，在井壁岩石表面形成致密抗压封堵薄层（简称封闭层/膜），有效封堵渗透性地层和微裂缝泥页岩地层。

提出利用双亲聚合物（Amphiphilic Polymer，泛指分子结构中同时含有亲水基团和疏水基团的高分子材料，此类聚合物又称高分子表面活性剂或疏水缔合水溶性聚合物）溶液分子内的疏水基团间缔合（此类缔合主要指分子内缔合）形成可变形胶束，分子间缔合使聚合物在溶液中成网状结构，形成封闭膜，来封堵地层孔隙或裂缝。

为了保证合成的聚合物无毒，对环境友好，优选了天然的植物衍生物作为主链结构，通过引入疏水、亲水基团，合成出符合要求的双亲聚合物。根据分子结构设计，主要以分子内缔合形成胶束聚合物为主，尽量控制分子间缔合，避免形成一种动态物理交联网络结构，严重影响其在钻井液中的性能。本书首先深入研究了不同疏水基团、聚合物分子链上疏水基团的序列分布、疏水基团在分子主链中的组成不均匀性、疏水链烷基的含量、长度、聚合物分子量等对疏水基团间缔合方式以及形成的疏水缔合物的影响，在此基础上设计了双亲型疏水缔合物的结构，应包括：①主链结构。植物衍生物。②疏水单体。长链丙烯酸酯，在水中具有一定的溶解性，方便进行水溶液聚合。③亲水基团。含有—NH_2 和—COONa 的基团，保证合成的聚合物具有一定的水溶性。

选择把亲水性单体和疏水性单体溶于共同的单一溶剂或混合溶剂中实现共聚的均相共聚法，适当控制分子量，以避免在有效加量范围内造成钻井液严重增稠现象，合成了具有双亲特性的胶束聚合物。对合成的胶束聚合物进行了微观分析，证明合成的聚合物在水中形成胶束，且胶束的粒度大小在610~660nm之间。

利用照相显微镜对1%胶束聚合物进行观测，3.3×20倍观测结果如图3-30所示。

从图3-30可以清楚地看出，研制的双亲聚合物形成了明显的球形胶束。借助自英国引进的粒度/电位仪（Zetasizer3000型）实验验证并测试分析了抗压钻井液处理剂的关键组分，即双亲聚合物在水溶液中形成胶束的粒度分布特性，实验结果如图3-31所示。

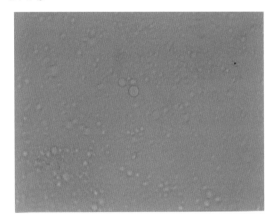

图3-30　胶束聚合物显微照片

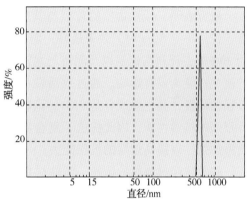

图3-31　1%聚合物水溶液胶束粒度分布
（平均粒径：652.2nm）

由图3-31可知，抗压稳定剂中特殊胶束聚合物水溶液胶束的粒度大小在610~660nm之间（0.5%~1%浓度范围内）。这种胶束产生像逆乳化油基钻井液中的小水珠那样的作用，可以集中在滤饼上，而且易于变形，对控制侵入起主要作用，因而能在更宽的孔喉尺寸和渗透率范围内起作用。

木质纤维素是天然木材经过化学处理得到的有机纤维，木质素和大部分纤维被分解，惰性最大的纤维素留下来，形成一个纤维结构链，成品是一种白色或淡黄色天然短杆状超细粉末，无毒无味、无污染，属于绿色环保产品，广泛用于水泥、石膏、石灰等化学建材中。木质纤维素具有以下优点：①是天然纤维素纤维，从生理和毒性角度是无害的，呈化学惰性，是"绿色材料"；②不溶于水和溶剂，也不溶于弱酸和碱性溶液，惰性强，在粉体材料中不会与其他任何材料发生反应，只起物理作用；③经过化学处理后的木质纤维具有优良的柔韧性和分散性，混合后形成三维网状结构，增强了系统的支撑力和耐久力，能提高系统的稳定性、强度、密实度和均匀度，短纤维强度高、分散性好，长纤维结构稳定性强，不同长短的纤维可配合使用；④经化学处理后的木质纤维具有强烈的交联功能，与其他处理剂混合后会立即形成如图3-32所示的网状结构，这种结构在外力作用下会被打破，外力作用停止后立即恢复原有的网状结构。⑤经化学处理后的木质纤维具有良好的阻裂效果，从而大大减少裂缝的发生和发展。因此，将经过化学处理的木质纤维作为惰性材料添加到抗压稳定剂中，能够提高钻井液稳定地层的能力。

(a)静止状态，建立纤维结构　　(b)移动状态，打破纤维结构　　(c)静止状态，纤维结构恢复

图 3-32　纤维建立、破坏和重构的过程

研究表明，活性物质的粒径与其胶结强度存在一定关系，粒径越小，胶结强度越高，粒径小于 $5\mu m$ 时，效果最好，而且当小于 $5\mu m$ 的超细颗粒含量大于活性物质总量的 30% 时，泥饼与地层以及泥饼与水泥之间的胶结强度最大，并且对钻井液和水泥浆的流变性能均没有影响。通过对活性物质的调研与分析，发现活性物质中微硅粉具有极强的活性，其主要成分是 SiO_2，该物质不仅能改善固液界面的结构和性能，而且具有很强的抗渗性能，因此优选了复合粒径要求的活性微硅粉作为抗压处理剂的活性物质添加剂，以提高地层的抗压能力。

将上述经过改性的惰性、活性材料和胶束聚合物按照 4∶5∶1 的比例进行有机复合，再经过特殊工艺处理即为成品，代号 FST-1。

FST-1 是由改性的惰性材料、活性矿物材料和胶束聚合物经过有机复合而制成的，因此，首先在微观结构上证明这三种材料的存在。

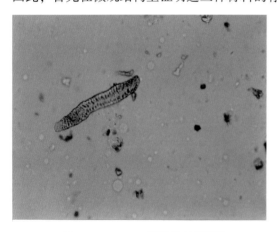

图 3-33　FST-1 溶液的显微照片

图 3-33 是 FST-1 溶解到水中用照相显微镜拍下的照片，从照片中可以明显地看出溶液中含有胶束，说明研制的胶束聚合物分散在产品中并且在水溶液中形成了胶束；另外，在照片中还可以明显地看出溶液中有不溶于水的纤维和活性矿物质存在，可以说明 FST-1 产品结构是符合设计要求的。

图 3-34 是将上述溶液过滤后对滤液进行的胶束粒度分布，可以看出形成胶束的粒度也在研制的胶束聚合物形成胶束的范围内。采用可视钻井液封闭膜强度测试仪完成的砂床滤失实验表明，随 FST-1 和 FLC2000 加量的增加，砂床滤失量为 0，而侵入深度减少，相同加量的 FST-1 和 FLC2000 相比，FST-1 的侵入深度较小，抗压能力强。

从图 3-35 实验结果可以判定，研制的抗压钻井液处理剂 FST-1 符合设计要求，各项性能指标优于国外产品，产品 FST-1 在钻井液体系中能够在井壁岩石表面浓集形成胶束，依靠惰性材料、活性矿物材料桥和聚合物的胶束（胶粒）界面吸力及其可变形性，能封堵岩石表面较大范围的孔喉，在井壁岩石表面形成致密抗压复合封闭膜层，可以有效封堵不同渗透性地层和微裂缝泥页岩地层，在井壁的外围形成保护层，使钻井液及其滤液与地层完全隔离，不会渗透到地层中，可以实现抗压井壁稳定。

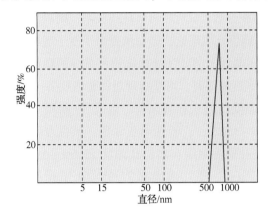

图 3-34　FST-1 溶解后滤液的胶束粒度分布
（平均粒径：618.9nm）

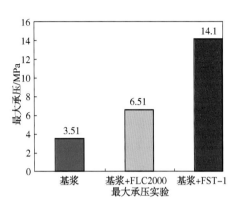

图 3-35　FLC2000 和 FST-1 的承压
实验结果对比

（二）基于 FST-1 抗压稳定剂的随钻暂堵剂的研制

暂堵剂的合理使用是钻井过程中保护油气层的关键技术之一。1977 年，Abrams 首次提出了对钻井液中所使用的暂堵剂颗粒尺寸进行优选的准则，即当暂堵剂颗粒的粒度中值等于或略大于储层平均孔径的三分之一，并且其加量大于钻井液中总固相含量的 5% 时，将有利于形成致密泥饼以阻止钻井液中的固相和滤液侵入储层。在 20 世纪 90 年代初期，我国进一步提出了屏蔽暂堵技术，即在一定正压差条件下，当架桥颗粒粒径为储层平均孔径的 1/2~2/3 时，在储层孔喉处的架桥最为稳定，并通过使用粒径更小的充填颗粒（包括可变形颗粒），形成渗透率接近于零的屏蔽环。架桥颗粒浓度不应低于 3%，而充填颗粒浓度不应低于 2%。从此，国内外基本上按照以上规则来配制低损害钻井液，并形成较为成熟的保护油气层暂堵技术。随着保护油气层技术的进一步发展，近年来国外学者指出，在某些情况下，使用"三分之一"架桥规则并不能达到一种最佳的保护效果，并提出新的架桥原理和方法取而代之。例如，M2I 钻井液公司和 BP Amoco 公司应用"理想充填"理论，建立和发展了一整套新的暂堵方法和技术，并已广泛应用于生产现场。在上述研究工作基础上，本项研究应用颗粒堆积效率最大值原理并依据大量试验的结果，较系统地提出了对暂堵剂颗粒尺寸进行优选的新理论和新方法，并且在现场实际应用中取得了理想的暂堵和保护储层的效果。

一般情况下，钻井液中暂堵剂颗粒的粒径大小与颗粒累积体积分数之间的关系曲线在半对数坐标上呈现"S"形。这种曲线只表明颗粒的粒径分布范围，并不能说明颗粒桥堵形成泥饼的充填效率。Kaeuffer 首先将涂料工业的前期研究成果推广应用于石油工业中，提出了暂堵剂颗粒的"理想充填理论"（Ideal Packing Theory），又称作 $d^{1/2}$ 理论。他假设钻井液中的暂堵颗粒服从 Gaudin-Schuhmann 粒度分布模型，并通过物理实验及计算机模拟计算，得出当模型参数 $n=0.5$ 时有最高的堆积效率。也就是说，当暂堵剂颗粒累积体积分数与粒径的平方根（即 $d^{1/2}$）成正比时，可实现颗粒的理想充填。根据该理论，如果在直角坐标系中暂堵剂颗粒的累计体积分数与 $d^{1/2}$ 之间呈直线关系，则表明该暂堵剂满足理想充填的必要条件。Hands 等依据理想充填理论，进一步提出了便于现场实施的 d^{90} 规则，即当暂堵剂颗粒在其粒径累积分布曲线上的 d^{90} 值（指体积占 90% 的颗粒粒径小于该值）与储层的最大孔喉直径或最大裂缝宽度相等时，可获得理想的暂堵效果。

选定的试验埕北 326 块位于胜利油田埕北低凸起东斜坡东部，埕北 30 断层下降盘的断阶带上。主要目的层为东营组油藏（3489~3502m），岩性为灰绿色、灰色含砾岩屑长石砂岩。主要含油的东营组 8、9 砂组为中孔低渗储层，储层孔隙度 12.6%~19.8%，平均孔隙度 16.3%；渗透率（1.08~106）×10^{-3}μm^2，平均渗透率 37.38×10^{-3}μm^2；储层最大连通孔喉半径 0.29~17.24μm，平均 7.67μm；孔喉半径平均值主要分布于 0.30~4.03μm 之间，平均 2.02μm；孔喉半径中值 0.09~2.44μm，平均 1.03μm；孔喉变异系数平均 0.95，均质系数平均 0.27，可见孔喉偏细，非均质性强。储层黏土矿物以高岭石为主，含量 79.2%，其次为伊/蒙混层，含量 11.5%，东营组下部储层为亲水润湿性，储层非速敏、中等水敏、弱盐敏、非酸敏、非碱敏。根据储层特性，应用理想充填理论编制的暂堵剂优化设计软件对暂堵剂粒度分布进行了优选，确定最后加入暂堵剂方案为：暂堵剂 1∶暂堵剂 2∶暂堵剂 3∶FST-1=45∶25∶20∶10，这一方案可以对这两类储层达到最好的暂堵效果（图 3-36）。

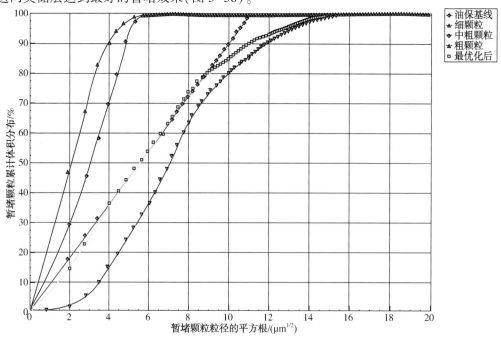

图 3-36　基于 FST-1 抗压稳定剂的充填方案

优化后的粒度分布曲线与油保基线最为接近，这说明暂堵剂粒度分布与储层孔喉尺寸分布已经十分接近，理论上具有最佳封堵效果。根据三种钻井液配方污染后岩样渗透率恢复率也可看出，理想充填的确是保护储层最佳暂堵方式（图3-37）。

从表3-12的结果可以看出，通过理想充填暂堵技术，钻井液的封堵能力得到了明显提高，滤失量降低率≥20%。

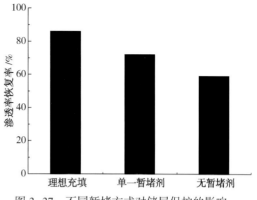

图3-37 不同暂堵方式对储层保护的影响

表3-12 随钻堵漏剂对滤失量的影响

序号	类型	PV/mPa·s	YP/Pa	API/mL
1	井浆	28	20	5.2
2	井浆+1%随钻堵漏剂	28	21	4.2
3	井浆+2%随钻堵漏剂	35	27	3.9
4	井浆+2%随钻堵漏剂+0.5%稀胶液	26	18	3.8

三、储层保护技术

近年来，胜利油区浅海钻井已进入新的发展时期，井型越来越复杂、油层保护意识越来越强、海洋环保标准越来越高。尤其是快速高效开发油气藏的要求使得油层保护的重要性日益提高。为此，开发应用了一系列优质、高效的钻井液处理剂及新型暂堵技术、形成了低固相聚合物钻井液、无固相储层钻开液等具有胜利浅海特色的海水钻井液体系，并在埕岛西、埕北30、桩海10等区块进行了成功应用。

（一）低固相海水聚合物钻井液体系

低固相海水聚合物钻井液体系具有以下特点：①体系中聚合物浓度高，抑制作用强；②体系的滤失量在进入油层时一般控制在5mL以内，同时滤液矿化度较高，抑制了黏土膨胀；③各种优质高效暂堵技术的发展与成熟，为有效阻止滤液、固相侵入，防止油层损害奠定了基础；④油层保护与钻井速度密切相关，由于其本身具有较强抑制性，可实现不分散低固相和近平衡压力钻井，加快了钻井速度，所以对保护油层极为有利。

1. 配方的确定

根据储层的最大孔喉直径（17μm），通过软件优化可知，暂堵剂1、暂堵剂2和暂堵剂3体积之比为20：44：36是理想充填暂堵剂复配方案。根据软件的最优化计算结果，可绘制出复配暂堵剂的粒度分布曲线。根据复配粒度曲线图，最优化后的粒度分布曲线与油保基线最为接近，这说明暂堵剂粒度分布与储层孔喉直径分布十分接近，理论上其封堵效果最佳。由岩心污染实验结果可知，理想充填是保护储层的最佳暂堵方式，其污染后岩样的渗透率恢复率(88.53%)远高于使用单一暂堵剂(71.75%)和不采取暂堵措施(60.70%)两种情况。

采用理想充填暂堵新方法的优越性在于：包括屏蔽暂堵在内的传统方法仅依据储层的平均孔喉直径来选择暂堵剂颗粒的粒度中值，而未考虑储层孔喉的非均质性和大孔喉对渗透率的贡献；采用理想充填可优选出与地层孔喉相匹配的一组完整的暂堵剂粒径分布序列，尤其是考虑到储层中较大孔喉对渗透率的突出贡献，可实现对较大孔喉及其他各种不同半径的孔喉进行有效暂堵和保护，这样可最大限度地降低钻井液对储层的伤害，在原理上更为合理、科学。

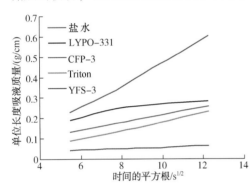

图3-38　不同表面活性剂及盐水单位
长度吸液质量与时间平方根的关系

2. 防水锁剂优选

由质量分数为 0.5g/L 的大豆卵磷脂(LYPO-331)、0.8%的鼠李糖脂(CFP-3)、2.5%的聚合醇(Triton)、0.8%的石油磺酸盐(YFS-3)表面活性剂及矿化度为 8000mg/L 的盐水单位长度吸液质量随时间平方根变化关系(图3-38)可知，与盐水相比，优选的表面活性剂均能降低进入储层的液量。随着时间的延长，YFS-3 的单位长度吸液质量最小，且基本无变化，可见 YFS-3 是效果最好的防水锁剂。

根据处理剂优选实验结果，最终确定低固相海水聚合物钻井液体系由基浆、质量分数为 0.3%~0.5%的 IND30(天然高分子包被抑制剂)、3%的 HX-KYG(抗高温降滤失剂)、2%~3%的聚合醇润滑剂、1%~2% 的 NAT20(天然高分子降滤失剂)、3%~5%的理想充填剂和2%~3%的防水锁剂 YFS-3 组成。

3. 常规性能评价

由低固相海水聚合物钻井液体系与常见钻井液体系常规性能指标对比结果(表3-13)可见，新体系的防塌效果及润滑效果最好，对于顺利施工具有积极的意义。同时它还具有一定的动切力与静切力，说明其悬浮能力较强，有利于携带钻屑。其滤失量很小，能够快速形成坚韧而致密的泥饼。因此，新体系能够满足海上钻井的需要。

表3-13　不同钻井液常规性能对比

钻井液名称	表观黏度/mPa·s	塑性黏度/mPa·s	动切力/Pa	滤失量/mL	初切力/Pa	终切力/Pa	回收率/%	润滑系数
聚合醇体系	37	24	13	4.9	2.5	3.0	89	0.045
烷基糖苷体系	45	29	16	3.8	3.2	3.5	93	0.05

续表

钻井液名称	表观黏度/mPa·s	塑性黏度/mPa·s	动切力/Pa	滤失量/mL	初切力/Pa	终切力/Pa	回收率/%	润滑系数
有机盐体系	30	22	8	5.0	0.5	1.0	88	0.10
无固相钻井液体系	30	18	12	4.0	0.5	1.0	84	0.06
低固相海水聚合物钻井液体系	32	18	12	4.0	2.0	4.0	93	0.05

1）抗黏土污染性能

因埕北326A井组东营组造浆严重，在施工过程中会有大量黏土混入。为此，评价了低固相海水聚合物钻井液的抗黏土污染能力。在低固相海水聚合物钻井液中分别加入质量分数为5%、10%、12%和14%的膨润土，在120℃下滚动36h后，测定其表观黏度、塑性黏度、动切力及滤失量。由测定结果（图3-39）可知：随着膨润土质量分数的增加，其表观黏度、塑性黏度、动切力和滤失量

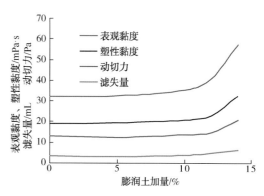

图3-39 低固相海水聚合物钻井液
体系抗黏土污染性能

均有所升高，但升幅不大，且抗膨润土污染浓度达12%，说明该钻井液体系抗黏土污染能力较强。

2）抗盐和抗钙污染性能

埕北326A井组地层水中氯化钠和氯化钙含量较高，在施工过程中有可能受到盐侵及钙侵，从而严重影响钻井液得流变性能，造成钻井液维护与处理困难。在低固相海水聚合物钻井液体系中分别加入一定量的氯化钠和氯化钙，在120℃下滚动36h，测定滚动前后的表观黏度、塑性黏度、动切力及滤失量。由图3-40可以看出，该钻井液体系的抗盐污染质量分数达20%，当氯化钠加量大于20%时，该钻井液黏度明显增大，泥饼厚度增加，质量变差。由图3-41可以看出，随着氯化钙加量的增加，该钻井液的表观黏度、塑性黏度、动切力及滤失量都有所增加，但升幅不大，体系抗钙污染质量分数可达2.0%，说明该钻井液体系抗钙污染能力较强。

4. 油层保护效果评价

选取东营组3487~3512m井段岩心，采用DS800-6000储层损害评价系统，进行污染前后岩心流动实验。由实验结果（表3-14）可见，在温度为120℃、速度梯度为250s^{-1}、压差为3.0MPa和围压为5.0MPa的条件下，低固相海水聚合物钻井液体系的渗透率恢复率均大于90%。

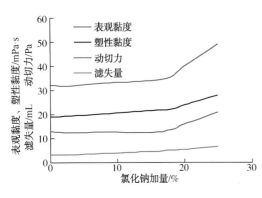

图 3-40 低固相海水聚合物钻井液体系
抗盐污染性能

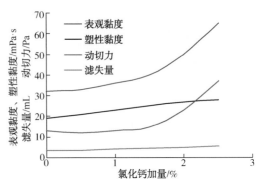

图 3-41 低固相海水聚合物钻井液体系
抗钙污染性能

表 3-14 动态污染实验渗透率恢复率

岩心编号	井段/m	原始渗透率/$10^{-3}\mu m^2$	渗透率恢复值/$10^{-3}\mu m^2$	渗透率恢复率/%
1	3487.0~3493.8	41.9	39.05	93.2
2	3492.7~3499.5	41.1	37.52	91.3
3	3496.2~3512.0	40.7	38.54	94.7

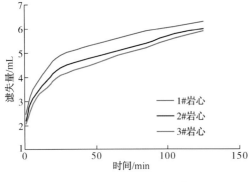

图 3-42 动态滤失实验结果

从动态滤失实验结果(图 3-42)可以看出，低固相海水聚合物钻井液体系的瞬时滤失量和 125min 时滤失量很小，表明其最终动滤失速率较小。这说明当钻井施工时储层被打开后，低固相海水聚合物钻井液体系能够快速形成优质泥饼，防止外来固相和液相过多侵入储层，这将大大减少长时间浸泡后进入地层的滤液总量，将储层损害降至最小。

(二) 无固相储层钻开液体系

随着油田开发的深入，对油气层保护的要求也越来越高，为了尽可能地减少低密度固相(黏土)伤害，在当前提质提效、严控成本的大环境下更加高效地开发油气藏，开发设计了用无固相储层钻开液体系，满足了保护储层和高效开发的要求。

1. 增黏剂的优选

无黏土钻井液体系首先考虑的问题是如何提高钻井液体系的黏度并保持稳定，选择一种能够抗温 140℃ 的增黏剂是钻井液体系的关键，通过大量调研，对如下几种增黏剂进行了室内评价。

配方：海水+1.5%增黏剂+0.4%NaOH，140℃滚动 16h，测定其读数，实验结果如表 3-15 所示。

表 3-15 增黏剂效果对比表

名称	实验条件	Φ600mm	Φ300mm	Φ6	Φ3
80A51	滚动前	297	229	64	58
	滚动后	103	71	8	4
XC	滚动前	258	199	55	51
	滚动后	50	28	1	1
Regular	滚动前	163	126	24	18
	滚动后	135	105	18	13
WTZN	滚动前	296	228	43	27
	滚动后	55	30	0	0
PAC	滚动前	183	132	25	22
	滚动后	35	21	0	0

从实验结果中可以看出，Regular 高温滚动后效果最好。

2. 降失水剂的优选

由于低渗储层存在液相圈闭水锁伤害和水敏伤害，所以控制钻井液的失水也很重要，对如下几种无固相降失水剂进行了优选。

配方：海水+0.5%Regular+1%降失水剂+0.4%NaOH，140℃滚动 16h，测定其 API 失水，实验结果如表 3-16 所示。

表 3-16 降失水剂效果对比表

名称	实验条件	API/mL	名称	实验条件	API/mL
LV-CMC	滚动前	23	TV-2	滚动前	21
	滚动后	17		滚动后	15
LV-Drispac	滚动前	8	TV-5	滚动前	26
	滚动后	19		滚动后	9

降失水剂 TV-5 的效果最好。

3. 配方的确定

在无黏土钻井液中，防水锁剂的优选与有机盐强抑制可降解钻井液相同，因此在无黏土钻井液体系中防水锁剂同样选用 YFS-3。

根据上面筛选出的各种处理剂，设计了正交实验以确定适合低渗储层的最优的钻井液配方(表 3-17)。

表 3-17　钻井液配方正交实验表

所在列	1	2	3	4
因素	Regular	$CaCO_3$	NaCOOH	TV-5
实验 1	0.5	0	0	1
实验 2	0.5	18	17	2
实验 3	0.5	35	35	3
实验 4	1	0	17	3
实验 5	1	18	35	1
实验 6	1	35	0	2
实验 7	1.5	0	35	2
实验 8	1.5	18	0	3
实验 9	1.5	35	17	1

配方：不变因素 1.5%聚合醇+0.4%NaOH+0.3%润滑剂+2%防水锁剂。

(1) 表观黏度 AV 影响因素分析(表 3-18)。

表 3-18　表观黏度 AV 影响因素分析表

所在列	1	2	3	4	—
因素	Regular	$CaCO_3$	NaCOOH	TV-5	实验结果 AV/mPa·s
实验 1	1	1	1	1	25
实验 2	1	2	2	2	36
实验 3	1	3	3	3	17.5
实验 4	2	1	2	3	86
实验 5	2	2	3	1	22.5
实验 6	2	3	1	2	77.5
实验 7	3	1	3	2	117
实验 8	3	2	1	3	160
实验 9	3	3	2	1	155
均值 1	26.167	76.000	87.500	67.500	—
均值 2	62.000	72.833	92.333	76.833	—
均值 3	144.000	83.333	52.333	87.833	—
极差	117.833	10.500	40.000	20.333	—

从结果中可以看出，从表观黏度方面来考虑，Regular 对表观黏度的影响最大，Na-COOH 加量对表观黏度的影响次之，降失水剂 TV-5 也对表观黏度有一定的影响，$CaCO_3$ 加量对表观黏度的影响最小。

（2）塑性黏度 PV 影响因素分析（表3-19）。

表 3-19　塑性黏度 PV 影响因素分析

所在列	1	2	3	4	
因素	Regular	CaCO$_3$	NaCOOH	TV-5	实验结果 PV/mPa·s
实验1	1	1	1	1	19
实验2	1	2	2	2	22
实验3	1	3	3	3	14
实验4	2	1	2	3	39
实验5	2	2	3	1	17
实验6	2	3	1	2	46
实验7	3	1	3	2	46
实验8	3	2	1	3	90
实验9	3	3	2	1	53
均值1	18.333	34.667	51.667	29.667	—
均值2	34.000	43.000	38.000	38.000	—
均值3	63.000	37.667	25.667	47.667	—
极差	44.667	8.333	26.000	18.000	—

从结果中可以看出，从塑性黏度方面来考虑，Regular 对塑性黏度的影响最大，NaCOOH 加量对塑性黏度的影响次之，降失水剂 TV-5 也对塑性黏度有一定的影响，CaCO$_3$ 对塑性黏度的影响最小。

（3）动切力 YP 影响因素分析（表3-20）。

从表3-20 的数据可以看出，从动切力方面来考虑，Regular 对动切力的影响最大，NaCOOH 加量对动切力的影响次之，降失水剂 TV-5 也对动切力有一定的影响，CaCO$_3$ 对塑性黏度的影响最小。

表 3-20　动切力 YP 影响因素分析

所在列	1	2	3	4	—
因素	Regular	CaCO$_3$	NaCOOH	TV-5	实验结果 YP/Pa
实验1	1	1	1	1	6
实验2	1	2	2	2	14
实验3	1	3	3	3	3.5
实验4	2	1	2	3	47
实验5	2	2	3	1	5.5
实验6	2	3	1	2	31.5
实验7	3	1	3	2	71

续表

所在列	1	2	3	4	—
实验 8	3	2	1	3	70
实验 9	3	3	2	1	68
均值 1	7.833	41.333	35.833	26.500	—
均值 2	28.000	29.833	43.000	38.833	—
均值 3	69.667	34.333	26.667	40.167	—
极差	61.834	11.500	16.333	13.667	—

(4) API 失水影响因素分析(表 3-21)。

表 3-21　API 失水影响因素分析

所在列	1	2	3	4	—
因素	Regular	$CaCO_3$	NaCOOH	降失水剂 TV-5	实验结果 API/mL
实验 1	1	1	1	1	16
实验 2	1	2	2	2	8
实验 3	1	3	3	3	5
实验 4	2	1	2	3	6
实验 5	2	2	3	1	22
实验 6	2	3	1	2	7.8
实验 7	3	1	3	2	11
实验 8	3	2	1	3	3.2
实验 9	3	3	2	1	26
均值 1	9.667	11.000	9.000	13.000	—
均值 2	11.933	8.733	7.333	8.933	—
均值 3	13.400	6.933	10.333	4.733	—
极差	3.733	4.067	3.000	8.267	—

从结果中可以看出，从 API 失水方面来考虑，降失水剂 TV-5 对 API 失水影响最大，Regular、$CaCO_3$、NaCOOH 对 API 失水的影响基本相同，其中 Regular 最佳加量 1.5%，NaCOOH 最佳加量 17%。

通过配方优化，得到了无黏土低活度储层钻井液的配方：过滤海水+10%活度调节剂+6%钻井液用多级配暂堵剂+3%钻井液用无固相配浆剂+0.3%钻井液用生物聚合物流型调节剂+5%钻井液用聚醚多元醇+3%环保高效润滑剂+3%钻井液用防水锁剂。

对钻井液体系的常规性能进行了评价，实验结果如表 3-22 所示。由实验结果可知，钻井液体系高温前后流变性良好，滤失量较低，能抗 140℃ 高温，可以满足不同地区钻井的需要。

表 3-22　滚动前后钻井液性能

	AV	PV	YP	API/mL	pH 值
滚动前	23	15	8	5.0	11
140℃滚动 16h	20	13	7	4.8	10

　　为了评价无黏土储层钻井液的油层保护效果，选择胜利油田义 901 区块沙三段低渗岩心，利用 FDS800-6000 储层伤害评价装置进行了油层保护效果评价，考察了强抑制复合盐润滑钻井液和无黏土低活度储层钻井液体系的油层保护性能，并与普通聚合物钻井液体系进行了对比。

　　动态污染实验结果如表 3-23 所示。

表 3-23　动态污染实验结果

实验条件					动滤失量/mL		
时间/min	岩心温度/℃	钻井液温度/℃	围压/MPa	速梯/s⁻¹	聚合物	强抑制复合盐润滑体系	无黏土低活度储层钻井液
1	140	140	8	250	1.17	0.97	1.12
4	140	140	8	250	1.91	1.22	1.39
9	140	140	8	250	2.29	1.4	1.67
16	140	140	8	250	3.02	1.64	1.95
25	140	140	8	250	3.81	2.46	2.65
45	140	140	8	250	5.08	3.37	3.56
65	140	140	8	250	6.02	3.69	4.31

　　渗透率恢复值实验结果如表 3-24 所示。

表 3-24　不同钻井液体系对油层的损害情况

岩心编号	污染前		污染后		污染介质
	气测渗透率/$10^{-3}\mu m^2$	初始渗透率/$10^{-3}\mu m^2$	渗透率/$10^{-3}\mu m^2$	渗透率恢复率/%	
2#岩心	21.02	12.56	4.85	38.6	聚合物
3#岩心	24.64	14.31	12.69	88.7	强抑制复合盐
1#岩心	19.31	10.98	10.19	92.8	无黏土低活度储层钻井液

　　由表 3-24 可知，强抑制复合盐润滑钻井液体系和无黏土低活度储层钻开液体系的动滤失量低于聚合物钻井液体系，渗透率恢复值也远高于聚合物钻井液体系，表明强抑制复合盐润滑钻井液体系和无黏土低活度储层钻开液体系对岩心伤害较小，具有良好的油层保护效果，同时由于无黏土低活度储层钻开液体系属于无固相体系，钻井液固相堵塞更低，储层保护效果更好。

第四节　高效固完井技术

一、浅表层内插法固井技术

内插法固井一般应用于下入深度大的大直径油气井表层套管固井（图 3-43），施工过程中要求固井水泥浆返出地面。该技术是在大直径套管内，以钻杆或油管作内管，水泥浆通过内管注入并从套管鞋处返至环形空间的固井技术方法。与传统的固井施工方法相比，内管法注水泥固井技术固井所需替浆量较小，不但可以减少混浆使用量，而且易准确计量；不需要钻井队单独储备替浆用水，不需要大泵替浆；单井可以节约 30% 左右的水泥；一般情况下，可以减少 90% 左右的替浆废水的排放；对于下入深度大的大直径油气井表层套管固井，可以有效提高固井质量。由于钻杆空间较小，可大大减小水泥浆的污染，提高固井效率。

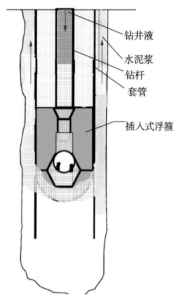

图 3-43　常规内插法固井

钻井液
水泥浆
钻杆
套管

插入式浮箍

伴随着埕岛油田大位移井的开发，越来越多的油气井需要在表层井段开始定向，339.7mm 表层套管下深至 700m，最大井斜可达 70°，常规的内插管方式固井工艺在大斜度深表层井中施工风险较大，可能出现因钻杆插头密封失效或坐封压力不足引起水泥浆倒返导致的"灌香肠"或"插旗杆"事故，影响了表层套管的固井质量，也对油气井后期开发造成了严重的工程风险和安全隐患，目前这种大斜度深表层套管固井只能采用常规胶塞固井，存在顶替效率低、水泥浆顶替量难以控制，顶替量大，易造成水泥浆返出，对环境造成污染、钻胶塞困难等问题。

针对常规的内插法工艺在埕岛油田大斜度深表层井施工中所遇到的难题，我们研制开发了大尺寸可解封封隔器，并配套形成了浅表层内插法固井技术。实验表明，大尺寸可解封封隔器，安全可靠，性能稳定，可有效避免因插头密封失效或坐封压力不足导致的水泥浆倒返事故，有效地提高表层套管固井的成功率。为下一步浅表层内插法固井技术在埕岛油田高效开发中大规模推广应用打下了良好的基础。

（一）大尺寸可解封封隔器

1. 结构及工作原理

大尺寸可解封封隔器结构示意图如图 3-44 所示。

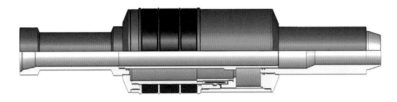

图 3-44 大尺寸可解封封隔器结构示意图

固井作业时，将该封隔器安放在钻杆密封插头上部，钻杆密封插头插入浮箍或浮鞋后，在井口加压(图 3-45)。当封隔器上部所受压力超过 80kN 时，弹性爪(11)的卡爪在外力挤压作用下向内收缩，贴向内套(10)，连接管(5)、内套(10)、弹性爪(11)、背环(13)一起沿着导向套(14)向下运动，胶筒(4)在上压环(3)和下压环(12)的挤压下膨胀，紧贴表层套管内壁，实现表层套管内的密封，密封压力超过 10MPa。固井完成后，上提钻柱，在下部钻杆重力作用下，胶筒(4)恢复原状，实现解封。

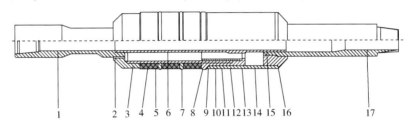

图 3-45 工作状态时固井密封装置示意图

1—上接头；2—排液孔；3—上压环；4—胶筒；5—连接管；6—中心管；7—隔环；
8—密封圈；9—密封圈；10—内套；11—弹性爪；12—下压环；13—背环；
14—导向套；15—密封圈；16—连接头；17—下接头

2. 技术参数

工具技术参数如表 3-25 所示。

表 3-25 工具技术参数表

型号	MF290-95	工作温度/℃	120
最大外径/mm	Φ290	长度/mm	3187
最小通径/mm	Φ95	坐封启动力/t	6~8
上部扣型	410	弹性套恢复力/t	2~4
下部扣型	411		

(二) 浅表层内插法固井配套工艺

1. 管柱结构

固井工艺套管结构为：插入式浮鞋+套管串，也可以为：引鞋+1 根套管+插入式浮箍+套管串。

钻杆串结构为：插头+钻杆扶正器+钻杆串+大尺寸可解封封隔器+钻杆串（图3-46）。

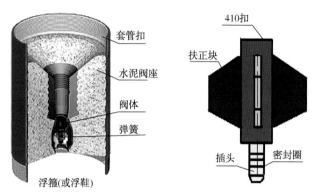

图3-46　浮箍与密封插头

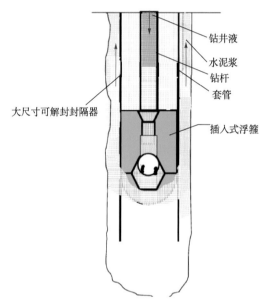

图3-47　浅表层内插法固井工艺

2. 插入法固井工艺流程

钻杆管柱下到位→钻杆加压，胀封大尺寸封隔器，实现套管内密封→注入前置液→注入水泥浆（图3-47）→替入钻井液（替入量比钻杆内容积少0.5m³）→放回压检查回压凡尔是否倒流→上提钻杆，解封大尺寸封隔器→循环出多余的水泥浆→起钻，施工完成。

3. 工艺特点及优势

（1）采用该工艺注水泥能减少水泥浆在套管内与钻井液的掺混，缩短顶替钻井液时间；

（2）水泥浆可提前返出从而减少因附加水泥量过大而造成的浪费和环境污染。

（3）与常规内插管方式固井工艺相比，该工艺可有效避免因钻杆插头密封失效或坐封压力不足引起水泥浆倒返而导致的"灌香肠"或"插旗杆"事故，提高了固井成功率。

4. 操作规程

（1）下套管前，必须对送井的插入式浮箍、中心插入管的附件认真检查、试压，合格后方可入井。

（2）严格按照套管下部结构依次连接套管和附件，使用套管专用密封脂，按照附件的规定上扣扭矩和套管API丝扣扭矩标准紧扣。

（3）为了保证中心插入管顺利插入到插入孔内，在中心插入管上3根钻杆上分别安装一个钢性扶正器和两个弹性扶正器。并严格按照插入钻具结构依次连接中心插入管、刚性扶正器、弹性扶正器、大尺寸可解封封隔器和钻杆，中心插入管距插入式浮箍 50~60m 时要控制下放速度，遇阻时要及时刹车，如果中心插入管不到位即悬重不恢复时，用大钳转动钻具，让中心插入管就位。当悬重恢复后在下放钻具，加压 80~100kN，确保封隔器胀封后，固定井口钻杆。

（4）井口使用短钻杆调节水泥头高度，以便固井井口工操作方便。

（5）接方钻杆开泵顶通井内钻井液并认真观察套管内是否有钻井液返出情况，若有则必须增加中心插入管压力，保证封隔器、插入座和中心插入管接触处密封可靠。

（6）严格校核钻井液替量，将钻井液替量的误差减到最小，防止替空。

（7）固井后上提钻杆，待封隔器解封后，及时抽出中心插入管循环出多余的水泥浆、起钻。

二、提高套管居中度扶正器技术

水平井及大斜度大位移井中，套管在重力作用下往往偏向下井壁，居中度差，注水泥时水泥浆容易从宽间隙处顶替钻井液，而在窄间隙处形成钻井液滞留，固井后形成的水泥环薄厚不均，严重影响固井质量。提高水平段套管的居中度最有效的方法是使用扶正器，目前常用的是弹性及刚性扶正器（图3-48、图3-49）。弹性扶正器由于强度较低、扶正力小，无法在水平段使用；而刚性扶正器存在外径较大、下入困难、下入过程易推挤泥砂、造成底部泥砂淤积的缺陷，在现场使用中也受到诸多限制，尤其是对于长水平段水平井而言，刚性扶正器的使用更要谨慎。

图 3-48　常用扶正器示意图　　　　图 3-49　常用扶正器

针对埕岛油田开发井中水平段长及位移大的特点，配套完成了套管居中扶正技术，采用液压扶正器进行辅助固井，提高套管的扶正居中效果，从而提高固井质量，保证后期开发效果。液压扶正器张开之前外径与套管尺寸相差不大，不影响管串的下入。管串下部串接与液压式扶正器配合的压力开关。整个管串到位后，井口打压，压力达到指定压力时，扶正器张开，扶正套管。

（一）技术原理

液压扶正器利用管柱内外压差，推动液缸内活塞移动，挤压工具中部的人造薄弱点，按照设计方式进行变形，完整变形后形成刚性扶正结构，使工具外径扩大，多个液压扶正器一起膨胀带动套管移动，从而实现管柱居中，改善固井质量。

（二）管串结构及施工工艺

液压扶正器工作时需要在完井管柱内提供正压，因此，完井管柱上除了中部需要安装数个液压扶正器外，还需要再管柱底部安装一个球座。液压扶正器完井施工工艺与常规套管完井工艺基本一致，优势在于固井施工前管柱内投球憋压，使液压扶正器膨胀，实现套管扶正，继续打压憋通球座，建立管柱内外的正常循环，之后可以正常固井（图 3-50）。

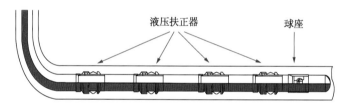

图 3-50　提高套管居中度液压扶正器施工管柱

（三）液压式套管扶正器的主要技术指标

打开压力：12~14MPa，可根据要求设定。

液压式套管扶正器的主要技术参数如表 3-26 所示。

表 3-26　液压式套管扶正器的主要技术参数

规格型号	中心管外径/mm	最大外径/mm	胀开最大外径/mm	长度/mm	扣型
KB-YFZQ140-185	139.7	185	300	2235	长圆
KB-YFZQ178-215	177.8	210	330	2235	长圆、偏梯

（四）液压扶正器提高套管居中度优点

原始外径小，利于安全下入；承压能力强、复位力大，扶正能力强；膨胀率大，对井径适应性强，利于套管居中。

（五）现场应用

1. 以 SH201-平 6 井为例

SH201-平 6 井基本情况如表 3-27 所示。

表 3-27　SH201-平 6 井身结构数据

开数	井眼尺寸×井深/mm×m	套管尺寸×下深/mm×m	水泥返高/m
一开	Φ346.1×351.00	Φ273.1×350.00	地面
二开	Φ241.3×1924.41	Φ177.8×1921 （其中 1756～1921m 为精密滤砂管）	地面

2. 扶正器安放位置优化

将该井井深、井斜、方位、管串数据等基本参数代入《水平井套管居中优化设计软件》，计算下入摩阻及扶正器安放位置。

图 3-51 中软件模拟结果显示，A 点以上 200m 下入刚性扶正器加 4 只交错式液压扶正器，斜井段套管弹性扶正器和刚性扶正器间隔下入，每根一只，直井段每三根套管下入一只弹性扶正器，居中度>72%，表层套管内摩擦系数取 0.25，裸眼段摩擦系数取 0.50，套管可安全下到位。

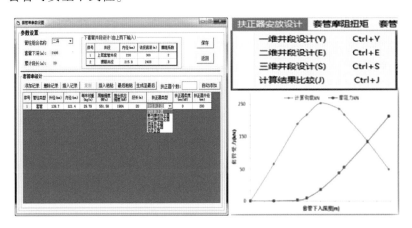

图 3-51　SH201-平 6 井软件模拟

3. 液压扶正器固井工艺

目前水平井固井施工中，顶替效率差是影响水平井固井质量的重要因素。为提高水平段固井质量，防止油气水窜，本井采用液压扶正器辅助固井。工艺步骤是：①按协调会要求连接液压膨胀式扶正器与套管组合，保证完井管串的顺利下入；②下完套管后，循环 1~2 周；③计算送球到位的总液量和时间，投球；④用钻井泵将球送到位以后，打压至 14~16MPa，憋压 3min 胀封液压膨胀式扶正器；⑤压力无变化后打压至 18~20MPa，缓慢憋压至球座憋通，建立循环固井。

4. 管柱结构

结构：引鞋+洗井阀+短套管 1 根+筛管串+套管 1 根+免钻塞+套管串+液压扶正器组合+套管串到井口。

扶正器安放原则：A 点以上 200m，刚性扶正器加 4 只液压扶正器，斜井段套管弹性扶正器和刚性扶正器间隔下入，每根一只，直井段每三根套管下入一只弹性扶正器，居中度>72%。

5. 液压扶正器使用数量及参数

液压扶正器性能参数如表 3-28 所示。

表 3-28　液压扶正器性能参数表

规格型号	中心管外径/mm	最大外径/mm	最小通径/mm	胀开最大外径/mm	长度/mm	扣型
KB-YFZQ178-215	177.8	210	159	330	2235	长圆

6. 施工技术措施、程序记录

1）现场协调会议内容

介绍液压膨胀扶正工具参数，应用情况。

确定了油套管柱结构、扶正器的安放方式。水平段下入刚性扶正器加 8 只液压扶正器，斜井段套管弹性扶正器和刚性扶正器间隔下入，每根一只，直井段每三根套管下入一只弹性扶正器。

2）工具准备

钻井院准备液压式套管扶正器、球座，需要井队预留一定空间安置液压膨胀式扶正器，其余完井工具如套管、引鞋、旋流短节、浮箍、弹性扶正器等由井队准备。

3）技术措施

a. 上井前准备工作

（1）依据钻井设计和协调会确定内容做液压扶正器完井设计，落实井队完钻通井情况，取得悬重、摩阻、泥浆密度、黏度等指标。

（2）确认密封圈的耐温性能与使用的井底温度匹配。

（3）组装期在 5 个月内的，试验 8MPa 无泄漏。超过 5 个月的重新组装换密封，试验 8MPa 无泄漏。上井之前再次进行密封试验。

（4）液压扶正器启动压力以 12~14MPa 为宜，特殊情况以现场设备、井队情况修正启动压力，然后检查销钉个数。

（5）检测工具外径、通径、长度，以及连接螺纹的完整性，编号标记记录。

b. 现场使用

（1）运输中确保扶正器液缸、扶正体、螺纹部位以及球座不受磕碰和挤压，吊装和卸车禁止抛甩。

（2）按设计与套管串接平缓下入，严格控制下放速度（推荐 1.5~2.0 分/根），禁止急刹急起，每 30 根套管（或少于）灌满泥浆。

（3）套管内遇阻不超过 8t，裸眼段遇阻不超过 10t。如出现超过本条规定的遇阻情况及时与相关领导联系。

（4）在轻微遇阻情况下（不超过 3 条所述值），可缓慢上下活动管柱（不建议旋转管柱，实在需要旋转管柱，旋转扭矩不超过套管接箍额定扭矩的 20%）。

（5）下钻到位后灌满泥浆，缓慢开泵，至少循环一周，将井底沉砂冲洗干净之后，进行投球憋压工序。

（6）投球，用泥浆泵送，泵压低于 10MPa，泵排量低于 $1m^3/min$，计算送球到位的总液量和时间。如果井队是电动泵，预计离到位还有 $6m^3$ 时降低泵的排量至 $0.8m^3/min$ 左右，等待缓慢起压；如果井队不是电动泵，不好控制，预计离到位还有 $3m^3$ 时改换固井泵车送球。

（7）到位后缓慢起压至 16 MPa，憋压 3min，观察压力变化，缓慢憋压至球座憋通（建议设置在 18~20MPa）。

（8）接大泵继续循环并固井。

（9）做好工具检测、施工过程的记录和总结，签字确认。

c. 固井后期跟踪

（1）为保证固井质量，如果没有特殊情况，建议电测固井质量之前不要通井，以免破坏水泥环胶结质量。

（2）及时跟踪电测情况，获取固井电测图。

4）施工简况

施工简况记录表如表 3-29 所示。

表 3-29　施工简况进度表

时间		施工状况
2018 年 5 月 18 日	19：00	通井结束，通井摩阻 12t 左右
	20：00	完井工具、交错式液压扶正器等工具入井
2018 年 5 月 19 日	01：30	交错式液压扶正器全部入井，开始下套管
	14：30	套管下完，灌满泥浆；整个下套过程中下入平稳，无遇阻显示，最终摩阻 25t 左右，下套后慢慢开泵循环 1~2 周清洗井底沉砂
	18：00	免钻胀封前，充分胀封液压扶正器，其中在 16MPa 时明显有压力波动，表明扶正器已胀封，最终打压到 18MPa，憋掉球座，建立固井循环
	21：00	开始固井，顶替后期压力 15MPa，无漏失，碰压 21MPa 无倒返，候凝

现场施工如图 3-52 所示。

（六）固井质量电测曲线

固井电测图显示，水平段固井质量一界面优质、二界面优良，水平段固井质量与同区块对比有了明显提高(图 3-53)。

（七）小结

下套过程中及时灌浆，水平段前灌满，下到水平段中部灌满，下到位后灌满泥浆。

图 3-52　SH201-平 6 井现场施工

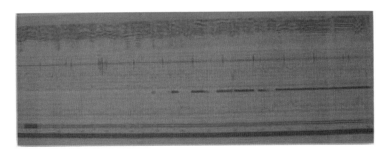

图 3-53　SH201-平 6 井固井质量评价图

慢慢开泵循环 1 周后，将井底沉砂清洗干净后再进行液压扶正器的胀封，利于施工安全。

液压扶正器和球座压力的配置合理，胀封压力和免钻憋通压力稳定。

液压扶正器只是提高水平段套管居中度的有效手段，整个水平井固井是一项系统工程，还需要从水泥浆体系、施工工艺等多方面综合考虑才能取得理想效果。

三、漂浮下套管技术

埕岛油田在水平井、大位移井完井作业时，存在以下技术难点：①下套管作业时套管对井眼底边形成正压力，大大增加了摩擦阻力，加大了下套管作业的难度，常常使套管不能下到设计井深。②给注水泥作业也带来了极大的麻烦，由于套管贴边，降低了水泥浆的顶替效率，影响了固井质量。

针对水平井、大位移井作业中普遍存在的下套管困难，固井质量不高的难题，在埕岛油田高效开发过程中，成功运用漂浮下套管技术，有效解决了上述难题，取得了良好的效果。

漂浮下套管技术主要应用于水平井和大位移井中，下套管时，将漂浮接箍连接在套管柱上，在套管内构成临时屏障，漂浮接箍以下的套管柱内充满空气，而漂浮接箍以上的套管柱内充满钻井液，这样就增加了漂浮接箍以下部分套管柱的浮力，实现下部套管串在下管套过程中处于漂浮状态，降低了下套管时的阻力，并且由于漂浮接箍以上部分的套管柱内充满了钻井液，从而增加了把套管柱推入井眼内的压力，实现套管顺利下入。套管漂浮组件主要有漂浮接箍、隔离浮鞋以及与之配套使用的爆破胶塞和碰压胶塞等。

（一）技术原理

漂浮下套管技术是通过在套管串中加入漂浮接箍，利用漂浮接箍与套管鞋中间管内封闭空气的浮力作用，减小套管下入过程中井壁对套管的摩阻，达到套管安全下入目的，从而解决长水平井或大位移井下套管问题。

（二）漂浮接箍结构组成

漂浮接箍主要由以下几部分组成。

（1）漂浮接箍：由接箍外壳、接箍内滑套、接箍外滑套、剪钉、锁块等组成。

（2）碰压胶塞：胶塞塞芯直接硫化皮碗。

（3）爆破胶塞：压盖、挡板、皮碗、爆破胶塞塞芯、直接硫化在塞芯上的皮碗。

（4）隔离浮鞋：由浮鞋、隔离阀以及旋流装置组成（图3-54）。

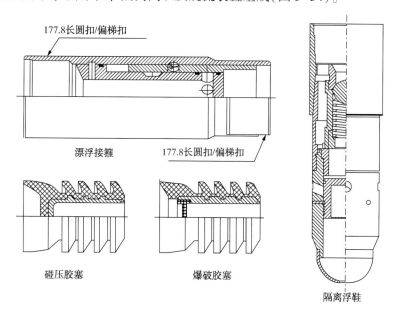

图3-54　漂浮接箍与隔离浮鞋

（三）主要技术参数

漂浮接箍主要技术参数如表3-30所示。

表 3-30　漂浮接箍主要技术参数

规　格	7in(Φ177.8mm)	总长/mm	800
打开压力/MPa	附加 10	爆破胶塞长度/mm	350
密封能力/MPa	>50	碰压胶塞长度/mm	240
额定负荷/kN	1200	隔离浮鞋打开压力/Pa	6
连接扣型	长圆	爆破胶塞打开压力/MPa	8~10
本体最大外径/mm	Φ195	适应套管壁厚/mm	9.19/10.36
最小内径/mm	Φ159.4		

（四）施工工艺

1. 井眼准备

（1）电测以前通井、循环，保证电测工具顺利下入。

（2）电测完通井，对起钻遇阻、卡井段、缩径段和井眼曲率变化大的井段反复划眼或进行短起下；下入套管前应在井眼底部打入润滑钻井液，减少下套管摩阻。

（3）井内钻井液性能良好、稳定，符合固井施工要求。在保证井下安全的前提下，尽量降低黏切，降低含砂量。

（4）下套管前通井及注水泥前，均以较大排量洗井，洗井时间不少于两个循环周。洗井循环中，应密切注意观察振动筛返出岩屑量的变化、钻井液池液面变化。同时，应慢速转动钻具防黏卡。

2. 工具检查

（1）对照入井套管串对所有套管附件、漂浮接箍及附件在入井前按照服务报告检查内容和设计管串做认真仔细的测量和检查，确保无误。

（2）浮箍以及隔离浮箍倒置加水，检验低压密封。

3. 准备要求

（1）套管要使用标准的通径规进行二次通径，通径规由专人看守。

（2）下套管前彻底通好井，调整好泥浆性能。

（3）确保井内无井涌、井漏、垮塌、阻卡，控制好油气上窜速度。

（4）校核指重表和泵压表，保证灵敏准确。

（5）准备合适的灌浆工具，提高灌浆速度。

4. 下套管作业

（1）按套管管串顺序下入套管及附件，附件顺序切勿颠倒，按标准上够扭矩。

（2）套管附件及漂浮接箍接入时听从钻井院技术人员指导。

（3）掏空套管段不灌泥浆，观察套管内是否有泥浆倒返。

（4）漂浮接箍吊上钻台时要注意防磕碰(尤其是公扣)，上下外壳分开上扣，入井口时(过联顶节和封井器)要缓慢。

（5）接入漂浮接箍后建议至少 10 根套管灌满一次泥浆，减少静止时间。同时注意观察井口套管内泥浆情况，发现异常及时通知技术人员。

（6）整个下套管过程严禁井内及管串内落物（图 3-55）。

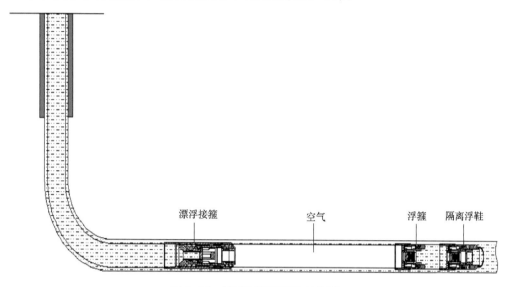

图 3-55　漂浮下套管管柱结构图

（7）要求套管通径，通径规建议由专人负责，防止通径规落井。

（8）下套管期间环空泥浆液面及返浆情况须有专人盯守，发现液面下降或者不返浆，及时通知技术员、补浆。

（9）下套管时严格控制下放速度（尤其在每根套管下放到钻台座吊卡时），切忌猛刹、猛顿。

（10）根据垂深及掏空情况计算最后不灌浆套管数量。

5. 打开漂浮接箍内胶塞

（1）缓慢灌满浆，连接管线及水泥头。

（2）缓慢开泵，当泵压加上上部液柱压力达到漂浮接箍的设计打开压力时，打开漂浮接箍。

（3）漂浮接箍打开后先置换空气，尽量增加置换时间，无气返出时缓慢灌满泥浆。

6. 打开隔离浮鞋及爆破胶塞

（1）接管线，井口开泵憋压 5MPa 打开旋流鞋。

（2）开泵正常循环至少 1 周以后，打开水泥头顶盖释放爆破胶塞，替浆（注意计量，核对碰压是否到位）。

（3）爆破胶塞与漂浮接箍内胶塞复合前，提前 2m³ 将排量降至 0.5m³/min 以内，注意观察泵压变化。

（4）爆破胶塞推动漂浮接箍内胶塞至浮箍处碰压，10~12MPa 打开爆破胶塞。若无明显打开现象，可继续替浆 10m³ 以上注意观察泵压变化。

（5）循环洗井（根据固井设计要求和实际情况而定）正常后，按正常程序进行固井作业（图3-56）。

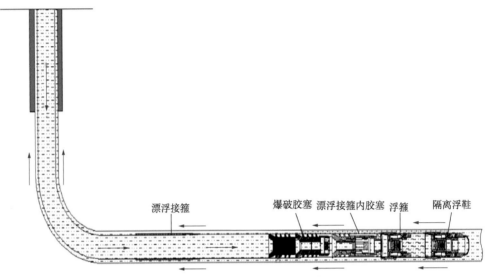

图3-56　漂浮下套管清理顶替示意图

7. 固井作业

（1）按固井设计进行固井程序操作（建议注水泥时不同阶段进行取样）。

（2）注完水泥后释放碰压胶塞，替浆。

（3）碰压胶塞至浮箍处碰压，替浆快到量时观察泵压变化，建议碰压附加3~5MPa即可；替浆期间核对泥浆罐与流量计的替浆量，到量不碰压时现场讨论确定替浆附加量，防止替空。

（4）放回水检查回流（图3-57）。

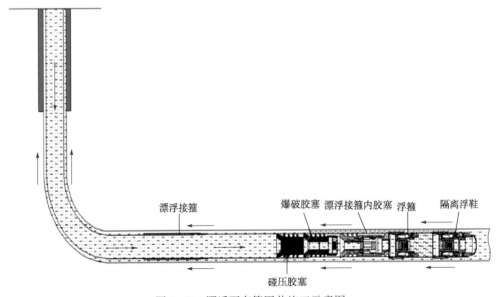

图3-57　漂浮下套管固井施工示意图

（五）现场应用

漂浮下套管技术在现场应用中取得了良好的效果。以埕北 22FB-19 井为例，基本数据如表 3-31 所示。

表 3-31　基本数据

井号	完钻井深/m	垂深/m	水平位移/m	位垂比	最大井斜/(°)	漂浮距离/m
埕北 22FB-19	2330	1547.63	1194.07	0.77	73.83	708

1. 设计概况

埕北 22FB-19 井井眼轨道设计如表 3-32 所示。

表 3-32　埕北 22FB-19 井井眼轨道设计

井深/m	井斜/(°)	方位/(°)	垂深/m	水平位移/m	南北/m	东西/m	狗腿度/[(°)/30m]	工具面/(°)	靶点
0.00	0.00	0	0.00	0.00	0.00	0.00	0.00	0.00	
550.00	0.00	84.34	550.00	0.00	0.00	0.00	0.00	0.00	
1044.82	59.38	84.34	960.88	234.26	23.11	233.12	3.60	0.00	
1196.78	59.38	84.34	1038.29	365.03	36.02	363.25	0.00	0.00	
1637.54	60.00	146.45	1278.00	690.00	-115.22	680.31	3.60	72.50	A
1687.93	60.00	146.45	1303.19	720.55	-151.58	704.43	0.00	0.00	
1767.93	72.00	146.45	1335.67	774.44	-212.37	744.75	4.50	0.00	
1768.99	72.00	146.45	1336.00	775.21	-213.22	745.31	0.00	0.00	B
1791.23	75.32	146.79	1342.25	791.52	-231.03	757.05	4.50	5.73	
1912.53	75.32	146.79	1373.00	884.84	-329.22	821.31	0.00	0.00	C
2232.53	56.12	146.79	1503.98	1135.05	-572.14	980.30	1.80	180.00	
2311.50	56.12	146.79	1548.00	1194.07	-627.00	1016.21	0.00	0.00	

井身结构数据如表 3-33 所示。

表 3-33　井身结构数据

开数	井眼尺寸×井深/mm×m	套管尺寸×下深/mm×m	水泥返深/m
隔水管	已桩入	$\Phi660×75.7$	打桩入泥深度 36
一开	$\Phi444.5×501$	$\Phi339.7×500$	井口
二开	$\Phi241.3×2311.50$	$\Phi177.8×2308$	300

2. 完井管串结构

完井管柱结构为(由下向上)：隔离浮鞋+套管1根+浮箍+套管1根+浮箍+漂浮套管串(段长706m)+漂浮接箍+套管串至井口。

下入弹性扶正器60只，螺旋树脂扶正器25只。

套管柱强度校核表如表3-34所示。

表3-34 套管柱强度校核表

外径/mm	序号	井段/m	段长/m	钢级	壁厚/mm	扣型	每米质量/(kg/m)	段重/t	累重/t	安全系数			钻井液密度/(g/cm³)
										抗拉	抗挤	抗内压	
339.7	1	0~500	700	J55	9.65	短圆	81.18	45.27	45.27	2286	7.8	18.8	1.10
177.8	1	0~2308	2308	P110	10.36	偏梯	38.73	53.94	53.94	3083	43.0	65.6	1.12

3. 套管漂浮设计

如图3-58~图3-60所示的分析结果：根据井眼轨迹，建立模型，通过对比多组漂浮不同长度敏感性分析，考虑裸眼内摩阻系数为0.30~0.50，套管内摩阻系数为0.30~0.40的情况，顶驱重量设为0。模拟结果显示，不漂浮时，当套管内摩擦系数为0.40，裸眼段摩擦系数为0.50时，下入800m到悬重最大值224kN，漂浮500m时，下入1200m到悬重最大值228kN；漂浮700m时，下入1600m到悬重最大值194kN。所以，优选漂浮700m，可保证套管安全下入，下到位后井口载荷160kN，对比套管性能，在安全范围之内。

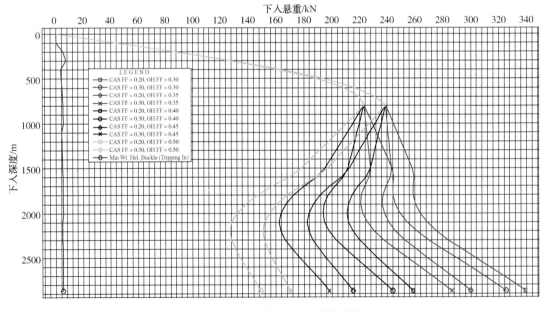

图3-58　不漂浮情况下敏感性分析

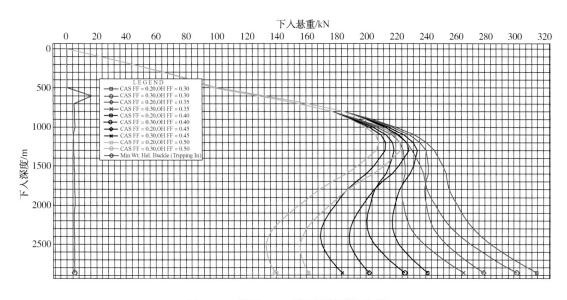

图 3-59　漂浮 500m 情况下敏感性分析

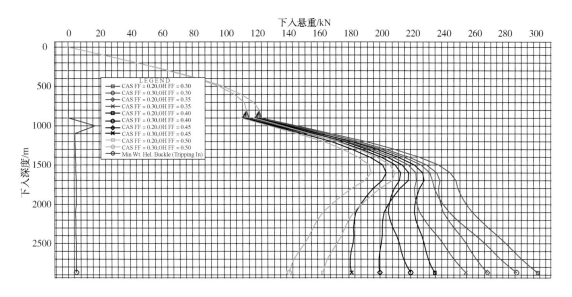

图 3-60　漂浮 700m 情况下敏感性分析

4. 漂浮固井施工过程

1）施工准备

（1）对照入井套管串对所有套管附件、漂浮接箍及附件在入井前按照服务报告检查内容和设计管串做认真仔细的测量和检查，确保无误。

（2）浮箍以及隔离浮箍倒置加水，检验低压密封。

（3）套管要使用标准的通径规进行二次通径，通径规由专人看守。

（4）下套管前彻底通好井，调整好泥浆性能。

（5）确保井内无井涌、井漏、垮塌、阻卡，控制好油气上窜速度。

（6）校核指重表和泵压表，保证灵敏准确。

（7）准备合适的灌浆工具，提高灌浆速度。

2）制定应急预案及措施

（1）若前期下套管时因浮力、摩阻较大而无法下入时，则提前接入漂浮接箍；必要时套管内可适量灌浆。

（2）若发现下套管过程中漂浮接箍提前打开，可在接下来灌浆时灌比重略高于井里泥浆的重浆，保证管串安全下到位；后面工序不变，管串到位后，继续投爆破胶塞，将漂浮接箍内胶塞推至浮箍位置，打开爆破胶塞后，循环固井。

（3）下套管期间若发现环空液面下降或者不返浆，及时通知技术员、环空补浆。

（4）若下套管遇阻，上下活动套管时切勿猛提猛放、急刹车，防止提前打开附件；活动无效时可现场讨论增加活动量或其他解决措施。

（5）若漂接箍在设计打开压力时未打开，放回水泄压重新憋压，每次提高 2~3MPa 憋压，直至打开；若出现压力稳不住现象则增大排量、提高泵压进行憋压。

（6）若爆破胶塞提前打开，爆破胶塞设计打开压力为 10~12MPa，若在泵送过程中，由于环空不畅或没控制好排量导致爆破胶塞提前打开，可再循环正常后，再投一只爆破胶塞去推动漂浮接箍内胶塞，该爆破胶塞打开压力可设置为 12~14MPa，提高爆破胶塞推力。

（7）若爆破胶塞未能将漂浮接箍内胶塞推动便提前打开，可正常固井，顶替时不投碰压胶塞定量顶替，后期下钻头钻掉或下压至井底。

3）施工过程

（1）2019 年 3 月 16 日。

16：00 连接隔离浮鞋，开始下入套管。

16：15 下入浮箍，开始连接漂浮套管串，不灌泥浆。

20：00 开始连接漂浮接箍，之后继续下套管，每 10 根灌满一次泥浆。

（2）2019 年 3 月 17 日。

05：00 完成套管下入，开始灌泥浆。

05：20 灌满泥浆，装水泥头，连接打压管线。

05：30 完成管线连接，倒好闸门，开始打压，井口打压至 7MPa 打开漂浮接箍。

05：35 打开井口阀门，井口换气声明显，开始灌泥浆。

06：25 灌满泥浆，之后井口打压至 6MPa，打开隔离浮鞋隔离阀，开始小排量开泵循环，启动循环排量 $1m^3/min$，循环压力约 3MPa。

07：10 投入爆破胶塞，开泵顶替，控制顶替排量约为 $1m^3/min$，顶替压力约为 3MPa。

07：40 爆破胶塞符合漂浮接箍芯子，5MPa 解锁，推动漂浮接箍芯子继续下行。

08：15 爆破胶塞到达浮箍位置，憋压 9MPa 打开爆破胶塞，开始循环。

12：30 开始固井。

15：00 后期顶替压力 13MPa，碰压 15MPa，放回水观察正常，候凝（图 3-61）。

实际下入时，套管下入大钩悬重如图 3-62 所示，下入至 1600m 左右时悬重到达最大值约 320kN，之后逐步下降，套管下至井底时，悬重约为 260kN。实际下入的悬重曲线与模拟预测摩阻系数 0.45 的曲线比较接近。

图 3-61　埕北 22FB-19 井施工现场

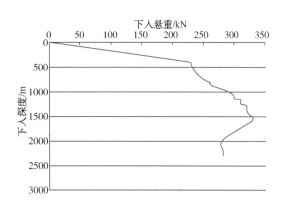

图 3-62　实际下入悬重示意图

5. 漂浮下套管技术现场施工总结

（1）漂浮接箍性能稳定，满足了现场施工要求，为埕岛油田大斜度井完井管柱安全下入提供了保障。

（2）漂浮下套管技术工艺完善，满足现场应用要求，使水平井、大位移井下套管难的问题迎刃而解。

（3）注水泥过程中，提高水泥浆的顶替效率，提高了固井质量。

第五节　浅海钻井平台装备及配套

海洋钻井公司现拥有钻井平台 10 座（坐底式 3 座，自升式 7 座），平台入 CCS 船级，作业水深覆盖 2~90m 海域，在滩浅海石油钻井作业具有独特的优势。公司所属钻井平台中，胜利二号、胜利三号、胜利十号、新胜利一号、新胜利五号平台为国内自行设计制造，其余 5 座钻井平台分别从美国、法国等国引进。胜利八号、胜利九号、胜利十号、新胜利一号、新胜利五号平台为悬臂梁结构钻井平台，其余为槽口式钻井平台，一次就位最大钻井口数 6~54 口不等。最大钻井深度 9144m，年钻井能力 20×10⁴m 以上。通过持续地升级改造，为所有钻井平台安装了顶部驱动，配备了国际主流的主柴油发电机组，电动变频绞车、大功率泥浆泵、国际品牌的升降系统、甲板吊车等先进设备，平台主要装备如钻井、仪表、固控、动力、井控、通讯、救生等均达到或接近国际先进水平，确保了装备的先进性、可靠性，满足了国内外海上施工要求。

一、滩浅海坐底平台

（一）胜利二号坐地平台

胜利二号坐底式钻井平台原为可步行坐底式钻井平台（图3-63），1982年9月由中国石化胜利石油管理局钻井工艺研究院和上海交通大学联合设计组进行可行性论证和方案设计、技术设计，1986年3月由青岛北海船厂开始建造，1988年9月19日下水，9月30日拖航离厂，10月3日试钻第一口井——埕北20井，并正式投入使用。

图3-63　胜利二号坐地平台外观图

2005年3月，在桩西码头将5台D399柴油发电机组更换为4台CAT3516柴油发电机组，更换发电机控制系统，并对SCR电控系统进行升级改造。2006年在大连新船重工完成平台改造，主要有三大内容：一是更换钻机和配套系统，增加井架移动系统，由原来只能打单井改为可完成8口井的井组钻井作业；二是更换生活楼及其设施、吊机等；三是拆除步行系统，将原平台内外体连接为一体，增加平台浮力。

2009年1月，在烟台来福士船厂更换2台F—1600泥浆泵、1台PCS-421B固井车、2台MM75英格索兰压风机、6台压载泵及1台WMCBR-100污水处理装置，增加1台GJZS-1型振动筛和可降落4t直升飞机的飞机坪。

（二）胜利三号坐地平台

胜利三号平台1983年由中国船舶工业总公司七○八研究所第83室设计（图3-64），1986年由上海中华船厂开始建造上甲板以下部分，1988年7月12日拖到烟台造船厂码头开始建造上甲板以上部分，1988年10月15日拖离船厂，10月18日试钻第一口井——埕北11井，并正式投入使用。为适应海上井组开发的要求，由七○八所设计，于2001年3月在大连船厂增加了井架移动装置，由只能打单井，改为可打8口井的井口槽式坐底式平台。由于平台投入使用已经长达20年，生活区部分已经严重老化，胜利三号平台于2008年12月—2009年5月在烟台来福士船厂进行了生活区的改造并更新了井架、天车和游车。改造完成后，胜利三号生活区一楼有医务室(包括医生休息室)1间、伙房宿舍(4人间)1间、可容纳130人的更衣间1个、吸烟室和公共卫生间各1个、4人间招待所3间、可容纳70人同时就餐的餐厅1个、厨房操作间1个、恒温库和干品库各1个；二楼有6人间招待所2个、4人间招待所2个、1人间队部2个、2人间2个、4人间职工宿舍9个、公共卫生间和公共洗浴洗刷间各1个；三楼布置有1人间3个、办公室2个、报务室兼报务员宿舍1个、中央控制室1个、2人间7个、4人间2个、大会议室1个；另外在平台的负一层还设有一个娱乐室和一个健身房。平台于2014年3月—2014年5月在威海华东修船股份有限公司更换了4台CAT3512B柴油发电机组、一套ZJ70D/SCR电控系统。

(三) 胜利四号坐地平台

胜利四号平台是1985年3月从美国斯德华特和斯蒂文森有限公司(Stewart & Stevenson)引进的一条坐底式钻井平台(图3-65)，原名为"安德逊 伯利特3号支柱式钻井驳船"(Anderson Bamett NO. 3 Posted Drilling Barge)，由美国麦克达莫特船厂(MCDERMOTT SHIPYARD)于1982年建造。1985年5月投产试钻第一口井——垦东11井，并于同年底进天津新港造船厂进行坞修和改造。为适应埕岛海域地质要求，船体由原来的19m加宽至24m，并增加了四根抗滑桩。2007年10月—2008年4月，平台在大连船舶重工海洋工程有限公司再次进行更新和改造，更换生活楼、全船电缆和配电系统，将原2台EMD柴油发电机组更换为4台CAT3516型柴油发电机组，更换钻井绞车、泥浆泵、吊机等设备，加装飞机平台。2010年3月，在大连大洋船舶工程有限公司进行改造，安装1套顶驱，增加1台泥浆泵、2个灰罐、1台离心机，改造泥浆池。2014年12月，平台在烟台来福士船厂对井控设备进行了全面升级改造，更换钻井仪表和改造SCR电控系统，优化零排放系统并增加岩屑螺旋输送器。2015年2月增加直升机平台附加标志。

图3-64　胜利三号坐地平台外观图　　　　图3-65　胜利四号坐地平台外观图

二、自升式钻井平台

(一) 新胜利一号自升式钻井平台

新胜利一号平台是一艘三桩腿悬臂梁型自升式钻井平台(图3-66),钢质非自航,由中国石化胜利石油工程公司钻井工艺研究院设计,烟台中集来福士海洋工程有限公司建造,入CCS级。平台设计最大作业水深50m(含天文潮和风暴潮),型长56.0m、型宽54.0m、型深5.56m。平台主体为箱形结构,平面形状接近三角形。桩腿为圆柱形,艉二艏一,桩腿下端设有桩靴(拖航时桩靴完全收回平台体内)。每个桩腿设有一套升降装置,采用电动齿轮齿条升降系统,最大升降速度可达0.44m/min。该平台配置标准的钻井设备,最大钻井深度7000m。通过悬臂梁和横向轨道,平台一次就位可钻探多口井,井间距为1.8m时钻井施工井数达30口,井间距为2m时施工井数可达24口。该平台于2013年6月28日开工,历时309d完成整体建造,2014年5月顺利下水,并于2014年6月拖离船厂,同月试钻第一口井——垦东893井,正式投产使用。

(二) 新胜利五号自升式钻井平台

新胜利五号钻井平台是一艘三桩腿悬臂梁型自升式钻井平台(图3-67),用于海上石油和天然气勘探、开发工程作业。平台钢质非自航,由胜利石油工程公司钻井工艺研究院设计,烟台中集来福士海洋工程有限公司建造,入CCS级。适合于世界范围内15~90m水深以内各种海域环境条件下的钻井作业,最大钻井深度9000m。

图3-66　胜利新一号平台外观图　　　　　图3-67　胜利新五号自升式钻井平台

平台主体为箱形结构,平面形状接近三角形。平台桩腿采用三角桁架式桩腿,艉二艏一,桩腿下端设有桩靴(拖航时桩靴可完全收回平台体内)。每个桩腿对应弦管设有电动齿轮齿条升降系统和锁紧装置,通过升降系统船体可沿桩腿上下升降。在拖航和站立状态平台通过锁紧装置将船体与桩腿进行连接固定，锁紧装置采用电动系统。平台配置 9000m 海洋钻井设备，平台尾部设有悬臂梁和钻台，通过悬臂梁和钻台移动，平台一次就位可以钻探 54 口井（1.8m 井距）。该平台于 2015 年 7 月 16 日正式开工建造，2017 年 3 月 9 日下水，2017 年 9 月 29 日拖航离厂，9 月 30 日就位胜海 201B 井组，正式投产使用。该平台于 2015 年 9 月 28 日开工，历时三年完成整体建造，2016 年 5 月顺利下水，并于 2017 年 9 月拖离船厂，同月试钻第一口井——胜海 201B 井组，正式投产使用。

（三）胜利六号自升式钻井平台

胜利六号（原名大脚Ⅲ号）近海移动自升式钻井平台由美国贝克海洋公司（Baker Marine Corp）设计、建造（图 3-68），1990 年 3 月 10 日由美国奥格公司引进，经过检修于同年 8 月 10 日试钻第一口井——埕北 19 井，并投入使用。2001 年 8 月更换 3 台 EMD 主机，2002 年 3 月，在大连船厂更新生活楼内装，更换绞车、泥浆泵、吊机等大型设备。2008 年 8 月，在天津中海油重工分公司进行特检修理，对平台电控系统进行更新改造。2012 年 2 月，在烟台来福士船厂进行大修，更换 4 条桩腿和升降系统液压管线，改进桩靴结构。2013 年 8 月，在大连大洋船厂进行特检，将 3 台 EMD 主柴油发电机组更换为 3 台 CAT3516C 主柴油发电机组，并更换升降系统 16 台 MB 84-38000 液压马达。

（四）胜利七号自升式钻井平台

胜利七号平台（原名 TiLA 号）为三桩自升式移动钻井平台（图 3-69），由法国 C. F. E. M 公司（COMPAGMIE FRAHCAISE DEMTREPRISES METALLIQUES）与 FOS-SUR-MER 公司于 1979 年开始设计建造，1980 年建造完成。1997 年 3 月，于新加坡金声公司引进该平台后，在烟台船厂进行修理和改造，改造的设计部分由胜利油田钻井院负责完成，同年 8 月拖航至东营桩西海域埕北 351 井位正式投产作业。1998 年底到 1999 年初在东营港码头由北京四利通公司负责完成了直流调速系统的改造和桩腿升降系统的 PLC 改造；2000 年更换了固井车，由原来的直流电机驱动改为单独柴油机驱动；2002 年 3 月在大连船厂更换了生活楼整体结构，居住条件得到改善，并更换了 4 台主发电机组和控制屏，由天水长城电器完成了右舷起重机变频化改造，解决了起重机控制系统老旧的问题，提升了安全性能；2003 年 4 月在天津胜宝旺船厂更换了泥浆泵、绞车和左舷起重机，并升级了原来的直流调速系统，以满足绞车、泥浆泵双电机同轴运行的需求；2005 年 6 月更换了井架、天车，并加高了钻台便于安装封井器，同时更换了应急发电机和控制屏；2007 年 8 月安装了交流变频顶驱，钻井能力得到进一步提升；2009 年在大连中远船厂再次更换了左舷起重机，型号为 YQHG2240-20T-15M；2012 年 4 月在葫芦岛渤海重工由西安宝德公司对平台整个电控系统进行了更新，提升了平台的自动化程度，并更换了新固井车；2015 年 5 月在烟台打捞局船厂更换了 4

台 CAT3512B 柴油发电机组、1 台 JC50D 钻井绞车、1 台 YQHG2800-25T-15M 电动液压吊机以及 18 台桩腿升降电机。

图 3-68　胜利六号自升式钻井平台

图 3-69　胜利七号自升式钻井平台

图 3-70　胜利八号自升式钻井平台

（五）胜利八号自升式钻井平台

胜利八号平台（原名"BRINKERHOFF II JACK UP"，曾改名为"BARUNA 2"）原由钻井平台和辅助船两部分组成，钻井平台为电动液压自升式平台，平台上主要安装有钻井设备和吊机（图 3-70）。钻井平台由新加坡 Lewis Holland & Associates Pte. Ltd. 和美国 Baker Marine Engineers, Inc. 联合设计，由新加坡 Robin Shipyard Pte. Ltd. 于 1981 年建成投产。平台于 1993 年 9 月从印度尼西亚引进，更名为"胜利八号"，经过检修于 1994 年 5 月投产使用，平台设计最大作业水深 42.67m，一次就位可以完成 12 口井的钻井作业。辅助船于 1998 年底报废处置，将原 SLZZ-901 海上组装时钻采平台的 II 号模块（后改名为生活动力模块）改造后代替原胜利八号辅助船部分。后随着形势的发展，自升式平台与模块未一同使用，八号平台主要承担修井作业项目。2001 年 4 月，在天津胜宝旺船厂更换了两台经大修的 D399 柴油发电机组，更换了发电机控制系统和 SCR 传动系统，改造了生活楼，在船体尾部两舷各增加了一只 2.4m 宽的浮箱，使平台的稳性恢复到原设计水平，提高了平台独立作业的能力。2005 年 5 月—8 月，完成胜利八号平台与生活动力模块对接打井作业的修理改造，主要项目包括：更换了 2 台国产 1200kW 柴油发电机组，更换了游车、大钩、水龙头、转盘，对平台电传动系统进行了更新改造，重新设计制作了 3 楼生活区。2008 年 11 月，胜利八号平台在天津渤海重工船厂修理期间，更换了 1 台绞车、安装了 1 台国产 TD500/1000 交流变频顶驱，提高了平台的钻井能力。2010 年胜利八号平台在大连船舶重工坞修改造期间，将右舷吊机更换为 25t 吊机。2014 年胜利八号平台在大连大洋船舶工程有限公司特检改造，更换 2 台 CAT3512C 发电机组、电控系统、3 条桩腿、6 台升降液压马达。平台桩腿长度由 69.19m 改为 59.19m，平台作业水深由原来 42.67m 相应改为 32.67m。生活动力模块于 2013 年 12 月停用，将原胜利五号钻井平台改造为胜利八号生活动力平台，2014 年 7 月改造完成，与主平台组合进行钻井作业。

（六）胜利九号自升式钻井平台

胜利九号（原名"NUECES I"，后改名为"NR NUECES"）自升式钻井平台（图 3-71），由美国贝克海洋公司（Baker Marine Corp.）按照美国船级社和联邦海岸警卫队标准建造，1995 年 12 月由中国物资装备总公司引进，交付胜利石油管理局使用，经过检修于 1996 年 3 月正式投产作业。平台具有的悬臂梁结构，可以使平台在距船尾 10.6m，距中心线 2.2m 的位置进行作业，从而保证平台可以施工 12 口井以内的大型丛式井组。平台于 1998 年 4 月配备了顶部驱动钻井系统；1999 年底更新了四台 CAT3516 主柴油发电机组；2000 年 6 月更换了 1320-UDBE 钻井绞车；2002 年 8 月对平台可控硅电传动控制系统进行了改造；2004 年 4 月在大连船厂修理期间完成了生活区整体更新改造，并对泥浆泵、吊机等大型设备进行了更新；2011 年 8 月在大连船厂更换了三条桩腿及升降马达、液压泵、阀件、管线等，整体更换了电控系统及井架、天车；2014 年 3 月在大洋船厂更换了 4 台 CAT3516C 主柴油发电机组、DQ70III-A 顶驱、游车、振动筛等主要设备，平台整体装备水平得到大幅度提升。

（七）胜利十号自升式钻井平台

胜利十号钻井平台由胜利石油管理局钻井工艺研究院开发设计（图 3-72），2009 年 6 月 5 日由大连船舶重工海洋工程集团海洋工程有限公司开始建造，2010 年 5 月 31 日完工，并于 2010 年 6 月 10 日投入使用。

图 3-71　胜利九号自升式钻井平台　　　　　图 3-72　胜利十号自升式钻井平台

该平台为三桩腿悬臂梁结构的海洋自升式钻井平台，钢质非自航。平台主体为箱形结构，平面形状接近三角形。平台桩腿采用圆柱形桩腿，艉二艏一，桩腿下端设有桩靴（拖航时桩靴完全收回平台体内）。升降装置采用电动齿轮齿条升降系统。最大作业水深 50m，无冰区作业。自持力 20d，设计使用年限 20 年。

该平台配置标准的钻井设备，适用于 7000m（Φ114mm 钻杆）深度内的石油钻探作业，并具备钻井辅助试油等能力。通过悬臂梁和横向轨道，平台在同一地点可钻探多口井，井间距为 1.8m 时钻井 30 口，井间距 2m 时可钻 24 口。

第四章

大斜度长井段细分长效注水及测调一体化工艺

第一节　早期海上注水工艺技术

一、早期海上注水工艺

（一）密闭注水分层防砂同心双管分层注水工艺

注水开发初期，采用密闭注水分层防砂同心双管分层注水工艺。1998年10月25日，在埕岛油田第一口注水井埕北22A-3井应用成功，分层注水量及注水压力在井口控制，注水量分层测试及调配在地面进行，后期维护管理方便。该工艺对井斜要求低，适应大斜度井。但该工艺最多只能分注两层，不能反洗注水内管，不能清洗油层，管柱上无安全阀等快速关断装置；两层油管分两次下井，油管使用较多，施工周期较长；内外管之间皮碗密封不可靠，不能进行吸水剖面测试。1998年在埕北22A-3、埕北22A-6、埕北11F-1、埕北11F-4共4口注水井应用后，未推广使用。

1. 分层防砂

海上分层注水井采用的防砂管柱均为分层防砂工艺管柱（图4-1），可以满足分层注水、分层防砂的工艺要求。该管柱主要由Y445丢手封隔器、ZF注水阀、HY金属毡防砂管、Y341FS封隔器、AJ安全接头、Y441封隔器等工具组成。该管柱实现了注水井分层防砂、坐封、丢手一次完成，管柱设有单向注水阀，安全接头，采用了Ni-P镀防腐工艺。具有安全保护、防止地层反吐出砂，便于后期作业，不动防砂管柱作业时不用压井及可有效延长管柱寿命的优点。

2. 同心双管注水管柱

该管柱（图4-2）适用于分注两层的井，在井口采用双四通。管柱主要由水力锚、扶正器和Y341可洗井封隔器、皮碗封隔器、注水内管及注水外管等组成。注入水由内管注下层，由内外管环空注上层。该管柱的分层注水量及注水压力均在井口控制，注水量分层测试及调配可在地面进行，后期管理较方便。

（二）单管分层注水工艺管柱

该管柱（图4-3）主要由皮碗封隔器（分三层时）、HFZ配水器、水力锚、补偿器、安全阀、反洗井阀、扶正器和Y341可洗井封隔器等工具组成。注入水自井口经油管进入配水器，在配水器中进行分层。分三层时，从配水器芯子上水嘴出来的水经ZF-152注水阀和滤砂管注上层，从配水器芯子中间水嘴出来的水经ZF-132注水阀和中间层滤砂管注中间层，从配水器芯子下水嘴出来的水经下面的ZF-132注水阀和下层滤砂管注下层。该管柱采用液力投捞为主、钢丝投捞为辅的调配、测试方式，最多能够分注三层，作业用料少，管柱一次下井即可完井，施工周期较短；管柱上具有安全阀和环空封隔器，能够快速关井，满足海上油田开发的环保和安全要求；能够反洗井，可清洗油层以上管柱，并可为液力投捞提供动力。

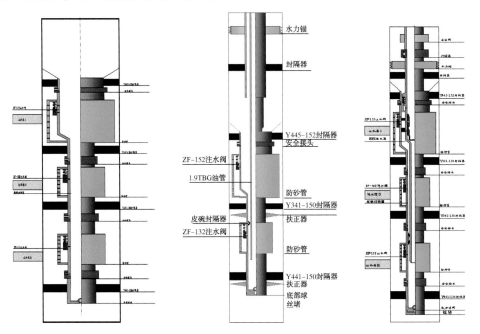

图 4-1　密闭注水分层防砂　　图 4-2　密闭注水分层注水　图 4-3　单管分层注水工艺管柱

（三）大通径分层防砂二次完井分层注水工艺

1. 工艺特点

（1）二次完井后，油层部分井径较大，易实施分层注水、分层测试和调配工艺，可彻底反洗防砂后的井眼内壁。

（2）防砂和注水各成体系，注水检管或采取增注工艺措施时，可只起出注水管柱。

（3）防砂管外径大(Φ146mm)，地层出砂后，充填层薄，注流阻力小。

（4）考虑到修井作业需要，防砂管柱上配备了反扣式安全接头，便于打捞滤砂管时的作业。

（5）测试、调配均采用钢丝作业，成功率较高，满足海上平台条件。

2. 大通径分层防砂工艺

大通径分层防砂工艺主要是指在7in套管内防砂后，形成的油层井段的内径比较大（为108mm）。目前在国内机械防砂领域中该通径是最大的，国外也仅有膨胀筛管防砂工艺防砂后的内径比该内径大。

大通径分层防砂工艺的滤砂管的技术参数如下：最大外径146mm，最小内径

108mm，挡砂精度 0.06~0.07mm，分防层数≤3 层，额定工作压差 20MPa，工作温度
≤150℃。

防砂管柱自下而上依次为(图 4-4)：盲堵+金属毡滤砂管+油管锚+密封短节+金属
毡滤砂管+密封短节+Y341 封隔器+安全接头+密封短节+金属毡滤砂管+密封短节+安全
接头+Y341 封隔器+安全接头+金属毡滤砂管+安全接头+丢手封隔器。

另外，对于注水段内两注水小层间夹层较大的，还可加入挡砂皮碗，以减少井筒
内沉砂量，便于以后的拔滤施工。

坐封内管自下而上依次为(图 4-5)：单流阀+密封插头+筛管+密封插头+定位短节
+密封插头+筛管+密封插头+扶正器+皮碗封+筛管+皮碗封+扶正器+补偿器+丢手接头
接丢手封隔器。

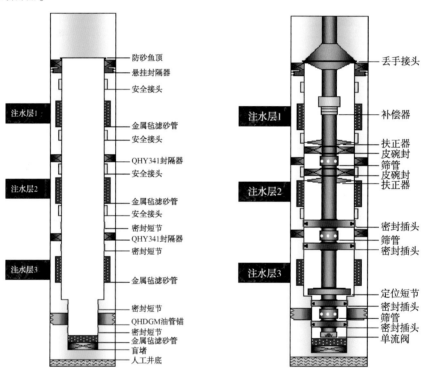

图 4-4　大通径分层防砂管柱　　图 4-5　大通径分层防砂坐封管柱

管柱中密封插头与皮碗封起同样的密封作用，都是用来憋压坐封的。虽然使用皮
碗封较经济、方便，但由于皮碗封在下井时的摩擦阻力较大(2 级皮碗的摩擦阻力为
5.5~6.5kN)，使用的级数过多在防砂内管中的下入很困难，因此下面的两级密封都采
用了密封插头的方式。

该管柱在下井时先下防砂外管(图 4-4)，下至悬挂封隔器时将整个管柱挂于井口，
然后再将内管(图 4-5)下到防砂外管内。待定位短节下到位置后，再通过井口的短节和
补偿器调整长度，使丢手接头与悬挂封隔器相连，最后将整套管柱下至井底设计位置。

坐封时先采用直接分段打压的办法，坐封各级封隔器，然后再投球打压实现丢手。

如投球后液压丢手不成功，还可以上提管柱，正转 15~20 圈实现丢手，形成具有大通径、高防砂能力、高渗透性的井筒。

3. 空心单管分注工艺

空心单管分注工艺采用的是 5in 封隔器及陆上成熟的钢丝投捞空心配水器等分层注水工具。其主要技术参数如下：

分注层数≤3 层，内层管柱 2⅞TBG 油管，额定工作压差 20MPa，投捞方式为钢丝投捞，工作温度≤150℃。

管柱自下而上依次为（图 4-6）：导向接头+筛管+单流阀+404 配水器+Y341 封隔器+403 配水器+Y341 封隔器+402 配水器+Y241 封隔器+油管及井下安全阀等至井口。

管柱下井时配水器芯子带死水嘴，下至设计位置后，分段打压坐封各级封隔器。下入钢丝打捞工具，一次即捞出全部配水器芯子，然后再自下而上依次下入带水嘴的配水器芯子进行试注。

4. 配套的测试、调配工艺

该空心配水工艺的管柱结构可以满足分层流量测试及吸水剖面测试等注水井常规测试的需要，但其投捞、测试及调配等工作都需要钢丝绞车进行作业，因此该管柱在海上只能应用于配套了钢丝绞车作业设备的平台。

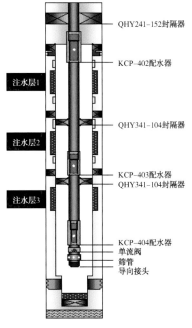

注水层1 — QHY241-152封隔器

KCP-402配水器

注水层2 — QHY341-104封隔器

KCP-403配水器
QHY341-104封隔器

注水层3 — KCP-404配水器
单流阀
筛管
导向接头

图 4-6　空心分层注水工艺管柱

投捞及调配时，钢丝绞车下打捞工具一次即可将 3 级配水器的芯子全部捞出，但在投放时需自下而上分别投放，因此施工时间较长。分层流量测试则采用外流式电磁存储井下流量计，该测试仪器在入井前不需要进行设置，可直接下井进行测量并储集数据，最后接计算机进行回放处理。测试时，仪器在各级配水器的上方测出流量，然后将回放的数据用依次相减的办法即可求出各层的注水量。

二、注水工艺存在问题

（一）密闭注水分层防砂同心双管分层注水工艺存在问题

1. 分层防砂管内径小

这种防砂管柱的最小内径仅为 62mm，限制了注水管柱的分层工艺。因此这种防砂工艺管柱还不能很好地满足目前海上注水的要求。

2. 双管注水管柱存在问题

这种注水工艺管柱有许多不适合海上生产的地方。主要表现在以下几个方面：①

这种注水工艺管柱不能反洗注水内管，管柱上无安全阀等快速关断装置，难以满足海上油田开发的环保和安全要求。② 作业时，两层油管分两次下井，不但使用油管较多，施工周期也比较长。③ 内外管之间皮碗封并不可靠，通过对原有的 4 口（目前为 3 口）双管注水井进行地层压力降落测试，我们发现 4 口井均在不同程度上存在着 PW-58 皮碗封密封不合格导致上下层间窜槽的现象。④ 无法对这类井进行吸水剖面测试，加上皮碗封隔器的串封，无法了解到各层的实际吸水量。

虽然同心双管工艺管柱的后期管理较为简单，但目前由于这种注水管柱仍存在着许多缺点，还不能满足海上注水井的各项要求。

（二）单管分层注水工艺存在问题

（1）反洗井时不能洗到油层部位，使油层部位容易产生杂质沉积，堵塞地层，致使地层不吸水。

（2）投捞测试工具的质量问题难以保证，易出现皮碗撕裂、水嘴与芯子脱离及配水芯子上的密封胶圈脱落等问题。

（3）在正常注水过程中，密封可靠性难以保证。井下封隔器作为分层注水的必要工具，它在井下的密封状态直接决定着分层注水的质量，但目前无法对其进行验封。

（4）投捞测试成功率低，容易出现的故障较多，如工具容易在井下被卡、涡轮流量计质量较差、测量范围较小等。经多次改进，成功率由 2001 年 8 月前的 50% 提高到 77.8%。

（三）大通径分层防砂二次完井分层注水工艺

（1）分注层段少，最多分注三层，不能满足细分需求。
（2）测调效率低，三段分注井测调需要 3d(8 次)钢丝作业。
（3）过去投捞测调成功率低，由于注水水质较差，注水管柱结垢堵塞严重，2012年测调成功率仅 64.6%。

为此，海上急需开发一种能满足细分需求、测调效率高的细分注水工艺。

第二节　大斜度长井段细分注水工艺

一、大通径高锚定细分防砂管柱

（一）大通径防砂管柱

原有大通径分层机械防砂管柱主要由悬挂丢手封、分层封隔器、油管锚、挡砂封隔器、金属毡滤砂管、安全接头及其他辅助配套工具组成，采用一次丢手管柱实现多层系分层防砂。管柱丢手后可形成主通径达到 108mm 的防砂完井井眼，便于在其间使用常规 Φ73mm 油管进行分层注水完井，分层效果好，寿命长。全部分层和锚定工具都设计成可取式结构，各层段都匹配了安全接头，且挡砂封隔器可将地层出砂控制在油层井段，一旦管柱失效，拔滤和冲砂作业可相对简便。

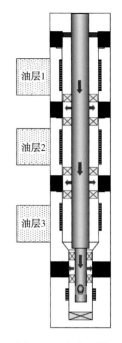

防砂管柱分为外管防砂管柱和内管坐封管柱。外管防砂管柱主要由悬挂丢手封隔器、QHY341-150 分层封隔器、QHDGM 油管锚、安全接头、挡砂封隔器、滤砂管等工具组成（图 4-7）。

内管坐封管柱主要由坐封丢手工具、补偿器、滑套式安全接头打开工具、密封插头、坐封皮碗封隔器等工具组成。内、外管柱通过 QHXGF-152 悬挂丢手封隔器连接在一起，完成防砂管柱坐封后全部提出井筒。

图 4-7 防砂坐封
管柱示意图

（二）免投球丢手封隔器

部分长井段大井斜注水井悬挂封隔器采用投球坐封丢手的方式，由于斜度大，球很难到位，部分井出现打压坐封过程中压力不稳定、无法正常坐封丢手甚至是丢手完管柱移动的现象，即使是勉强坐封丢手，由于坐封压力不够，影响坐封效果，很难保证分层密封长期可靠。

改进后的免投球丢手悬挂封隔器（图 4-8）主要由上接头、防转套、丢手棘爪、丢手中心管、挡环、丢手支撑套、丢手连接体、丢手活塞、密封体、打捞头、中心管、胶筒、锁套、锁环、坐封活塞、安全锁块、下活塞、上锥体、下锥体、卡瓦套等组成。

图 4-8 免投球丢手封隔器

在投球式丢手悬挂封隔器的基础上，对其进行了免投球的改进，采用分布式打压剪切丢手结构设计，丢手压力只受油套内外压差控制，丢手压力稳定（20~22MPa），使得工艺简化，坐封丢手更为可靠，更加适用于大斜度井的防砂要求。同时将锚牙长度增加一倍，扩大与套管壁的接触面积，提高了锚定能力。

1. 结构组成

悬挂封隔器主要由坐封机构、卡瓦锁紧机构、密封机构、解封机构和丢手机构等部分组成。

2. 工作原理

QHXGF-152 型悬挂丢手封隔器是整套防砂管柱的悬挂工具。

坐封：油管打压时，液压通过内传压孔将液压传至液缸和活塞，剪断坐封剪钉后压缩胶筒与卡瓦锥体，完成坐封。

丢手：油管内打压至设计压力，剪断剪钉，带动丢手机构的内衬管下行，让开锁爪，使之处于可内缩的自由状态。处于自由内缩状态的锁爪在一定上提负荷的作用下内缩上行，可将丢手机构与封隔器外管部分脱离，实现丢手。如液压丢手失效，可正转油管，锁爪上的反扣螺纹可被卸开，也可实现丢手。

解封：下滑块捞矛或可退式捞矛，插入封隔器丢手鱼腔内上提，捞矛锁紧机构锁住封隔器内壁，带动中心管上行，剪断解封剪钉后强迫胶筒和卡瓦释放，实现解封。

3. 技术参数

免投球丢手封隔器技术参数如表4-1所示。

表4-1　免投球丢手封隔器技术参数表

外形尺寸/mm×mm×mm	丢手后内径/mm	坐封压差/MPa	丢手压差/MPa	解封力/kN
$\Phi150×\Phi40×1547$	$\Phi108$	16~18	20~22	150

（三）QHY341-150 分层封隔器

针对个别井丢手后胶筒密封不严和满足大通径套管注水井防砂的需求，改进优化了 QHY341-150 型封隔器(图4-9)，改进胶筒形状结构，增加胶筒与套管壁的接触面积，提高密封压差，将密封压力由 12MPa 提升到 20MPa。室内实验坐封压力为 15~18MPa、密封压力为 20MPa，能够满足现场分层注水及个别井完井后单层酸化压力高(18MPa)层间密封需要。

图4-9　QHY341-150 分层封隔器

1. 结构组成

该封隔器主要由坐封机构、锁紧机构、密封机构、解封机构等部分组成。

2. 工作原理

QHY341-150 型分层封隔器防砂管柱上的层间分隔工具。

坐封：油管打压时，液压通过内传压孔将液压传至液缸和活塞，达到设定压力后，活塞剪断坐封剪钉并释放暂锁机构，上行压缩胶筒，支撑至套管壁，完成坐封过程。

解封：上提管柱，胶筒在与套管间的摩擦力作用下下行，推动解封机构向下剪断解封剪钉后释放，实现解封。

3. 技术参数

QHY341-152 型分层封隔器技术参数如表4-2所示。

表4-2　QHY341-152型分层封隔器技术参数表

外形尺寸/mm×mm×mm	坐封压差/MPa	工作压差/MPa	解封力/kN
$\Phi150\times\Phi108\times860$	16~18	20	80

二、易解封防蠕动细分注水管柱

（一）开发压缩式液控封隔器

过去扩张式液控封隔器存在坐封压力低(0.6~0.8MPa)下井过程易坐封、液压油与胶筒直接接触可靠性低、丁腈橡胶胶筒耐压耐温性能无法满足长效要求、胶筒回缩力低、泄压胶筒回收慢影响洗井等问题。针对以上问题，由单胶筒扩张式液控封隔器改为双胶筒压缩式液控封隔器(图4-10、图4-11)，液压油推动活塞压缩胶筒涨开，液压油与胶筒不直接接触，同时钢体材质由45号钢改为35CrMo合金钢，胶筒材质由丁腈橡胶改为氢化丁腈橡胶，改进后双胶筒压缩式液控封隔器初始坐封压力由0.8MPa提高到7MPa，胶筒回缩时间由6h下降到10min，而且液控管线液压油与封隔器胶筒不直接接触，可靠性高。双胶筒压缩式液控封隔器已应用85口，验封165层，合格率95.3%。

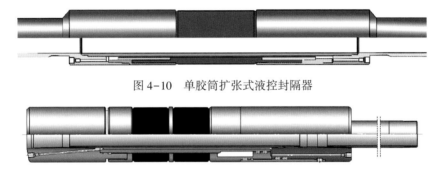

图4-10　单胶筒扩张式液控封隔器

图4-11　双胶筒压缩式液控封隔器

（二）研发液缸式密闭防蠕动封隔器

注水管柱在井内受温度和压力效应的影响，当注水井工作状态发生变化时，管柱在压力效应或温度效应作用下蠕动，严重影响了封隔器的密封效果，缩短了其使用寿命，甚至造成胶筒撕裂导致管柱失效。为了降低管柱蠕动对封隔器的影响，目前通过配套水力锚、水力卡瓦等工具实现管柱的锚定，从而解决管柱蠕动问题。但这种方法容易损伤套管，且受高温、腐蚀、结垢的影响，后期检管作业存在大修风险，造成巨大的经济损失。

为此，开发液缸式密闭防蠕动封隔器，主要由软锚定机构、解封机构及坐封机构三部分构成。注水时，高压流体经过上中心管液压孔推动液缸活塞上行，压缩液缸内的液压油使锚定胶筒发生径向鼓胀紧贴套管，从而锚定管柱。同时，高压流体经过下中心管液压孔使坐封胶筒发生径向鼓胀，密封油套环空。

停注时，锚定胶筒回收，解除锚定状态。密闭机构在弹簧的推动下密封接头接触密封，将压力液锁住，密封胶筒不回收，仍处于密封状态。反洗井时，解封活塞在液压作用下，推动压环下行，压缩弹簧，开启进液通道，锁住的压力液流出，坐封胶筒解封。

封隔器上设置有软锚定机构，提高了封隔器的防蠕动性能，防止了管柱蠕动，减轻了对套管的损坏，延长了封隔器的使用寿命。软锚定机构的液缸内部灌满液压油，减少了地层流体的腐蚀结垢影响，提高了解卡的可靠性，有效避免了大修风险。同时，独特的液缸设计使得即使锚定胶筒损坏，液压油漏失，仍不影响封隔器的分层效果。坐封结构为密闭机构，停住时不解封，有效避免了层间窜的发生。

针对海上 7in 套管，开发了不防砂井和防砂井用两种尺寸的防蠕动密闭自锁封隔器（图 4-12），密封压差 20MPa，坐封压力 0.7~0.9MPa，解封压力 1~2MPa（表 4-3）。

图 4-12　防蠕动密闭自锁封隔器

表 4-3　防蠕动密闭自锁扩张式封隔器技术参数

外形尺寸/mm	内径/mm	适用套管内径/mm	密封压差/MPa	坐封压力/MPa	解封压力/MPa
Φ148	Φ62	154.8~161.7	20	0.7~0.9	1~2
Φ92	Φ46	97~101.6			

通过室内实验评价，不同油套压差下，在压差为 1MPa 时，防蠕动力约为 20~50kN，压差为 2.5MPa 以上时，防蠕动力基本稳定，约为 75~80kN（图 4-13）；同一油套压差下在注水压力为 11~14MPa 时，防蠕动力为 120~160kN（图 4-14），为普通扩张封隔器的 3 倍以上。密闭自锁防蠕动封隔器已应用 109 口，验封 371 层，合格率 96.2%。

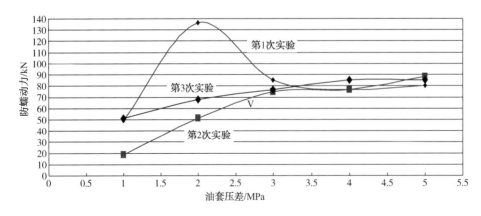

图 4-13　不同油套压差防蠕动力实验数据

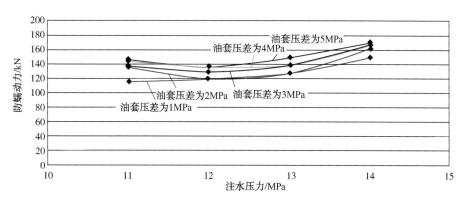

图 4-14　同一油套压差防蠕动力实验数据

三、长效分层注水管柱

针对部分井存在的反洗井困难现象，分析原因在于注入水杂物堆积至单流阀上方造成单流阀开启困难，为此将底部的单流阀改为侧开式反洗阀，并在反洗阀下方增加沉砂口袋，解决了水井中存在的反洗井困难问题。原有管柱结构受力不平衡，在正注及反洗过程中存在蠕动现象，管柱蠕动容易造成封隔器失效，这是因为原有分层注水管柱在注水过程中，因洗井、停注、注入压力和注入量的变化等原因，造成注水管柱伸长和缩短，即管柱蠕动。因此，注水管柱相应对封隔器也产生作用力，注水管柱伸缩将直接影响到分注管柱的使用寿命，会造成封隔器解封、封隔器胶筒磨损、封隔器移出密封段，影响了分层注水的水驱效果。

研制了平衡式长效分层注水管柱，降低了因水井工况变化造成的管柱活塞效应和鼓胀效应，解决了管柱蠕动造成封隔器失效的难题。该管柱在原有注水管柱的基础上，底部增加平衡机构，使最后一层由单向受力改为双向受力，管柱整体受力平衡，7in 套管内 10MPa 注水压力下，正注反洗状态管柱由于活塞效应造成的蠕动量减小为接近零，同时不会对后期打捞造成影响，管柱有效使用期限大大延长。

在注水井生产过程中，因压力和温度变化会产生下列引起封隔器管柱受力和长度变化的 4 种效应。

（1）活塞效应：因油管内、外压力作用在管柱直径变化处和密封管的端面而引起。

（2）鼓胀效应：因压力作用在管柱内外壁上而引起。

（3）温度效应：因管柱的平均温度发生变化而引起。

（4）螺旋弯曲效应：因压力作用在封隔器密封管端面和管柱内壁面上而引起。

在暂不考虑温度变化、仅考虑不同工作状态下，注水压力变化而引起管柱变形。在有封隔器的管柱上，改变封隔器处环形空间和油管内作用于不同面积上的压力，则主要因活塞效应和鼓胀效应而诱发长度变化和力。

1. 活塞效应

$$\Delta L_2 = \frac{L\left[(A_p - A_i) \cdot \Delta P_i - (A_p - A_o) \cdot \Delta P_o\right]}{EA_s} \tag{4-1}$$

式中，A_p 为封隔器孔径面积，m^2；A_i 为油管内圆面积，m^2；A_o 为油管外圆面积，m^2；A_s 为油管截面积，m^2；ΔP_i 为油压变化，MPa；ΔP_o 为套压变化，MPa；L 为封隔器深度，m；E 为油管钢材弹性模量，N/m^2。

2. 鼓胀效应

$$\Delta L_3 = \frac{2\mu \cdot L(\Delta P_i - R^2 \cdot \Delta P_o)}{E \cdot (R^2 - 1)} \tag{4-2}$$

式中，μ 为油管柱钢材的泊松比；E 为油管柱钢材弹性模量，N/m^2；ΔP_i 为油压变化，MPa；ΔP_o 为套压变化，MPa；L 为封隔器深度，m；R 为油管外径与内径之比。

在 7in 套管(内径 159mm)中使用 Φ152mm 封隔器，在封深 1700m 使用 Φ73mm×5.51mm 的 N80 油管，注水压力由 0 增加为 10MPa 的情况下，可计算出因活塞效应使油管长度变化为 1.07m。

由此可见，因活塞效应而引起的管柱蠕动是造成封隔器失效、缩短管柱寿命的重要原因之一。如何减弱活塞效应造成的影响，大致可分为以下两个方向。

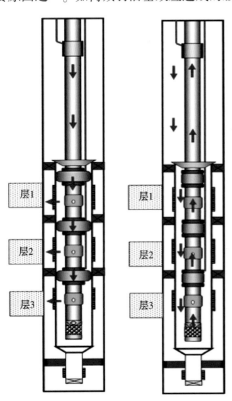

图 4-15 带防砂液控测调一体分层
注水管柱注水、洗井示意图

2. 平衡+锚定，减少管柱蠕动

1)平衡注水管柱

在注水管柱最下段油层下界，增加一级平衡封隔器，减少注水工作状态改变及压

1. 减小封隔器孔径面积

由活塞效应公式式(4-1)可知，封隔器深度、油管钢材弹性模量、油管外圆面积等参数在海上注水井中一般为常量，重要变量只有封隔器孔径面积，在本计算中，可看成套管内径。

为保证钻井、修井时方便打捞，也为了在实施分层防砂等工艺时有更多可选择项，不建议直接减小套管内径。目前常用的工艺中，注水井挂滤防砂可间接减小封隔器孔径面积，目前海上常用的带防砂液控测调一体分层注水管柱为 5in 滤砂管(内径 107mm)，滤砂管中使用 Φ104mm 封隔器，在封深 1700m 使用 Φ73mm×5.51mm 的 N80 油管，注水压力由 0 增加为 10MPa 的同等情况下，可计算出因活塞效应使油管长度变化为 0.36m，仅为不防砂注水管柱蠕动距离的三分之一(图 4-15)。

由此可见，不防砂时，管柱的窜动与附加载荷是防砂时的近 3 倍。

力波动时的管柱蠕动。

2）增加锚定装置

增加机械式坐封锚定装置，减少注水或反洗时的管柱蠕动。机械式锚定坐封装置易解封，受水质影响相对较少，便于后期检修。

由于油管锚长期在井下工作，水流的腐蚀结构可能造成其锚牙的卡死，对后续的打捞造成困难，因此研制了无锚定结构的自平衡型长效管柱（图4-16），满足后续注水需求。

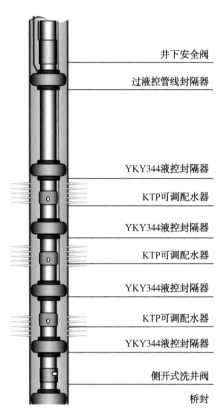

图4-16　新型长效注水管柱

第三节　大斜度长井段分层测试调配工艺

一、早期测调工艺的不适应性

（一）测调工艺介绍

空心配水器注水管柱采用空心打捞工具将配水器芯子逐个捞出，然后调整水嘴大小重新下入，满足地质配注要求。其特点是：空心配水测试成功率较高，配套工具也相对简便，对提高海上测试效率十分有效，但是由于配水器芯子的影响，最多只能分四级。针对海上大斜度定向井的特点，埕岛海上油田选用了空心注水管柱。

目前，上述管柱的测试与调配技术通常都是独立的，测试和调配施工分别进行，导致多次起下钢丝作业，多次测试多次投捞，测调时间长。海上仍然是延用陆上油田的注水测调技术，由于海上采用大斜度定向井开发，在投捞的方式上采用钢丝投捞与液力助捞的测试调配易遇阻、遇卡。

（1）测各层段注水指示曲线。

分层注水指示曲线是注水层段注入压力与注入量的关系曲线（图4-17），它的形状取决于地层情况和井下配水工具的工作情况。

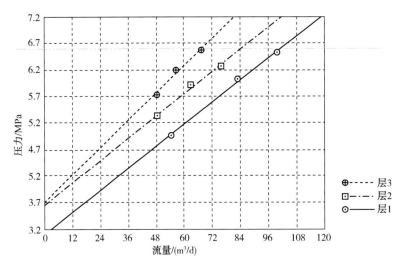

图4-17　注水指示曲线示意图

在测试时，根据井口测试记录判别各层段的数据区域，然后提取各工作制度下的流量和压力数据，在坐标系上形成离散的多个数据点。将数据点进行线性拟合，即可得到分层注水指示曲线。对拟合后的分层流量-压力线性关系进行数据处理，则可计算出不同合注流量下分层的吸水量和各配注层的开启压力。

（2）在分层注水指示曲线上，查出与各层段注水量对应的井口注水压力。

（3）根据全井配注量及管柱深度计算管损（图4-18）。

（4）确定井口注入压力。

（5）计算嘴损压力。

$$P_{嘴损} = P_{井口} - P_{配} - P_{管损} \tag{4-3}$$

式中，$P_{嘴损}$为通过水嘴的压力损失，MPa；$P_{井口}$为井口油压，MPa；$P_{配}$为达到配注水量时的井口压力，MPa；$P_{管损}$为注水时管柱的沿程压力损失，MPa。

（6）根据各层段注水量及嘴损，在嘴损曲线上查出水嘴尺寸。

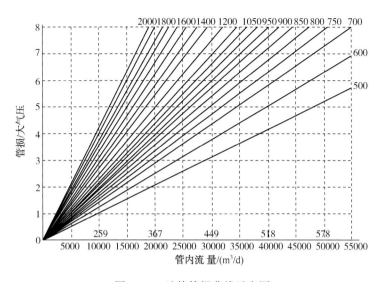

图 4-18　油管管损曲线示意图

配水嘴尺寸、配水量和通过水嘴的节流损失三者之间的定量关系曲线为嘴损曲线（图 4-19），嘴损曲线图版通常通过地面模拟试验来获取。

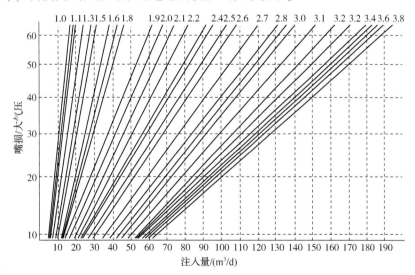

图 4-19　嘴损曲线示意图

（二）测调存在问题

1. 测调工作量大

目前，采用水嘴节流方式进行分层注水的井，在测调方面大多数采用钢丝绳投捞或者液力投捞的方式，测调工作量很大。以一口两级三段空心分注井为例，在进行测调时需要进行以下步骤：①下流量计测试各层分注量是否达到配注；②如果达不到配注，下打捞工具捞出注水芯子（图 4-20）；③下流量计，按照 5 点法测试 3 层的注水指示曲线；④通过计算和查图版，计算各层需要安装的水嘴；⑤下层芯子安装水嘴，下投送工具投送注水芯子；⑥中层芯子安装水嘴，下投送工具投送注水芯子；⑦上层芯子安装水嘴，下投送工具投送注水芯子；⑧下流量计测试各层分注量是否达到配注，如果达不到则重复上述步骤。

图 4-20　空心注水芯子示意图

　　从上述内容可以看出，在最理想的情况下，要完成一口井的测调需进行 8 次钢丝绳起下作业。胜利油田各采油厂要求注水井每 3 个月测调一次，在不考虑腐蚀、结垢等因素影响测调成功率的情况下，工作量也非常大。

　　2. 测调成功率较低

　　当分层注水井注水量不符合配注要求时，需要进行分层测试调配，每次调配都需要进行注水芯子(图 4-21)的起下。随着注水时间的延长，注水管柱会不可避免地出现腐蚀、结垢现象。由于注水芯子与配水器存在密封面配合，在起下作业时最容易受这方面因素的影响。同时，测试仪器及打捞工具在测调时遇卡遇阻现象也时有发生，甚至会造成仪器落井事故带来巨大的经济损失。相对于陆地油田，海上油田受施工环境因素影响，绞车设备动力较小，钢丝绳起下作业影响更为明显。

　　3. 测调工序繁琐，误差较大

　　从上述内容可以知道，采用水嘴节流方式进行分层注水调配时，要确定某一注水层段的水嘴需要进行 6 个步骤，即测吸水指示曲线、计算注水压力、计算管损、确定井口压力、计算嘴损、查水嘴尺寸(图 4-22)。在各采油厂测试队伍进行注水井测调时，一般需要作业人员起下作业、技术人员查图版、计算等相互配合才能实现一口井的测调作业，工序繁琐，不利于现场推广应用。

图 4-21　注水芯子常因结垢造成起下困难

图 4-22　水嘴

　　同时，水嘴尺寸选取的合适与否取决于吸水指示曲线的测试准确程度、嘴损图版的准确程度等因素。而测量吸水指示曲线时，常常因为仪器问题、开关井问题造成测试误差。嘴损曲线图版通常通过地面模拟试验来获取，而在现实应用中，由于各采油厂、各区块注水水质不同，要求不同采油厂针对情况编制不同的图版。同时，配水器的水嘴尺寸是采用 2.0mm、3.0mm、4.0mm 等台阶式分布，在水嘴的选取上也只能采用某一注水量范围采用某一尺寸水嘴的方式，无法实现水嘴尺寸的精确匹配。

二、空心测调一体化工艺研制

（一）技术原理

从提高测试调配效率、减轻工作量、提高成功率入手，开展一体化测调技术研究。该技术利用机电一体化原理，采用边测边调的方式实现对注水井的测试与调配，注水工艺采用同尺寸空心可调节配水装置，测调、验封工艺均采用一体化技术，测调仪器一次下井就可完成所有层位的测试与调配工作，使流量调节更加精确，工作量更小。验封工艺同样采用一体化技术，一次下井便可完成对各级封隔器的分层验封工作，大大减轻工作量，实现分层注水量的精确调节，满足海上测试调配要求，形成一套适合海上油田的注水井一体化测试调配技术（图4-23）。

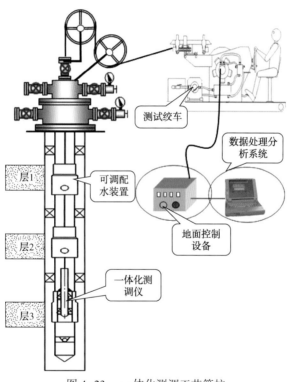

图4-23　一体化测调工艺管柱

（二）同心可调配水器的研制

1. 阀片式可调配水器的结构与工作原理

1）结构

主要由上下接头、中心管、防转套管、旋转芯子、固定凡尔座、活动凡尔、压簧、定位段等组成（图4-24）。

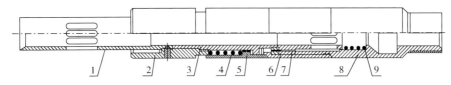

图 4-24　阀片式可调配水器结构示意图

1—防转套管；2—上接头；3—中心管；4—压簧；5—活动凡尔；
6—固定凡尔座；7—旋转芯子；8—下连接头；9—内压簧

2）工作原理

当一体化测调仪下到防转套管上部时仪器上的电动定位器打开支撑臂，然后下放至防转套管上部的喇叭口上。因支撑臂的直径尺寸大于防转套管上部喇叭口的尺寸，一体化测调仪在此轴向定位。这样一体化测调仪正好使上部两个支撑臂插入防转套管内的开口槽内，同时使下部两个电机支撑臂插入旋转芯子的开口槽内，这样电机转动时就带动旋转芯子转动。由于上部两个支撑臂起到了固定作用，即使下部的反作用力也不会使仪器整体旋转，只能使下部的机械手在转动，从而带动旋转芯子旋转。旋转芯子在中心管上部环形面上对称开有四个细长槽式的出水孔，这四个对称开有长槽式出水孔正好与旋转芯子上四个凸面相对称吻合，当旋转芯子转动时或逐步打开或逐步关闭四个对称的出水槽孔，这样起到了开启关闭的作用，同时起到了调节水量的作用。由于仪器是直读式仪器，在地面电脑上就可实时检测到井下各分层的流量。如果要测调另一个注水层的水量时，就将电动定位器的支撑臂收起，使两臂直径小于防转套管的直径，便可将一体化测调仪提升到另一个层段上，然后重复上述过程即可。

2. 阀片式可调配水器的技术指标

阀片式可调配水器的技术指标如表4-4所示。

表 4-4　阀片式可调配水器的技术指标

最小中心通径/mm	$\Phi46$
最大外径/mm	$\Phi92$
可调配水量/（m^3/d）	0~500
最大长度/mm	530
耐压/MPa	60
耐温/℃	150
使用级数	无限制

3. 阀片式可调配水器的性能结构优化

1）低配注量可调配水器的研制

原来水嘴有4个均匀分布如图4-25所示，流量范围为0~500m^3/d，经现场应用发现当地层配注量比较少时，不易调节，调配精度低。为此针对小配注量地层研制小配注量的可调配水器。

配水器注水量的大小与水嘴的开口面积有直接的关系：

$$S_{水嘴面积} = \frac{n \times \omega (R_1^2 - R_2^2)}{2} \tag{4-4}$$

式中，R_1 为水嘴外圆半径；R_2 为水嘴内圆半径；ω 为芯子旋转角速度；n 为水嘴数量。

从式（4-4）中可以看出，在水嘴外圆半径和水嘴内圆半径一定的情况下，水嘴的开口面积与旋转角速度和水嘴数量成正比的关系，当芯子旋转角速度一定时，水嘴的开口面积只与水嘴数量成正比。为此，为了减小单位时间的水嘴增大面积，控制精确注水量，只有减低水嘴数量。将水嘴布局进行了改进（图 4-26），水嘴改为 2 个对称分布，同时将水嘴加长，水嘴总的等效面积没有改变，即同样的转速，水嘴打开面积减少一半，易于调节。

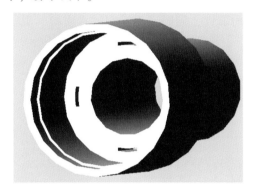 

图 4-25　高配注量配水水嘴　　　　　　图 4-26　低配注量配水水嘴

2）低扭矩可调配水器的研制

可调配水器水嘴的调节是靠旋转芯子与固定水嘴之间的相对转动打开或关闭，而旋转芯子与固定水嘴之间的密封是靠旋转芯子上没有孔的平面来进行金属面与金属面之间的密封，在起到密封效果的同时也增加了摩擦阻力，相应地增加了旋转扭矩，为了进一步降低旋转扭矩，将旋转芯子与固定水嘴的接触面积减一半（图 4-27、图 4-28），其扭矩也将减少一半。

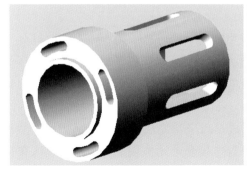 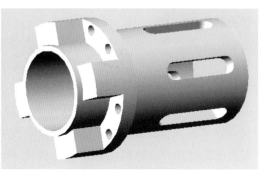

图 4-27　高扭矩旋转芯子　　　　　　图 4-28　低扭矩旋转芯子

3）免开式可调配水器的研制

图4-29　平面密封试验

同心可调配水器密封方式为平面与平面之间的金属面密封，由于加工精度及加工技术的限制，目前无法保证面与面之间的完全密封。现有技术同心可调配水器都存在密封式的渗漏现象，甚至有些微漏（图4-29），虽然这对注水量的调节没有很大的影响，但是在压缩式封隔器坐封时不能保证封隔器的坐封质量，从而在很大程度上影响了该技术的正常应用，针对这种情况，设计了免开式同心可调配水器，将首次密封方式由原来的金属面密封改为胶圈密封，保证了封隔器坐封时的密封可靠性，同时又不影响注水质量，更重要的是可以免去一次打开作业。

（1）结构：主要由防转套管、上接头、坐封剪钉、大弹簧、密封连接套、定位环、单向机构、推块、密封套、本体、旋转芯子、内压簧、下接头组成（图4-30）。

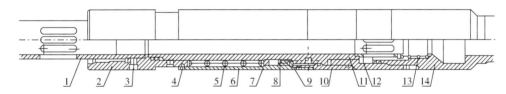

图4-30　免开式可调配水器结构示意图

1—防转套管；2—上接头；3—防松钉；4—坐封剪钉；5—大弹簧；6—密封连接套；
7—定位环；8—单向机构；9—推块；10—密封套；11—本体；12—旋转芯子；
13—内压簧；14—下接头

针对压缩式封隔器设计了免开式可调配水器，由于常规式同心可调配水器在封隔器坐封时处于关闭状态，封隔器坐封后必须下入测调仪将同心可调配水器打开进行试注，压力稳定后再进行精调，而免开式可调配水器可以配合压缩式封隔器，封隔器坐封后，免开式可调配水器自动打开，进行试注，压力稳定后再进行精调，这样可免去一次下井作业。

（2）工作原理：免开式同心可调配水器下井过程中旋转芯子和本体水嘴之间处于打开状态，坐封压力可以直接传递到密封套的活塞面上，当打压坐封封隔器时，压力作用到活塞面上，剪断坐封剪钉后推动推块及单向机构上行，当单向机构上行到定位环位置后停止上行，这时密封套还处于密封状态，然后完成几个压力段的打压工作，使封隔器坐封，坐封过程中不能泄压，一次完成。当坐封完成后油管内部泄压，然后平衡油管内外压差，这时在弹簧力的作用下密封连接套带动推块下行，推块调入单向机构上行后留出的空腔内，而单向机构不能下行，当油管内部再次打压时，密封套上行，这次因为没有推块的限制一直上行，直到密封盘根脱出密封面，从而形成注水，这样就可以免去一次下井打开作业。

（三）一体化测调仪的研制

一体化测调仪根据设计要求可以实现一次下井完成多层测试与多层流量调节。其关键技术就是一体化测调仪的结构设计，测调仪主要分四个部分(图4-31)：测试仪、轴向定位装置、径向定位装置以及电动机械手。

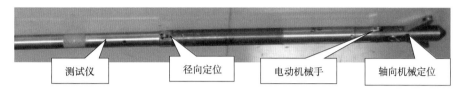

图4-31　改进前一体化测调仪

一体化测调仪轴向定位装置采用机械式定位，该装置在下井前是关闭的，当下到最底端时上提测调仪，定位装置打开，打开后就不能关闭，测调仪只能由下而上逐级测试，不能再下放反复测调，这严重影响了测调的质量和精度，所以对一体化测调仪进行了改进(图4-32)。

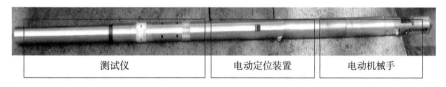

图4-32　一体化测调仪

改进后智能测调仪轴向定位装置采用电动式定位方式，电动式定位装置可以随时给个指令信号使其打开或关闭，从而可以对不同的层位进行反复测调，大大提高了测调精度。

（1）工作原理：当一体化测调仪通过测试绞车输送到位后，通过地面控制柜给一个电信号打开电动定位装置，从而起到轴向和径向的定位作用，然后再通过控制柜给另一个电信号旋转电动机械手从而调配水嘴的大小，最后通过测试仪测试流量、温度及压力的变化。

（2）一体化测调仪的技术指标(表4-5)。

表4-5　一体化测调仪的技术指标

最大外径/mm	$\Phi38$
压力测试范围/MPa	60
压力测试精度/‰	2~5
耐温/℃	125
流量测试范围/(m³/d)	0~500
流量测试精度/%	1.5

长度/mm	900
最大张臂尺寸/mm	$\Phi 56$
最小张臂尺寸/mm	$\Phi 38$
最大承受力/kN	10
工作电压直流/V	70
最大许用电流/mA	250
最大输出扭矩/N·m	150

多层细分注水工艺应用 176 口，占 64.9%，单井最大细分到七段注水，2010—2018年水井细分 169 口，增加注水层段 507 段，水驱动用程度提高到 91.2%，增加水驱动用储量 6100×10^4 t。

大斜度长井段分层高导流防砂及高效举升工艺

第一节　埕岛油田油井防砂简介

一、国内外海上防砂工艺综述

(一) 国内技术现状

自 20 世纪 80 年代以来，随着我国海洋石油的开发，为了满足不同油层开采的需要，防砂工艺技术也在不断地发展和完善，现已经形成了一系列适应不同地质条件和井况的防砂工艺技术。

1. 中国海油海上防砂技术

1983 年以前，完井方式主要为套管内射孔完井，防砂方式主要包括：近井地带化学固化、预充填筛管防砂、自制绕丝筛管防砂、割缝管防砂等。此类方式简单易行，施工成本较低，缺点是防砂有效期短，后期产能损失大。

1983—1998 年，埕北、绥中 36-1 Ⅰ 期、岐口 17-3、岐口 18-1 等油田引入了STACK PACK(逐层充填)技术。采用循环水和胶液充填方式，在充填之前进行酸预处理工艺。1998 年，引入了 Baker Oil Tools 公司 MINI-BETA 一次多层充填防砂工艺技术，一次多层射孔充填防砂，大大节省了钻机时间，降低了作业成本，但其限制条件是各层必须等长，未解决井下管柱的配管问题。

1999—2002 年，一次多层射孔防砂工艺技术突破了层间长度的限制，针对地层情况进行高速水充填和循环充填。1999 年底，引入了 Halliburton 公司的 DTMZ 型两趟管柱多层防砂系统，并且分别在绥中 36-1 Ⅱ 期和秦皇岛 32-6 油田完井中得到了推广。2002 年，引入适度防砂理念，采用金属棉优质筛管简易防砂完井，即"裸眼+优质筛管"或"套管射孔+优质筛管"。简易防砂完井技术操作简单，易于现场施工，作业周期短，且改善了井筒周围的渗透性，大幅度提高了油井产能。

2003 年至今，利用 Halliburton 公司的两趟管柱多层防砂工具，改进后实现了一趟管柱多层防砂。充填完井工具耐压等级突破了 20.68MPa(3000psi) 的限制，达到了34.47MPa(5000psi)，水平井或水平鱼骨刺型分支井采用不同类型的优质筛管进行裸眼完井。注水井和水源井采用简易防砂完井，其他套管井采用一次多层压裂充填防砂完井，达到了既防砂又增产的目的。

2. 中国石化海上油田

中国石化在埕岛、新北、平湖、春晓等油田进行了海上油田的开发，主力油藏馆陶组为高孔、高渗、出砂严重的疏松砂岩稠油油藏，产量占80%以上，开发初期能量充足，以挂滤防砂为主。2000 年转注水开发后，以循环充填防砂为主。

3. 胜利油田埕岛西合作区

胜利油田埕岛西合作区分三套层系[Nm、Ng(1+2)、Ng5~6]开发，层间干扰较小，防砂主要采用高速水充填技术，防砂有效期达8年，取得了很好的效果。

（二）国外技术现状

国外在海上或近海油田的开发过程中，以多层井分层段防砂为主，主要发展了内外管柱式分层充填技术，同时还形成了旁通筛管式分层充填防砂及电缆输送式分层充填防砂等技术。

1. 内外管柱式分层充填技术

1981年，由贝克休斯公司研制的Mini Beta系统采用三层管柱系统，外管柱由顶部封隔器、底部沉砂封隔器、中间封隔器、筛管以及对接结构组成，具备与中间管柱定位、密封功能。中间管柱包括内充填结构总成、密封结构总成、定位指示系统等。中心内管柱由对接机构、1.9in打孔管等组成，可与中间管柱连为一体，实现分层充填，可实现分层循环、高速水充填，首次在美国Beta油田实施分层充填防砂应用成功。

1983年，Halliburton公司研发成功了双层管柱分层充填Single-Trip技术。至1990年，国外各大石油服务公司均开发了相关技术产品。Single-Trip技术管柱简化为双层内外结构，外管柱包括顶部主封隔器、中间封隔器、底部沉砂封隔器、筛管等组成，内管柱由对接机构、充填机构、密封机构、定位指示机构组成。其关键结构改进在于以夹壁式流通通道实现充填，简化管柱结构，同时实现了反洗井，提高了施工安全性。后来各大石油公司均开发类似技术，使其成为世界上应用最为广泛的分层充填防砂技术。

2000年以来，分层充填技术开始应用于分层压裂领域，最大排量可以达到8~9m³/min。关键改进在于封隔器密封压力从35MPa提高到70MPa，其他结构设计满足压裂需求。管柱特点：在充填、反循环、反洗井之前，均可以根据需要进行管柱性能测试；定位指示结构双向定位；印尼浅海Bekapai和Sisi Nubi油田16口井74个层；平均分层数4.6，最多分层7层施工。平均完井时间5.3d，节约时间70%以上；最大施工排量6.5m³/d；单层加砂量最大为25.6t，平均3.5t/m；施工后油井产量平均352t/d。

2005年，分层充填防砂技术封闭式筛管设计，施工过程、生产过程中各油层完全独立，确保施工安全。为满足坐封、验封、分层定位等需要，每层设计一个充填开关、一个坐封位(带密封结构和对接定位指示结构)、一个验封位、一个充填位、一个反洗位，筛管上设计两个开关，内管柱必须满足坐封、验封、充填、反洗、打开关闭筛管压裂滑套等功能，管柱结构复杂。生产管柱设计ICD开关，可遥控开启关闭分层采油。目前该技术仅应用于9$\frac{5}{8}$in井，生产管柱为外径4in，内通径为62mm。

2. 其他分层充填技术

1）旁通筛管充填

Schlumberger 旁通筛管多用于裸眼筛管分层环填，充填采用皮碗实现层间封隔，封隔压力低，相同参数一步完成，不能选择性防砂。

2）连续油管输送充填

Halliburton 采用连续油管或电缆的输送内管柱分层充填，内通径小，施工规模受限。

二、埕岛油田的地质结构特点

埕岛油田位于渤海湾南部的极浅海域，南界距岸约 5km，与陆地上的桩西油田、埕东油田、五号桩油田相邻。目前已探明了以馆陶组为主的七套含油层系，从整体上看，构造受埕北断层控制，呈北西走向，整个埕岛油田分为南、北两部分，地层层序由下而上为太古界、古生界、中生界、沙河街组、东营组、馆陶组、明化镇组。其中，馆上段为该油田的主力含油层系，油田范围内叠合连片分布，储层为河流相沉积，含油层段为 Ng（1+2）~6，砂组呈砂泥岩互层，且由下而上砂岩含量逐渐减少，平均百分含量由 Ng6 砂组的 0.35% 减少到 Ng（1+2）砂组的 0.14%。埋藏深度大约在 1200~1600m，储油物性好，为高渗透疏松砂岩储集层，平均孔隙度为 34.4%，平均渗透率为 2.8μm^2，渗透率变异系数为 1.01.泥质含量为 6.5%，粒度中值为 0.13mm，胶结类型以接触—孔隙式胶结为主，胶结强度低，储集层成岩差，生成中极易出砂，试油结果和开发实践都已证明了这一点。随着含水的逐渐上升，油井出砂越来越严重，因此埕岛油田的油井防砂势在必行，并立足于先期防砂。

三、海上防砂工艺历程

馆陶组油层埋藏浅，油藏成熟度低，储层胶结疏松，易出砂，采取先期防砂工艺开采。埕岛油田防砂起步于 1995 年，多年来根据油藏开发的需求、国内外防砂工艺技术的发展、海上防砂施工装备的进步，海上防砂工艺不断发展完善，形成以下三个防砂发展阶段。

（一）滤砂管防砂工艺主导阶段（1995—2003 年）

1995—1999 年，埕岛油田处于低含水期开发阶段，地层能量较为充足。这个时期试验并应用了三种先期防砂工艺，其中以不锈钢金属棉滤砂管和预充填双层绕丝筛管两种防砂工艺为主。1995—1996 年，主要采用双层预充填绕丝筛管防砂工艺。该防砂工艺适应油田开发初期小井斜角轻微出砂油井，累计推广应用 40 井次，防砂有效率为 70%。由于绕丝筛管外径较大，在通过狗腿度（4°~5°）/30m、井斜 40°~50° 的大斜度井筒时，承受横向弯曲负荷的能力弱，容易受折开裂，造成滤砂管失效。砂埋后拔滤施工时，砂管发生绕丝散乱，打捞难度大，该防砂工艺 2000 年后不再使用。1997—1999 年，主要采用不锈钢金属棉滤砂管防砂。金属棉防砂是海上油田应用井次最多的防砂方式，累计推广应用 144 井次，防砂有效率为 74.7%。金属棉在加工时质量控制不稳定，金属棉块的挤压强度不够，受高速油流冲击易变形，镶嵌接缝处易松动形成出砂通道。由于不适应出砂严重、出粉细砂的电泵井，该防砂工艺 2000 年后不再使用。

2000 年，埕岛油田进入了注水开发阶段，油井主要采用金属毡防砂、绕丝筛管砾石充填防砂，注水井全部采用金属毡防砂工艺。金属毡防砂工艺适应轻微出砂油井、携砂能力强的螺杆泵井，在油井上累计应用 25 井次，防砂有效率为 76%。由于不适应出砂严重、出粉细砂的电泵井，该防砂工艺于 2001 年停止使用。

2001—2002 年，主要采用双层预充填割缝筛管防砂，防砂有效率为 91%。针对少数出粉细砂、机械防砂效果差的油井，进行覆膜砂防砂、网络砂防砂等化学防砂方式探索。对井段长、夹层厚、井斜角大、出砂严重的井，引进了哈里伯顿一次管柱分层砾石充填防砂工艺，在出砂严重的埕北 4A-2、埕北 4A-3、埕北 4A-G4 等 3 口油井应用，取得较好的效果。为解决常规水井防砂后留井井眼小的问题，引进了威德福大通径膨胀筛管防砂工艺。

2003—2005 年，针对地层压力升高、采液强度加大、地层出砂加剧、早期采用的预制滤砂管防砂工艺适应性变差的实际情况，引进了哈里伯顿公司专利产品精密微孔复合滤砂管，现场应用效果较好。

（二）挤压防砂工艺主导阶段（2004—2011 年）

2004 年以前海上防砂由滤砂管防砂占主导，2004 年引进了高压砾石充填防砂工艺，该工艺由中国石化胜利石油管理局井下作业公司配备的高压防砂橇装泵组施工。对比表明，高压充填防砂、压裂防砂工艺应用效果好于滤砂管防砂、循环充填防砂工艺，海上防砂理念实现了较大转变。

1. 定向井一步法笼统挤压防砂工艺

该工艺适合地层亏空油井防砂，能够对环空、炮眼和近井地带进行密实的砾石充填，提高挡砂效果，能够对炮眼附近的污染进行冲刷解堵，提高近井地带地层渗透率。防砂管柱下井可完成地层高压充填和环空循环充填，顶部封隔器丢手后可作为环空封隔器，采用高黏携砂液可将砂比提高到 30%，减少了携砂液进入地层的数量，该工艺对于单层、短层（≤30m）、层间差异小的井比较适用。缺点如下：一是多层挤压，各层难以均衡加砂改造；二是长井段充填易形成砂桥堵塞；三是最高砂比 20%~40%，地层挤压不密实；四是胶液为携砂液，导致环空充填不密实。

2. 高速水充填防砂工艺

该工艺与国外高速水充填防砂工艺相同，先坐封防砂封隔器，再丢手，然后充填防砂，可验证管外砾石充填高度，可进行二次补砂作业，施工安全，砂卡防砂管柱概率小。该工艺可提高炮眼及环空砾石充填密实程度，适用于大排量提液。2010年开始在海上应用，CB25F-5采用高速水充填防砂，生产压差达到6MPa。但是该工艺只能对炮眼和环空进行充填，对于地层污染严重、钻井滤液侵入深、油层发育差的井不适应。

3. 水平井裸眼充填防砂工艺

2009年以来，通过学习埕岛西、必捷公司(BJ)等公司水平井完井上的先进理念和技术，自主攻关配套，形成了以裸眼充填防砂、分段酸洗泥饼为核心的水平井提液完井配套技术。一是为了满足大泵提液工艺对防砂完井的技术要求，开展水平井裸眼水平段底部循环充填防砂工艺研究，实现钻井井眼与防砂筛管之间环空的均匀、密实充填，为水平井提液开发提供可靠保障；二是研究配套水平井段充填防砂后的分段酸洗泥饼工艺技术，实现水平井油层的均衡动用与解堵增产；三是优选中心油管、低频控压差、遇水膨胀封隔器等延缓底水锥进技术，并成功进行了先导试验；四是精细疏松砂岩油藏水平井油层保护；五是从变频器的工作原理、潜油电泵的变频调速技术特性等方面进行变频生产条件下电泵机组的配置优化研究，并在电泵变频生产特性曲线室内实验和电潜泵井调节方法研究的基础上研究了水平井变频控压差生产技术，形成了变频生产优化设计技术。通过以上技术的研究创新，形成并完善了一套比较系统的水平井提液配套技术，2009年8月首次在埕北22G-平2井成功试验应用，生产初期日产液105t，日产油100t，含水4.5%。此后，埕岛油田馆陶组疏松砂岩油藏水平井提液配套技术在胜利海上油田全面推广。

4. 稠油井压裂防砂

2006年10月埕北246A-2、埕北246A-3井引进必捷公司(BJ)压裂防砂工艺。BJ压裂防砂产生短宽裂缝，使地层流体由径向流模式变成双线性流模式，造缝长度30~50m。埕北246A-2、埕北246A-3两口高黏原油井井斜角分别为39.4°、55.5°，分别采用等离子割缝管防砂及悬挂精密微孔复合筛管防砂，于2004年投产，后因出砂不能正常生产。2006年采用BJ压裂工艺后，配套连续杆配套螺杆泵生产，两口井合计比作业前日增液20.6t，日增油19.7t。

5. 膨胀筛管裸眼防砂工艺

2005年引进威德福公司膨胀筛管裸眼防砂工艺。与传统的防砂工艺相比，该防砂工艺防砂后留井内径大，油井泄流面积大，不存在堵塞，获得相同产量需要的压差最小。膨胀式筛管覆盖的油层井段油流均匀，不会出现局部流动集中区域，有利于提高防砂管柱寿命。膨胀式筛管对裸眼井壁起支撑作用，避免裸眼井壁因出砂而坍塌。2005年在埕北6D井组进行疏松砂岩油藏裸眼防砂试验，在5口定向井中，埕北6D-2井用膨胀筛管裸眼先期防砂完井，埕北6D-4井外径114.3mm小套管射孔完井，埕北6D-1井、埕北6D-5是滤砂管防砂完井。2005年9月，埕北6D-1、埕北6D-4、埕北6D-5三口油井投产后，平均日产液58.3t，含水48.2%，埕北6D-2井日产液80.7t，含水 19.5%，含水上升速度较慢。

（三）自主两步法分层挤压防砂工艺主导阶段（2011 年至今）

2011 年与 EDC 埕岛西合作区块开展完井工艺对标，并开展了低产低液井分析，认识到防砂工艺与馆陶组低压油藏的实际情况不适应，未有效突破油井的近井污染带。2012 年紧密围绕压降大、斜度大、井段长、夹层厚、油层多的馆陶组疏松砂岩油藏及开发井况特点，在实践中不断配套优化分层挤压+全井高速水充填"两步法"防砂工艺。

截至 2013 年年底，"两步法"防砂工艺在新井投产作业应用 40 口，投产初期平均单井产能 45.2t/d，较方案预测增加 6.2t/d；老井作业应用 60 口，作业后初期平均单井日产液 84.9t、日产油 31.8t，比作业前平均单井日增液 44.7t，日增油 18.8t；共治理低液低效井 46 口，治理后 2 月内平均单井高值日产液 82.4t，日产油 30t，比作业平均单井日增液 57.2t，日增油 21.1t。

四、目前防砂存在的问题

目前埕岛油田防砂面临难题有以下几个方面。

（1）海上油田综合含水急剧升高，出砂程度进一步加剧。

埕岛油田月平均综合含水从 1998 年的 17.63% 上升到目前综合含水 78.3%，含水的上升加速了地层黏土矿物膨胀和运移，油层岩石胶结力进一步降低，这样不仅会堵塞油层孔隙，又加剧了油井的出砂。

（2）平均单井日产量递减迅速。

埕岛油田平均单井产液能力由 1998 年的 67.5t/d 下降到 57.1t/d，近年来分层防砂技术的应用液量回升 71.4%，但平均单井产油量由 1998 年的 43.7t/d 下降到目前的 20.9t/d。若不考虑新投产井的产能，这种下降会更加明显。为遏制这种情况的加剧，除采取注水等措施补充地层压力、提高油井产能外，从防砂角度应采取具有长效增产作用的防砂方法。

（3）长井段、多油层油井防砂难题日益突出。

海上油田为实现高效开发，大多数油井钻遇油层数较多，夹层长短不一，短的十几米，长的一百多米。在油田的开发初期，对此类井一般采用悬挂滤砂管的防砂工艺，保证了这一部分井的正常生产，但在进一步提液的形势下，如何做好这些井的防砂工作成为当前面临的重要问题。

（4）受海上特殊条件及平台寿命限制，今后海上高速强采力度进一步加大。

馆陶组预计采收率 19.8%，如果按照目前的采油速度，到平台有效生产期结束，埕岛油田的采收率预计为 16.3%。

为了适应埕岛油田长效开发的需求，防砂技术整体上应满足以下需要：一是要满足大生产压差的需要；二是满足高速、高产的需要；三是尽可能地降低近井地带表皮系数。因此，急需开发高密实充填防砂工艺来解决上述矛盾。

第二节　大斜度长井段分层高导流防砂工艺

防砂的目的是既要防住砂，满足大压差提液需要，又不能防死，要保证油流通道畅通。馆陶组具有油层多、井段长、夹层长、井斜大、压力低等防砂难点，过去笼统挤压充填防砂工艺不适应，影响油井产能及寿命。

海上防砂适应性分析：一是地层改造不均衡。馆陶组钻井液滤液侵入半径较深，海上钻井泥浆滤液侵入深度为 200~500mm，油层需要改造解堵，笼统挤压各油层进砂不均衡，部分油层不能得到改造。二是地层充填不密实。最高砂比仅 50%，充填层不密实形成混砂带降低渗透率。三是炮眼、环空充填不密实。大斜度长井段实施挤压充填容易形成砂桥，导致部分油层炮眼和环空充填不密实，易刺穿筛管造成出砂躺井。

树立"防砂即是完井"理念，追求"一次防砂终身有效"目标，深化储层伤害机理研究，创建"解、稳、防、排"体系，集成深部解堵、长效稳砂、高密实充填、高渗透筛管为核心的高导防砂技术，构建地层到井筒的高渗通道，井底阻力系数由 11.5 降至 0.6。

一、氮气泡沫负压返排深部解堵技术

（一）技术原理

氮气泡沫返排解堵技术采用一定密度的泡沫液挤入炮眼及近井地带，放喷时利用高压泡沫液的冲击作用来高效解除油层近井地带堵塞，返排时利用低密度泡沫液在井底产生一定的负压值，让地层的堵塞物及时返排出来(图5-1)。

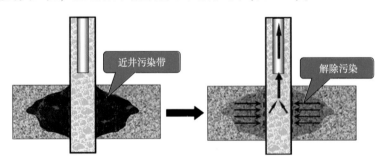

图5-1　氮气泡沫负压返排解堵原理

应用压风机(氮气车组)将氮气和起泡剂通过泡沫发生器混合后形成一定密度的泡沫液挤入井筒及近井地带，在井底产生一定的负压值，利用高压泡沫液的冲击作用来高效解除油层近井地带堵塞，提高油井的产量。泡沫负压返排解堵原理如下。

（1）射孔孔道的径向扩展。在泡沫放喷的瞬间，近井带压力发生剧烈变化，水体积和气体体积流量极高。在这种情况下，射孔孔道附近岩石容易发生拉伸破坏，从而导致孔道的扩展。

（2）射孔孔道末端的水平扩展。放喷过程中，随时间的增加，射孔孔道附近的压力梯度逐渐变小。与此同时，射孔孔眼末端处的压力梯度远大于孔道附近的压力梯度。

（3）近井地带冲蚀。放喷过程中，近井带的含砂量、孔隙度和渗透率随着冲蚀过程的进行而不断升高，并且后两者在越靠近井壁处提高幅度越大，近井带的渗流特征在流体冲蚀作用下得到了改善。

泡沫放喷为泡沫返排解堵过程的主要发生阶段。放喷过程大致可分为两个阶段：①在泡沫放喷初期，近井带地层压力发生剧烈变化，导致孔道周围岩石发生拉伸破坏而产生径、横向延伸，同时流体流量非常高；②氮气泡沫返排阶段，随着放喷过程的发展，近井地带的渗流趋于平缓，泡沫流量不断减小，油体积流量不断升高。此时，近井带的渗流特征在地层流体的连续冲蚀作用下得到了一定的改善。

该工艺主要应用于近井地带发生堵塞或储层发育差的老井和投产的新井。对于老井，主要用于解除炮眼近井污染带胶质沥青质有机垢、钙镁盐无机垢及黏土微粒运移的堵塞，提高近井筒附近渗流能力和油井产能，尤其对于地层污染严重且长期低液生产的老井及多轮次作业无效井具有良好的解堵效果。对于储层发育差的新井，主要用于解除钻井过程中的污染和完善射孔炮眼，疏通近井附近的堵塞物，为下步防砂提供良好基础。

（二）解堵工艺应用分析

1. 施工工艺

常规解堵工艺是通过地面设备将解堵液挤入地层中，使解堵液与近井地带的堵塞物发生反应，增加近井地带地层孔隙度和渗透率，从而增加地层的导流能力。根据堵塞的原因，一般采用两种方法进行解堵，一是基质酸化，解除"五敏"效应的堵塞；二是地层挤注活性柴油，溶解地层的胶质、沥青质等有机物堵塞。但是解堵液难以进入整个井段，如果控制不当会造成部分井段酸化强度过高，导致地层出砂或井壁坍塌等严重后果。同时，常规解堵工艺解堵液不会立刻被返排出来，这样很容易在地层中形成二次沉淀，解堵效果难以保证。对于部分多轮次作业低效或无效井，采用酸化+分层挤压措施治理效果有限，对于近井地带堵塞严重或泥质含量高的油井，挤压改造只能把堵塞物或泥质往地层推进，挤入的陶粒砂易与堵塞物或泥质形成混合带，无法提高近井地带渗透率，酸化解堵需要较长的排酸周期，同时残酸易于原油乳化，使得残酸无法进入集输流程，增加了船舶及后期处理的费用。

氮气泡沫负压返排解堵工艺是将解堵液与氮气通过泡沫发生器制成低密度的泡沫流体，经泵注入井里，通过反循环诱喷在井底形成负压将油层堵塞物排出地面，从而达到疏通油流通道的目的。泡沫流体具有动切力大、黏度高、携带能力强、对地层伤害小等特点，能够有效提高低渗层的吸液量，降低高渗层吸液量，起到很好的分流作用，通过负压返排能及时将残酸及堵塞物排出，避免了对地层形成二次污染，缩短了试抽排液时间。氮气泡沫负压返排解堵实施分为7个阶段：①地层预处理，泡沫液反洗井一周，油层正挤地层预处理液清洗地层。②地层泡沫酸化，油管正挤注前置盐酸，主体土酸，全程混入氮气。③油管放喷，关井反应30min，油管放喷，缓慢开启油管出口阀门、油轮进液阀门，开始向油轮放喷。④氮气泡沫液返排，倒反洗流程，返排出液正常后，调节三缸泵排量在3~5m³/h，采用低密度泡沫液持续返排。⑤氮气泡沫吞吐，观察返出液无地层砂或原油，实施氮气泡沫吞吐施工，倒正挤流程，泵排量3~5m³/h，采用低密度泡沫液正挤，观察井口泵压变化趋势，上升到稳定趋势后，停止挤注。⑥氮气泡沫返排，放喷结束后，倒反洗流程，泵排量3~5m³/h，用低密度氮气泡沫液进行返排解堵。⑦地层泡沫暂堵，倒正挤流程，采用低密度泡沫液挤注暂堵泡沫液20~30m³，防止反洗井地层大量漏失。在实施过程中，遵循的施工原则为：保护油层，尽量造大的负压差，让地层充分返吐。

2. 施工设备

氮气泡沫负压返排解堵施工与常规解堵施工在施工设备上有所不同，常规解堵施工设备主要由施工船舶、橇装泵、管汇、储液罐、高压管线等组成，而氮气泡沫负压返排解堵施工在常规设备基础上增加了制氮机组、泡沫发生器、油轮等设备。目前海上应用的为900型制氮机组，额定排量为900m³/h，能够满足海上的施工要求。泡沫发生器主要由喷嘴、接头、壳体、中心管、止回阀等组成，当气体和液体进入短节和接头腔内后，通过中心管产生左旋流和右旋流，起到充分混合作用，再经过喷嘴的高速喷射，就形成了较为均匀的泡沫流体(图5-2)。

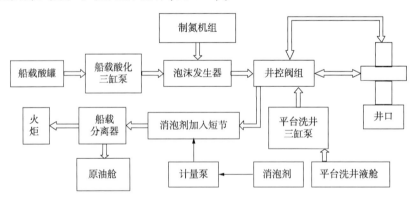

图5-2　泡沫返排解堵现场施工流程连接示意图

（三）氮气泡沫负压返排工艺优化

1. 选井条件优化

泡沫负压返排解堵工艺在陆地采油厂及中国海油已经得到了广泛应用，并取得了良好效果，胜利海上油田对该工艺的应用较晚，还在不断的优化改进中。该工艺是通过泡沫吞吐、负压混排，依靠泡沫的强携带固体微粒能力以及形成的较大井底负压差，将近井地带的固体颗粒以及有机沉淀物等堵塞物排出地层，同时利用携带有固体微粒的高速返排流体，由内向外对炮眼的压实带进行冲洗，疏通射孔炮眼，达到解除储层堵塞的目的。根据上述原理，并结合胜利海上油田的特点，优化了该工艺的选井条件，使其应用更有针对性。胜利海上油田的主要特点为：①长期低液，液量采液强度低于 $4m^3/(d \cdot m)$；②堵塞严重，重复多轮次措施作业未见改善效果；③油层发育差，射孔厚度薄，主力层泥质含量≥12%；④地层压力低，压力系数低于0.85的高孔高渗油层钻井泥浆滤液侵入污染严重。

2. 施工参数优化

针对现有工艺的问题，优化并完善配套工艺技术，形成一系列成熟的配套工艺技术，并在此基础上进行配套软件的开发，使海上氮气泡沫负压返排施工更具理论指导性，参数优化更具合理性，为提高胜利海上氮气泡沫负压返排应用效果提供有效的技术支撑。

1）泡沫挤注量的确定方法

根据"压降漏斗"理论，油井生产过程中，越靠近井底，压力梯度越大，压差绝大部分消耗在井底附近地区，这个理论可以用来指导施工参数的设计。现场施工中泡沫挤注量的确定方法为：①根据油井的压降漏斗曲线确定最佳处理半径；②根据处理半径和注入的 PV 数计算地下泡沫的体积；③选择合适的气液比，计算地面注气、注液量。

2）泡沫循环返排参数优化

循环返排过程中泡沫流体携带能力强弱和造成多大负压取决于密度、黏度、质量、摩阻等参数。当泡沫质量大于98%时形成雾，当泡沫质量小于52%时在井底易形成近似牛顿流体的混合体。在这两种情况下泡沫结构特性差，携带能力也差。因此，泡沫流体循环返排时，一般要求井底泡沫质量在52%以上，井口保持在84%～98%，以保证泡沫有较好的携带能力。泡沫流体密度可控范围为 $0 \sim 1g/cm^3$，一般情况下泡沫流体在井筒中的平均密度控制在 $0.5 \ g/cm^3$ 左右就能在井底形成较大的负压。

通过对不同注入排量下泡沫质量、密度、压力及生产压差等参数进行软件模拟计算，分析计算结果可以优化循环返排参数。

从井筒内泡沫质量分布曲线及泡沫密度分布曲线(图5-3、图5-4)可以看出，随着井深的增加，泡沫质量在减小，这是由于泡沫流体中气相具有可压缩性，井筒越深，压力越大，气相所占的比例越小，井底的泡沫质量最小。整个井筒内泡沫的密度要远远小于水的密度，这充分体现了泡沫流体低密度的特点。

从井筒内泡沫压力分布曲线(图5-5)可以看出，在相同深度上环空内泡沫的压力

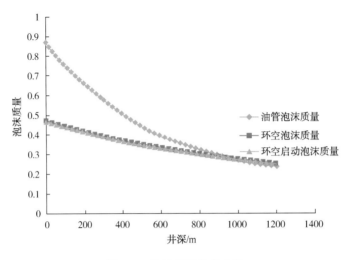

图 5-3 泡沫质量分布曲线

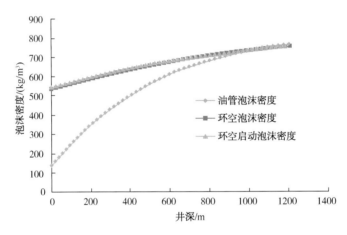

图 5-4 泡沫密度分布曲线

总是大于油管内泡沫的压力，井底的压力最大，这要远远小于相同高度水柱的压力，充分体现了泡沫流体负压返排可以实现负压作业。减轻冲砂液向地层的漏失，起到保护产层不受污染的作用，对地层压力低的油井非常适合。

通过对大量施工参数的再优化分析，结合胜利海上油田储层发育特点，重点优化了返排过程中的最合理的施工参数，以达到较好的返排效果。在返排期间井筒中泡沫质量一般在 0.3~0.85 之间，井筒泡沫密度在 150~700kg/m³ 之间，当施工排量控制在 3~5m³/h 时，井底泡沫质量一般为 0.5 左右，井筒泡沫密度一般在 150~300kg/m³ 之间，井底能形成 5~8MPa 的合理负压值，此时既确保了井壁的安全，同时又能将地层游离砂及堵塞物排出地层，再利用泡沫液次阶段较强的携带能力将砂砾及污染物成功携带出井口。

3. 实施效果评价

泡沫是氮气和起泡剂、添加剂溶液通过泡沫发生器在地面产生的，配制起泡剂溶

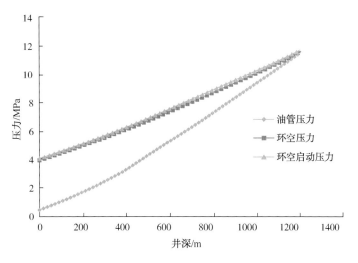

图 5-5　泡沫压力分布曲线

液可用本过滤平台注入水，要求过滤平台注入水固体悬浮物含量小于 2mg/L，含油量小于 30mg/L，以防止发生新的污染。返排施工前通过前期对施工参数的合理优化，施工过程中采用优化后的合理施工参数，以求达到最佳的返排效果，目前海上评价返排效果一般遵循三个原则：①实施多轮次挤注、返排吞吐后，返出液中出现大量原油和天然气。②施工过程中出口有较多地层砂及堵塞物被带出，一般现象是地层吐砂量遵循"少—多—少—无"的规律。③返排过程中出口液体由清澈变浑浊再逐渐变清澈，最后达到出口液性与入口液性基本一致。

（四）应用效果

该工艺于 2014 年 7 月首次在 CB25GC-11 井成功取得应用，截至 2019 年 10 月共有 68 口井实施了氮气泡沫负压返排施工，取得了比较好的效果。老井实施后比作业前平均单井日增液 81.4t，平均单井日增油 12.8t，新井实施后比地质配产平均单井日增油 7.8t。其中 CB11NB-8-12 井从多次防砂作业未正常生产达到连续生产，CB11NB-1、CB11NA-3 井因排液不及时造成二次污染无效果，2017 年 5 月对 CB11NB-1 井再次实施氮气泡沫吞吐返排+"两步法"防砂，作业后恢复正常生产。

二、长效稳砂

为了防止粉细砂及泥质运移造成堵塞，影响防砂生产效果。研发了具有稳砂作用的静电网络抑砂剂。

（一）作用机理

静电网络抑砂剂是一种高分子支链状阳离子聚合物，也是一种水溶性聚合物。通过分子间力和氢键力等作用，可牢固地吸附在砂粒间矿物表面上，提高油层砂粒桥接作用，削弱、抑制和阻挠砂粒运移，从而起到稳砂、抑砂作用。

（二）配方研究

静电网络抑砂剂室内合成配方为蒸馏水+AM+YS。

AM+YS 两者在水溶液中催化剂作用下进行反应并聚合，生成主链为碳链，支链末端为阳离子聚合物，为无色透明液体，pH 值为 4~7，易溶于水，无沉淀。

由表 5-1 可以看出，3 种配料比的防膨率皆大于 90%。随 YS 用量增大，抑砂性能及防膨率均有所提高。此抑砂性能领先于同类产品，目前同类产品标准指标为含砂量≤50mg/h。确定原料配方物质的量比为 1:1。

表 5-1　不同配料比防膨率、抑砂性能测试

原料物质的量比（AM:YS）	防膨率/%	抑砂性能（含砂量）/（mg/h）
1:0.5	90.8	56
1:1	93.0	38
1:1.5	95.0	36

由表 5-2 可以看出，抑砂剂浓度在 8%~10% 之间，对应的出砂量及渗透率测试结果比较理想。

表 5-2　不同抑砂剂浓度的测试结果

浓度/%	围压/MPa	流量/（mL/min）	渗透率/μm²	出砂量/（g/h）	时间/h
0	1.5	9.86	2.16	38.59	2
5	1.5	9.81	2.09	17.29	2
8	1.5	9.83	2.07	4.29	2
10	1.5	9.88	2.05	2.79	2
15	1.5	9.83	1.95	2.5	2
20	1.5	9.86	1.83	1.8	2

（三）抑砂剂性能评价

利用实验仪器对不同粒径石英砂初始出砂流速进行测试，实验结果如表 5-3 所示。

表 5-3　不同粒径石英砂初始出砂流速

石英砂粒径/mm		<0.05	0.05~0.1	0.1~0.15	0.15~0.3	0.3~0.5	0.5~0.8
初始出砂流速/（m/h）	蒸馏水	0.18	0.42	0.83	1.79	3.98	7.61
	抑砂溶液	3.40	3.35	3.50	3.74	4.11	7.73

由表5-3可得，挤入蒸馏水和抑砂溶液后：①石英砂粒径≤0.3mm时，初始出砂流速差异较大，抑砂效果较好；②石英砂粒径>0.3mm时，初始出砂流速差异较小，抑砂效果较差。因此，对粉细砂具有良好的防止运移的效果。

（四）工艺参数优化

抑砂半径优化：主要根据油井正常生产时的产量确定，计算其压降漏斗半径，得出一个合理的供液半径。① 直斜井：油层产液强度<10m³/m，抑砂半径为2.0~2.5m；油层产液强度≥10m³/m，抑砂半径为2.5~3.0m。②水平井：水平段长度<60m，抑砂半径为1.0~1.2m；水平段长度≥60m，抑砂半径为0.5~1.0m。

抑砂剂用量优化：为提高抑砂溶液的波及面积和利用效率，依据地层孔隙度、油层射孔厚度、抑砂处理半径等不同因素确定了抑砂剂用量计算方案，制定了抑砂剂和抑砂溶液用量公式：

$$Q_1 = \pi R^2 H\phi, \quad Q = \pi R^2 H\phi k \tag{5-1}$$

式中，Q_1为抑砂溶液用量，m³；Q为抑砂剂用量，m³；R为抑砂半径，m；H为油气层厚度，m（射孔井段厚度附加1~2m）；ϕ为孔隙度，%；k为抑砂剂溶液浓度，一般取15%。

注入速度优化：为使防膨抑砂剂均匀进入施工井段，排量为0.3~0.5m³/h。

抑砂工序优化：为使防膨抑砂剂在油藏内充分发挥其特性，确定了抑砂工艺的施工模式。①一洗：油井生产过程中，井筒内存在大量死油，通过洗井洁净井筒，避免因死油挤入地层，造成油层污染。②二疏：随着生产周期延长，出砂油井因地层砂及泥质混合物产生堵塞，挤入前置液可以解除堵塞为后续抑砂剂疏通道路，而且前置液的处理半径大于油井的供液半径，防止部分堵塞物再次堵塞。③稳：挤入抑砂溶液，进而对地层起到防膨稳砂的作用。④焖：将井筒内抑砂溶液顶入预定位置，关井，确保抑砂剂与地层中的泥质及游离砂充分接触。

三、高密实充填长效防砂技术

埕岛油田防砂起步于1995年，多年来根据油藏开发的需求、国内外防砂工艺技术的发展、海上防砂施工装备的进步，海上防砂工艺不断发展完善，形成以下三个防砂发展阶段：滤砂管防砂工艺主导阶段（1995—2003年）、一步法笼统挤压防砂工艺主导阶段（2004—2011年）和自主高密实长效防砂工艺主导阶段（2012年至今）。

高密实长效防砂是采用分层挤压实现地层解堵、增强挡砂屏障，减少深部微粒运移至炮眼，采用全井高速水充填提高炮眼及环空的充填质量，减少微粒运移堵塞炮眼和筛套环空。

（一）一趟管柱分层挤压充填防砂

1. 管柱结构

该工艺管柱如图5-6、图5-7所示，包括反洗阀、喷砂器、接收器等部件组成。

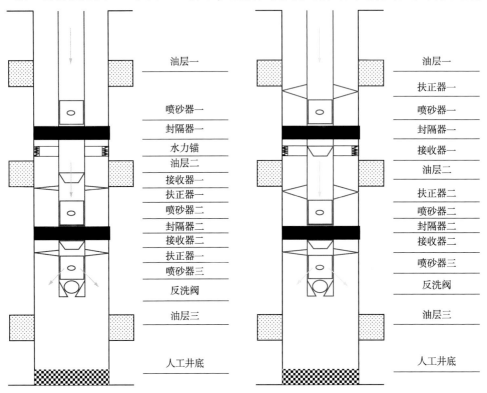

图 5-6　改进前分层挤压管柱　　　　图 5-7　改进后分层挤压管柱

2. 改进分层挤压工具

在开展一趟管柱分层挤压充填防砂试验初期遇到了如下问题：一是施工时充填砂容易将管柱上的水力锚卡死，给起管柱带来一定困难，容易造成施工事故；二是每一层挤压施工结束后都要大排量反洗井，这会使得进入地层的充填砂容易被返吐出来，且砂子在地层内来回移动，容易造成充填砂与地层砂混合，削弱了对油层的改造力度。

为此，对一趟管柱分层挤压管柱进行优化：一是改进分层挤压工具。将滑套接收器、喷砂器与层间封隔器从分体式实现一体化组合，去掉了喷砂器与层间封隔器之间的短节，减少喷砂器与层间封隔器之间的有效距离，防止在施工过程中砂子沉积到封隔器上造成不易解封，去掉水力锚，防止砂卡管柱造成大修。二是优化喷砂器保护罩材质。以前采用5mm厚的喷砂器保护罩，经现场施工检验，观察发现外保护罩均被刺穿，材质优化后采用10mm厚的喷砂器外保护罩，提高对套管的保护作用。

3. 优化分层挤压泵注程序

做到既避免砂卡管柱，又避免过量顶替破坏近井地带充填层，根据安全施工要求，目前最多按分三层挤压充填来施工。①现场施工过程中，必须根据试挤停泵测压降来判断地层吸收能力和压裂液滤失情况，不断优化调整泵注程序表，适时调整施工排量、加砂量和砂比，达到起压脱砂的效果，起压后将剩余砂量调整到其他施工油层段。②下面一层挤压施工结束后，若施工过程中分层封隔器没有解封迹象，套压没有明显上升趋势，扩散压力后直接带压投球，降低施工等待时间、防止地层吐砂、提高施工成功率。③需要反洗井时，关井扩散压力，然后套管打压至油套压平衡释放压裂封隔器，缓慢开启反洗井出口闸门，实施带压反洗井，控制反洗出口闸门，确保反洗井泵压值与挤压施工停泵时套压值相当，尽量避免地层充填陶粒砂返吐。④每一层挤压施工停止加砂后，用超过油管容积 $3m^3$ 左右的顶替液进行过顶替，既防止砂堵施工管柱，又防止将充填砂被推到地层深处，确保本次挤压与后续的高速水充填能形成连续的充填砂带。

（二）高速水充填防砂工艺

1. 高速水充填防砂工艺简介

砂岩油藏由于胶结强度不高，地层极易出砂，严重制约着油田的开发生产，必须进行防砂才能正常开发。针对疏松砂岩油藏，国内外防砂专家大多认为，油气井出砂问题应立足于早期防治，一方面有利于整个油田的合理开发，另一方面也可节约大量的后期补救性措施费用。因此，许多专家建议对于出砂区块的新井和老井补开新层宜优先考虑先期或早期防砂措施，以防患于未然。

高速水充填(HRWP/HRWF)防砂技术就是将循环充填工具、防砂筛管、桥塞等组合的防砂管柱总成下入，使防砂筛管对准油层，选用水基携砂液（根据地层选择添加剂，使之与地层配伍），采用高速充填方式将合适粒径的砾石携入出砂地层，将近井地带炮眼、环空填实，达到防砂目的。

高速水砾石充填所用的充填液是清盐水，黏度为 $1\sim2mPa\cdot s$。在清盐水中加入合适的油层保护添加剂。高速水砾石充填时，将井底压力提高到地层破裂压力附近或略高于地层破裂压力，目的是破坏射孔所形成的压实损害带，同时消除部分钻井、固井损害。采用高速充填方式可将合适粒径的砾石携入出砂地层，将近井地带、炮眼、环空填实，达到防砂目的。

该技术旨在筛套环空之间形成密实的充填带，同时形成尽可能多的射孔孔眼以向套管外及射孔孔眼中挤入尽量多的砾石以阻止地层砂运移，防止地层碎屑侵入射孔孔眼，降低近井地带的污染，减小表皮效应，因此高速水充填射孔孔密通常大于压裂充填射孔孔密。

高速水砾石充填时，将井底压力提高到地层破裂压力附近或略高于地层破裂压力，目的是破坏射孔所形成的压实损害带，同时消除部分钻井、固井损害。当裂缝不必要或者不希望时，配合适当酸处理的高速水充填成为较好选择。当地层系数较高而污染较小时，一般的酸处理就能有效解除污染，此时可用高速水充填；对于底水油藏，当油层与底水在同一砂层中且距离小于3m时,甚至清水压裂就会沟通水层时,就适合用小于地层破裂压力的高速水充填高速水充填(不能超过地层的破裂压力),而不能应用水力压裂或压裂充填。

2. 高速水充填的实质及机理

高速水充填的实质如下:①高速水充填的实质是缩小规模了的高压充填和压裂充填防砂工艺,用于解决底水防砂或复杂气水关系油气藏的防砂问题。②为了降低挤注能力,保护油气层和降低成本,使用盐水做携砂液。③盐水黏度较低,携砂能力有限,因此需要高排量,即所谓的高速。④地层中形成轻微的塑性挤压充填或微压裂充填,解除井眼或炮眼附近污染。

高速水充填的基本特点如下:

①适用于底水防砂或复杂气水关系油气藏防砂。②携砂液为油田污水、海水或清洁盐水+添加剂(1~2mPa·s)。③固相材料为普通石英砂或陶粒。④压力与排量为大排量、低于或略高于地层破裂压力。⑤砂比为低中砂比,部分情况下可使用高砂比。⑥充填形态为塑性挤压充填或微裂缝(1~3m级)充填。

高速水充填、压裂充填和常规管内砾石充填的机理及流动条件对比如下。

图5-8为压裂充填防砂后井底流动状态示意图。流体主要沿高渗透性裂缝向井筒内流动。压裂充填的原理就是在射孔井上砾石充填之前,利用水力压裂在地层中造出裂缝,然后在裂缝中填满砾石,最后达到防砂的目的,但通常是以牺牲油气井的部分产能再在筛管与套管环空充填砾石。压裂充填的裂缝能够缓解或避免岩石破坏、降低流体携带微粒能力以及对地层微粒的机械桥堵作用,既防砂又提高了产能。

图5-9为常规管内砾石充填防砂示意图。此种防砂方式仅在井筒环空中形成砾石充填带,对地层外无处理作用,难以解除近井污染提高油气井产量。

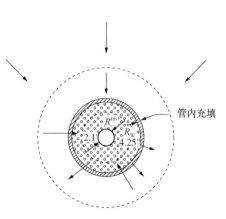

图5-8 压裂充填井底流动状态   图5-9 常规管内砾石充填井底流动状态

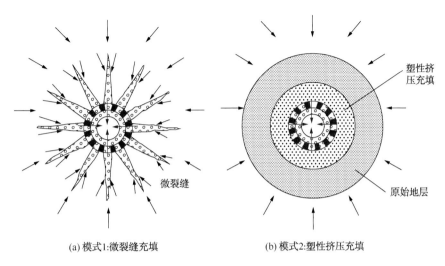

(a) 模式1:微裂缝充填   (b) 模式2:塑性挤压充填

图5-10 高速水充填井底流动状态

图5-10为高速水充填防砂后井底流动状态。高速水充填基本模型包括油藏径向流及通过射孔孔眼的线性流。Rudy W F等通过研究证明,在获得相同的油、气产量的条件下,压裂充填炮眼中所需要的压降比高速水充填炮眼中的压降大得多。在高产条件下,高速水充填井的实际压降更小,由此可证明高速水充填效果优于压裂充填。

高速水充填防砂对地层的破坏分为两种模式:即微裂缝充填模式和塑性挤压充填。

在传统的疏松弱胶结岩石破坏形态计算分析中,一般认为地层岩石在高压挤压下会以裂缝开裂的形态破坏,因此采用低渗透地层裂缝开裂及延伸模型进行计算分析,这与实际施工情况并不完全相符。砂岩岩石的胶结程度不同,在外力作用下可能发生脆性开裂或塑性破碎。根据这一现象,对于疏松砂岩油气藏多孔介质岩石,在高压挤注条件下,其破坏模式也相应地分为两种,即微裂缝开裂破坏模式和塑性挤压破坏模式。

1)模式1:微裂缝开裂破坏模式[图5-10(a)]

当疏松砂岩地层岩石胶接强度较高时,岩石表现出一定的脆性性质。在高压挤注条件下,当携砂液排量高于地层滤失量时,井底逐步憋压,当井底压力达到地层岩石破裂压力时,地层岩石介质在最小主应力面上起裂,形成微裂缝。随着固液砂浆泵注继续,裂缝延伸同时被砾石支撑剂充填。

2)模式2:塑性挤压充填模式[图5-10(b)]

对于胶结程度较差的砂岩岩石,在高压挤注条件下,当井底压力达到某一临界值后,岩石不是发生开裂而是整体发生塑性压缩变形,产生塑性压实破坏,即所谓的塑性挤压破坏模式。地层岩石的塑性挤压破坏过程实质是岩石微结构调整过程,可以分为结构调整、结构再造、结构压实三个阶段。①结构调整阶段是指由于携砂液的滤失渗入,近井地带受到携砂液渗滤充填作用的地层中一些未饱和孔隙空间逐渐压实从而消除。②结构再造阶段是指近井地带地层经过初期的结构调整以后,进入结构再造阶段。随着地面施工泵压升高,近井地带岩石所受的压力增加,岩体受到压缩,其内部应力同时升高，岩体颗粒之间的胶结被破坏，颗粒间发生聚解和崩塌，粒间孔隙度减小，近井地带地层总孔隙度减小。③结构压实阶段是指经过结构再造阶段后，在携砂液的作用下，近井地带地层岩体结构仅作适当的调整，以巩固平衡结构。靠近携砂液施压面的岩体已经被压实，岩体变化持续时间的较长并且速度缓慢，岩体内部应力逐步达到稳定状态，近井携砂液所传递的压力被压实的疏松砂岩骨架承受。

图5-11为高压挤注条件下疏松砂岩地层岩石塑性挤压破坏过程典型曲线。

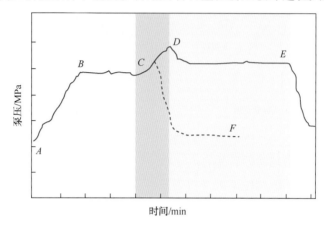

图5-11　高压挤压充填(裂缝和塑性挤压)典型施工曲线

高压挤注条件下疏松砂岩地层岩石塑性挤压破坏过程可以分为如下几个阶段。

（1）井底憋压阶段，即图5-11中的A-B段。携砂液以高于地层吸液能力的排量挤入地层，井底逐步憋起高压，直至压力达到管外地层破裂压力或塑性挤压破坏临界压力。

（2）塑性挤压充填阶段，即图5-11中的B-C段。当井底压力达到地层岩石的塑性挤压破坏临界压力后，地层产生塑性压实破坏，携砂液携带砾石进入挤压破坏让出的体积空间。在整个变形过程中，地层岩石微结构调整可以分为结构调整、结构再造、结构压实三个阶段。

（3）塑性挤压充填结束阶段，即图5-11中的C-F阶段。在塑性挤压充填过程中，当泵压明显升高时，说明塑性挤压过程结束，此时可停泵完成塑性挤压充填作业。

（4）如不停泵，继续施工，则会出现继续憋压造缝和裂缝充填阶段，即图5-11中的C-D段。如塑性挤压充填达到饱和时而不停泵继续施工，则井底压力会继续升高，直至达到裂缝开裂的临界压力条件，此时塑性压实带及其外部原始地层可能会产生裂缝，即所谓的憋压造缝。随着继续泵注，压力稳定在裂缝延伸压力上，裂缝延伸扩展，此时原来充填完毕的塑性挤压充填带会发生破坏，已充填的砾石会被携带进入裂缝充填，即图5-11中的D-E段。

3. 高速水充填国内外技术现状

1）国外技术现状

（1）工艺方面。

国外要求每口井都要进行循环测试、挤注测试和充填验证测试并量化，对施工参数的优选和是否二次填砂提供科学的指导；国内在进行循环测试和挤注测试时没有定量计算，对测试情况进行定性分析后根据经验选择施工参数，也没有专门进行充填质量验证步骤，只是根据压力变化趋势，定性分析充填质量。

（2）施工装备配套方面。

国外配备较全面，有专用储液罐、配液罐、过滤设备、高压泵组、钻井泵（洗井）、高压管汇、高压软管、方井口、数据采集系统等，便于施工控制和方便操作，保证施工达到设计要求；国内目前还没有采用精细过滤和数据采集系统等，施工方便性也差一些。

（3）工具方面。

国外采用的一次完成充填工具功能多，可靠性高，可以实现验封和反复开关，在反洗时充填通道已关闭，不影响充填层稳定，可以在充填完成后验证充填质量和进行二次充填；国内的充填工具还不能实现验封和反复开关功能，反洗时充填通道不能关闭，丢手后充填通道才能关闭，不能进行二次充填。

（4）用料方面。

国外采用的石英砂为粉尘含量极低，圆球度好，强度较高；国内采用的兰州砂在某些方面相对有一定的差距，特别是浊度差距较大。

（5）施工质量控制方面。

国外在施工质量控制方面有严谨的措施，入井液的过滤检测、洗井返出液的检测等要求非常严，所有下井工具都要求在下井时打开包装，避免了工具人为破坏和污染，施工设备管理、技术人员分工和职责非常严密，国内在这方面还要进一步提高。

2）国内技术及改进完善

目前国内油田主要有中国石化胜利油田、中国海油应用高速水充填防砂工艺技术。借鉴国外的先进技术，国内技术对高速水充填技术进行研究与改进，使之更适应国内油田的需要。相对于国外，国内技术主要在以下几个方面进行了改进与完善。

（1）工具研究。

借鉴国外充填工具和空心桥塞的先进技术，研究出了适合国内油田的砾石充填工具和空心桥塞。在工具方面，目前的阶段性成果有 DGFS 系列封隔高压充填循环工具和 DGKQ 系列空心桥塞。

DGFS 系列充填工具特点：该工具具有悬挂、封隔、充填、丢手、关闭等基本功能，可以实现挤压充填、循环充填、挤压后再循环充填三种充填方式。

DGKQ 系列空心桥塞工具特点：该工具具有悬挂、封隔、丢手等基本功能，可以延长沉砂口袋，配合各种管柱，可以实现单防单采、分防合采、选防合采等功能。

（2）工艺研究。

完井方案方面采用套管内绕丝筛管或割缝筛管砾石充填防砂完井，在国外技术基础上有所发展，以便更适应国内油田实际（后期防砂及方便处理等）。充填方式方面，正循环充填主要对于底水油藏，不适宜大砂量、大排量填砂，采用正循环充填防砂工艺进行，既能使近井地带、炮眼、环空充填完整，又不压开底水；挤压循环充填对于地层疏松，适宜大排量、大砂量施工，采用挤压循环充填防砂工艺进行，既能对地层深部进行处理，又能使近井带、炮眼、环空充填密实，从而形成高质量的充填带，提高防砂效果。

（3）工作液方面。

针对油藏特点，通过对岩性特点、储层特性、黏土矿物等分析，并进行速敏、水敏、盐敏、酸敏、碱敏等实验，确定损害类型、损害程度，最后通过岩心伤害评价，选择适合地层特点的洗井液和携砂液，起到保护油层，减少对油层损害的作用。

（4）固相充填材料。

用激光粒度分析仪对防砂各油组的地层砂进行粒度分析，采用与地层砂相匹配的石英砂作为充填砂，对成品石英砂重新过筛，将不合格粒径石英砂去除。

（5）防砂筛管。

采用筛缝为0.2mm的绕丝筛管或0.25~0.35mm的割缝筛管，筛管长度比射孔长度长4~6m左右。

（6）防砂管柱设计。

防砂管柱主体包括：DGFS封隔高压充填循环工具+盲管+防砂筛管（信号筛管+盲管+绕丝筛管或割缝筛管+沉砂封隔器（空心桥塞）。

（7）主要工艺程序的改进。

①压井取出井内管柱；②下带笔尖的管柱冲砂；③通井、刮削套管；④下空心桥塞：将工具下到预定位置后，用清水正洗井1~2周，从油管内投入钢球，待20min后用水泥车小排量坐封；⑤丢手：坐封完成后，慢慢上提管柱，丢手装置自动丢手；⑥验封：丢手后下放管柱，加压0.5~2t，确认坐封后慢慢起出管柱；⑦下防砂管柱：在防砂管柱到达空心桥塞时，慢慢下放，加压0.5~2t，确认位置正确后，上提管0.5~1.0m，坐好油管悬挂器；⑧配液（包括黏土稳定剂、携砂液）；⑨接好正反洗管线，管线试压；⑩开套管阀门，用清水正洗井1~2周，记录此时管柱重量，从油管内投入钢球1个，待20min后用水泥车小排量加压坐封；⑪开启充填通道：继续加压至压力突降为0，此时中心管关闭，充填通道开启；⑫正挤黏土稳定剂、前置液；⑬填砂施工；⑭填砂施工完成后反洗井：从套管内泵入携砂液，洗出油管内多余的砾石，洗净为止；⑮丢手：上提管柱至原负荷，正转油管丢手，确认倒开后上提管柱，此时充填通道自动关闭，中心管自动打开；⑯下生产管柱投产。

（8）为了提高施工质量和工艺效果，研制开发了相关防砂软件，做到施工定量化、软件化，自动化程度进一步提高，使施工更科学，对施工参数更容易掌握和分析，从而提高防砂工艺水平和防砂效果。

通过上述对国外防砂工艺的研究与改进，拓宽了工艺适应范围，并更能满足国内油田的需要，它主要具有以下特点：①研究开发的系列充填工具和空心桥塞对于我油田大部分井套管的现状，具有十分现实的意义，且该工具尺寸小，便于运输，下井不需吊车等配合，使用更灵活方便。②防砂管柱结构丰富，拓宽了工艺适应范围。国外公司采用绕丝筛管作为防砂管柱主体，适用于有效期长的先期防砂，而对于大量亏空地层结构已发生严重破坏的后期防砂，防砂有效期很难保证，绕丝筛管的处理是一大难题，因此开发了内外通径的无接箍割缝管防砂管柱总成，可以满足这些疑难井的防砂要求，又方便处理。③采取以下措施保证近井地带、炮眼、环空充填实，确保防砂效果：在防砂筛管上加上信号筛管，一般高出防砂筛管顶部 10m，充填后使环空砂柱高于防砂筛管顶部，也利于沉砂，并可延缓泵压上升速度，对筛套环空起压实作用，同时还可方便判断充填情况。充填过程中如果压力不升，在加砂快结束时，打开套管闸门，进行循环充填至压力升高 5MPa，使环空填满填实。如果充填过程中压力上升（比正常施工压力高 5MPa）则停止加砂。

4. 胜利海上高速水充填防砂工艺改进

1）优化充填管柱

现用的普通充填防砂管柱顶部只有一个信号筛管，油层之间的防砂管柱用油管连接，这样在充填过程中易形成"砂桥"，降低充填效率。现有防砂管柱的底部与人工井底之间没有封闭，人工井底与防砂管柱和套管之间的环空连通，采用的是石英砂填砂面的施工方法。在现场施工过程中，往往实际砂面低于设计砂面，如若实际砂面高于设计砂面，当影响防砂管柱下入时，还需另外冲砂。这种施工方法不易计算油管与套管环空的加砂量，油井充填效率无法保证。油井经常由于油管与套管环空充填不密实而出现故障。因此，需要开发一种提高油井充填效率的防砂集成管柱。

优化改进现有防砂集成管柱：①安装了两个信号筛管，可在油管与套管环空储备更多的充填砂，确保油套环空的充填质量，避免因充填砂下沉使得油层防砂管露出，影响充填防砂质量。②在油层之间装有层间防砂管，能够大大降低在充填砂中形成"空洞"的概率，使得充填砂有很好的"连续性"，进而确保油套环空充填密实。③在其防砂管底部设计沉砂桥塞，能精确计算环空容积，避免现有技术采用石英砂填砂面的施工方法所造成的计算误差，进而可以指导施工，确保油套环空充填密实。可有效提高出砂油井的防砂效果，提高油井的免修期，延长油井的检修作业周期。

2）优化充填防砂泵注程序

实施分步段塞式大排量高速水充填防砂，提高炮眼及筛套环空砾石堆积密实程度，提高防砂质量。之前高速水充填防砂工艺不足之处，一是漏失量较大的油层防砂时，易在炮眼处"脱砂"，地层几乎不进砂，炮眼充填得不到保证；二是层间差异大的长井段防砂时，易在筛套处产生"砂桥"，导致充填失效。根据施工中容易存在问题，对高速水充填防砂泵注程序进行优化，通过提高冲管与筛管的比值、控制套管返出液量、阶梯排量挤压测试、多段塞式泵入等方式，有效降低形成"砂桥"概率，提高高速水充填防砂效果。

泵注程序优化主要内容：一是小排量正循环测试，判断地层漏失情况，同时为验证充填砂高记录数据；二是长井段砂层采用段塞式泵入，优选合适充填砂比、排量、携砂液和顶替液交替泵注，防止或消除形成砂桥，确保环空充填密实；三是充填结束后小排量顶替验盲管外砂柱高度，如果筛套环空砂量不足，可以进行二次补砂充填施工。

3）防砂质量评价

为科学评价高速水充填防砂质量，确定两项主要技术指标：炮眼充填系数≥30L/m，盲管外砂高≥3m。

（1）炮眼充填系数。

炮眼充填系数是指单位长度射孔段炮眼内的填砂量，直接反应油井炮眼充填的密实状态。在实际操作中，该指标根据实际炮眼填砂量除以射孔井段长度得到。

（2）盲管外砾石充填高度。

在筛管顶部安装盲管的目的是为盲管外提供一定量的砾石，以使筛管外在砾石沉淀后保持完全填实状态。

根据达西定律计算盲管埋高：

$$H = 0.059KA(P_a - P_i)/UQ \tag{5-2}$$

式中，H 为盲管外砂柱高，m；Q 为泵排量，m^3/min；U 为携砂液黏度，$mPa \cdot s$；K 为砾石渗透率，μm^2；P_i 为试循环时压力，MPa；P_a 为验充填时压力，MPa；A 为环空面积，m^2。

目前海上炮眼充填系数达到45L/m，盲管外砂高达到5m，高于中海油企业标准（炮眼充填系数达到20L/m，盲管外砂高达到1.8m）。

（3）防砂工艺优点。

① 管柱结构简单，现场易操作。

分层挤压工具由喷砂器、封隔器、接收器等一体化结构组成，工具结构简单，现场施工连接方便。

② 加砂规模易控制。

采用分层挤压充填防砂时，理论上可以分4~5层，但从施工安全上来考虑，目前最多一次分三层进行挤压充填改造，鉴于海上防砂施工船舶最大加砂量在 $36m^3$ 左右，根据改造油层的厚度，加砂规模一般控制在 $1~2m^3/m$，特殊情况下能达到 $3m^3/m$，加砂规模易控制。

③ 改造措施力度大。

针对海上疏松砂岩油藏来说，分层挤压充填时按塑性挤压来考虑，目前加砂规模下其处理半径均能达到1m左右，能有效突破炮眼附近压实带、油泥污染带、地层砂堵塞带，现场施工优化调整泵注程序表，适时调整施工排量、加砂量和砂比，达到起压脱砂的效果，形成短宽端部脱砂的形态，有效改造井筒附近的渗透能力。

四、高渗透筛管

目前所使用的防砂筛管种类繁多，现场应用较为普遍的主要有树脂滤砂管、金属棉滤砂管、金属毡滤砂管、割缝筛管以及大量应用于直井砾石充填的绕丝筛管，生产过程中容易被堵塞、冲蚀及穿透甚至失效，从而影响了防砂有效期和油井的正常生产。研发了一种适合于减少粉细砂、泥质堵塞的高渗滤砂管。

（一）结构组成

高渗性滤砂管结构如图 5-12 所示，主要由中心管、覆膜石英砂固结防砂器和扶正器三部分组成。

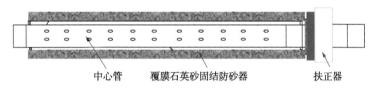

中心管　　覆膜石英砂固结防砂器　　　扶正器

图 5-12　高渗滤砂管结构

（二）关键参数及材料优化

针对筛管内壁易堵塞问题，优化了高渗滤砂管过流通道结构及尺寸（图 5-13），优化通道尺寸为 5mm，高渗流面积和抗堵塞能力。另外，优化了高渗滤基管布孔参数（图 5-14），在保障滤砂管强度的同时实现过流面积最大化。

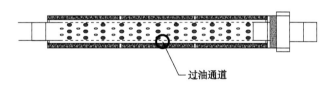

过油通道

图 5-13　过油通道设计

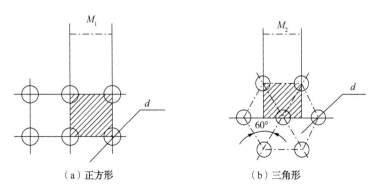

（a）正方形　　　　　　　（b）三角形

图 5-14　中心管布孔设计

针对常规树脂耐湿热性能差的问题，对常用氰酸酯树脂(CE)、环氧树脂(EP)、酚醛树脂(PF)、聚乙烯树脂(PE-LD)、聚苯乙烯树脂(SAN)、聚氯乙烯树脂(PVC)等6种材料的湿热性能、力学性能、耐热性能进行了室内筛选及评价，结果如图5-15所示，氰酸酯树脂(CE)耐湿热性能稳定、变形率高、强度适中，可作为滤砂器树脂材料。

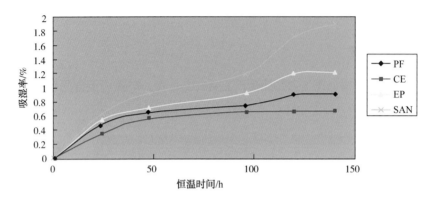

图5-15　树脂耐湿热性评价

（三）性能评价

室内驱替实验研究表明，高渗滤可实现适度排砂，降低井筒附加阻力，高渗滤砂管驱出液中所含微粒粒径小于40μm，驱替压差仅为绕丝筛管的1/8，如图5-16所示。

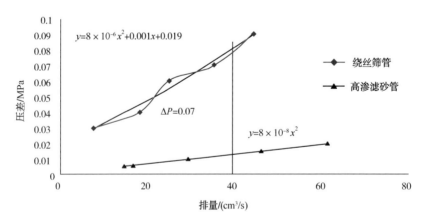

图5-16　绕丝、高渗滤压降曲线对比图

五、应用情况

通过逐步完善高密实长效防砂工艺，一方面能有效解除近井筒钻井泥浆侵入，提高地层的渗流能力；另一方面能形成密实、有效的挡砂屏障，防止地层砂和黏土微粒运移对近井筒和炮眼的堵塞，满足大生产压差提液的需要。从2011年初至2019年，该工艺在胜利海上油田新老井中共实施了 286 口，新井投产初期单井产能由 2011 年 28.0t 提高到 36.5t，防砂有效期由 3.5 年提升至 5.0 年以上，满足 6MPa 大压差提液不出砂，油井出砂躺井数由 2012 年的 7 口降至 2016 年的 1 口，4 年减少躺井 23 口，少支出作业费用 1.56 亿元。

下面以典型井埕北 20CA-14 井为例做简要介绍。

（一）地质特征

地质特征如表 5-4、表 5-5 所示。

表 5-4　CB20CA-14 井投产油层数据

解释序号	层位	油层井段（斜）/m	砂层厚度/m	射孔井段（斜）/m	砂层厚度/m	避射井段（斜）/m	砂层厚度/m
6	Ng3^3	1439.3~1445.6	6.3	1439.3~1444.0	4.7	1444.0~1445.6	1.6
14	Ng5^{62}	1596.5~1602.0	5.5	1596.5~1600.0	3.5	1600.0~1602.0	2.0
16	Ng6^2	1620.9~1624.4	3.5	1620.9~1624.4	3.5		
合计			15.3		11.7		3.6

表 5-5　CB20CA-14 井投产油层电测解释成果

解释序号	层位	井段/m	厚度/m	有效厚度/m	储层评价	孔隙度/%	渗透率/10^{-3}μm^2	含水饱和度/%	泥质含量/%	声波时差/（μs/ft）	解释结果
6	Ng3^3	1439.3~1445.6	6.3	6.3	好	38.994	1370.4	42.94	19.06	122~132	油层
14	Ng5^{62}	1596.5~1602.0	5.5	5.5	好	36.389	1333.1	37.44	10.09	115~128	油层
16	Ng6^2	1620.9~1624.4	3.5	3.5	好	34.918	976.9	42.96	18.05	116~126	油层

（二）分层挤压充填防砂

该井地层压力系数 0.94，大负压返涌射孔后无油气显示，反洗井出口未发现油花，测地层漏速 0.5m^3/h，地层试挤泵压 8MPa，排量 242L/min，说明近井地带污染较严重。设计 16#层（1620.9~1624.4m）排量 1.6m^3/min，地层加砂量 10m^3；14#层（1596.5~1600.0m）排量 1.6m^3/min，地层加砂量 7m^3；6#层（1439.3~1444.0m）排量 1.8m^3/min，地层加砂量 13m^3。

（1）下层挤压：管线试压 30.0MPa，试挤泵压 23.7~21.1MPa，排量 0.9~1.6m^3/min，确定按 1.6m^3/min 排量施工，停泵记录压力 21.1~5.8MPa。依次正挤前置液 14.2m^3、携砂液 40.5m^3、顶替液 2.5m^3，泵压 23.2~16.9~30MPa，排量 1600L/min，

砂比 5% ~50%，加砂 9.3m³。

加砂至 9.3m³ 时泵压上升明显，停止加砂，顶替 2.5m³ 后泵压达到限压 30MPa，现场迅速倒流程反洗井，将油管内砂子洗干净。经过计算，油管内有 4.8m³ 砂浆、注砂器至下层油层底界有 0.2m³ 砂浆未进入地层，按 40%~50% 的砂比计算，约有 2.2m³ 未进入地层，该层地层加砂 7.1m³，加砂强度 2.03m³/m。该层试挤初始提排量 1m³/min 时压力很快达到 24MPa，该层限压 25MPa，决定上调限压至 30MPa 继续试挤，泵压较高，保持在 22MPa 左右，砂比至 40% 时泵压下降比较明显，施工后反洗井出口出气较大，带有油花，分析认为下层改造效果明显（图 5-17）。

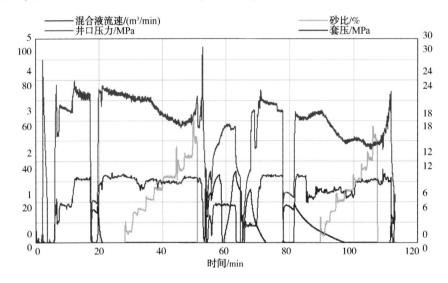

图 5-17　CB20CA-14 井下、中层挤压充填防砂曲线

（2）中层挤压：因下层反洗井气量大控制出口，为确保油管内无砂子，先用泵橇正顶替后带压投直径 45mm 钢球，沉球 20min。试挤泵压 22.6 ~19.2MPa，排量 1.6m³/min，确定按 1.6m³/min 排量施工，停泵记录为 19.2 ~6.7MPa。依次正挤前置液 14.4m³、携砂液 28.8m³、顶替液 6.6m³，泵压 19.2 ~14.2 ~25MPa，排量 1600L/min，砂比 5%~50%，加砂 7.0m³。开始加交联剂时发现排量显示降至 1m³/min，泵压无变化，检查设备没问题，泵橇进口排量显示 1.6m³/min，判断加入交联后仪器显示排量有问题，决定继续施工。按设计加砂 7m³ 后，打顶替液 6.6m³ 过程中泵压上升较快，并达到限压 25MPa，现场迅速倒流程反洗井，将油管内砂子洗干净。经过计算，油管内有 0.6m³ 砂浆，按 50% 砂比计算，约有 0.3m³ 砂子，该层加砂 6.7m³，加砂强度为 1.91m³/m。

（3）上层挤压：投直径 50mm 钢球，沉球 20min。试挤泵压 20.4 ~17.7MPa，排量 1.8m³/min，确定按 1.8m³/min 排量施工，停泵记录为 17.7~1.7MPa。依次正挤前置液 21.6m³、携砂液 59.7m³、顶替液 4.0m³，泵压 18.1 ~ 13.8 ~30MPa，排量 1800 ~ 2000L/min，砂比 5%~60%，加砂 13m³。

砂比至40%时，泵压、套压上升明显，停止加砂，并上提排量至2.0m³/min，泵压稳定后继续加砂施工。按设计加砂13.0m³后，打顶替4.0m³时达到限压30MPa，现场迅速倒流程反洗井，将油管内砂子洗干净。经过计算，油管内有2.5m³砂浆，按60%砂比计算，约有1.5m³砂子，该层加砂11.5m³，加砂强度2.45m³/m(图5-18)。

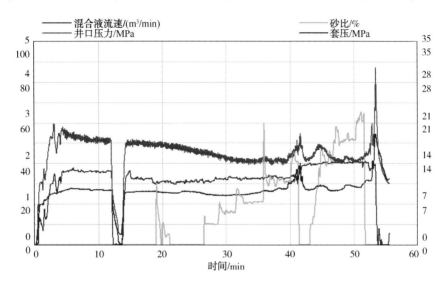

图5-18　CB20CA-14井上层挤压充填防砂曲线

此次挤压防砂充填共用砂量29.3m³，地层进砂25.3m³，挤压前地层漏失速度约0.5m³/h，地层试挤8MPa，排量242L/min，挤压后测漏失速度0.3m³/h，地层试挤6.6MPa，排量501L/min，挤压改造效果明显。

（三）高速水充填防砂

充填前地层漏失速度约为0.3m³/h，井筒灌满后施工时以0.5m³/min、1.5m³/min排量依次正循环测试，泵压分别为2.4MPa、11.6MPa。根据循环测试情况、该井斜度小(28.6°)、油层跨度长(185.1m)及挤压充填防砂情况(炮眼附近充填比较密实)，选择排量为1.5m³/min，套压控制在2MPa以内，避免炮眼内陶粒砂推向地层深处。

由于防砂井段较长，为避免环空充填时形成砂桥，施工中严格按照设计执行小段塞分步加砂，确保环空充填密实。

此次共加砂3.5m³，油管内剩余0.3m³砂子被洗出，实际炮眼和环空加砂3.2m³，炮眼充填系数55.5L/m，充填后地层漏失速度为0.3~0.4m³/h(图5-19)。

（四）投产效果

CB20CA-14井下150m³/d电泵完井，2012年10月投产，初期日产液77t，日产油70.9t，含水7.9%；2013年9月日产液74.6t，日产油69.4t，含水6.9%。

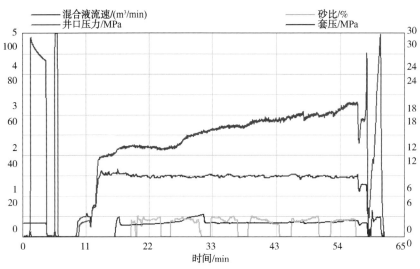

图 5-19　CB20CA-14 井高速水充填防砂曲线

第三节　大斜度长井段高效举升工艺

一、海上电泵采油技术简介

(一) 地下条件对电泵寿命的影响

1. 油层厚度

油层厚度越大，油井供液能力越强，越有利于井下电泵机组、电缆散热。潜油电泵对高温非常敏感，高温加快电机、电缆绝缘件的老化，使电泵寿命缩短。有资料表明，如果环境温度比电机额定温度增高 1℃，电机寿命会缩短一半。如果电泵机组持续升温，最终会发生电机烧毁、电缆烧断等故障。

地层供液能力强，可以选择与油井产能相匹配的电泵，使电泵在最佳排量范围内（指电泵额定排量的 75%～125%）工作，离心泵叶轮处于自由悬浮状态，和上下导轮之间的摩擦力最小，电泵泵效高，寿命长。

2. 渗透率

相同储层物性参数的油藏，渗透率越高，油井产能越高。渗透率差的油层修井作业时易被外来固相微粒堵塞孔喉，或者外来流体易堵塞孔隙喉道，电泵井试抽后固相杂质不易返排出来，油层易发生水锁，造成电泵井低产，甚至欠载停机。渗透率好的油层往往试抽后排液吐污能力强，产量恢复快。

3. 地饱压差(流饱压差)

地饱压差(流饱压差)越大，油井不脱气生产期越长，对提高电泵井寿命越有利。

4. 原油黏度

原油黏度越高，井液流动阻力越大，叶导轮流道越易堵塞，电泵实际扬程、排量、泵效越低，电机负荷越大，电机易过载。

5. 地层压降(压力系数)

地层压降越大、压力系数越低，地层亏空越大，地层供液能力越弱，电泵井寿命越短。

6. 生产油气比

油气比越高，井底脱气半径越大，地层供液能力越弱。高油气比降低电泵的实际扬程、排量、泵效，气体大量进泵造成电泵气锁，离心泵停止排液，电机发热不能散发，最后烧毁电机。原油脱气还增大原油黏度，使原油携砂能力增大，加剧地层出砂程度。

7. 原油含砂量

把含砂>0.03%定义为油井出砂，出砂使离心泵轴承、叶导轮磨蚀严重，电机负荷增大，甚至卡泵造成电机烧毁。出砂加速保护器机械密封轴承的磨蚀，加速保护器的失效。

8. 出砂粒径

砂岩地层的含砂分布粒径范围很广，防砂的目的是挡住占地层砂质量分数80%的粒径的砂子，防砂难易关键在于地层砂质量分数80%以上的粒径大小，砂粒越小越难防，粉细砂用机械防砂手段很难奏效。

9. 井斜角

井斜角越小，越利于电泵、防砂管柱安全下井和生产。井斜角>45°的油层采取砾石充填施工效果不理想。

10. 全角变化率

全角变化率越小(<5°/30m)，电泵下井越顺利，发生电缆挤伤、机组变形损坏的概率越小。全角变化率>8°/30m，不适合下电泵。

(二)埕岛油田馆陶组地质特征

埕岛油田馆陶组属河流相沉积，是构造背斜上受岩性控制的稠油、高渗透、高饱和、正韵律疏松砂岩层状油藏。具有以下特点：①馆陶组油藏分布范围广，含油井段长，含油层位多，油层平面变化大。②油藏埋深较浅，油层渗透率高。油层埋深1250~1650m，平均空气渗透率$2711×10^{-3}\mu m^2$。③地层原油具有高饱和、高密度、中高黏度、低凝固点、低含蜡等特点。地面原油黏度为43.9~536mPa·s，含蜡6.71%~16.18%。④油藏属常温常压系统，油水关系复杂，油层平面连通性较差，天然能量不足。⑤馆上段储层成熟度低，地层胶结疏松，易出砂。⑥地层水总矿化度为2536~4845mg/L，平均4584mg/L。

（三）潜油电泵完井配套技术

1. 完井管柱结构

目前，埕岛油田典型潜油电泵井采油管柱的构成为（自下而上）：喇叭口+扶正器+毛细管传压筒+2⅞inEU 油管+潜油电机+保护器+分离器+多级离心泵+2⅞inEU 油管+沉砂单流阀+2⅞inEU 油管+自洁式井筒防砂器+2⅞inEU 油管+泄油器+2⅞inEU 油管+过电缆封隔器+2⅞inEU 油管+井下安全阀总成+2⅞inEU 油管+悬挂器（图 5−20）。

管柱设计图	下深/m	工具名称	通径/mm	外径/mm	长度/m
		采油树	65.0		
		悬挂器	80.0	175	
液控管线 ¼in	105	井下安全阀	58.7		
	115	过电缆封隔器	62	150	
	1540	泄油器			
	1560	自洁式防砂器			
	1570	沉砂单流阀			
	1600	电泵机组			
油管 2⅞inEU	1620	毛细管传压筒			
	1620.3	扶正器			
	1620.5	喇叭口			
		井下双向流动阀			
	1647.2	防砂留井鱼顶			
1660.3m	1648.2	Y445丢手封			
油层	1658.4	油管			
	1729.1	割缝筛管			
1727.0m	1738.6	油管			
	1738.8	丝堵			
	1833.43	人工井底			

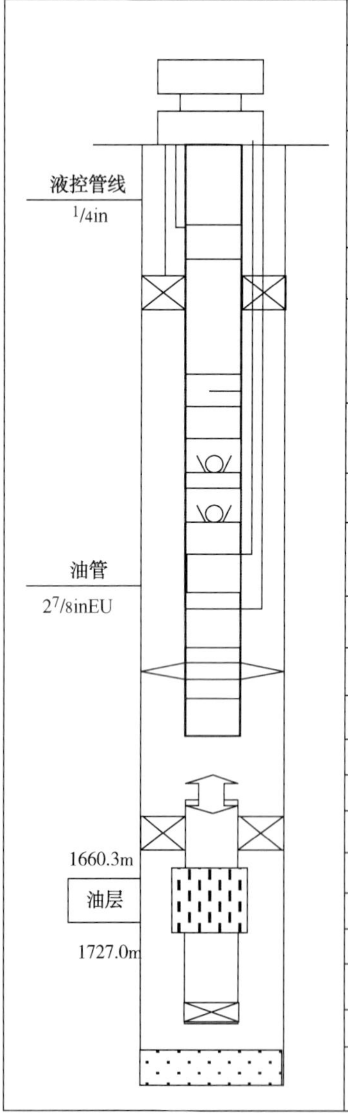

图 5−20　典型电泵井完井管柱示意图

2. 研制并推广海上定向井加强电泵机组

为解决电泵在定向井(特别是大斜率、大曲率定向井)中的应用问题而开发出的特殊电泵机组。与常规电泵机组相比较，定向井潜油电泵机组的改进主要包括四个方面：采用胶囊式保护器、机组长度减小、提高机组抗弯曲能力和滚动电缆保护。改进后的定向井电泵机组能够适应以下条件的油井：①套管直径≥7in；②工作段井斜角≤80°；③油井全角变化率<10°/30m(推荐≤8°/30m)。

3. 电缆保护技术

电缆下井时挤伤是电泵完井易发故障，经过多年探索，从现场操作和打电缆保护器两个方面加强电缆保护。

现场操作：井口、钻盘和天车对中，水平位移左右位移不得超过10cm，达不到要求不准下井，机组连接采用力矩扳手，提高机组各部件连接强度。机组到达油井造斜点及通过油井弯曲段时，起下操作缓慢。每五根油管量一次绝缘电阻，发现问题及时处理。

保护器使用：①大扁电缆保护。造斜点以上，"1+1"保护方式，每根油管接箍打1个双联金属保护器(实用新型专利技术)，油管中间打1个橡胶保护器；造斜点以下，"1+2+1"保护方式。每根油管接箍打1个双联金属保护器，油管中间打1个橡胶保护器，在金属保护器和橡胶保护器之间各打1个单联金属保护器(实用新型专利技术)。②小扁电缆保护。放弃原来的小扁护罩+电缆卡子的保护方法，采用特制的大外径小扁电缆固定器将小扁电缆全部包裹，增强电缆抗挤压强度(图5-21)。

4. 井筒防沉砂、防砂卡技术

油井即使采取防砂措施后也有少量粉细砂产出，在电泵管柱以上连接沉砂单流阀、自洁式井筒防砂器(实用新型专利技术)，减少电泵停井后沉砂卡泵事故的发生。

5. 研制宽流道电泵机组

常规电泵抽稠油生产，由于导叶轮流道窄，黏滞力较大，容易引起过载停机。宽流道电泵就是针对这种问题设计出的新型电泵。该电泵的改进主要包括加宽流道、上盖板部分切除、叶轮采用全浮式结构。

采用宽流道电泵，电机功率配制比普通的大20%～50%，使海上电泵对稠油黏度的适应性由300mPa·s提高到500mPa·s左右。采用高扬程离心泵，克服稠油对电泵举升能力的损失。

6. 电泵电加热伴热技术

电泵电加热伴热技术是根据集肤效应原理，将电加热装置接电泵机组下端，对泵下原油进行集中加热，同时在油套环空穿越输送电缆伴热，该技术理论上可使

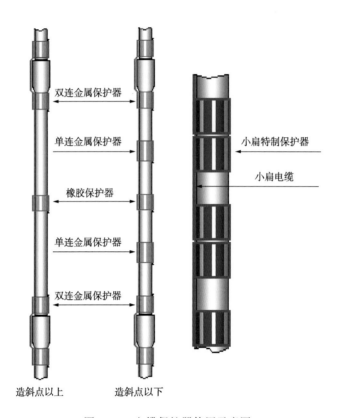

双连金属保护器

单连金属保护器

橡胶保护器

单连金属保护器

双连金属保护器

小扁特制保护器

小扁电缆

造斜点以上   造斜点以下

图 5-21　电缆保护器使用示意图

6000mPa·s 的原油黏度下降到 500mPa·s。在 CB243A 井组的投产过程中认识到，单纯的宽流道电泵不能解决黏度为 500mPa·s 以上原油的开采，在 2 口电泵井上采用电加热伴热技术，使原油黏度为 600~800mPa·s 的油井试抽一次成功。

7. 选井选泵技术

为了更好地推广应用定向井电泵机组，通过以下方面加强选井选泵工作。

（1）对埕岛油田所有定向井进行全面普查，根据每一口海上定向井的全角变化率来选泵。

（2）设计下深时，将电泵置于稳斜段，避开造斜段或有方位角变化的井段。

（3）对全角变化率过大（超过 8°/30m）的井避免应用定向井电泵机组。

（4）根据地层供液能力优选泵的性能参数：排量、功率、扬程，同时考虑原油含气量、原油黏度对电泵工作特性的影响，使泵处于最佳排量范围内（指电泵额定排量的 75%~125%）工作。

8. 电泵井生产管理技术

1）合理选择电泵生产制度

使电泵在最佳排量范围内运转，防止电泵机组早期磨损。对于生产稳定的油井，调大生产压差要加密观察电流、含砂的变化，一旦电流下降太大，含砂上升快，马上调整生产参数，避免油井进入不良生产状态。对于刚作业完的井，有一个细砂排出阶段，此时应用小油嘴控制稳定生产一段时间，避免油井大量出砂。

2）尽可能减少停机次数，延长电泵机组的运转寿命

电泵启停一次，保护器呼吸一次，每次呼吸都呼出一些电机油，吸入同量的井液，经过多次呼吸后，保护器腔体内的电机油越来越少，井液越来越多，直到保护器腔体内大部分充满井液时，井液便窜进电机内，保护器失效，电机因绝缘失效立即烧毁。

3）加强对出砂、出气、稠油、供液不足的井的管理

油井出砂易卡泵，该类油井用过滤海水或柴油反洗井把离心泵的杂质洗出来后再开井，避免频繁开关井。油井脱气易气锁，要及时放空，增大泵沉没度。发生气锁的井可用过滤海水反洗井后开井。稠油井电泵易过载，供液不足井电泵易欠载，这些井要采取活性柴油、低伤害酸或生物环保酶等解堵措施提高油井产能。

4）完善地面供配电系统

一次停电或电压波动往往造成电泵井躺井。努力实现平稳供电，避免电压波动太大，提高电泵井寿命。

5）对油井采油树加装套气流程，提高泵效

埕岛油田主力开发层系馆陶组油藏属高饱和稠油油藏，注水滞后，在地层脱气状态下机械采油是油田开发长期面临的问题。从油井管柱上讲，为保障海上生产安全，机采井油套环空之间均下了过电缆封隔器，自 1996 年部分区块地层脱气，油井气锁现象极为明显，泵效降低，严重的已不能正常生产。为此对地面流程进行了改造，对机采井加装了套气流程和单流阀，基本消除了套气对泵况的影响，提高了油井泵效，使油井保持了连续稳定生产，增加了产油量。

6）在生产阀门与油嘴套之间加装沉砂装置

在生产阀门与油嘴套之间加装沉砂装置，通过扩径后直径变化使油流流速降低，降低油流携砂能力，砂粒在重力的作用下向下沉积，达到沉砂的目的。此装置在 CB22C-3 井成功应用，改变了该井原油嘴套砂堵、憋压生产的不正常状况，同时也降低了大量砂进入生产流程、管线，造成设备砂堵或海底管线砂流磨损破坏现象的发生，为严重出砂井地面治理除砂探索了一条新路。

二、长寿命电泵配套技术

"十一五"初期，海上电泵检泵周期 3 年，油井低液、腐蚀结垢、操作质量是制约电泵长寿的因素，通过分析短寿原因，确定"改善井筒工况、提升电泵质量、改进施工质量"的系统优化思路，开展了针对性的攻关研究。

(一) 全压紧混相流电泵

传统浮动式径向流导叶轮电泵的优点是更易加工及装配，不用考虑保护器止推力。不足之处在于一是流道狭窄易堵塞，不适应稠油、出砂、结垢、含气油井生产；二是泵效过高过低时叶轮上下浮动造成磨损，降低泵效和寿命。

研发了新型电泵，叶轮由浮动式改为全压紧式，适应提液幅度更大。导叶轮结构由径向流改为混相流，叶片角度从 90° 改为 45°，流道容积增加 30%，降低油流阻力，更适应稠油、出砂、结垢等复杂工况。

新型电泵适应液量范围由过去的 50% ~ 150% 放宽到 30% ~ 200%，成功在提液井和地面原油黏度为 2117mPa·s 的稠油井应用。推广应用 52 口井，单井日产由 27.5t 提高到 35t，提升 27.3%，解决 CB246-248、SH201 区块稠油举升难题(表 5-6)。

表 5-6　新型全压紧混向流电泵机组改进内容

序号	改进方面	部　位	常规电泵机组	新型电泵机组	作用
1	结构设计	离心泵：导叶轮	径向流	混相流	耐磨、防垢
2		离心泵：叶轮	100m³/d 以下全浮式叶轮 100m³/d 以上半浮式叶轮	全压紧式叶轮	宽幅、耐磨
3		离心泵：导轮	无	底部增加径向筋板	耐磨
4		离心泵：耐磨轴承	每节泵 3~4 级	每节泵 7~8 级	耐磨
5		保护端：止推轴承	整体	浮动瓦	高承载
6	材质规格	离心泵：泵头泵座耐磨扶正轴承	锡青铜	YG15 硬质合金	耐磨
7		离心泵：泵内轴套	40Cr	镍铸铁	防垢、防腐
8		离心泵：叶轮止推垫片	酚醛布板	复合材料	耐磨、防腐
9		离心泵：导叶轮	喷涂环氧树脂	喷涂聚四氟乙烯	防垢
10		分离器：诱导轮	喷涂环氧树脂	喷涂聚四氟乙烯	防垢
11		分离器：衬套	40Cr	高铬钢（HRC48）	耐磨、防腐
12		分离器：轴套及滤网	40Cr	316L	防垢、防腐
13		保护器：机械密封支架	黄铜 H62	316L	防腐
14		整体机组：外部	Ni-P 防腐涂镀	蒙乃尔防腐涂镀	防腐
15		整体机组：所有密封件	氟橡胶	AFLAS100 橡胶	防腐、高温
16		花键套	35CrMo	蒙乃尔材料	防腐
17		引接电缆	35CrMo	K-500 蒙乃尔材料	防腐
18		连接螺钉	镀锌铠装	不锈钢铠装	防腐

（二）电泵管柱防腐工艺研究

胜利油田海上出现腐蚀现象油井主要集中在 KD34 区块、北区、东区，腐蚀井数占区块总开井数的 8.5%（表 5-7）。

表 5-7　2009 年至今海上腐蚀井分单元统计

单元	总开井数	腐蚀井数	腐蚀井次	腐蚀井比例/%	生产时间/d	生产期间平均矿化度/（mg/L）			
						钙	镁	氯	碳酸氢根
KD34	13	4	5	30.8	1538	427	82	7237	594
北区	19	4	5	21.1	1064	841	280	9448	524
东区	35	7	9	20.0	768	893	290	10616	650
CB11	7	1	1	14.3	942	133	42	5885	260
KD481	16	2	2	12.5	2020	59	23	2422	921
中三区	39	4	4	10.3	1799	683	191	7920	555
南区	40	1	1	2.5	506	97	27	2236	544
中二区	113	1	1	0.9	1167	662	331	10053	864
合计/平均	282	24	28	8.5	1206	647	201	8345	613

通过开展海上油井管柱腐蚀机理研究（表 5-8），海上新北油田、主体东区和北区等腐蚀机理为：油井管柱腐蚀现象与井液中含有 CO_2、H_2S 有关（表 5-9），并在高含水（70%~90%）、较高 Cl^- 含量（6000~12000mg/L）、中低温（60~90℃）、提液环境下（单井日产液 100~180t）加剧局部腐蚀现象，其中 CO_2 腐蚀是主因，普通 N80 油管未防腐易出现局部腐蚀。

表 5-8　海上部分腐蚀井腐蚀产物 XRD 分析主要成分

序号	井号	下井时间/d	化验部位	油层温度/℃	XRD 图谱分析主要成分		
1	KD34A-5	942	穿孔处油管内壁	75	$FeCO_3$	Fe_3O_4	Fe_2O_3
2	CB6A-G4	943	穿孔处油管内壁	69	$FeCO_3$	FeOOH	Fe_3O_4
3	CB6A-G5	636	穿孔处油管内壁	68	$FeCO_3$	FeOOH	Fe_3O_4
4	CB251E-2	1032	穿孔处防砂基管外壁	68	SiO_2	Fe_3O_4	$FeCO_3$
5		600	穿孔处分离器内壁		$FeCO_3$	SiO_2	Fe_3O_4
6		600	腐蚀电缆保护器		$FeCO_3$	SiO_2	/

续表

序号	井号	下井时间/d	化验部位	油层温度/℃	XRD 图谱分析主要成分		
7	KD481A-8	2584	穿孔处防砂盲管内壁	65	$FeCO_3$	Fe_3O_4	Fe_2O_3
8		2584	穿孔处防砂盲管外壁		$FeCO_3$	SiO_2	Fe_3O_4
9	CB20B-3	2414	穿孔处油管内壁	67	$FeCO_3$	FeS	Fe_2O_3
10	CB251A-5	785	穿孔处油管内壁	63	$FeCO_3$	Fe_3O_4	FeS
11	CB251B-1	326	穿孔处油管内壁	69	$FeCO_3$	FeS	Fe_3O_4

表 5-9 海上腐蚀井腐蚀气体组分

序号	井号	分析时间	H_2S/ppm	CO_2/%	分压/MPa	
					H_2S	CO_2
1	CB251B-1	2012/3/19	43	0.87	0.000602	0.122
		2015/4/30	0	0.158	0	0.014
2	CB251C-5	2012/8/26	16.9	0.031	0.000270	0.005
		2015/5/13	0	0.274	0	0.025
3	CB251E-2	2013/7/1	1.5	1.271	0.000014	0.114
		2015/4/30	0	0.149	0	0.013
4	CB251C-4	2015/4/30	0	0.384	0	0.042
5	CB251A-5	2015/7/28	0	0.247	0	0.030
6	KD481A-8	2015/5/28	0	0.28	0	0.025
7	CB251A-2	2013/9/5	2.7	—	0.000025	—
		2015/4/30	0	0.189	0	0.017
8	CB1HB-7	2014/1/21	0	0.21	0	0.019
9	CB20A-7	2015/4/30	0	0.183	0	0.018
10	CB20B-3	2015/8/5	0	0.068	0	0.006

典型井 CB251E-2 井于 2004 年 9 月 29 日电泵投产，于 2012 年 10 月因电机外壳（未涂镀防腐）腐蚀穿孔进井液躺井，2013 年 3 月再次因电机保护器（未涂镀防腐）腐蚀穿孔进井液躺井，作业过程中还发现电机外壳多处出现腐蚀坑（图 5-22）、电机保护器上的一个双联腐蚀严重。

2015 年 2 月 1 日再次躺井，作业过程中发现：①保护器呼吸口（316L 涂镀防腐处理未均匀）和连接螺栓（未防砂）腐蚀（图 5-23），而电机及保护器外壳均进行 316L 整体

图 5-22　CB251E-2 井下井 138d 电机保护器腐蚀穿孔、电机表面腐蚀坑明显

涂镀防腐处理，下井 600d 未出现腐蚀现象。②三个引接电缆保护器合页链接轴（未防腐）被腐蚀断。③下分离器壳体连接处内侧有砂蚀，圆周出现不同程度的穿孔，分离器内分离壳出现砂蚀穿孔。④防砂管基管发生两处腐蚀穿孔，一处穿孔处对应深度为1702.52m（垂深1393.3m），另一处圆坑深度为1702.40m（垂深1393.2m）。

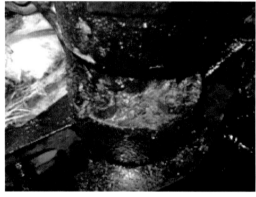

图 5-23　CB251E-2 井下井 600d 保护器呼吸口和联接螺栓腐蚀

腐蚀分析：该井 2013 年 6 月取样化验分析发现伴生气中 CO_2 含量为 1.271%（分压0.144MPa），H_2S 含量为 2.21mg/m³（分压0.000014MPa），2015 年 4 月再次化验结果显示不含有 H_2S，因此忽略硫化氢对腐蚀造成的影响，油层中部温度为 67.9℃，矿化度较高，最高达 20922.17mg/L，Cl^- 含量最高达 10473.29mg/L。CO_2 腐蚀是主因，普通 N80 油管易出现局部腐蚀（图 5-24、图 5-25）。

针对海上腐蚀工况，对 80S-3Cr 防腐油管和镀渗钨防腐油管分别进行了寿命预测，两种防腐油管分别达到 9.6 年和 11 年左右（表 5-10）。目前针对出现腐蚀现象的区块，对完井油管、电泵、防砂工具 3 个关键部位进行防腐处理，完井油管选用80S-3Cr 防腐油管或镀渗钨防腐油管，电泵为导叶轮涂聚四氟乙烯、电机保护器

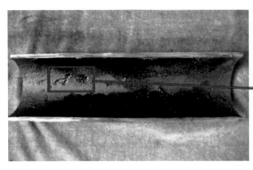

图 5-24   井深 1702.52m 处基管出现穿孔

图 5-25   电缆保护器合页链接轴被腐蚀

蒙乃尔涂镀、小扁电缆 316L 不锈钢铠装，防砂工具为防砂基管及盲管镀渗钨处理、安全接头及扶正器镍磷镀处理，提升油井防腐性能。目前油井管柱防腐技术已应用 15 口井，均正常生产，其中 CB251E-2 井镀渗钨油管下井 974d、CB251A-2 井 80S-3Cr 油管下井 978d。

表 5-10   海上两种腐蚀工况管柱寿命预测

材料/工况	寿命/年			
	模拟工况		垦东 89	
	腐蚀量 12.5%	腐蚀量 20%	腐蚀量 12.5%	腐蚀量 20%
N80 油管	6.5	10.4	4.9	7.9
80S-3Cr 油管	9.6	15.4	8.4	13.5
镀渗钨油管	6.5+(4.5~5.1)	10.4+(4.5~5.1)	4.9+(3.4~3.9)	9.8+(3.4~3.9)

（三）无损伤电缆连接穿越技术

通过分析电泵躺井原因发现，海上电缆连接穿越故障占躺井直接原因的 1/4，其中过电缆封隔器处、大小扁连接处电缆连接故障分别占 50%、43%，主要表现为：一是电缆连接包击穿；二是电缆穿越过封处击穿。为此，进行了以下改进：①过电缆封隔器电缆整体穿越技术。过去电缆故障的62%发生在过封连接包附近，传统电缆穿越方式是先截断电缆，穿越封隔器后对接电缆。现在改为对末端120m电缆整体倒穿封隔器，减少一个电缆连接头，就减少了一处故障隐患。②按照国际一流标准实施电缆连接。从操作规范、连接材料、精度要求等方面追标国外标准，完善电缆连接操作规范，引进高质量连接材料，杜绝目视化连接操作，提高电缆连接质量。③规范现场标准化操作。过去凭经验判断空气湿度是否满足电缆连接，现在配备湿度计准确计量。自制电缆连接操作台，实现规范化电缆连接，防止电缆晃动，提高了电缆连接质量。

通过配套应用长寿电泵管柱，电泵检泵周期由3年提高到5.7年，平均每年少作业井20.5口，年减少作业费1.25亿元。

第六章

半海半陆高效集约海工建设模式

埕岛油田主体区块采用"卫星平台+中心平台+海底管线+陆上处理站"的"半海半陆"集输模式，与常规"全海式"模式相比，百万吨原油降低地面工程投资约 20% ~ 30%。埕岛油田半海半陆油气集输系统扩容技术难点如下：①海底地形变化复杂，油气水流动不稳定，易形成段塞流，造成海底管网工艺模拟误差大。②海底管网密集复杂（150 多条海管），如何充分发挥现有平台、管网能力，优化海底管网布局，确定新建平台的最佳位置，技术难度大。③海上采出液量大幅上升，油水乳化严重、段塞流影响分离效果，造成海上采出液处理难度大。

针对这些技术难题，创新形成了海底复杂集输管网扩容精准模拟技术、海底复杂管网布局优化技术、多井口采修一体化平台、海上短流程油气水一体化高效处理工艺技术。

第一节　极浅海油气集输管网布局优化

一、油气集输管网扩容模拟技术

根据埕岛油田产能调整建设需要，新建产能尽量依托埕岛老区已建油气集输系统设施，因此，必须开展已建油气集输系统的适应性评价。在评价过程中，主要通过集输系统的水力、热力分析等手段进行，其计算结果直接决定新建产能是否能够进入已建系统。然而，目前传统的工艺计算模型用于埕岛油田老区管网工艺计算时误差非常大（通常达到 30% ~ 50%），不能满足埕岛油田老区调整的计算要求，因此，必须对计算模型进行研究并改进。通过理论分析，建立起管网的水力、热力计算模型，并通过大量的生产数据，对计算模型进行修正，并在此基础上对现有集输管网的适应性进行评价。

（一）水力热力模型

油气水多相流管路流型变化多，存在相间能量消耗，段塞流影响流动不稳定，存在相间传质，海底地形变化影响压降等。鉴于这些复杂因素，建立多相流管路水力、热力、相平衡等耦合模型。

直接采用 BBM、EF 等多种计算模型对埕岛油田集输管网压降进行了模拟，与现场生产数据相比较，误差为 30% ~ 50%，不能满足生产需要。

通过流体的连续性方程、动量方程以及能量方程，建立了改进的埕岛油田混输管网的水力、热力计算模型，该模型采用雷诺数和韦伯数对流型进行划分，采用 Eaton 相关式分析持液率，采用 Flanigan 相关式分析海底地形变化引起的高程损失。分析大量的埕岛油田实际生产运行数据，并与模拟结果比对，找出误差影响的关键因素，对模型进行修正，得到适用于埕岛油田油气集输系统的水力、热力计算模型，模拟结果与实际运行参数相比较，误差均小于 10%，提高了复杂海底管网模拟的精准度。模型建立的过程如图 6-1 所示。

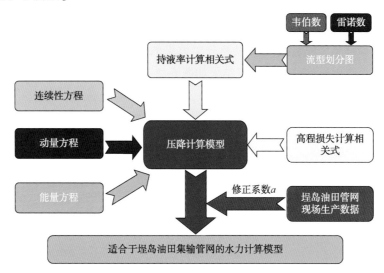

图 6-1　埕岛油田海底管网水力模型建立

建立的埕岛油田海底管网水力计算模型为：

$$\Delta P = \frac{1}{a^2} \times \frac{\dfrac{M_L \Delta w_L^2 + M_g \Delta w_g^2}{2g_c} + \dfrac{f w_t \overline{w}_g^2}{2g_c d} \Delta X}{144 \left[\dfrac{M_L}{\rho_L} + \dfrac{M_g}{\rho_g} \right]} + \frac{\rho_L g \sum Z}{(1 + 1.0785 w_{sg}^{1.006})} \qquad (6-1)$$

式中，a 为压降修正系数。

建立的埕岛油田海底管网热力计算模型为：

$$T_Z = (T_0 + b) + (T_Q - T_0 - b)\exp(-aL) - D_1 \frac{x c_{pg}}{c} \left(\frac{P_Q - P_Z}{aL} \right) [1 - \exp(-aL)] \qquad (6-2)$$

其中：
$$a = \frac{K \pi d}{Mc}, \quad b = \frac{ig(1 - x)}{ac}$$

确定的埕岛油田海底双层输油管的传热系数 K 值如表 6-1 所示。

表 6-1　埕岛油田典型海底双层管传热系数

管线直径/mm	K（推荐值）	管线直径/mm	K（推荐值）
50	1.58	250	0.95
65	1.47	300	0.9
80	1.36	350	0.8
100	1.26	400	0.7
150	1.15	450	0.6
200	1.04		

(二)埕岛油田集输管网模拟

1. 基础数据

由于管线黏度是影响管线压降以及分离效果的一个最主要的因素,中心一号平台和中心二号平台含水原油的黏度测定结果如图 6-2～图 6-5 所示。

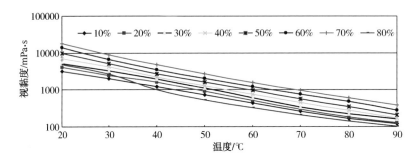

图 6-2　中心一号含水油黏温曲线

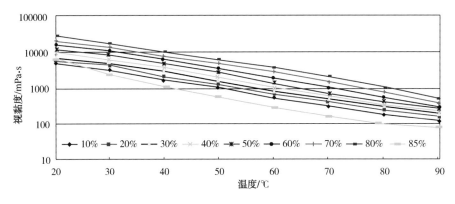

图 6-3　中心二号含水油黏温曲线

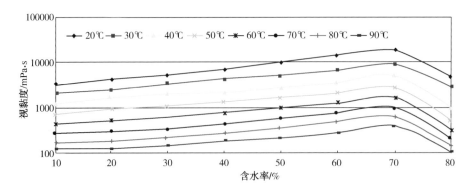

图 6-4　中心一号含水原油反相点

通过研究埕岛中心一号、二号平台混合采出液黏温曲线,得出一号原油的含水反相点为 70%,二号平台原油的含水反相点为 80%,而目前一号平台综合含水 63%,二

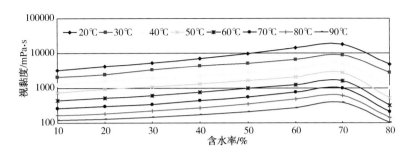

图 6-5 中心二号含水原油反相点

号平台综合含水 57%，采出液乳化程度比较高，黏度值处于较高的区域，给管道输送和平台分水带来困难。

埕岛油田平台及海底管道数量多，各平台的产量、原油含水率、温度、气液比、物性等参数各不相同，集输管网模拟时综合考虑这些因素的影响。

2. 埕岛油田集输管网水力模拟

根据埕岛油气集输特点及油品性质，建立了水力模型(改进 EF 模型)，对中心一号线路一(涉及 14 座平台)、中心一号线路二(涉及 6 座平台)、中心二号线路一(涉及 8 座平台)和中心二号线路二(涉及 12 座平台)进行模拟并比对，结果如表 6-2~表 6-5 所示。

表 6-2 中心一号线路一水力模拟结果

中心一号线路一		BBM 型		BBMHB 型		MBE 型		改进 EF 型	
平台名称	实测压力/MPa	模拟压力/MPa	相对误差/%	模拟压力/MPa	相对误差/%	模拟压力/MPa	相对误差/%	模拟压力/MPa	相对误差/%
22	1.30	1.40	7.69	1.35	3.85	1.52	16.92	1.31	0.77
22D	1.90	1.43	−24.74	1.19	−37.37	1.42	−25.26	1.74	−8.42
22B	1.61	1.29	−19.88	1.15	−28.57	1.27	−21.12	1.54	−4.35
22A	1.06	0.80	−24.53	0.77	−27.36	0.61	−42.45	1.09	2.83
11DM	0.73	0.57	−21.92	0.57	−21.92	0.55	−24.66	0.74	1.37
1C	2.07	1.30	−37.20	1.02	−50.72	1.22	−41.06	2.07	0.00
25A	1.60	1.07	−33.13	0.90	−43.75	0.95	−40.63	1.55	−3.13
253	1.68	1.75	4.17	1.67	−0.60	1.77	5.36	1.69	0.60
22C	1.29	1.01	−21.71	0.89	−31.01	0.92	−28.68	1.34	3.88
11GK	1.39	1.76	26.62	1.75	25.90	2.02	45.32	1.37	−1.44

続表

中心一号线路一	实测压力/MPa	BBM型 模拟压力/MPa	相对误差/%	BBMHB型 模拟压力/MPa	相对误差/%	MBE型 模拟压力/MPa	相对误差/%	改进EF型 模拟压力/MPa	相对误差/%
11F	1.10	1.60	45.45	1.67	51.82	1.83	66.36	1.13	2.73
11EH	1.00	1.39	39.00	1.43	43.00	1.55	55.00	1.01	1.00
误差平均值			26.42		32.05		35.13		2.63

表 6-3　中心一号线路二水力模拟结果

中心一号线路二 平台名称	实测压力/MPa	BBM型 模拟压力/MPa	相对误差/%	BBMHB型 模拟压力/MPa	相对误差/%	MBE型 模拟压力/MPa	相对误差/%	改进EF型 模拟压力/MPa	相对误差/%
X501	1.20	0.39	-67.50	0.41	-65.83	0.40	-66.67	1.15	-4.17
12C	0.90	0.39	-56.67	0.41	-54.44	0.40	-55.56	0.99	10.00
12B	0.80	0.37	-53.75	0.40	-50.00	0.40	-50.00	0.81	1.25
G1	0.70	0.36	-48.57	0.38	-45.71	0.36	-48.57	0.70	0.00
12A	0.70	0.64	-8.57	0.38	-45.71	0.36	-48.57	0.69	-1.43
12	0.76	0.58	-23.68	0.84	10.53	0.57	-25.00	0.79	3.95
误差平均值			43.12		45.37		49.06		3.47

表 6-4　中心二号线路一水力模拟结果

中心二号线路一 平台名称	实测压力/MPa	BBM型 模拟压力/MPa	相对误差/%	BBMHB型 模拟压力/MPa	相对误差/%	MBE型 模拟压力/MPa	相对误差/%	改进EF型 模拟压力/MPa	相对误差/%
27A	1.70	0.88	-48.24	0.93	-45.29	1.00	-41.18	1.62	-4.71
271	1.68	0.85	-49.40	0.9	-46.43	0.97	-42.26	1.65	-1.79
271A	1.32	0.75	-43.18	0.79	-40.15	0.83	-37.12	1.29	-2.27
251AE	1.05	0.63	-40.00	0.67	-36.19	0.7	-33.33	1.06	0.95
251C	0.94	0.53	-43.62	0.56	-40.43	0.62	-34.04	0.94	0.00
251D	1.49	1.08	-27.52	1.01	-32.21	1.37	-8.05	1.42	-4.70
25D	0.93	0.52	-44.09	0.54	-41.94	0.55	-40.86	0.99	6.45
251B	0.72	0.50	-30.56	0.52	-27.78	0.52	-27.78	0.78	8.33
误差平均值			40.82		38.80		33.08		3.65

表 6-5　中心二号线路二水力模拟结果

中心二号线路二			BBM 型		BBMHB 型		MBE 型		改进 EF 型	
平台名称	实测压力/MPa		模拟压力/MPa	相对误差/%	模拟压力/MPa	相对误差/%	模拟压力/MPa	相对误差/%	模拟压力/MPa	相对误差/%
4C	1.53		0.72	−52.94	0.75	−50.98	0.71	−53.59	1.53	0.00
4B	1.45		0.72	−50.34	0.74	−48.97	0.71	−51.03	1.45	0.00
4A	1.35		0.56	−58.52	0.59	−56.30	0.55	−59.26	1.33	−1.48
6D	1.75		1.01	−42.29	1.09	−37.71	1.1	−37.14	1.74	−0.57
6C	1.55		0.78	−49.68	0.83	−46.45	0.63	−59.35	1.5	−3.23
1B	1.25		0.61	−51.20	0.65	−48.00	1.06	−15.20	1.22	−2.40
6AG	1.50		0.97	−35.33	0.67	−55.33	0.73	−51.33	1.49	−0.67
6BE	1.23		0.7	−43.09	0.6	−51.22	0.66	−46.34	1.19	−3.25
1D	1.2		0.66	−45.00	0.59	−50.83	0.72	−40.00	1.22	1.67
243A	1.45		0.73	−49.66	0.75	−48.28	0.85	−41.38	1.5	3.45
SHG2	1.60		0.78	−51.25	0.84	−47.50	0.51	−68.13	1.53	−4.38
1A	0.94		0.53	−43.62	0.55	−41.49	0.89	−5.32	0.98	4.26
误差平均值			47.74		48.59		44.01		2.11	

　　建立的改进压降模型对中心一号和中心二号共四条线路上平台的压力模拟值与实际运行值相比较,可以看出计算值与实际值误差均在10%以内,平均误差在4%以内,远小于常规模型的30%~50%的模拟误差,大幅提高了埕岛油田集输管网的模拟精度。

(三) 埕岛油田集输管网扩容评价

　　采用建立的集输管网模型,以现有中心一号和中心二号为中心,对埕岛油田集输管网扩容能力进行评价,得出每条线路的剩余输送能力,从而精确确定埕岛油田产能扩建新建平台及管线的可接入性。

　　建立的中心一号和中心二号所辖海底管网模拟如图6-6、图6-7所示。现有埕岛油田集输管网扩容评价结果为:中心一号所辖现有管网输送能力接近饱和;中心二号线路一剩余输送能力211m³/d,中心二号线路二剩余输送能力758m³/d,中心二号线路三剩余输送能力476m³/d,中心二号线路四剩余输送能力278m³/d。

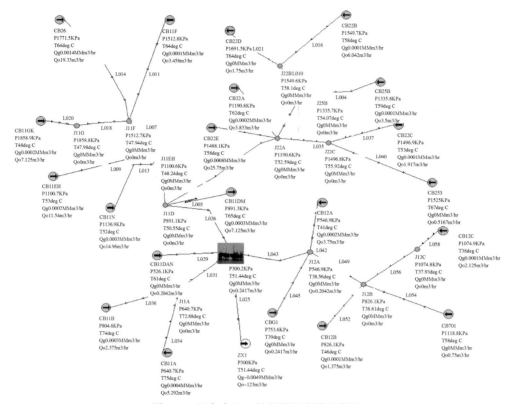

图 6-6　埕岛中心一号所辖海底管网模拟

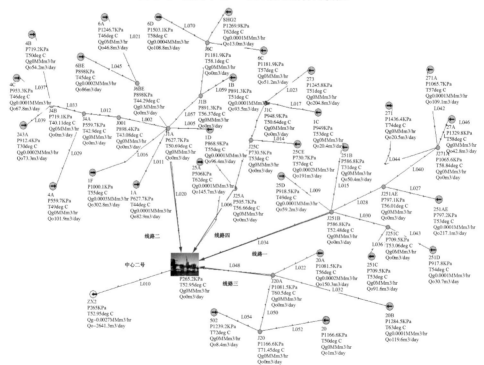

图 6-7　埕岛中心二号所辖海底管网模拟

二、油气集输管网布局优化技术

对于半海半陆式的海上油气集输模式,每一座中心平台都控制着一定区域内的卫星平台,各区域内的卫星平台生产的油气都汇集到对应中心平台初步处理,然后由中心平台输送到岸上进行进一步的加工处理,卫星平台的日常维护和生产监控也都由中心平台负责。埕岛油田已建有完整的海上集输系统,建成了复杂的海底集输管网,埕岛油田产能扩建需要充分依托已建的海底集输管网和平台的剩余输送能力。通过开发的埕岛油田集输管网精准模拟技术,确定了现有每座平台及每条集输管网的可接入性,但在什么位置接入,需要进行海底管网的总体布局优化。

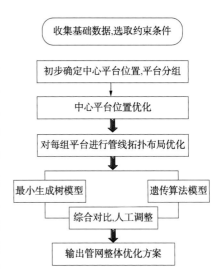

图 6-8　海底管网遗传算法布局优化流程

针对埕岛油田半海半陆的海上集输方式和复杂的海底管网,通过研究创新提出了基于遗传算法的海底管网布局优化方法,优化流程如图 6-8 所示,主要包括中心平台位置优化、卫星平台优化分组、海底管网布局优化。

根据产能扩建需要建设的中心平台数量,对所有卫星平台进行优化分组,根据分组结果优化卫星平台和中心平台管线连接方式,找到建设投资费用最省并能满足生产需要的最优海底管网布局。

(一) 中心平台选址优化

根据埕岛油田产能扩建和现有设施的剩余能力,需要新建中心三号平台。中心平台作为区域的中心,选址要有利于整个油田最优区域划分和管网流量分配,因此开展了中心平台选址优化研究,优化目标如图 6-9 所示。

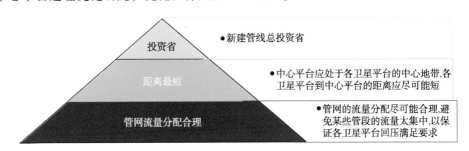

图 6-9　中心平台选址优化目标

以上述优化目标设定约束函数,建立以卫星平台为顶点、平台间的海底管线为边的网络连通图模型,并采用 Warshall 算法进行求解,得到了最优的中心平台位置。新建中心平台位置优化结果如表 6-6 所示。

表6-6　新建中心平台位置优化结果

内容	位置一（CB26）	位置二（CB4A）	位置三（CB1F）
中心平台处理规模	相同	相同	相同
新建海底管线数量/条	30	30	30
新建海底管线长度/m	63639	69909	67653
新建海底电缆数量/条	19	19	19
新建海底电缆长度/m	47350	53150	47800
集输系统适应能力	较好	最差	较好

（二）卫星平台优化分组

在考虑各卫星平台产量对管网投资影响的基础上对距离最短模型进行改进，实现卫星平台最优分组，得到各卫星平台与中心平台间的最佳隶属关系。

建立以各卫星平台到相应中心平台间的产量距离之和最小为目标函数的数学模型：

$$\min F(\delta,\ U) = \sum_{j=1}^{n} \sum_{i=1}^{m} \delta_{ij} L_{ij} q_i \qquad (6-3)$$

其中：
$$\delta_{ij} = \begin{cases} 0 & \text{卫星平台 } i \text{ 与中心平台 } j \text{ 无海管相连} \\ 1 & \text{卫星平台 } i \text{ 与中心平台 } j \text{ 有海管相连} \end{cases}$$

式中，U 为中心平台几何位置向量；m 为卫星平台的总数量；n 为中心平台的数量；L_{ij} 为卫星平台 i 到中心平台 j 间的管线长度；q_i 为卫星平台 i 的产量。

（三）海底集输管网布局优化

埕岛油田平台数量众多，海底集输管网庞大复杂，布局优化不仅要考虑投资最省，还要考虑卫星平台位置的限制、中心平台及所辖管网能力的限制等多种约束条件，给管网布局的优化带来了困难。通过研究，创新提出了基于改进型遗传算法的复杂海底集输管网布局优化技术，解决了这一技术难题。

1. 自动化管路布局遗传算法设计

遗传算法是模仿生物优胜劣汰进化规律的解决优化问题的有效手段，作为一种实用、高效、稳健的优化技术，遗传算法在组合优化、生产调度、自动控制、机器人学、图像处理、人工生命等领域迅速发展并取得了一定成就，已引起国内外科研人员的广泛关注。遗传算法主要由参数编码、生成初始种群、适应度函数、遗传算子(选择、交叉、变异)、遗传参数设置和终止条件等组成，其运算流程如图6-10所示。

应用遗传算法求解自动化管路布局优化设计问题必须首先解决其路径染色体编码。编码设计的好坏直接影响遗传算法的后续操作。遗传算法一般采用二进制编码方式，但管路布局过程十分复杂，路径节点要表示其空间信息，影响算法的性能和精度。在对管路布局系统的数学建模时提出了一种基于节点空间坐标的管路表达方式，其用管路弯头节点的坐标集表示一条路径，将该方式应用于管路布局遗传算法的编码上，简单直观方便。

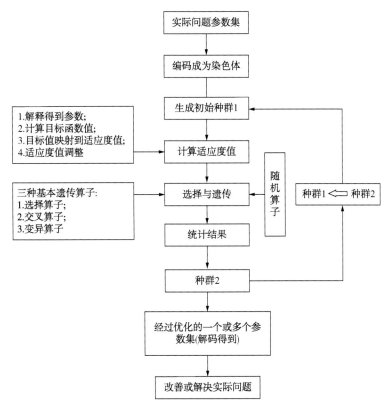

图 6-10   遗传算法运算流程图

2. 遗传算法模型

1）数学模型

从具有 n 个顶点和 m 条待选边的管网基础图中，选出其中的 $n-1$ 条边，组成图的一棵生成树，作为管网布置方案，使管网投资最小，数学模型如下：

$$\min F(T) = \sum_{i=1}^{n} \sum_{j=1}^{n} \delta_{ij} C_{ij}(Q, L) \tag{6-4}$$

其中：
$$\delta_{ij} = \begin{cases} 1 & \text{平台 } i \text{ 与 } j \text{ 之间有管线连接} \\ 0 & \text{平台 } i \text{ 与 } j \text{ 之间无管线连接} \end{cases}$$

式中，T 为管网基础图的一棵生成树；i、j 为平台编号；C_{ij} 为管线 ij 的造价，是管段流量 Q 和长度 L 的函数。

已知树状集输管网的连接关系和各平台的产量，根据克希荷夫第一定律即管网结点流量连续性方程，用矩阵形式表示为：

$$BQ = q \tag{6-5}$$

其中：$\boldsymbol{B} = (b_{ik})_{n \times m}$ ($i = 1, 2, \cdots, n$；$k = 1, 2, \cdots, m$)

$$b_{ik} = \begin{cases} 1 & \text{管段 } k \text{ 与节点 } i \text{ 相连，且管内流体流离该节点} \\ 0 & \text{管段 } k \text{ 与节点 } i \text{ 不相连} \\ -1 & \text{管段 } k \text{ 与节点 } i \text{ 相连，且管内流体流入该节点} \end{cases}$$

$$\boldsymbol{Q} = (Q_1, Q_2, \cdots, Q_n)^T$$

$$\boldsymbol{q} = (q_1, q_2, \cdots, q_n)^T$$

式中，$\boldsymbol{B}$ 为树状管网关联矩阵；$\boldsymbol{Q}$ 为树状管网中各管段的流量列向量；$\boldsymbol{q}$ 为各节点上的载荷列向量（规定流入管网为正载荷，流出管网为负载荷），即各平台的产量。

由于管网系统内的流量分配只有在管网布局完全确定下来后才可以求得，从而根据经济流速计算出经济管径，最后再根据管径和管线长度计算出整个管网的投资。改动树状管网中的任何一条管线，都会引起整个管网内流量的重新分配，从而影响到管网投资。对于这种边权不固定、节点数量众多（平台数量多）的网络图来说，图论中传统最小生成树算法、枚举法等常规求解方法已经不能适用了。

2）遗传算法求解

遗传算法通过搜索种群内的优秀个体和随机执行各种基本遗传算子，能够在一个巨大的可行解空间内产生全局最优解或近似最优解，解决树状管网的优化布局问题。遗传算法模型求解海底集输管网优化布局时，直接以管网的投资作为方案优劣的评价指标，从初始管网布局方案出发，通过遗传繁殖，逐步扩大搜索空间，对每一个可行的管网布置方案计算适应度，评价管网布置方案的优劣，根据优胜劣汰的进化规律，最后在算法结束时，逐渐收敛到一组投资最小的方案，实现海底集输管网的优化布局。

该遗传算法模型的基本思路如下。

（1）结合待解决问题，编码表示树状管网的布局问题。

（2）根据管网初步连接图，随机产生一定规模的群体，群体中的每个个体代表一个管网布置方案。

（3）群体中所有个体利用深度优先搜索算法（DFS）判断其可行性。

（4）随机选择个体执行遗传算法的交叉算子、变异算子。

（5）对个体所表示的管网连接方案，计算管网中的流量分配，再计算出初选管径，然后计算该个体的适应度。

（6）根据个体的适应度大小，按照一定的选择策略选取产生新一代的群体。

（7）回到步骤（4），直到满足算法终止条件，产生最优解。

3）遗传算子设计

传统的双亲双子交叉法和多点随机变异法在管网布局问题中效率不高，根据树状管网的图论特性，设计了新的遗传算子：单亲逆序算子和单亲换位算子。单亲逆序算子和换位算子能够保证新生成的子代个体的质量，避免产生大量不可行解，而且单亲遗传算子执行速度快，从而提高了算法的效率。

4）进化选择策略

为了保证遗传算法的进化过程向理想的优化方向收敛，综合应用了两条进化控制策略：①平等选择与优先选择相结合的混合选择机制。对种群中的所有个体根据适应度大小采用轮盘赌法则随机选择，同时对种群内的最优染色体强制选择到新种群中，即精英保留策略。②代间竞争和群体单一化策略相结合的生存机制。在保持种群规模不变的情况下，让父代种群和子代种群内的所有个体共同竞争，共同参与选择。另外为了保证种群内个体的多样性，防止算法陷入局部最优，不允许重复选择相同个体，保证群内个体的唯一性，即群体单一化策略。通过这些多样化的进化策略，可以显著提高算法的效率和稳定收敛性。

5）算法终止规则

遗传算法是通过反复迭代，逐代进化而收敛到最优解的。设定种群中的最优染色体连续 k 代没有发生变化时认为算法收敛，这时停止计算，输出最优群体。另外，为了防止算法不收敛而陷入死循环，同时设定最大遗传代数 $T_{\max}$ ，当不满足收敛条件而循环次数达到最大值 $T_{\max}$ 时，程序停止计算。

根据以上研究，埕岛油田海底管网布局优化结果如图 6-11 所示。① 优选出中心三号平台的位置（CB26 平台附近）；②对各中心平台所辖卫星平台进行了优化分组，优化确定了座新建卫星平台的最佳接入位置；③通过总体布局优化，减少卫星平台 4 座，减少海底管道 6.27km，节省投资约 3.8 亿元。

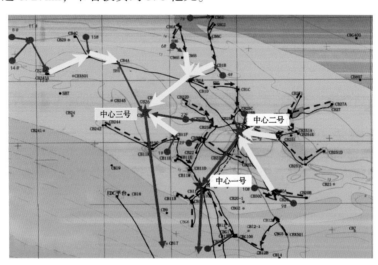

图 6-11　埕岛海底管网布局优化结果

埕岛油田复杂海底集输管网优化是一个规模庞大的复杂系统，涉及众多的卫星平台、海底管网和中心平台，影响因素多、约束条件苛刻。该技术将整个布局优化问题分解成三个子问题：中心平台位置优化、卫星平台优化分组、海底集输管网布局优化，有效解决了埕岛油田海底管网扩容优化技术难题，取得了预期的效果，也为类似海上油田开发集输管网布局优化提供了科学有效的优化技术和解决方案。

第二节 极浅海采油平台建设模式

采油平台是海上油田重要的生产设施，是开展生产管理活动的主要场所。海上平台有单井平台、井组平台、采修一体化平台、中心平台四种类型。

一、单井平台

单井平台投资少、建产快，主要用于远离主体配套系统的较小区块油藏开发，但安全性、经济性较井组平台差，随着海上开发的不断深入，逐步被井组平台替代。2004 年建成的埕北 271 单井平台是埕岛油田第一座单立柱平台，首次使用水下三桩塔式单立柱支撑轻型平台技术，平台水下导管架成等边三角形布置，桩共三根，与同等使用条件的常规导管架平台相比节约钢材 20%（图 6-12）。

图 6-12 水下三桩塔式单立柱
支撑轻形式埕北 271 平台

2007 年建成的埕北 152 平台首次使用正压冲固技术，平台采用四腿导管架型式，使用正压冲固技术，短桩基础取代常规导管架平台的细长桩基础，导管架定位完成后，进行喷冲下沉施工，通过安装在桶形基础内的喷冲系统，采用气举排泥浆的方法进行喷冲沉贯，直至防沉板接触海底，比平行设计的导管架平台节省钢材 103.2t，造价节省 505 万元。

单井平台后期维护管理难度大、费用高、安全风险高，2008 年后未再建单井平台。

二、井组平台

井组平台延续常规建造，由计量平台和井口平台两部分组成，平台之间由栈桥连接，井口布局多样，有 3 井式、4 井式、5 井式、6 井式、9 井式、12 井式等多种模式，2007 年前主要应用这种平台开发模式，是海上采油平台的主要形式之一。井口平台主要设施有采油树、工艺流程等。计量平台主要设施有油气计量、加热设施、供配电间、井下安全阀控制柜等。

油田开发初期，利用钻井平台自备设备，钻井钻杆上自制钻头扩大器，旋转喷冲放置入泥一定深度，再起出钻头扩大器，下入大直径的隔水管。抗冰隔水管具有一定的纵横间距，井组打完后在隔水管外灌水泥浆与土质结合。水面以上隔水管用钢管连接，组成水面框架结构，安装甲板组成可供使用的井口采油平台，建成初期简易的井口平台。计量平台设计简单，有的与井口平台直接相连，有的后期新建形成，有的投产即配套形成。平台施工采用陆地预制，经驳船拖运到现场，用浮吊将上部组块分别吊装就位，进行钢结构的焊接、流程连接、设备调试的施工模式。埕北 11D 平台等都属于早期简易平台结构。

1997—2002 年，在总结开发初期井口平台建造的基础上，优化平台结构设计。为了使平台承受 50 年一遇的冰载荷的作用，同样，采用喷冲隔水管的方式，旋扣快速接头连接抗冰隔水管下至设计深度，在井组隔水管的泥面以上用浮吊套入直腿导管架，在隔水管和直导管架环形空间灌入泥浆，现场安装平台甲板组成改进后的井口平台（图 6-13）。

计量平台采用导管架结构。井口平台和计量平台之间用栈桥连接成一体。

2000 年，为降低海上施工难度、减少施工工序、缩短海上施工周期，引进了一体化整体吊装技术，租用了 1200t 级的大型浮吊船，计量平台上部组块和设备房整体在陆地预制，在海上一次吊装就位，第一次在埕北 12B 平台应用成功。此后，在海上进行了推广。同年，为降低打桩过程中导管架振动影响、减少导管架造成的倾斜，引进了冲击锤打桩技术，桩管经过桩锤的直接冲击作用入泥，应用效果良好。

2003—2005 年，分析以往喷冲桩基所构成的井口平台的不足，根据海上环境对平台进一步优化，利用现代计算手段，重新建立了计算模型，利用国际上通用的 SACS 软件，反复计算，多次调整，设计出了符合胜利浅海海域环境、便于操作的"浅海基盘沉桩式井口平台"，2003 首次在埕北 246A 平台应用成功，埕北 246A 使用浅海基盘沉桩式井口平台技术，减少了施工工序，提高基础稳定性。此后，井组平台建造过程中均采用新型井口水下基盘。

2010 年建成的埕北 326 平台是海上第一座一体式常规井组平台，减少平台间的栈桥搭接和金属软管连接，消除过去栈桥连接带来的平台软管易跑油的安全环保隐患。

2011 年建成的埕北 1H 平台是埕岛油田第一次采用井口两侧布置的新型结构（图 6-14）。该平台由 1 个计量平台和 2 个井口平台组成，井口平台共设 18 口井位，分为埕北 1HA 井区和埕北 1HB 井区，各有 9 口井位，分别位于主体平台左右两侧。井口平台主要布置有采油树、工艺流程等。计量平台主要布置有油气计量、加热设施、供配电间、井下安全阀控制柜等。两个井口平台共用一个计量平台，减少一个计量平台和两跨栈桥，井口平台与计量平台直接相连，减少井口保护桩的数量，节约平台结构用钢量 500t。

图 6-13　埕北 271A 平台

图 6-14　井口两侧布置的新型
结构型式埕北 1H 平台

三、采修一体化平台

针对胜利油田埕岛油田老区油藏调整、钻井及开发方式、建设现状等实际情况，油田海上产能日益提高，卫星井组平台数量已近百座，但修井作业平台资源紧张，为了缓解这一矛盾，研制开发了适用于胜利海上油田的固定式采修一体化平台技术。

新建卫星平台井口数达到40口甚至更多，多井口隔水管群桩效应显著，不仅降低了承载能力，而且易引起打入过程中隔水管端部挤压损伤，造成海上打井发生卡钻，因此研制具备自修井能力的多井口采油、修井一体化平台关键技术问题是需要解决隔水管群桩效应。同时，优化多井口采油平台的结构布局，形成优化的胜利海上多井口双侧外挂采油平台结构模式。

(一)多井口隔水管群桩效应计算模型及计算方法

1. 单隔水管贯入过程模拟与分析

数值模拟如图6-15所示，从图中可知：①从管壁向管内、管外方向，土体的径向应力均表现为指数衰减；②随着贯入的加深，管周土体的径向应力也增加。

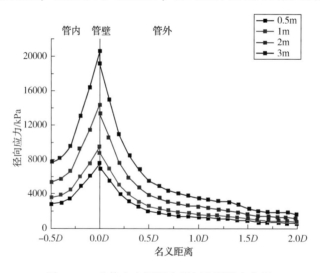

图 6-15　土体应力随隔水管打入深度变化图

2. 多井口隔水管挤土效应模拟

分别对2隔水管至9隔水管挤土效应进行数值模拟，研究多井口隔水管群桩效应影响因素(图6-16)。

模拟结果表明，隔水管打入过程中，向四周排开等体积土体，多隔水管之间存在互相影响，增大土体应力，得到多井口隔水管挤土效应系数 K 如表6-7所示。

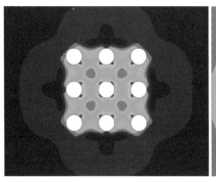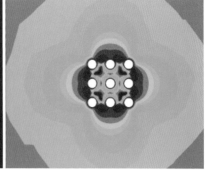

图 6-16　9 隔水管挤土效应数值模拟结果

表 6-7　挤土效应系数 K

管数	管距					公式
	2D	2.7D	4D	6D	8D	
两管	1.20	1.02	0.98	0.85	0.80	$K = 1.05 - 0.13\ln(d - 1.67)$
三管	1.60	1.25	1.10	0.88	0.80	$K = 1.27 - 0.25\ln(d - 1.73)$
四管	1.73	1.38	1.18	0.89	0.80	$K = 1.27 - 0.25\ln(d - 1.73)$
四管—角管	1.88	1.48	1.23	0.94	0.80	$K = 1.45 - 0.36\ln(d - 1.55)$
六管—边管	1.91	1.51	1.26	0.95	0.80	$K = 1.63 - 0.44\ln(d - 1.46)$
九管—内管	2.08	1.56	1.30	0.96	0.80	$K = 1.62 - 0.44\ln(d - 1.65)$

　　研究结论：①隔水管数量是影响挤土强度主要因素；②管数一定，挤土强度随管距呈对数下降趋势；③多井口隔水管数量多、管距小于 3D，挤土效应强，相互之间影响大。

3. 多井口隔水管群桩效应模拟

　　对隔水管群桩效应进行了模拟研究，得到群桩效应系数如表 6-8 所示。

表 6-8　群桩效应系数 η

管数	管距					公式
	2D	2.7D	4D	6D	8D	
双管	0.56	0.64	0.78	1	1	$\eta = 0.342 + 0.11d$
三管	0.50	0.60	0.76	1	1	$\eta = 0.259 + 0.124d$
四管	0.47	0.58	0.75	1	1	$\eta = 0.218 + 0.131d$
四管—角管	0.44	0.56	0.74	1	1	$\eta = 0.176 + 0.138d$
六管—边管	0.41	0.54	0.73	1	1	$\eta = 0.176 + 0.138d$
九管—内管	0.32	0.48	0.70	1	1	$\eta = 0.011 + 0.167d$

　　研究表明，隔水管数量是影响隔水管承载力折减系数的主要因素，折减系数与隔水管相互之间的管距呈线性关系。

4. 多井口隔水管群桩承载力确定方法

通过数值模拟及模型试验研究，得出多井口隔水管群桩承载力确定方法：

$$Q_{[x, y]} = \eta_{[x, y]} \times Q_s = K_{[x, y]} \times \eta'_{[x, y]} \times Q_s \tag{6-6}$$

对于 $m \times n$（m 行 n 列）、间距为 S 的隔水管群，只需求出对角点 $[1, 1]$ 到中心点 $[m_c, n_c]$ 这个小矩形内各个隔水管的效率系数，就可以根据对称性求出隔水导管的效率系数。

定义：

$$[m_c, \ n_c] = \begin{cases} \left[\dfrac{m}{2}, \ \dfrac{n}{2}\right] (m, \ n \ 为偶数) \\[2mm] \left[\dfrac{m}{2}, \ \dfrac{n+1}{2}\right] (m \ 为偶数, \ n \ 为奇数) \\[2mm] \left[\dfrac{m+1}{2}, \ \dfrac{n}{2}\right] (m \ 为奇数, \ n \ 为偶数) \\[2mm] \left[\dfrac{m+1}{2}, \ \dfrac{n+1}{2}\right] (m, \ n \ 为奇数) \end{cases} \tag{6-7}$$

对于上述对角点 $[1, 1]$ 到 $[m_c, n_c]$ 组成的小矩形内坐标为 $[x, y]$ 的隔水管，则有：

边管 $[x, 1]$：

$$\eta_{[x, 1]} = \eta_{[1, 1]} - 0.017 - 0.06\left[\sum_{a=3}^{x} e^{-(a-3)}\right]$$
$$\left(3 \leqslant x \leqslant \frac{m}{2} \ 或 \frac{m+1}{2}\right) \tag{6-8}$$

边管 $[1, y]$：

$$\eta_{[1, y]} = \eta_{[1, 1]} - 0.017 - 0.06\left[\sum_{b=3}^{y} e^{-(b-3)}\right]$$
$$\left(3 \leqslant y \leqslant \frac{n}{2} \ 或 \frac{n+1}{2}\right) \tag{6-9}$$

其余内管：

$$\eta_{[x, y]} = \eta_{[1, 1]} - 0.1 - 0.1\left[\sum_{a=3}^{x} e^{-(a-3)} + \sum_{b=3}^{y} e^{-(b-3)}\right]$$
$$\left(3 \leqslant x \leqslant \frac{m}{2} \ 或 \frac{m+1}{2}, \ 3 \leqslant y \leqslant \frac{n}{2} \ 或 \frac{n+1}{2}\right) \tag{6-10}$$

（二）海上多井口采修一体化平台

海上多井口采修一体化平台井口分布于平台的两侧，满足海上同时钻井的需要，缩短施工周期，降低工程投资，有效缓解了海上修井能力不足对生产的制约。研究多井口采修一体化外扩技术，外扩部分下部基础采用独立导管架结构，上部组块采用整体连接外扩结构，多井口共用一座修井模块，实现了模块化设计与施工，缩短了井组开发建设周期，较常规井组平台开发模式提前 3 个月实现投产，在降低工程投资的同时，有效缓解了海上修井能力不足对生产的制约，并且有效减少了平台及管线数量，从本质上减少了安全隐患。

采修一体化平台采用井口平台与生产、修井平台集中布置的方式，由下部基础、上部组块和修井模块组成（图6-17）。下部基础包括主体平台导管架、井口导管架和井口平台等，井口平台外挂于主体平台两侧，钻井平台可以同时就位打井；上部组块包括主体平台、侧翼平台、生活模块等；修井模块包括修井机主体模块、修井泵模块、净化模块、电控模块等，修井模块可沿轨道在两井口区之间移动，满足

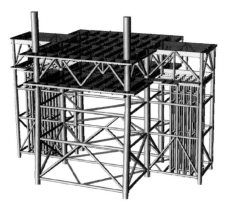

图6-17 双侧外挂多井口采修一体化平台结构三维图

两侧井口的修井需要。根据后期开发建设需要，可以依托采修一体化平台外扩井口，利用原采修一体化平台上的固定修井设施及平台上生产工艺，对新井组进行生产和井口作业。

固定式采修一体化平台可以大幅度节省作业费用及作业平台动复原费用，避免作业平台就位时可能对管缆造成的破坏。实现职工对油水井的集中管理，降低了巡线工作量，且减少了原模式需配套的海管海缆的数量，从根源上减少了隐患点，也避免了过多的管缆交叉。钻井平台就位一次可以实现较多井位的钻井，而且两个井口平台外挂可以实现两个钻井平台同时打井，大大节约了钻井周期。平台采用住人式管理，可以节省船费开支，提升了平台上的有效工作时间，提高劳动效率。有利于节约建设材料，降低工程造价，提高经济效益等优点。

2006年建成埕北26平台，该平台是埕岛油田第一座固定式采修一体化平台，标志着胜利油田海上大型丛式井组平台集约化设计理念开始形成。平台建造过程中，首次运用浮吊吊装法成功完成海上石油装备的吊装作业，创出了"海上第一吊"的施工记录。井口平台共设18口井位，分为埕北26A井区和埕北26B井区，各有9口井位，分别位于主体平台左右两侧，主体平台分为两层，底层是生产平台，分为井口区、生产区和设备区，各区之间用防护墙进行分隔。井口区有采油树、工艺管线、生产管汇橇块、注水橇块等；生产区主要布置有计量装置、电加热器、消防泵、海水提升泵、部分修井装备等；设备区有应急发电机房、二氧化碳气瓶间、泡沫液罐间等。顶层是修井作业平台，布置有修井模块、吊机、配电间等，修井机可沿固定轨道对2个井口分别进行作业，轨道中间部分为油管堆场。正常生产时平台有人值守，修井作业时外来工作人员利用平台自身配备的修井设备进行作业（图6-18）。

2008年建成埕北1F平台，该平台是海上第一座具备三采功能的平台，标志着海上油田启动主体馆陶老区加密调整先导试验。井口平台共设24口井位，分为埕北1FA井区和埕北1FB井区，各有12口井，分别位于主体平台左右两侧。主体平台分为两层，

底层是生产平台，分为井口区、生产区和设备区，各区之间用防护墙进行分隔。井口区有采油树、工艺管线、生产管汇橇块、注水橇块等；生产区主要布置有计量装置、电加热器、消防泵、海水提升泵、部分修井设备等；设备区有应急发电机房、二氧化碳气瓶间、泡沫液灌间、高压开关室及变压器室等。顶层是修井作业平台及生活平台，布置有修井模块、生活模块、吊机、配电间等(图6-19)。

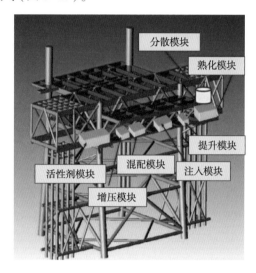

图 6-18　埕北 26 平台　　　　　　　　图 6-19　埕北 1F 平台

研发的双侧外挂多井口采修一体化平台集生产与修井模块于一体，开发井数由6~9口增加到40~60口，实现了海上开发集约化管理。已系列化应用13座，覆盖40%的油水井，节省投资2.98亿元，年节省作业费用0.8亿元。

四、中心平台

中心平台是综合性海上平台，集油气处理与外输、污水处理、注水、调水、变配电、生产自动化监控和生活保障等多功能于一体。

1995年11月，海上第一座集输泵站埕岛中心一号平台建成投产，1998年我国浅海最大的中心平台埕岛中心二号平台建成投产，为海上油田年产油突破$200×10^4$t奠定了坚实基础。随着胜利油田埕岛海上油田勘探开发的不断深入，中心一号和中心二号平台设计油气处理能力、电力供应能力不能满足新建产能处理和供电需求，因此需建设埕岛中心三号平台，同时合理调整已建集输管网、注水管网和配电管网，满足埕岛油田老区油藏调整及西北新区的开发(图6-20)。

2010年3月，埕岛中心三号平台开始施工图设计，平台主体由生产平台和生活动力平台两部分构成，采用固定式导管架结构，两平台以及埕北26采修一体化平台之间均以栈桥循环连接。埕岛中心三号平台为埕岛油田第三座综合性海上平台，集油气处理与外输、污水处理、注水、调水、变配电、生产自动化监控和生活保障等多功能于一体。平台设计处理液量为 $4\times10^4\mathrm{m}^3/\mathrm{d}$，天然气处理能力为 $15\times10^4\mathrm{m}^3/\mathrm{d}$，注水站处理能力为 $3.8\times10^4\mathrm{m}^3/\mathrm{d}$，污水处理能力为 $2\times10^4\mathrm{m}^3/\mathrm{d}$，是目前埕岛海上油田投资规模最大、生产规模最大、建设周期最长、设计施工难度最大的综合性海上平台。

图 6-20　中心三号平台

工程采用"业主+EPC+监理+第三方检验"的工程建设管理模式，中国石化石油工程设计有限公司实施 EPC 总承包，胜利油田油建工程有限公司为主体工程承包商，海盛集团为配套工程承包商，胜利油田监理公司负责项目监理，中国船级社青岛分社和中国石化海检中心为第三方检验单位。生产平台下部基础、生活动力平台下部基础及生活动力平台上部组块在桩西海工基地建造，生产平台上部组块在龙口海工基地建造。

生产平台上部组块分为四层，其中主甲板三层，从上到下依次为顶层甲板、中层甲板、底层甲板。顶层甲板标高为 31.3m，主尺寸为 40.0m×46.0m，布置有撇油器、气浮装置、制氮机、吊机、热媒油循环橇、热媒炉橇块和悬臂式火炬；中层甲板标高为 23.3m，主尺寸为 40.0m×46.0m，布置有淡水罐、淡水泵、天然气处理橇块、仪表风公用风橇块、注水罐、污水罐、污泥罐和加药装置；底层甲板标高为 15.3m，主尺寸为 40.0m×46.0m，布置有三相分离器、外输换热器、分离缓冲罐、外输泵、注水泵、冲砂装置、火炬分液罐、注水泵机组、高压阀组和润滑油系统的高架油箱。开排甲板一层，位于底层甲板下，开排甲板标高 10.0m，主尺寸为 32m×40m，布置有润滑油装置、收发球筒、闭排罐、闭排泵、开排罐、开排泵和润滑油罐。生产平台导管架采用六腿导管架型式，桩采用 $\Phi1500\mathrm{mm}$ 开口变壁厚钢管桩，入泥 90m。

生活动力平台上部组块分为二层，从上到下依次为顶层甲板和底层甲板。顶层甲板标高为 22.2m，主尺寸为 28.5m×29.0m，布置有组装式压力水柜、吊机、35kV 变压器室、70 人生活楼，其中生活楼分为三层，每层层高均为 3.5m，一层标高为 23.2m，主要为储藏室、厨房和餐厅，生活楼外挂 35 人救生艇 2 艘；二层标高为 26.7m，主要为办公室、宿舍、医护室和淋浴间；三层标高为 30.2m，主要为通讯室、中控室、资料室、宿舍和阅览室；生活楼顶布置有仓库、中央空调、更衣室和直升机甲板。底层甲板标高为 11.5m，主尺寸为 28.5m×29.0m，布置有 35kV 开关室、电池间、应急配电室、变压器室、配电变压器室、应急发电机、泡沫液罐间、工具间、生活污水处理装置间、消防泵；在标高为 18.0m 处，布置有 6kV 高压开关室、6kV 变频器、低压配电室、二氧化碳气瓶间、库房、化验室；在标高为 15.3m 处，布置有电缆夹层。生活动力平台导管架采用四腿导管架型式，桩采用 $\Phi1400mm$ 开口变壁厚钢管桩，入泥 80m。

第三节　短流程高效油气水处理技术

埕岛油田采用半海半陆的油气集输开发模式，平台产出液在中心平台预分水后，含水油上岸到陆地联合站进行集中脱水处理，中心平台分离出来的部分污水就地处理达标后回注注水井口。随着埕岛油田产能扩建，海上采出液量大幅上升，中心平台原油脱水及污水处理技术难题主要体现在：①埕岛油田原油含蜡、含胶量（30%）高，油水密度差小（$\rho_{油}=930kg/m^3$）、黏度高（500mPa·s，20℃）、油水乳化严重、分离难度大。②埕岛油田海底管线采用混输工艺，气液比高，造成中心平台来液汇管振动以及大量气体扰动，影响三相分离器分离效果。③海上平台空间受限，传统的陆地大罐沉降脱水及水处理工艺由于流程过长，单体设备体积较大，不适合在中心平台采用。④高含水期中心平台的分水能力小，会造成高含水原油外输上岸处理，陆地站场处理后的合格污水回调海上中心平台，大量污水的循环调用增加系统能耗。⑤基于分层精细注水开发的需求，注水水质标准由原来的水中含油 30mg/L、悬浮物 10mg/L、粒径中值 4μm，提升到水中含油 15mg/L、悬浮物 5mg/L、粒径中值 3μm，常规的旋流+气浮的污水处理工艺需寻求新的技术创新。

基于以上技术难点，攻关研究高效分水技术，创新形成独具特色的"化学药剂+高效分离+撇油+气浮"的油气水一体化高效处理工艺技术。

一、高频电脱水技术

（一）高频电脱水模拟

开展了埕岛油田高频电脱水模拟试验，获得适合海上油田采出液高频脉冲电聚结脱水的技术参数。

频率对脱水效果的影响，试验结果如表 6-9 所示。

表 6-9　频率对脱水效果的影响

序号	频率/kHz	脉宽/μs	电流/A	原油含水/%	净化油含水/%
1	1	250	短路、过流保护	33.0	—
2	2	125	短路、过流保护	33.0	—
3	3	83.3	短路、过流保护	33.0	—
4	4	62.5	5.2	33.0	8.0
5	5	50	4.0	33.0	7.5

续表

序号	频率/kHz	脉宽/μs	电流/A	原油含水/%	净化油含水/%
6	6	41.7	3.5	33.0	5.5
7	7	35.7	3.0	33.0	4.3
8	8	31.3	2.5	33.0	2.1
9	9	27.8	2.0	33.0	1.8
10	10	25	2.0	33.0	1.0
11	11	22.7	1.8	33.0	0.7
12	12	20.8	1.7	33.0	0.9
13	13	19.2	1.5	33.0	1.5
14	14	17.9	1.3	33.0	1.9
15	15	16.7	1.2	33.0	2.1
16	16	15.6	1.0	33.0	2.1
17	17	14.7	0.8	33.0	2.3
18	18	13.9	0.5	33.0	2.3
19	19	13.2	0.3	33.0	2.5

保持脉冲电压、脉冲频率、试验温度及停留时间不变，改变脉冲占空比进行动态脱水试验，试验结果如表6-10所示。

表6-10　不同占空比对脱水效果的影响

序号	占空比/%	脉宽/μs	电流/A	原料油含水/%	净化油含水/%
1	10	5	0.3	33.0	3.2
2	20	10	0.7	33.0	2.5
3	30	15	1.0	33.0	2.1
4	40	20	1.5	33.0	1.2
5	50	25	1.9	33.0	0.8
6	60	30	2.6	33.0	1.5
7	70	35	3.7	33.0	3.0
8	80	40	5.0	33.0	6.1
9	90	45	短路、过流保护	33.0	—

试验获得了适合埕岛油田采出液高频脉冲电脱水最佳参数为：频率10~13kHz，脉冲占空比40%~60%，脉宽为20~25μs。

（二）高频电脱水装置

通过对电聚结机理的深入研究，并在室内实验的基础上，研制了新型高频聚结电脱水装置。该装置由25组高频聚结模块和30组整流聚结模块组成。新型高频聚结装置利用模块化结构缩小了电极间距离，利用较低电压即可达到来液聚结所需的电场力，可保证在来液含水较高时电极间不会形成短路，高频聚结装置设计克服了传统聚结器的许多缺点，如传统聚结器体积大、对来液含水率有限制条件等。高频聚结装置同时将电场空间聚结与机械聚结材料表面物理聚有机结合形成复合聚结，并结合液体的紊流提高聚结效率。

（三）高频电脱水试验

在海三联合站对新研制的高频聚结装置进行了现场试验，试验结果如下。

（1）处理量对脱水效果的影响如表 6-11 所示。

表 6-11　不同处理量对脱水效果的影响

序号	进口含水/%	处理量/(m³/h)	出口油中含水/%	出口水中含油/(mg/L)
1	59	20	6.0~7.5	90~167
2	60	20	4.9~6.7	80~170
3	60	19	4.5~6.1	80~142
4	60	19	4.3~5.6	68~120
5	60	18	3.5~4.8	60~120
6	59	18	3.5~4.4	55~105
7	59	17	3.1~4.0	38~90
8	60	17	2.7~3.9	30~90
9	59	16	1.2~3.4	26~60
10	60	16	0.5~3.1	20~50
11	61	15	0.5~2.7	16~42
12	60	15	0.5~2.5	15~40

来液经高频聚结试验装置处理后，含水率由60%降至5%左右，效果明显。

（2）电压对脱水效果的影响如表 6-12 所示。

表 6-12　不同电压对脱水效果的影响

序号	进口含水/%	电压/V	出口油中含水/%	出口水中含油/(mg/L)
1	60	20	5.8~6.5	132~225
2	60	25	4.8~6.1	130~205
3	61	30	4.2~5.5	75~140
4	60	35	3.5~4.9	58~112
5	59	40	3.0~3.8	40~84
6	59	45	3.0~3.5	35~82
7	59	50	2.6~3.3	26~57
8	59	55	2.1~2.7	20~58

续表

序号	进口含水/%	电压/V	出口油中含水/%	出口水中含油/(mg/L)
9	60	60	1.9~2.6	16~53
10	60	65	1.3~2.4	16~42
11	60	70	1.2~2.2	15~40

当电压由 20V 升至 70V 时出口油中含水率由 6.5% 降至 1.2% 左右，效果随电压的升高而提高。

（3）频率对脱水效果的影响如表 6-13 所示。

表 6-13　不同频率对聚结效果的影响

序号	进口含水/%	频率/kHz	出口油中含水/%	出口水中含油/(mg/L)
1	60	7.0	4.1~4.8	73~164
2	61	8.0	3.5~4.6	55~118
3	60	10.0	3.2~4.1	26~46
4	60	11.0	3.1~3.9	25~50
5	60	12.0	3.0~3.7	26~44
6	60	13.0	3.3~4.1	35~82
7	59	14.0	3.4~4.1	35~79
8	60	15.0	4.0~4.5	41~100
9	59	20.0	4.4~4.8	52~105
10	60	30.0	5.3~5.9	55~97

得出最佳处理频率为 10~13kHz。

通过室内模拟及现场试验可以看出，高频聚结分水技术可大幅提高埕岛油田采出液分水效率，提高脱水速度，节约能耗。

二、高效三相分离预分水工艺技术

针对埕岛油田中心平台来液原油含蜡、含胶，油水密度差小、黏度高、油水乳化严重、分离难度大及平台振动影响分离效果的特点，创新集成不加热高效三相分离预分水工艺技术。该技术将高效破乳剂与高效分离设备有效结合，流程短，三相分离器水相出口的水中含油指标由原来的 1500mg/L 提升到 500mg/L 左右，提高了一级分离器的出水水质，海上中心平台总分水量由原来的 8900m³/d 提高到 28000m³/d，分水量提高 70%。

高效三相分离器针对海上油气物性特点，创新集成高效气液预分离、高效水洗、高效填料聚结等技术，具有快速稳定、容积利用率高、防砂堵、防波浪及段塞流影响的特性，实现了海上采出液高效分离。

（一）高效油气预分离技术，提高气液分离效率

三相分离器入口采用外置式旋流入口结构，使大部分伴生气由于离心作用而脱除，降低分离器内气相负荷。

提高溢油堰板高度，采用两腔结构，使三相分离器油水相所占的体积上升到93%，设备容积利用率提高到83.8%，液相的相对停留时间延长，为油水聚结、沉降分离扩大了空间，提升了设备的处理能力，并且避免了油气扰动产生泡沫，消弱段塞流的影响。

（二）高效水洗技术，提高油水分离效率

三相分离器油水进口采用前置分布管形式，增加布液面积，稳定细化液流。

分布管布置在容器前端下部的水层中，利用含破乳剂的活性水"水洗"原油，消除段塞流进入分离器后造成液面的波动，大幅降低平台振动和段塞流对分离效果的影响，提高油水的分离效率。

（三）高效填料聚结技术，强化油水分离效果

针对来液含砂量大的特点，采用防砂蛇形斜板 V 字形结构，通过合理地控制斜板角度和斜板间距以及波形，达到防止砂堵、提高剪切破乳效率的作用。

针对油水分离难度大的特点，在分离器内设置 3 组高效分离填料，大幅提高聚结、分离效果，同时快速稳定流场和均布液流。

三、高效药剂优化

为了研究埕岛海上油田高含水期不同含水原油乳状液在不同类型药剂及加药浓度下脱水情况的变化规律，为海上三座中心平台的分离器分水提升研究奠定理论基础，开展化学药剂优选室内实验研究。

（一）破乳剂实验

研究发现，原油乳状液是十分复杂的分散体系，众多因素影响原油乳状液的稳定性，如原油组成、密度、黏度、含水量、分散相粒径、电性、界面膜强度、界面黏度及乳状液的老化等。原油和水之所以能形成稳定的乳状液，主要是由于原油中含有胶质、沥青质、高熔点石蜡、石油酸皂及微量的黏土固体颗粒等天然乳化剂，这些天然乳化剂吸附在油水界面上，形成了具有一定强度的黏弹性膜，阻止液滴聚结。其稳定机理可归因于界面张力降低、界面膜的形成、扩散双电层的建立、空间位阻作用、固体的润湿作用等。

油田一般采用在原油乳状液中加入表面活性剂（破乳剂）的化学方法来实施破乳。现有研究表明，高活性的破乳剂扩散吸附到界面上，顶替/破坏原来牢固的界面膜，而

自身形成的界面膜强度小，使液滴聚结、分相，达到油水分离的目的。研究者对破乳剂结构如功能团、分子量、支链化、亲水—亲油平衡等对破乳能力的影响进行了广泛研究，获得了一些规律性认识。

原油乳状液的复杂在于两个方面。一方面，不同区块的原油性质有差异，造成原油乳状液性质不同，对某些油井原油使用非常有效的破乳剂，对其他油井的原油未必有效。另一方面，对于同一油井的原油，开采时使用的驱油化学剂不同，形成的原油乳状液可能差别很大，碱、聚合物的存在均会使破乳更加困难。因此，所谓最有效的破乳剂是对不同油区或油井的原油而言，试图寻找一种适合所有不同油田原油的高效破乳剂，实际上是很难实现的。下文从破乳剂的表面活性、对海上原油界面张力、吸附能力进行研究，并通过瓶试及现场试验得出适合胜利油田海上短流程快速分水的破乳剂。

1. 破乳剂破乳性能的研究

化学破乳法是指在乳状液中加入化学破乳剂使其脱水的方法，由于此方法简单高效，在油田生产中应用最为普遍。破乳剂分子在界面的"吸附""置换"以及液滴间的"絮凝""聚结"这四个步骤是破乳的关键，它的决定因素是改变界面膜的性质，并且减小其强度。破乳剂分子由于布朗运动，逐渐扩散然后吸附在膜上，顶替一些原有的活性成膜成分，后来生成的混合膜较之前的强度要小。因此，破乳剂可以促进液滴的聚并，达到破坏体系稳定性的目的。

1) 实验方法

瓶试：首先称取一定质量的乳化原油加入具塞量筒中。无水乙醇配置1%破乳剂溶液，计算乳状液的浓度需要加入多少破乳剂的量，并且加入具塞量筒中，置于50℃的水浴锅中恒温0.5h，左右手各摇100次，放入指定温度的恒温水浴锅中，5min记一次出来的水相体积。

$$出水率 = V/V_0 \tag{6-11}$$

式中，V为透明液体的体积；V_0为原有乳状液的体积，可以根据乳状液的密度和质量计算体积。

稳定性分析仪是基于将近红外光照射到样品池的不同位置上，通过监测透光率的变化来反映样品的稳定性的技术，它考察油水乳状液在离心力场中的油、水、乳状液的分布随时间的变化规律，基本原理如图6-21所示，利用CCD系统监测透光率可以得到不同时间不同样品池位置的透光率。同时，通过SEPView软件对液滴速率分布以及粒径分布进行统计。

乳状液内部液滴的形态变化是乳状液整体表现出分层的直接原因，液滴粒径主要在微米和亚微米级。根据乳状液基本理论，乳状液的粒径分布越均匀，粒径越小，且粒径随时间变化程度越小，乳状液越稳定。乳状液在破乳过程中，液滴会出现絮集、聚并、分层等现象，在离心力作用下，混乱排布的乳状液液滴会发生迁移，导致大油滴向离心力反方向(样品池顶部)移动得更快(对O/W型乳状液来说)，小液滴移动得稍慢。因此，大液滴在样品池顶部占据的比例高于小液滴。同时，随着破乳时间的增加，小液滴逐渐聚并成大液滴，大液滴的界面膜会在离心力的作用下快速破裂，导致大液滴逐渐消失，直至油水两相完全分层。

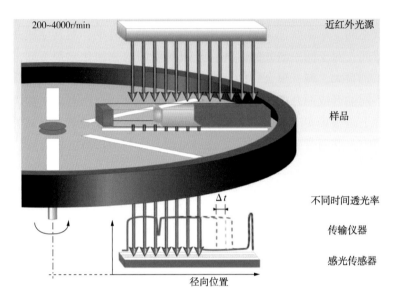

图 6-21　稳定性分析仪的测量原理

乳状液的破乳经常是先发生絮凝，然后聚并，逐步被破坏，因而絮凝是聚并的前奏，与液滴相互作用的长程力有关。乳状液的液滴运移速率以及粒径大小主要根据 Stokes 定律和 Lambert-beer 定律推出，随着破乳时间的增加，乳状液液滴发生迁移，透光率发生变化，导致光学耗散率逐渐改变，进而影响液滴运移速率以及粒径分布。

根据式(6-12)可以得到透光率 T：

$$T = \frac{I}{I_0} \tag{6-12}$$

式中，I 为透射光强的测量值；I_0 为透射光强的初始值。

根据透射率可以进一步研究破乳过程，分析乳状液分层过程中的粒径分布及其变化情况。通过式(6-13)将透光率值转化成耗散值，进而计算粒径速度分布 $Q(v)_i$：

$$E = -\ln\left(\frac{T_{\text{suspension}}}{T_{\text{reference}}}\right) \Rightarrow Q(v)_i = \frac{E_i}{E_{\max}} \Rightarrow v = \frac{\Delta r}{t_{\text{m}}} = \frac{r_{\text{m}}}{t_{\text{m}}} \tag{6-13}$$

式中，$T_{\text{suspension}}$ 是所测透光率；$T_{\text{reference}}$ 是参比透光率；v 为颗粒的移动速度；E_i 为耗散率；$E_{\min}$ 为最大耗散率；t_{m} 是测量时间；r_{m} 是液滴当前位置。

同时，结合 Stokes 定律，可以通过式(6-14)计算颗粒强度加权分布 $Q(x)_i$，进而计算分散液滴的粒径：

$$E = -\ln\left(\frac{T_{\text{suspension}}}{T_{\text{reference}}}\right) \Rightarrow Q(x)_i = \frac{E_i}{E_{\max}} \Rightarrow x = \sqrt{\frac{18\eta_{\text{F}}}{(\rho_{\text{p}} - \rho_{\text{F}})\omega^2 t_{\text{m}}}\ln\left(\frac{r_{\text{m}}}{r_0}\right)} \qquad (6-14)$$

式中，x 是颗粒尺寸；η_{F} 是连续相的黏度；ρ_{P} 是分散相密度；ρ_{F} 是连续相密度；ω 是转速。

同样，结合 Lambert-beer 定律，可以通过公式(6-15)计算体积加权分布：

$$E = -\ln\left(\frac{T_{\text{suspension}}}{T_{\text{reference}}}\right) \Rightarrow E = A_{\text{v}} \cdot c_{\text{v}} \cdot L \Rightarrow x = \sqrt{\frac{18\eta_{\text{F}}}{(\rho_{\text{p}} - \rho_{\text{F}})\omega^2 t_{\text{m}}}\ln\left(\frac{r_{\text{m}}}{r_0}\right)} \Rightarrow$$

$$c_{\text{V,m}} = c_{\text{V,0}} \cdot \int_{x_{\min}}^{x} \exp\left[\frac{-2(\rho_{\text{p}} - \rho_{\text{F}})\omega^2 t_{\text{m}} z^2}{18\eta_{\text{F}}}\right] \cdot q_3(z)\,\mathrm{d}z \Rightarrow Q(x)_3 \qquad (6-15)$$

式中，A_{v} 是吸光度；L 是吸光层厚度；$c_{\text{V,m}}$ 是吸光物质的所测浓度；$c_{\text{V,0}}$ 是吸光物质的初始浓度。

设定稳定性分析仪的相关参数(转速、温度等)后，用注射器将已乳化的原油乳状液注入样品槽中，将样品槽放进稳定性分析仪中，启动马达，开始测定乳状液的稳定性，待绿线开始叠加时停止实验或者等待仪器自动停止，得到相关数据。实验转速为1500r/min，扫描时间间隔为10s。

2）浓度对乳状液破乳效果的影响

60℃条件下，不同浓度丙二醇聚醚、丙三醇聚醚、多胺聚醚和酚醛树脂聚醚对乳化原油的破乳效果如图6-22~图6-25所示。从图中可以看出，破乳剂的破乳效果随浓度增大而增强，在100ppm(1ppm=10^{-6})处达到最佳。

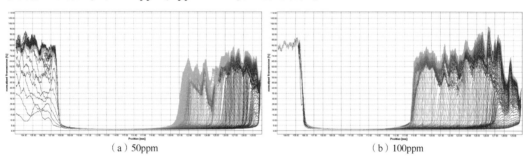

（a）50ppm　　　　　　　　　　　（b）100ppm

图6-22　不同浓度丙二醇聚醚-乳化原油的破乳效果

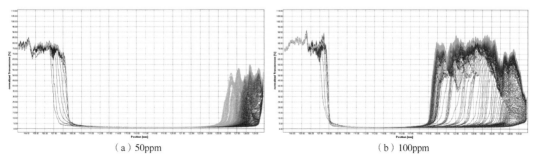

（a）50ppm　　　　　　　　　　　（b）100ppm

图6-23　不同浓度丙三醇聚醚-乳化原油的破乳效果

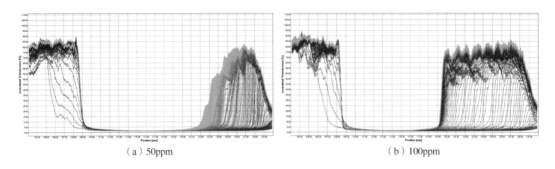

（a）50ppm　　　　　　　　　　　（b）100ppm

图6-24　不同浓度多胺聚醚-乳化原油的破乳效果

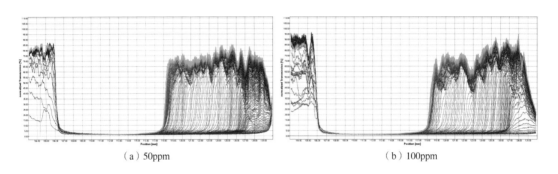

（a）50ppm　　　　　　　　　　　（b）100ppm

图6-25　不同浓度酚醛树脂聚醚-乳化原油的破乳效果

3）破乳剂对活性组分模拟乳状液稳定性的影响

不同聚醚破乳剂对饱和分、芳香分、胶质、沥青质模拟油形成的乳状液稳定性的影响如图6-26所示。从图中可以看出，原油活性组分模拟油可以与地层水形成具有一定稳定性的乳状液，其中沥青质形成的模拟乳状液稳定性最强。而四种破乳剂均能有效地破坏活性组分界面膜，达到良好的破乳效果。对于模拟乳状液，破乳剂的结构影响不大。

2. 海上中心平台预分水实验

根据实验结果选用多元聚合醇和聚醚酰亚胺为起始剂的破乳剂进行现场瓶试实验，取中心二号来液汇管处现场采出液，含水率85%，来液不含破乳剂，温度为60℃。来液在实验室60℃条件下沉降10min，并分别在1min、3min、5min和10min的时间节点上观察比较脱水速度、沉降水质、油水界面等。待沉降10min后，用带针头的注射器抽取水层中部水样，测定水中含油值。之后将瓶内水层全部抽出，剩余的乳化油层摇匀后用离心法测定油中含水率。

首先采用现场使用药剂，不同停留时间不同加药浓度下的实验结果如表6-14和图6-27所示。

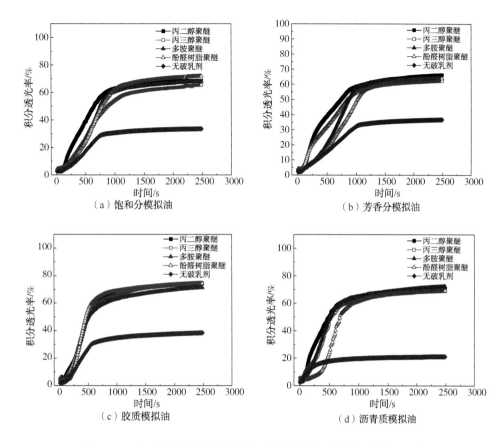

图 6-26　聚醚破乳剂对原油活性组分模拟乳状液积分透光率的影响

表 6-14　现场破乳剂浓度梯度实验结果

序号	产品	浓度/ppm	脱出水量/mL				油水界面	水中含油/（mg/L）	油中含水/%
			1min	3min	5min	10min			
1	空白	—	66	68	69	69	不整齐	529	48.6
2	现场破乳剂	20	70	70	70	70	整齐	282	30.2
3	现场破乳剂	40	73	73	73	74	整齐	211	29.6
4	现场破乳剂	60	75	76	76	76	整齐	159	28.8
5	现场破乳剂	80	77	77	78	78	整齐	143	27
6	现场破乳剂	100	77	77	77	77	整齐	128	26.4
7	现场破乳剂	120	78	78	78	78	整齐	132	27.2
8	现场破乳剂	140	78	78	78	78	整齐	138	26.2
9	现场破乳剂	160	78	78	78	78	整齐	140	25.6

图 6-27 沉降 10min 照片

通过以上实验结果可知：①现场破乳剂在 100ppm 的加药浓度下沉降水质最好。加药浓度从 60ppm（现场投加浓度）提高到 100ppm，水中含油值略微下降，约下降 19%。②油中含水率整体趋势是随着加药浓度的升高而降低，但不同浓度间的油中含水率差别不大。③对室内实验效果与现场实际运行情况对比分析发现，现场无论投加 60ppm 还是 100ppm 破乳剂，现场三相分离器水出口采出水含油远远高于实验室数据，其中 1# 三相分离器出口采出水含油约为 1700~2300mg/L，2# 三相分离器出口采出水含油约为 800~1100mg/L，说明现场使用的药剂在存在气液波动等不稳定的分离条件下，效果远达不到实验室效果。

随后更换实验药剂实验，根据现场采出液，配置出适合中心二号平台采出液的专用破乳剂，对比与现场破乳剂不同时间不同浓度的沉降水质和脱水速度，实验结果如表 6-15 和图 6-28~图 6-30 所示。

表 6-15　沉降水质对比试验结果

序号	产品	浓度/ppm	脱出水量/mL				油水界面	水中含油/（mg/L）	油中含水/%
			1min	3min	5min	10min			
1	现场破乳剂	20	73	74	76	77	整齐	225	27.8
2	现场破乳剂	40	75	75	77	78	整齐	202	28
3	现场破乳剂	60	77	79	79	79	整齐	131	27.6
4	现场破乳剂	80	77	79	79	79	整齐	103	26.8
5	现场破乳剂	100	78	79	80	80	整齐	110	27
6	实验破乳剂	10	73	75	76	76	整齐	73	26.6
7	实验破乳剂	20	78	80	80	80	整齐	61	27
8	实验破乳剂	30	78	79	80	80	整齐	52	25.2
9	实验破乳剂	40	78	80	80	80	整齐	47	24.4
10	实验破乳剂	50	78	80	80	80	整齐	67	24.8

通过以上实验结果可知：①实验破乳剂添加浓度低于现场使用药剂，实验破乳剂沉降水质优于现场破乳剂。②实验破乳剂在 40ppm 浓度下沉降水中含油值最低，比 80ppm 浓度的现场破乳剂水中含油值降低超过 50%，且脱水速度快。③破乳剂实验中破乳剂在 10~50ppm 这个较宽的浓度范围内沉降水质都比较好，40ppm 是最佳投加量。④投加破乳剂实验中破乳剂油水分离后，一定程度的扰动不会使沉降水质变差。

（a）沉降1min

（b）沉降3min

（c）沉降5min

（d）沉降10min

图 6-28　不同沉降时间的对比照片

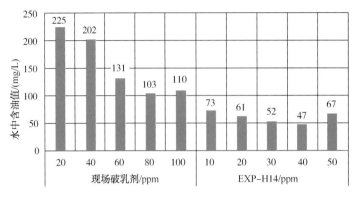

图 6-29　水中含油值对比

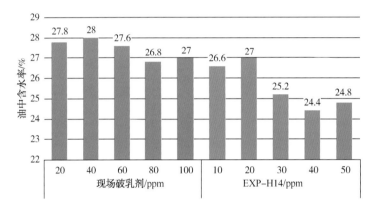

图 6-30　沉降 10min 油中含水率对比

3. 原油深度脱水性能实验

为了更进一步验证中心平台添加药剂对海三联合站流程系统中的热化学脱水影响，对原油深度脱水性能进行对比实验。

根据海三联合站运行现场参数，确定本组实验沉降温度是 60℃，在不同时间记录脱出水量，并在 5h 和 20h 这两个时间节点上用带针头的注射器抽取油相顶层原油，之后用离心法测定油中含水率。实验结果如表 6-16 和图 6-31、图 6-32 所示。

表 6-16　脱水性能对比实验结果

序号	产品	浓度/ppm	脱出水量/mL						油水界面	5h 油中含水/%	20h 油中含水/%
			10min	20min	30min	60min	300min	1200min			
1	空白	0	0	0	1	5	60	60	整齐	12.4	9.4
2	现场破乳剂	60	7	12	26	60	60	61	整齐	5.6	4.0
3	现场破乳剂	100	8	16	28	60	60	61	整齐	4.2	2.4
4	现场破乳剂	150	8	11	22	59	60	60	整齐	4.4	2.8

续表

序号	产品	浓度/ppm	脱出水量/mL						油水界面	5h 油中含水/%	20h 油中含水/%
			10min	20min	30min	60min	300min	1200min			
5	现场破乳剂	200	37	39	48	61	61	61	整齐	2.6	1.2
6	实验破乳剂	30	7	19	39	60	60	61	整齐	5.8	3.8
7	实验破乳剂	50	11	25	46	60	60	61	整齐	3.4	2.4
8	实验破乳剂	75	13	29	55	61	61	61	整齐	2.6	1.2
9	实验破乳剂	100	38	50	59	60	60	60	整齐	2.8	2.4

（a）沉降20min

（b）沉降30min

（c）沉降60min

（d）沉降1200min

图 6-31　脱水实验照片

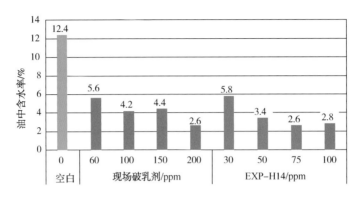

（a）沉降5h

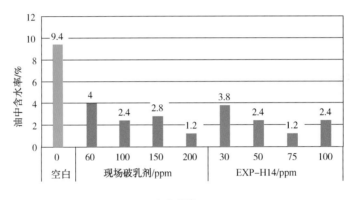

（b）沉降20h

图 6-32　不同沉降时间的油中含水率对比

通过以上实验结果可知：①前 30min，实验破乳剂的脱水速度比 2 倍浓度的现场破乳剂快。②沉降 5h，实验破乳剂与 2 倍浓度的现场破乳剂油中含水率效果相当。③沉降 20h，75ppm 浓度下的实验破乳剂与 200ppm 浓度的现场破乳剂油中含水率效果相当。④从脱水性能分析，实验破乳剂的最优添加浓度是 75ppm，100ppm 需考虑出现过量投加的问题。

（二）反相破乳剂实验

根据现场实际运行情况，主要问题不是分水量达不到要求，而是三相分离器水出口采出水含油太高，给采出水系统处理带来压力，其中 1# 三相分离器出口采出水含油约为 1700～2300mg/L，2# 三相分离器出口采出水含油约为 800～1100mg/L。为改善采出水系统水质，不能单独添加破乳剂，需要同时配合反相破乳剂来改善水质问题。

根据海上油田采出水的特性出发，以对苯乙烯磺酸钠、丙烯酰胺、甲基丙烯酸羟乙酯为原料，以亚硫酸氢钠-过硫酸钾为引发剂共聚合成的产品和 1.0G 的聚酰胺-胺（图 6-33）复配成一种高效的反相破乳剂，在胜利油田海洋采油厂对其性能进行了评定。

图 6-33　1.0G 聚酰胺-胺结构式

1. 实验部分

1）实验试剂及主要仪器

主要试剂：对苯乙烯磺酸钠（SSS）（化学纯），甲基丙烯酸羟乙酯（HEMA）（分析纯）、丙烯酰胺（AM）（分析纯），过硫酸钾（分析纯），亚硫酸氢钠（分析纯），1.0G 聚酰胺-胺。

主要仪器：恒温水浴磁力搅拌器（MA-1003S），顶置机械搅拌器（RW20），傅立叶红外光谱仪（TENSOR27）。

2）实验方法

将对苯乙烯磺酸钠（SSS）、适量的亚硫酸氢钠和去离子水加入装有温度计和搅拌器的四口烧瓶中，搅拌加热至设定温度后，同时滴加丙烯酰胺（AM）、甲基丙烯酸羟乙酯（HEMA）及过硫酸钾，滴加速度为每分钟 30 滴，滴加完毕后保温反应 2~4h。该反应的合成路线如图 6-34 所示。将合成的产品与自制的 1.0G 聚酰胺-胺按比例进行复配，最终得到高效反相破乳剂。

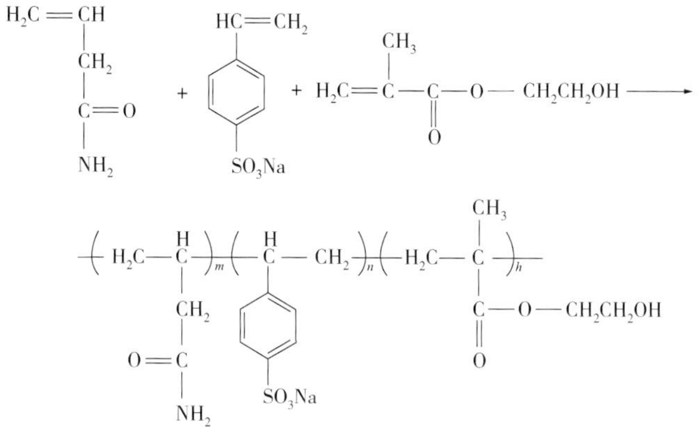

图 6-34　产品的合成路线图

3）最优实验条件探索

在实验过程中，为了考察物料物质的量比即 $n(AM):n(SSS)$、$n(HEMA):n(SSS)$、反应温度以及反应时间这四个因素对产品最终性能的影响，设计了正交实验表（表 6-17）。

表 6-17　L9(34) 正交试验表

	$n(AM):n(SSS)$	$n(HEMA):n(SSS)$	反应温度/℃	反应时间/h
水平 1	1	0.8	50	2
水平 2	2	1	55	3
水平 3	3	1.2	60	4

4）产品性能评定方法

在实验室中采用瓶试法对药剂性能进行评价。取胜利油田海洋采油厂的新鲜采出液，静置除去游离水后用上部原油进行药剂性能评定。将 100mL 原油加入 100mL 的刻度管中，在恒温水浴中预热后加入一定量药剂，上下震荡刻度管 200 次后继续放入水浴保温，持续观测原油脱水速度并记录脱水量及脱出水的干净程度，原油的含水率采用离心法进行测定。

2. 结果与讨论

1）合成产品的红外谱图

图 6-35 是合成产品的红外谱图，从图中可以看出，3459cm^{-1} 为 HEMA 中的 O—H 伸缩振动吸收峰；2946cm^{-1}、2829cm^{-1} 为甲基、亚甲基中 C—H 伸缩振动峰；1727cm^{-1}、1665cm^{-1} 为产品中酯基和酰胺中的 C＝O 伸缩振动吸收峰；1194cm^{-1} 为磺酸基中 S＝O 的伸缩振动峰；在 990cm^{-1} 和 910cm^{-1} 附近没有强峰出现，说明不含有 C＝C；836cm^{-1} 为苯环的特征峰。综合分析，该产品即为目标产物。

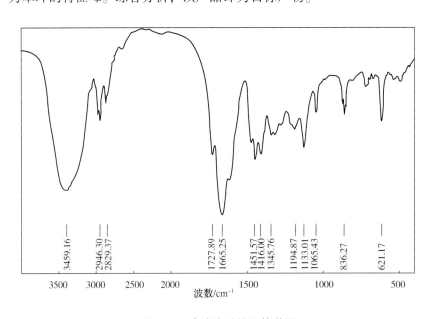

图 6-35　合成产品的红外谱图

2）产品破乳性能研究

将合成的产品均与自制的 1.0G 聚酰胺-胺按质量比 1∶1 进行复配，得到最终的高效反相破乳剂，将其依次命名为 MH-1～MH-9。

在瓶试实验中，参照现场条件，将温度设为 70℃，破乳剂 MC-9368 加量 40ppm，反相破乳剂（即复配的 MH 系列）加量 30ppm，破乳时间为 60min，测定最终的脱水率，实验结果如表 6-18 所示。

表 6-18　L9(34) 正交实验结果

序号	n(AM)∶n(SSS)	n(HEMA)∶n(SSS)	反应温度/℃	反应时间/h	脱水率/%
MH-1	1	0.8	50	2	74.4
MH-2	1	1	55	3	73.7
MH-3	1	1.2	60	4	70.2
MH-4	2	0.8	55	4	75.8
MH-5	2	1	60	2	86.5
MH-6	2	1.2	50	3	80.6
MH-7	3	0.8	60	3	85.5
MH-8	3	1	50	4	77.8
MH-9	3	1.2	55	2	95.3
极差 R	13.4	2.7	4.0	10.8	

从表 6-18 可以看出，影响产品破乳效果的因素排序为 $n(AM)∶n(SSS)>$ 反应时间 $>$ 反应温度 $>n(HEMA)∶n(SSS)$，其中产品 MH-9 效果最好，脱水率达到 95.3%，而且脱出的水清澈透亮，符合现场对处理水质的要求。

在中心二号现场开展瓶试实验，样品取自 1# 三相分离器 1.4m 采出水取样点，采出水含油 2332mg/L，含在用的破乳剂。待沉降 10min 后用带针头的注射器抽取水层中部水样，测定水中含油值。实验结果如表 6-19 所示。

表 6-19　实验反相破乳剂浓度梯度实验结果

序号	产品	浓度/ppm	水中含油/(mg/L)
1	空白	—	306
2	实验反相破乳剂	5	136
3	实验反相破乳剂	10	118
4	实验反相破乳剂	20	109
5	实验反相破乳剂	30	100

通过以上实验结果可知：① 投加不同浓度的反相破乳剂比空白水质有较明显的改善。5ppm 的反相破乳剂可以将采出水含油在空白的基础上降低 56%，30ppm 的反相破乳剂可以将采出水含油在空白的基础上降低 67%。② 本组实验中反相破乳剂随着加药浓度的提高沉降水中含油值不断降低，30ppm 采出水含油值最低，达到 100mg/L，为最优药剂添加量。

(三) 室内实验结论

通过以上实验结果可以得到如下结论：① 实验破乳剂效果明显优于现场使用破乳剂，对海三联深度分水效果优势明显。② 同时添加破乳剂和反相破乳剂可以有效改善分离器的分水水质。③ 综合室内实验数据，考虑现场实际情况，推荐现场添加药剂量采用室内实验最优药剂量，破乳剂为 40ppm，反相破乳剂为 30ppm。

综合以上实验结果和结论，推荐使用实验破乳剂和反相破乳剂进行现场先导试验。解决了中心平台分水存在的两大问题：一是三相分离器水相出口水质不理想，水中含油数值一直维持在高位，导致水处理系统后续工段的处理压力大，处理效果很难达到预设的处理目标；二是三相分离器分水量低，外输原油含水率高，海三联合站处理压力大，采出水回调运行费用高。

海洋采油厂相继在中心一号、中心二号、中心三号推广应用了短流程分水技术，中心平台日均分水量由 $0.9×10^4m^3$ 提升到了 $2.8×10^4m^3$，外输含水分别从 84%、75%、78% 下降到 80%、73%、65%，外输干压平均下降 0.3MPa，海三联日均采出水处理量及调水量由 $3.5×10^4m^3$ 降至 $2.2×10^4m^3$，解决了海上中心平台分水能力不足、大量采出液在海陆间的无效循环的问题，降低了海三联的处理压力，运行以来 3 座中心平台各停运 1 台外输泵、海三联停运 1 台调水泵，降低了泵类设备的维护费用，日节电 24705kW·h，加药量每天减少 0.9t，吨液处理药剂费降低 0.09 元/m³，吨液处理电费降低 0.09 元/m³，合计节约运行成本 700 万元。

平台结构检测及
加固延寿技术

海上固定平台超龄服役问题大量存在。国外学者应用剩余极限强度评估法、非线性有限元法计算海洋环境下平台寿命，并在北海和墨西哥湾油田得到应用。国内高校及油公司自20世纪90年代初开展了平台结构检测、寿命预测及维修等攻关研究，目前已经形成了一套较为完整的技术体系。胜利油田极浅海工程地质和环境条件复杂，采油平台设计寿命仅15年，至2015年胜利油田采油平台50%以上到达设计寿命，安全风险逐步加大，平台寿命期短成为制约采收率提升的关键。针对大量海洋平台超期服役带来的安全风险增大、期末采出程度低的问题，围绕海工设施延寿开展了结构检测、安全评定、维修改造、海底管线监测防护及平台海冰灾情预警等安全保障技术研究，构建了极浅海环境平台结构检测及延寿服役的技术体系，已完成了海上40座平台的维修加固，从根本上解决了平台寿命对油藏开发的制约问题。

第一节 海上平台结构失效机理与强度评估

基于管节点焊缝坐标系变换和结构破坏能量最小原则，构建了平台节点焊缝和裂纹的几何关系参数模型，实现了节点焊缝尺寸、结构形状以及表面裂纹的准确模拟(符合率>98%)。构建了平台焊缝及裂纹高精度数值模型，揭示了不同荷载(静力、地震、冲击和火灾)作用下平台管节点部位的失效机理，实现了平台关键结构的剩余强度评估。

一、海洋平台导管架节点焊缝建模技术

(一)海洋平台焊接管节点理论模型

对于浅海导管架平台而言，平台结构的强度主要取决于平台构件(空心钢管和焊接管节点)结构的强度，其中海洋平台的失效主要是由平台管节点失效导致的。

建立了平台管节点的焊缝模型，可以用图7-1进行说明。在不考虑焊缝的情况下，支管和主管的内外部交线如图中的实线所示；考虑焊缝的时候，支管和主管实际上的内外部交线如图中虚线所示。

为模拟焊趾 W_o，可以从两管交线上一点 A_o 向外延伸一段距离 T_2，如图7-2所示。沿着主管和支管的交线，T_2 随二面角 γ_o 的不同而变化。角度 γ_o 的变化范围是从假设主管和支管之间夹角 θ 的最小值(工程中的管节点中，此夹角的最小值大约为30°)到180°。T_2 的大小可以通过下面的公式计算：

$$T_2 = k_2 \times t_b \qquad (7-1)$$

$$k_2 = F_{OS_{outer}} \left[1 - \left(\frac{\gamma_o - \theta_s}{180 - \theta_s} \right)^m \right] \qquad (7-2)$$

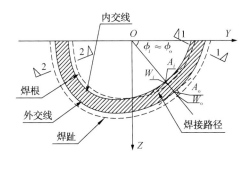 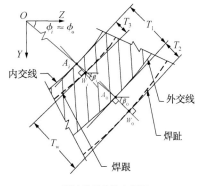

(a)在平面内的内外交线和焊接路径　　　　　(b)焊接路径的放大视图

图 7-1　焊缝的几何模拟

式中，T_2 是外部焊缝厚度；k_2 是外部交线修正因子；$F_{OS_{outer}}$ 是比例因子；m 是一个常数；θ_s 是主管和支管之间的最小夹角。

经过修正以后，焊趾的外部相交曲线方程可以写为：

$$\begin{cases} Z_{W_o} = Z_{A_o} + T_2\cos\beta_0 \\ Y_{W_o} = Y_{A_o} + T_2\sin\beta_0 \\ X_{W_o} = \sqrt{R_1^2 - Y_{W_o}^2} \end{cases} \quad (7-3)$$

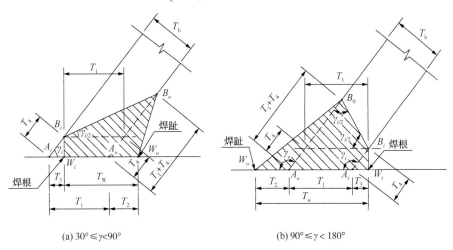

(a) $30° \leqslant \gamma < 90°$　　　　　　　　(b) $90° \leqslant \gamma < 180°$

图 7-2　焊接节点的 1-1 截面

按照相同的方法，内部相交线上的点 A_i 到焊跟 W_i 的距离为 T_3。二面角 γ_i 的范围是 $30° \sim 90°$。当 $\gamma_i = 30°$ 时 T_3 取极大值，而当 $\gamma_i = 90°$ 时 $T_3 = 0$。T_3 可以表示为如下形式：

$$T_3 = k_3 \times t_b \quad (7-4)$$

$$k_3 = F_{OS_{inner}}\left[1 - \left(\frac{\gamma_i - \theta_s}{90 - \theta_s}\right)^n\right] \quad (7-5)$$

式中，T_3 是内部焊缝厚度；k_3 是内部交线修正因子；$F_{OS_{inner}}$ 是比例因子；n 是一个常数；

θ_s 是主管和支管之间的最小夹角。

经过修正以后，焊跟处的内部相交曲线方程可以写为：

$$\begin{cases} Z_{W_i} = Z_{A_i} + T_2\cos\beta_i \\ Y_{W_i} = Y_{A_i} + T_1\sin\beta_i \\ X_{W_i} = \sqrt{R_1^2 - Y_{W_i}^2} \end{cases} \tag{7-6}$$

管节点的焊接厚度 T_W 是由 T_1、T_2 和 T_3 共同决定的，AWS(2000)规定了焊缝厚度的最小要求，T_W 可表示为：

$$T_w = T_1 + T_2 - T_3 \geqslant T_{AWS} = k_{AWS} \cdot t_b \tag{7-7}$$

式中，k_{AWS} 是由 AWS(2000)规范规定的焊缝厚度参数。

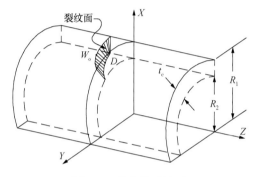

图 7-3　管中的裂纹面

平台管节点在发生疲劳破坏时，裂纹一般是沿着焊缝处产生和扩展。由于不同直径的两个圆形钢管相交后得到的交线是一条复杂的空间曲线，而裂纹又是沿着这条曲线发展的，因此表面裂纹的形状是非常复杂的。裂纹扩展而形成的空间曲面如图 7-3 所示。在数值模拟时，此曲面必须通过给定的方程确定。

在图 7-3 中，裂纹表面由一系列沿着焊缝的直线 W_oD 连接而成。W_oD 经过 Z 轴，裂纹面的厚度总是保持为管道厚度 t_c。W_o 位于管道外表面的焊缝轮廓上，D 点位于管道内表面上。D 点位置由另外两个条件确定：W_oD 的长度等于管道厚度 t_c，W_oD 经过 Z 轴。由此可以确定 D 点的坐标为：

$$D = \begin{Bmatrix} X_D \\ Y_D \\ Z_D \end{Bmatrix} = \begin{Bmatrix} \dfrac{R_2}{R_1}X_{W_o} \\ \dfrac{R_2}{R_1}Y_{W_o} \\ Z_{W_o} \end{Bmatrix} \tag{7-8}$$

在裂纹问题的有限元计算过程中，半椭圆经常被用作表面裂纹的形状。为了定义方便，表面裂纹首先在一个标准化的坐标系 $u'-v'$ 中进行定义，然后再将其映射到三维空间中。这个过程如图 7-4 所示。图中，u' 轴代表裂纹长度 l_{Cr}，而 v' 轴代表裂纹最深点的深度 d，u' 轴可以通过极角 α 来定义。用映射法对位于任何位置的任意长度的裂纹进行数值模拟。如图 7-5 所示，两个裂纹尖端可以由极角 α_{Cr_1} 和 α_{Cr_2} 确定。坐标 (u', v') 定义为：

$$u' = \frac{(\alpha - \alpha_{Cr_1} - \alpha_{Crange})}{\alpha_{Crange}} , \quad \alpha_{Crange} = \frac{\alpha_{Cr_2} - \alpha_{Cr_1}}{2} \tag{7-9}$$

$$v' = \frac{d}{t_c} \qquad (7-10)$$

式中，α 是对应于点$(u'，v')$的极角；α_{Cr_1} 和 α_{Cr_2} 分别是裂纹尖端的极角；d 是裂纹的深度；t_c 是管道的厚度。其中，$u' \in [-1，1]$，$v' \in [0，1]$，α_{Cr_1}、α_{Cr_2}、$\alpha_O \in [0°，360°]$。

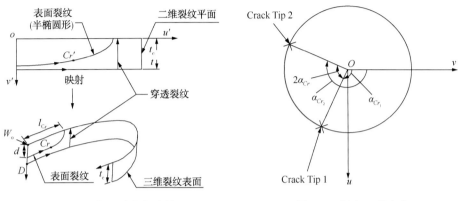

图 7-4　表面裂纹的映射　　　　　　　图 7-5　极角 α 的定义

假定表面裂纹的边缘曲线由 $u' - v'$ 坐标中的点 Cr 定义，对于曲线上的任何一点，可以得到相应的极角值。当极角确定后，W_o 点的坐标即可得到。假定裂纹深度是 d，则裂纹上任何一点 Cr 为：

$$Cr = \begin{Bmatrix} X_{Cr} \\ Y_{Cr} \\ Z_{Cr} \end{Bmatrix} = \begin{Bmatrix} \left(1 - \dfrac{d}{R_1}\right) & 0 & 0 \\ 0 & \left(1 - \dfrac{d}{R_1}\right) & 0 \\ 0 & 0 & 1 \end{Bmatrix} \begin{Bmatrix} X_{W_o} \\ Y_{W_o} \\ Z_{W_o} \end{Bmatrix} \qquad (7-11)$$

式(7-11)可以确定三维空间中裂纹上任何一点的坐标。

（二）海洋平台焊接管节点有限元模型

管节点有限元模型中最重要的内容是产生合理的网格，该研究中的网格产生方法是采用分区域划分网格的方法，根据计算结果精度的需要，将整个管节点划分为不同的区域，每个区域的网格单独产生，各个相临区域在连接处采用相同的网格划分。图 7-6 给出的是 T/Y（支管和主管夹角不同，其他都相同）和 K 节点有限元网格分区域产生法的示意图，这部分网格通过自行开发的程序产生。

对包含包面裂纹的焊接管节点有限元网格产生方法仍然采用分区法，这部分内容也采用软件编写的程序完成。由于采用了分区法产生网格，对包含疲劳表面裂纹的区域，网格可单独产生。包含表面裂纹的管节点的有限元网格由五种类型的单元组成，其中四分之一结点单元用来模拟裂纹边缘上的位移奇异性，对于这些单元，靠近裂纹边缘的中结点移动到四分之一结点处；棱柱体单元用来模拟靠近裂纹边缘和远离裂纹区域的过渡区域；四面体单元用来连接裂纹边缘的四分之一结点单元和环绕裂纹边缘的其他类型的单元；棱锥体单元通过四面体单元连接裂纹边缘附近的棱柱体单元；六面体单元用来模拟远离裂纹的区域。这五种类型单元如图7-6所示。

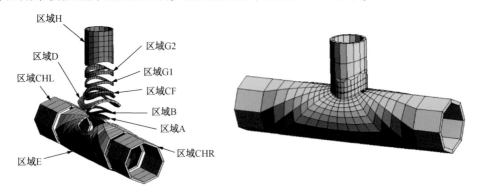

(a)T节点分区网格及合并后示意图

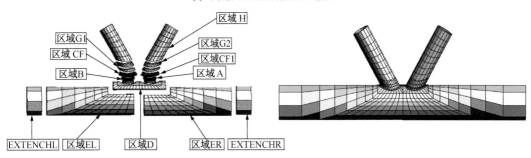

(b)K节点分区网格及合并后示意图

图7-6　有限元网格分区域产生法示意图

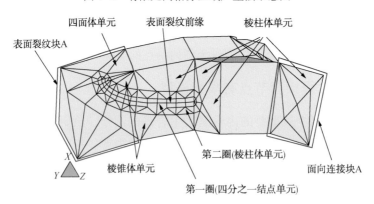

图7-7　组成裂纹的单元类型

在有限元分析中，为了验证数值结果的收敛性，需要采用不同密度的网格对结果进行校验。本文中采用了一种不需要重新形成不同网格的双倍网格加密方法。加倍的有限元网格可以首先通过增加一个线性单元的阶次而产生一个二次阶次单元，然后将高阶次单元分为一系列线性单元。采用这种网格加密方法，可以对管节点整体结构网格进行自动而快速地加密，图7-8显示了初始和加密后的区域CF区(包含裂纹块)的网格图。

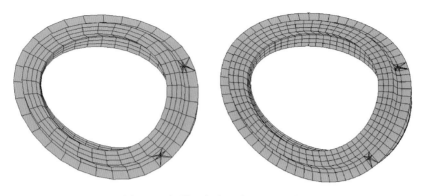

图 7-8　初始和加密后的 CF 区网格

二、海洋平台导管架节点静力测试与评估

实验过程中，在管节点支管中部四分处粘贴 4 个轴向应变片，用来检测支管端部施加轴向荷载的大小，并用来计算名义应力。在相贯部位沿着垂直于焊趾方向在插值区域内贴 2 个应变片，在冠点和鞍点处除了粘贴垂直于焊趾方向的应变片外，再粘贴 2 片平行于焊趾切线方向的应变片，用来计算应力集中系数和应变集中系数之间的转换关系。实验测试中，对 T、Y 和 K 节点试件的应变片粘贴如图 7-9 所示。

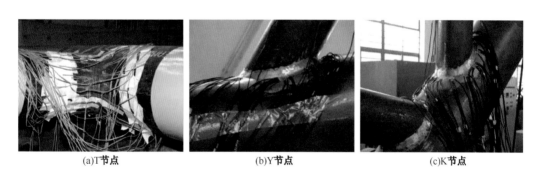

(a)T节点　　　　　　　　(b)Y节点　　　　　　　　(c)K节点

图 7-9　管节点试件应变片布置

实验测试部分共完成了对平面 T、Y 和 K 三种类型的焊接管节点应力集中系数（SCF）的测试和有限元模拟工作

图 7-10 显示的是试件 T1 的有限元网格图，组成网格的单元均为 20 结点的六面体单元（hexahedral element），焊缝尺寸遵循 AWS 规范。在支管端部施加 $1N/mm^2$ 的均布面力时沿着焊缝周围应力分布的有限元分析结果如图所示。从有限元结果可以看出：在鞍点处 T 节点的应力集中最严重，说明峰值应力位于鞍点部位，即在承受循环轴力作用的情况下，T1 试件将于鞍点部位首先萌生疲劳裂纹。

T1 节点试件在支管轴力作用下焊缝周围应力集中系数分布情况如图 7-10 所示，角度 ϕ 从冠点开始作为 0°。从图中可看出，有限元分析结果和实验测试结果吻合得很好，在峰值应力大小和位置方面也能提供较精确的预测结果。

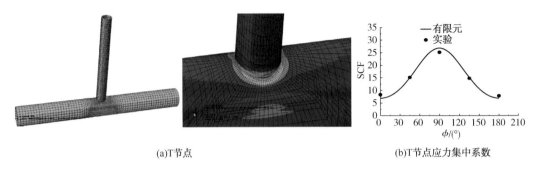

(a)T节点   (b)T节点应力集中系数

图7-10   T节点焊缝周围应力集中系数分布情况

图7-11给出了Y2节点试件的有限元网格图和在承受支管轴向荷载作用下沿着焊缝周围应力分布情况。有限元分析结果表明：峰值应力仍然位于鞍点附近。沿着焊缝周围应力集中系数分布情况的实验测试结果和基于AWS模型分析得到的有限元结果如图所示。有限元分析结果和实验测试结果在预测应力集中系数分布规律上基本是一致的，都给出峰值应力位于鞍点处。从跟点到鞍点范围，有限元结果稍微偏高一些，给出的计算结果稍偏保守；从鞍点到冠点范围，有限元结果稍偏低于实验测试结果。

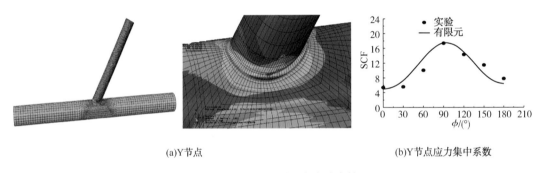

(a)Y节点   (b)Y节点应力集中系数

图7-11   Y节点焊缝周围应力分布情况

图7-12给出了K1节点试件的有限元网格图和在承受一端支管轴向荷载作用下(另外一个支管端部固定)沿着焊缝周围的应力分布情况。有限元分析结果表明：峰值应力位于鞍点附近。沿着焊缝周围应力集中系数分布情况的实验测试结果和基于AWS模型分析得到的有限元结果如图所示，其中角度ϕ的零点从跟点计算。有限元分析结果和实验测试结果在预测应力集中系数分布规律上基本一致，峰值应力大小二者吻合较好，实验测试结果中峰值应力稍微偏离鞍点而向冠点靠近。但从跟点到鞍点范围，有限元结果稍微偏高一些，给出的计算结果稍偏保守；从鞍点到冠点范围，有限元结果整体稍偏低于实验测试结果。

三、海洋平台导管架节点冲击测试与评估

实验采用图7-13所示的实验装置，模拟通过支管将冲击力传递给主管的节点受撞过程，节点加载过程中的情景如图所示。

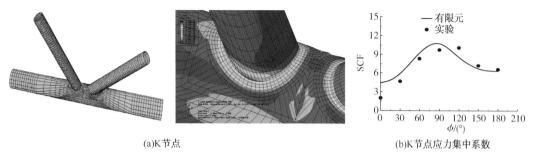

(a)K节点

(b)K节点应力集中系数

图 7-12　K 节点焊缝周围应力分布情况

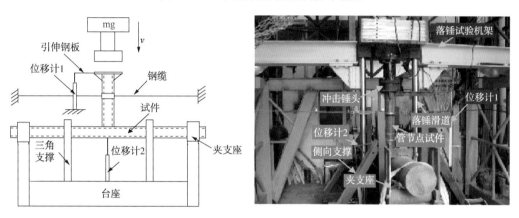

图 7-13　管节点冲击实验装置图

图 7-14 为主管直径 180mm 的 T 形管节点在冲击荷载下的变形。从图中可以看出，主管受到支管传来的冲击荷载作用后，所有支管未发生明显变形，其在不同的几何和荷载参数下，最终破坏形式主要表现为主管表面靠近相贯线部位发生了明显的局部屈曲与主管的整体弯曲变形或严重的弯折破坏。

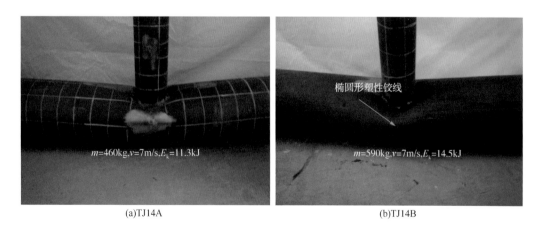

(a)TJ14A

(b)TJ14B

图 7-14　T 形节点破坏模式图

从图 7-14 可以看出：试件 TJ14A 在锤重 460kg、冲击速度 7m/s（$E_k = 11.3$kJ）的冲击荷载作用下，在主管和支管相交处的主管上表面发生了轻微的局部凹陷，整体弯曲变形较小；试件 TJ15A 在锤重 590kg、冲击速度 $7m/s(E_k = 14.5kJ)$ 的冲击荷载作用下，节点破坏模式与 TJ14A 相似，但主管上表面局部凹陷深度明显增加，可以看到在主管上围绕支管有清晰的椭圆形塑性铰线，主管的整体弯曲变形比 TJ14A 略有增加。

比较各节点区变形可以发现：主管在冲击点上半柱面的凹陷近似于椭圆（图7-15），椭圆的四个顶点分别与节点的两个冠点 a'、b' 与鞍点 c'、d' 对应，即从冠点 a'、b' 沿主管轴线向外延伸一定距离可得到椭圆的两个顶点 a、b，从鞍点 c'、d' 沿主管环向延伸一定距离可得到椭圆的另外两个顶点 c、d。主管管壁沿着凹陷区域边缘发生受弯屈服，形成塑性铰线。椭圆形塑性铰线的短轴可近似看作截面变形后曲率最大处的连线，长轴为沿主管纵向的凹陷影响区边缘的连线。

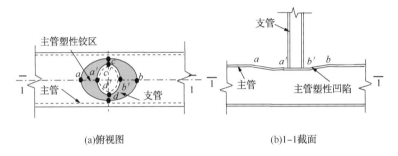

(a)俯视图　　　　　　　　　　　　　(b)1-1截面

图 7-15　T 形塑性铰凹陷示意图

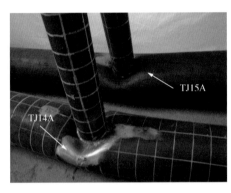

图 7-16　节点 TJ14A 与 TJ15A
局部屈曲变形比较

图 7-16 对几何参数相同的主管直径为 180mm 的试件主管局部屈曲变形进行了比较。从图中可以看出，随着冲击能量的增大，节点主管上表面局部凹陷区域逐渐变小，但凹陷深度增加。当冲击能增大时，由于局部屈曲引起节点主管抗弯刚度减少，节点的抗弯能力明显下降，节点的整体弯曲变形占主导，进而使得节点主管上表面相贯区域在横向冲击力和弯矩的共同作用下发生弯折。

从以上试件变形模式的比较分析可以看出：在冲击动能较小时，试件主管上表面发生椭圆形凹陷，并发生整体弯曲变形，随着冲击能量的提高，主管上表面凹陷深度逐渐增大，截面的削弱使整体弯曲变形不断增大，直至在主管跨中附近形成塑性铰，发生弯折破坏。由此可以看出，冲击能的大小对节点的破坏模式影响较大。

实验结束后，分别测量各管节点塑性凹陷区在主管横向和纵向的影响宽度、纵向凹陷量和横向凹陷量，以进一步分析节点发生局部屈曲变形的深度和广度。

图 7-17 为 TJ15A 的塑性铰区残余变形分析图。其中图 7-17(a)为将节点沿支管轴线将主管从跨中剖开的横向断面图。从图中可以看出，节点受到支管传来的冲击荷载

作用后，主管横断面为类似一个正置的双层碗。碗的上层为主管上表面在冲击压力作用下，沿塑性铰线边缘，由受压状态越跃屈曲而成。主管在屈曲产生推力的作用下，横向增大33mm，约为主管直径的18%[图7-17(b)]。下层碗底曲率大于上层碗底曲率表明主管下部变形较小。从图7-17(d)的测量结果可以看出，节点的塑性区为椭圆形，其长轴约为支管直径的2.07倍，短轴约为支管直径的1.91倍，其沿长轴的凹陷深度从图7-17(c)中可以看出，在主管跨中，也就是在冲击力作用位置(支管处)最大，离开支管区域迅速降低。

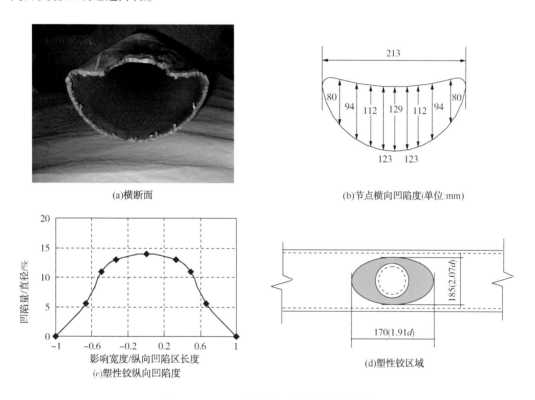

(a)横断面

(b)节点横向凹陷度(单位:mm)

(c)塑性铰纵向凹陷度

(d)塑性铰区域

图7-17 TJ15A塑性铰区残余变形分析图

从综合实验后各节点塑性凹陷区域影响范围和影响程度可以看出：随着冲击能量的增大，节点的椭圆形塑性铰线长度逐渐变小，凹陷深度增加，即塑性铰线的转角增大，同时主管宽度增大。

图7-18给出了实验结束时各节点的破坏模式有限元分析结果与实验的对比，从图中可以看出：①模拟得到的各节点破坏模式与其实验结果基本一致，在不同的几何参数和荷载工况下，节点支管均没有产生明显的变形，主要表现为主管上表面靠近相贯线的部位局部凹陷与主管的整体弯曲或弯折变形的耦合；②对图7-17(b)(d)(f)进行比较可见，随着初始冲击动能的增加，节点 J14A(E_k=11.2kJ)、J15A(E_k=14.5kJ)、J14B(E_k=23kJ)的破坏变形依次从主管上表面局部轻微凹陷增强至主管上表面局部显著凹陷，并伴随跨中发生明显的弯折破坏；③有限元模型节点的主管上表面在经受撞

击支管传来的冲击之后，产生了椭圆形的凹陷区域，短轴可近似看作两个截面变形后曲率最大点的连线，长轴可视为沿主管轴向的凹陷影响区边缘的连线。经过对有限元模型的分析可见模拟结果与实验结果较为吻合。

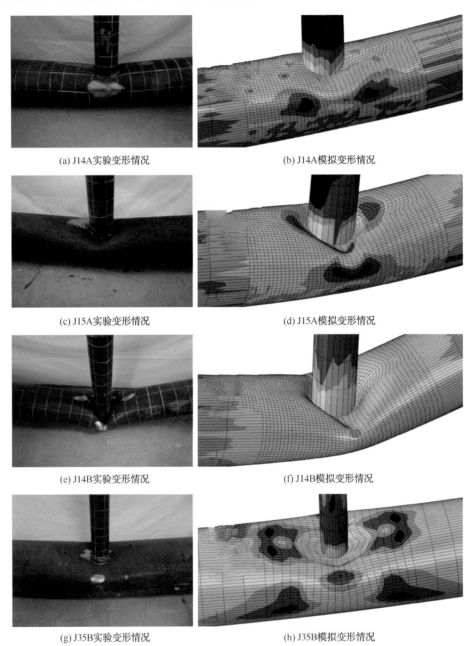

(a) J14A实验变形情况　　　　　　　　　　(b) J14A模拟变形情况

(c) J15A实验变形情况　　　　　　　　　　(d) J15A模拟变形情况

(e) J14B实验变形情况　　　　　　　　　　(f) J14B模拟变形情况

(g) J35B实验变形情况　　　　　　　　　　(h) J35B模拟变形情况

图 7-18　试件变形实验结果模拟变形对比

随着冲击动能的增大，椭圆形凹陷区域的长轴变短，短轴增大，凹陷深度增大，凹陷区域边缘周长变小，主管宽度增大，这一变化趋势与实验吻合的很好。

四、海洋平台导管架节点高温测试与评估

抗火实验在自制电加热炉内进行，炉内温度空气可升温至 1200℃，升温曲线可自行设定，管节点附近的空气温度需符合 ISO 834 标准升温曲线。

节点的破坏模式均与常温下类似，局部屈曲破坏均发生在主/支管相贯线附近的主管表面，主要原因是主管的径向刚度小于支管的轴向刚度。当支管承受轴向的受压荷载时，主管需在管径方向承受支管传来的荷载，因此当主管刚度不足以抵抗该外力时，即在管壁发生屈曲破坏。另外，钢材在高温下的材料退化，即弹性模量和屈服强度的减小，也是节点发生破坏的重要原因(图 7-19~图 7-22)。

图 7-19 T 节点高温实验装置

图 7-20 K 节点高温实验装置

图 7-21 T 节点高温实验结果

图 7-22 K 节点高温实验结果

实验所得节点的温度-时间曲线如图 7-23 所示，其中纵轴表示节点温度测点的温度，横轴表示加热时间。用自制抗火炉进行实验，钢管表面温度达到 200℃ 左右时，所需要的时间约为 8min；而由 200℃ 到达 400℃ 时，只用了大约 4min 的时间；温度到达

450℃左右时，由于节点已破坏而停止实验，所以整个加热升温时间只有大约不到13min。由上述分析可以看出，自制加热炉对于预测节点破坏时间而言稍微偏危险，这是因为加热炉由炉丝通电而转化成热量加热节点需要一定的预热过程。其次，若由整个加热时间来评价节点破坏时间的话，裸露未加固的 T 形圆管节点是极不耐热的，一旦发生火灾，留给人们逃生和救援的时间非常短，因此有必要对其进行加固或防火保护。节点升温曲线的前段斜率较小，升温较慢，而后段斜率较大，升温较快，且整个加热时间均不大，大约为 16min 左右。

试验所得未加固节点的位移-温度曲线如图 7-24 所示，其中纵轴表示节点位移测点的位移(负值表示受压方向)，横轴表示主管温度测点的平均温度。分析可以发现，曲线基本可以分为三个阶段，包括钢管因受热而膨胀的阶段、因钢材材料属性锐减而位移增大的阶段和节点破坏时位移的急剧增大阶段。在第一阶段，位移测点处由外荷载引起的初始位移开始逐渐沿正向增长，这是由于温度升高时，钢材会受热而膨胀，使得节点的受压变形减小所致。需要注意的是，支管测点处的位移变化量通常要比主管位移测点的大，这是因为测点所得位移为竖向位移，也即沿支管轴向的位移，而支管在轴向的膨胀量要大于主管在径向的膨胀量。在第二阶段，钢管温度达到一定值时，钢材的材料属性将显著降低，表现为屈服强度和弹性模量的急剧减小，此时主管径向刚度将不足以抵抗传自于支管端部的外荷载作用，使得主管开始产生较大的受压变形，测点位移会沿负向渐渐增大。第二阶段较第一阶段的温度跨度要小得多。第三阶段，由于温度的继续升高，钢材的材料属性急剧降低，此时节点将迅速丧失承载能力，使得测点位移沿负向迅速增长直至节点破坏，这个阶段也是在较小的温度跨度内发生的。另外，三个节点的极限温度分别不超过 430℃、510℃、505℃左右，且由曲线第三阶段直线下降的趋势来看，节点的破坏在有限温度变化范围内完成，意味着火灾发生时，留给逃生与救援的时间非常短，这对人身及财产安全是极度不利的，因此，在设计节点时，有必要对其进行防火保护设计。

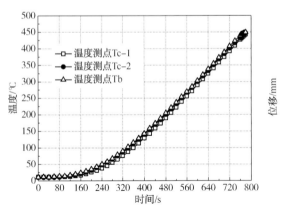

图 7-23 温度-时间曲线

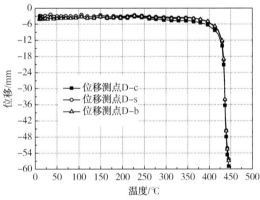

图 7-24 位移-温度曲线

有限元模拟得到的位移-温度曲线如图 7-25 所示，图中也给出了实验测试的结果。

从图中可以看出在节点发生倒塌之前，在相同的温度下有限元获得的位移比实验时的位移略小，这是因为有限元模型采用的热分析和力分析时高温下的材料属性是从欧洲规范获得的，而不是从材料实验结果获得的；另外，有限元采用的边界条件比较理想也是造成这个现象的一个重要原因。

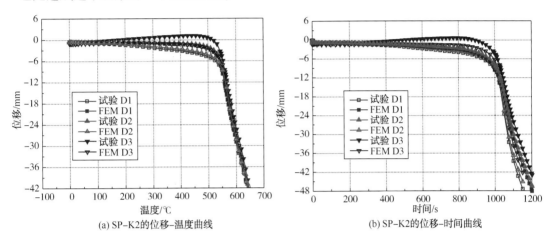

(a) SP-K2的位移–温度曲线　　　　　　　　(b) SP-K2的位移–时间曲线

图 7-25　试件 SP-K2 的有限元与实验的位移结果对比

从图 7-25 中可以看出，在整个失效的过程中，有限元模拟的结果与实验结果相差不大于 3mm，这样的误差并不影响对 K 节点抗火性能的评价，因此模型的有效性和准确性是可以被接受的。

第二节　海上平台结构疲劳与断裂评估方法

一、海洋平台导管架节点疲劳寿命预测

试件的疲劳实验在 SDS500 电液伺服动静万能实验机上进行，实验机通过本身具有的数据采集系统实时显示荷载的均值、幅值和加载频率，并自动记录循环次数。疲劳荷载均采用正弦波负荷控制的加载方式。具体加载制度如图 7-26 所示。

在 T1 试件中，对 2 个试件进行疲劳表面裂纹的预制，并用一个未经过疲劳测试的试件进行静力实验，与带疲劳表面裂纹的试件进行静力性能的对比。对于 T3 试件，选取 1 个试件进行疲劳实验，采用 1 个未进行疲劳实验的试件进行静力实验。对表 7-1 中 T 和 K 节点试件在循环荷载作用下进行疲劳实验测试，对每个节点所施加的焊趾处应力幅如表所示。在管节点试件达到疲劳破坏前，分别观察裂纹出现的位置及破坏前所经历的循环次数(即疲劳寿命)。有关焊接结构在疲劳荷载作用下的破坏定义一般有两种：第一种是以焊缝处出现第一条可观察到的裂纹作为临界失效状态；第二种是以裂纹恰好裂穿板件厚度作为失效的临界状态。这里采用第二种定义来判断疲劳破坏的

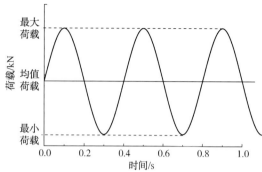

图 7-26　疲劳加载制度

临界时刻，主要原因在于在焊接管节点中，当焊缝处出现肉眼见到的裂纹时，裂纹一般没有穿透管壁，根据以往的研究结果发现这种状态下节点承载力一般降低不大，且韧性较好的钢材一般也不会发生脆性断裂（因为疲劳循环荷载一般远小于静力承载力）。疲劳实验测试结果如表 7-1 所列，表中 T4 试件做了两组实验，分别对应不同的应力幅值。

表 7-1　疲劳实验结果

试件编号	最大荷载/kN	最小荷载/kN	应力幅/MPa	频率/Hz	N/万次	裂纹出现位置
T1	38	5	327	2.0	16.3	冠点处
T2	97	10	302	3.0	19.6	冠点处
T3	40	10	218	3.0	19.8	鞍点处
T4-1	—	—	267	1.0	59.8	冠点处
T4-2	—	—	181	1.0	200.0	冠点处
K1	—	—	258	1.0	25.8	冠点处
K2	—	—	240	1.0	22.3	冠点处

国际管结构协会中对焊接管节点疲劳寿命估算采用 $S\text{-}N$ 曲线法（CIDECT），根据焊缝处峰值应力点处的热点应力幅（S）来推算管节点疲劳破坏前的寿命（N），其计算公式如下：

$$\lg S_{\text{rhs}} = \frac{1}{3}(12.476 - \lg N_{\text{f}}) + 0.06\lg N_{\text{f}}\lg\frac{16}{t}$$

或：

$$\lg N_{\text{f}} = \frac{12.476 - 3\lg S_{\text{rhs}}}{1 - 0.18\lg\dfrac{16}{t}} \tag{7-12}$$

根据式（7-12）可以绘制出管节点的 $S\text{-}N$ 曲线，将表 7-1 中管节点试件的疲劳寿命绘制在 $S\text{-}N$ 曲线中，结果如图 7-27 所示。从图中可以发现，$S\text{-}N$ 曲线在评价管节点疲劳寿命方面基本上是安全可靠的，但在管壁厚度较大时，所得结果过于安全和保守。

疲劳实验均在 SDS500 电液伺服动静万能实验机上进行。疲劳实验结果如表 7-2 所示。

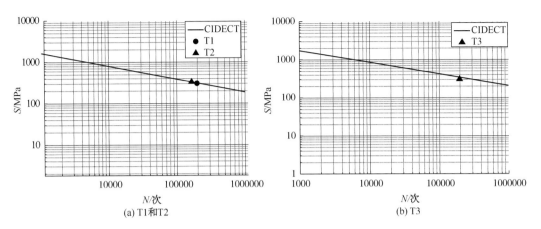

图 7-27　管节点疲劳实验结果对比

表 7-2　疲劳实验结果

试件编号	最大荷载/kN	最小荷载/kN	频率/Hz	N/万次	裂纹出现位置
T3	40	10	3.0	19.29	鞍点处
T1-1	38	5	2.0	27.3	冠点处
T1-2	38	5	2.0	14.03	冠点处

通过疲劳实验后，三个管节点在焊缝处已经产生了疲劳裂纹，疲劳裂纹位置和尺寸如图 7-28 所示。采用 SDS500 电液伺服动静万能实验机对带有疲劳表面裂纹 T 型管节点进行静载实验，裂纹深度采用德国 KARL DEUTSCH--RMG4015 裂纹测深仪进行测量，将两组探针置于裂纹两侧时，裂纹的实际深度可以在仪器上直接读取，其测量精度为 0.1mm。

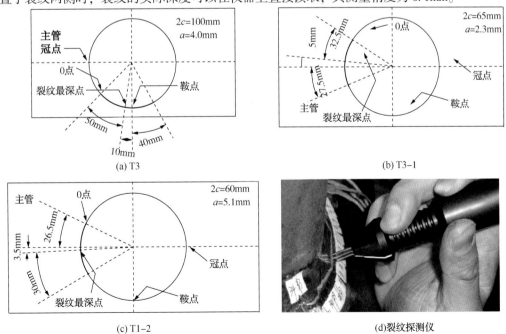

图 7-28　疲劳裂纹位置详图及几何尺寸

采用本文提出的有限元模型，分析了带裂纹管节点试件的变形过程。图 7-29 为带疲劳表面裂纹 T 形圆钢管节点在疲劳裂纹处有限元模拟变形与实验变形的比较。从图中可以看出，有限元模型变形与实验测试的变形趋势在未发生扩展前是比较相近的。在实验进行的过程中观察发现，在荷载超过临界荷载时，试件的疲劳裂纹均随荷载的增加沿深度方向逐步扩展，最终穿透管壁发生断裂。由于有限元的局限性，不能够模拟裂纹的扩展。因此，在裂纹扩展之前，有限元模型裂纹口变形与实验裂纹口变形吻合较好；在裂纹发生扩展之后，有限元模型裂纹口变形与实验裂纹口变形之间的差异逐渐变大。

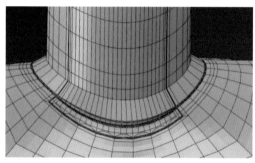

(a)T3试件

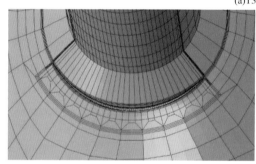

(b)T1-1试件

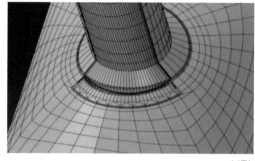

(c)T1-2试件

图 7-29　有限元与实验变形对比图

图 7-30 为带疲劳表面裂纹 T 形圆钢管节点在轴向拉力作用下的实验测试荷载-位移曲线与数值模拟荷载-位移曲线对比图。从图中可以看出，几个试件有限元模拟的荷载-位移曲线与实验测试的荷载-位移曲线吻合较好。

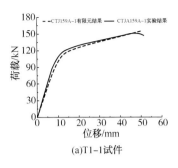 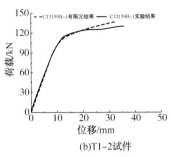 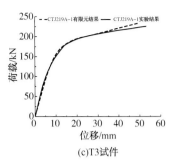

(a)T1-1试件　　　　　　　　　(b)T1-2试件　　　　　　　　　(c)T3试件

图7-30　有限元与实验荷载-位移曲线对比

对于试件 T1-2，由于有限元模拟的局限性，不能够模拟裂纹的扩展，因此在裂纹扩展之前，所有试件的有限元荷载-位移曲线与试验荷载-位移曲线均拟合较好。当裂纹发生扩展后，实验中试件刚度降低导致试件所承受的荷载也随之降低，而有限元模型不能够体现出裂纹扩展导致试件刚度的降低，因此在试件裂纹发生扩展后有限元模型的荷载-位移曲线依然上升，两条曲线也随之岔开，随着位移的不断增加有限元与实验荷载的差距逐渐变大。对于试件 T1-1，由于此试件的疲劳裂纹深度较浅，在位移达到 50mm 时裂纹并未发生较大扩展，也未导致试件刚度的降低，因此在整个加载过程中有限元模拟与实验测试的荷载-位移曲线趋势相同且吻合较好。由于试件 T3 在整个加载过程中疲劳裂纹也仅发生了较小的扩展，对管节点的刚度几乎没有造成影响，因此有限元结果和实验结果变化趋势基本相同。采用两倍弹性斜率准则对所有试件的有限元与试件的极限承载力进行预测，所有试件有限元模型结果与实验测试结果如表 7-3 所示。表中 P_t 为实验测试所确定的 T 形圆钢管节点试件的极限承载力，P_f 为有限元模拟所确定的 T 形圆钢管节点试件的极限承载力。从表中可以看出，有限元模型结果与实验测试结果比较接近。

表7-3　极限承载力比较

试件编号	P_t/kN	P_f/kN	P_f/P_t
T1-1	133.2	130.7	0.981
T1-2	124.16	126.7	1.020
T3	197.36	198.03	1.003

二、海洋平台导管架节点疲劳裂纹扩展

采用 ACPD 技术，对 K1 试件进行了疲劳实验过程中裂纹扩展的实时监测。节点上疲劳裂纹通常是从沿着焊缝应力最大点处产生的。因此，在疲劳实验前，先进行静力测试观察 K1 管节点在承受基本载荷或复合载荷情况下沿着焊缝的应力分布，从而确定节点上最大应力点的位置。为了测量沿着焊缝的应力分布，对于试件 K1，沿着焊缝在

整个主管和支管上每隔15°都贴上应变片,这些应变片的位置如图7-31所示。每一个点处都有一对应变片用来测量垂直于焊缝的应变分量,这两片应变片的分配遵循CIDECT的线性外推插值区。焊缝处的应变通过测量的应变线性外推而得到。实验中发现裂纹在以下几个主要位置处产生和扩展:冠点(crown)、鞍点(saddle)和跟点(heel)。

静力测试对试件施加的轴向力是150 kN,平面内弯曲力是13.5 kN。沿着焊缝的应力分布如图7-32所示。从图中可以看出,最大应力点位于冠点,最大应力值是258MPa。

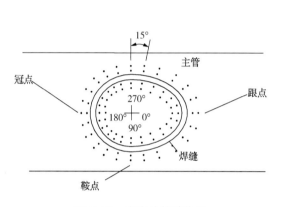

图7-31 应变片粘贴位置

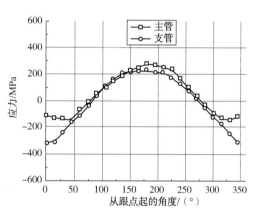

图7-32 沿着焊缝的应力分布

确定焊缝上峰值应力点位置后,在裂纹可能出现的区域布置测点。ACPD测量裂纹增长过程的探针布置如图7-33所示,用一个带有128个信道的多路器、称为U10的裂纹微测量计与这些探针相连。一个ACPD点需要两个信道,一个记录穿越裂纹间距的读数,另外一个记录参考间距的读数,共有64个固定点等间距的分布在热应力区。在疲劳测试中,一次最多有四个域可以同时使用,本次测试中,每个域有8个ACPD点,共使用32个ACPD点。裂纹形状的增长过程用Flair软件记录,当裂纹恰好穿透主管的厚度时,测试自动停止。

从ACPD读数中发现,疲劳裂纹是从冠点开始产生且裂纹的扩展基本上是对称的,图7-34显示了实验后在冠点处的疲劳裂纹。实验观察到的裂纹出现位置和根据静力测试结果预测的位置一致。图7-35是疲劳实验后表面裂纹的形状,从中可以看出,裂纹已经穿透管道壁,且裂纹的形状基本是一个对称的半椭圆形的。

ACPD记录的疲劳裂纹增长过程如图7-36所示,0mm处是冠点,裂纹基本上对称于冠点,且最深点位置基本上也位于冠点处。对比不同的裂纹形状可以看出,ACPD在测量裂纹形状上有一定的精确度,尤其是在测量最深点深度时比较准确。但是在某些点,ACPD所测量的数据有偏差,实际测量的裂纹形状与半椭圆形相比较,在裂纹的两个尖端处差别较大,这导致用半椭圆裂纹模拟K形管节点中实际裂纹的数值分析,在两个端部的数值解精度低一些。

图 7-33　焊缝区域探针布置图

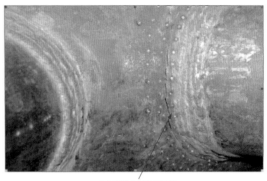

冠点处的表面裂纹

图 7-34　试件中的裂纹位置

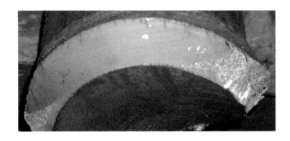

图 7-35　裂纹形状试图

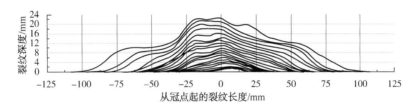

图 7-36　用 ACPD 测量得到的裂纹形状增长图

三、海洋平台含裂纹节点结构断裂评估

前面完成的内容中已经实现了带疲劳表面裂纹焊接管节点网格的自动产生，利用这种产生的网格，结合积分和裂纹尖端位移外推插值法，可计算得到管节点的应力强度因子 SIF 值。

为了验证有限元模型分析结果的精确性，首先利用 T 和 K 节点疲劳实验结果得到的 SIF 值来验证有限元结果的可靠性。

疲劳实验中得到了裂纹扩展过程中最深点深度 a 和对应的疲劳循环次数 N，利用 Paris 公式可以计算不同裂纹深度下的 SIF 值，利用有限元计算模型也可以计算出应力强度因子的数值结果，这两种结果的对比如图 7-37 所示。

在图 7-37 中，K_{I}、K_{II}、K_{III} 和 K_{e} 分别为 Ⅰ、Ⅱ、Ⅲ 型裂纹的应力强度因子和等效

裂纹强度因子，其中等效裂纹强度因子定义为：

$$K_e = [\,K_{\mathrm{I}}^2 + K_{\mathrm{II}}^2 + K_{\mathrm{III}}^2 /(1 - v^2)\,]^{1/2} \qquad (7-13)$$

从图 7-37 中可以看出，本项目所提出的带裂纹管节点的有限元模型可比较精确地模拟计算裂纹最深点应力强度因子 SIF 的值。根据实验测试结果和有限元模拟结果均可看出，疲劳裂纹扩展过程中，裂纹最深点的 SIF 值一直增加，说明裂纹越来越趋向脆性断裂。根据断裂力学理论，当 SIF 值超过材料断裂韧度时，节点将发生脆性断裂破坏。

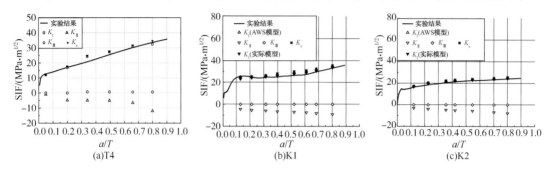

图 7-37　试件 SIF 的实验测试结果和有限元分析结果

第三节　海上平台管节点结构维修加固技术

一、环口板对 T 形圆钢管节点加固效果

环口板加固 T 形圆钢管节点的加固方式如图 7-38 所示。在利用环口板对管节点进行加固时，先将支管直接焊接到主管表面上，即在不影响未加固管节点的连接方式的基础上，再把环口板与节点的主支管连接。这种加固方式的优点是不仅可以在管节点的设计阶段进行环口板加强，还可以方便地在管节点结构的使用期内对其进行加强。

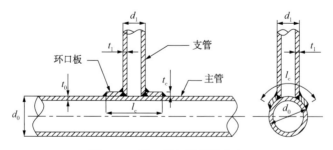

图 7-38　环口板加强型管节点

图 7-38 中变量符号带下标 0 的表示主管的几何尺寸，带下标 1 的表示支管的几何尺寸，而带下标 c 的则表示环口板的几何尺寸。环口板的长度和宽度取值相同。在进行管节点的研究时常采用几个无量纲参数，包括主管长度与主管半径之比 $\alpha = 2l_0/d_0$，

支管和主管的直径比 $\beta = d_1/d_0$，主管径厚比 $\gamma = d_0/2t_0$，支管管壁厚度和主管钢管厚度比 $\tau = t_1/t_0$ 和环口板厚度与主管厚度比 $\tau_c = t_c/t_0$，环口板长度与支管直径比 l_c/d_1。

环口板加固 T 形圆钢管节点试件的几何外形如图 7-39 所示。在节点试件主管的端部焊接一块带有两个耳板的钢板，这样便于实验试件与实验机的支座连接。支管的上端焊接了一块圆柱形夹块，以便实验机夹头可以夹住夹块对支管施加轴向力。

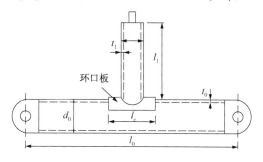

图 7-39   节点实验试件的几何形状

图 7-40 显示了未加固 T 形圆钢管节点 1#、3#和 5#试件在支管承受轴向压力作用下的局部变形图。从图中可以看出，四个未加固节点试件均在主管与支管交界处的主管上表面沿焊趾周围发生了局部塑形凹陷破坏，这也从侧面说明主管径向的刚度小于支管轴向的刚度，因此主管表面靠近焊缝的部位先于支管发生了破坏。从实验试件的变形图还可以看出，主管底面弯曲变形很小，基本保持为一条直线。未加固 T 形管节点的破坏是沿焊趾一周的主管局部塑性破坏。一般而言，β 值越小，支管传递的内力在主管表面的作用区域就越相对集中，对节点部位承载能力越不利，局部屈曲破坏越容易发生。而对于 β 值较大的节点，局部屈曲破坏就不明显了。所以，当支管直径与主管直径之比很小时，局部屈曲现象非常明显，如图 7-40(a) 所示。然而当 β 超过一定的取值，局部屈曲现象就不明显了，如图 7-40(c) 所示。

  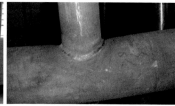

(a)试件1#的局部变形图　　　　　(b)试件3#的局部变形图　　　　　(c)试件5#的局部变形图

图 7-40   未加固 T 节点试件的受压变形图

图 7-41(a)~(c) 分别显示了采用环口板加固以后的试件 2#、4#和 6#在轴向压力作用下的局部变形图。与图 7-41 所示的未加固的节点试件相比，加固后的试件在破坏形式上具有以下特点：①加固后的节点和未加固的节点的最终破坏都发生在主管表面上。由于环口板增加了主管的径向刚度，加固后的节点发生凹陷是以环口板与主管表面的焊缝边界为轮廓线，而未加固的试件凹陷内边界则是支管和主管相贯线的焊趾周围。②加固后的节点发生破坏时，主管整体发生了较为明显的弯曲变形，尤其是试件 6#的 $\beta = 0.690$，相对于试件 2#的 $\beta = 0.246$ 增大，所以主管在径向的抵抗能力要增强，管节点发生破坏时，主管发生了明显的弯曲变形。试件 6#的支管在相贯处向主管内部的凹陷也较小。

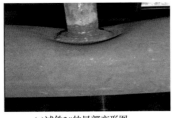

(a)试件2#的局部变形图　　　　(b)试件4#的局部变形图　　　　(c)试件6#的局部变形图

图 7-41　加固 T 节点试件的受压变形图

图 7-42(a)～(c)是试验测得 T 型圆钢管试件在轴向压力作用下的荷载-变形曲线。从图中可以看出：采用环口板加固后，T 节点试件的承载力都有比较明显的提高。图中荷载-变形曲线有明显的下降段，因此极限承载力取曲线最高点所对应的承载力的值。对于具有相同节点几何参数的试件 1# 和 2#，试件 1# 的极限承载力是 93.2kN，加固后承载力提高到 113.8kN，承载力提高了 22%；同样，试件 3# 的极限承载力为 127.6kN，加固后 4# 的承载力变为 155.3kN，承载力提高了 21.7%。图 7-43(c)所示的荷载-变形曲线没有明显的下降段，则取变形为主管直径 3% 时对应的荷载值作为节点的极限承载力。试件 5# 的极限承载力为 156.62kN，环口板加固后的试件的极限承载力为 176.34kN，提高了 12.1%。

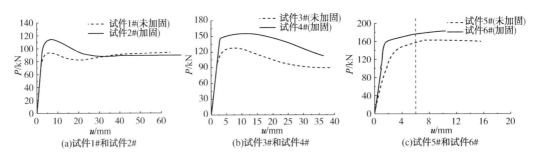

(a)试件1#和试件2#　　　　　(b)试件3#和试件4#　　　　　(c)试件5#和试件6#

图 7-42　受压节点试件的荷载-变形曲线图

从试验结果可知，对于 3 个不同几何参数的 T 节点试件，采用环口板加固后，其承载力都得到了提高。如表 7-4 所示，对于 β 值较小的试件，环口板加固 T 型圆钢管节点的承载力相对于未加固节点的承载力得到了很大的提高，而对于 β 值很大的 T 型节点试件，环口板加固后的节点的极限承载力相较于未加固节点提高并不大。这是由于当 β 较大时，即支管管径很大时，破坏由支管管径较小的局部屈曲破坏转为主管的屈服破坏。

表 7-4　受压节点试件的承载力

试件		类型	β	2γ	P_t/kN	对比/%
一组	1#	未加固	0.246	33.83	93.27	22.2
	2#	加固	0.246	33.83	114.01	

续表

试件		类型	β	2γ	P_t/kN	对比/%
三组	3#	未加固	0.443	33.83	127.63	21.7
	4#	加固	0.443	33.83	155.44	
五组	5#	未加固	0.690	33.83	156.62	12.1
	6#	加固	0.690	33.83	176.34	

图 7-43(a)～(f)为未加固圆钢管 T 型节点在轴向压力作用下的有限元模拟变形与试验变形的比较。从图中可以发现,有限元模型的变形与试验测试的变形相似。试件1#和3#的试验破坏模式都是主支管相交处的焊缝周围的局部屈服破坏,有限元模拟也是主支管交界处主管上表面凹陷,底部保持平直的局部屈曲破坏。试件 5#由于支管直径很大,主管没有发现明显的凹陷现象,有限元模拟结果同样没有明显的局部凹陷变形。

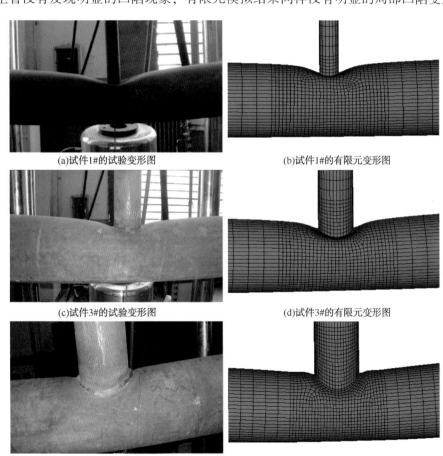

(a)试件1#的试验变形图

(b)试件1#的有限元变形图

(c)试件3#的试验变形图

(d)试件3#的有限元变形图

(e)试件5#的试验变形图

(f)试件5#的有限元变形图

图 7-43　未加固试件的受压变形图

图 7-44(a)～(f)为环口板加固圆钢管 T 型节点在轴向压力作用下的有限元模拟变形与试验变形的比较。试件 2#由于支管管径很小而发生了明显的主管局部凹陷现象,

有限元模拟结果同样产生了主支管相交处的主管凹陷变形。加固后的节点是以环口板与主管表面的焊缝边界为轮廓线发生凹陷，这是由于环口板与主管上表面之间存在接触作用，当支管受轴向压力时，环口板与主管共同作用抵抗轴向压力。环口板间接地增加了节点在主管与支管交界处的径向刚度。试件 6#由于 β 值很大，有限元模拟的结果没有出现明显的主管局部凹陷现象，但主管整体产生了弯曲变形，这与试验结果非常吻合。

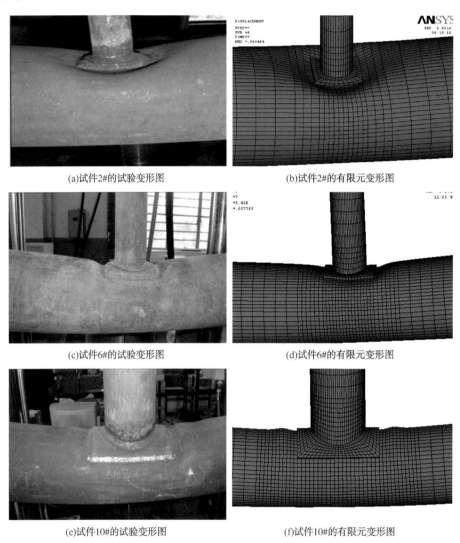

(a)试件2#的试验变形图   (b)试件2#的有限元变形图

(c)试件6#的试验变形图   (d)试件6#的有限元变形图

(e)试件10#的试验变形图   (f)试件10#的有限元变形图

图 7-44   环口板加固试件的受压变形图

图 7-45(a)~(c)为 T 型节点试件在轴向压力作用下的试验测试的荷载-变形曲线与数值模拟结果的对比。从图中可以看出，有限元模拟的荷载-变形曲线与试验测试的荷载-变形曲线吻合的很好。不仅仅是荷载-变形曲线的最高值吻合的很好，刚度也很相近，除了图 7-45(c) 中的有限元模拟的刚度稍大于试验刚度。这是由于试件 5#和 6#

的破坏模式是主管的屈服破坏，在破坏时主管整体发生了弯曲变形。在试验时，主管两端的铰接由插销完成，由于插销与插孔的缝隙，导致在受压过程中主管产生了轴向位移，Δ 为插销在节点受压过程中产生的位移。主管的轴向位移对主管在支管轴向压力作用下的径向变形影响很大，故反应在荷载-变形曲线上就是试验测得荷载-变形曲线的直线段斜率较小。

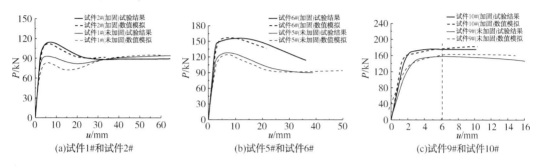

(a)试件1#和试件2#　　　　(b)试件5#和试件6#　　　　(c)试件9#和试件10#

图 7-45　试件在轴压作用下的荷载-变形图

二、环口板加强的 T 型圆钢管节点抗震性能研究

焊接管节点的抗震性能可以通过对其拟静力作用下的滞回性能来定性进行评估。通过试验测试分析了采用环口板加固的管节点在滞回性能上的改善，包括耗能性、失效模式以及能量耗散率等，从而为提高焊接管节点的抗震性能提供了一种可行的参考方法。

未加强试件 1#的变形及破坏形式如图 7-46 所示。试验开始之后，在加载到第 5 个循环的受拉阶段时，在鞍点处首先出现微裂缝，如图 7-46(a) 所示；在该循环的受压阶段可以明显地看到节点的主管在靠近焊缝部位发生了局部屈曲，如图 7-46(b) 所示，这说明该处存在很大的应力集中，同时未加强试件的主管的径向刚度要小于支管的轴向刚度。在随后的几个循环裂缝继续扩展，直至加载到大部分裂缝贯通，支管被整体从主支管交汇处拉出，试件发生明显的脆性断裂破坏，如图 7-46(c) 所示，此时卸载试件，结束试验。

(a)出现裂缝　　　　　　(b)出现局部屈曲　　　　　　(c)最终破坏形式

图 7-46　未加强试件 1#的变形与破坏形式

加强试件 1#的变形与破坏形式如图 7-47 所示。试验开始之后，在前两个循环试件

处在弹性阶段，在随后的循环试件进入塑性阶段，在加载到第 7 个循环的受拉阶段时，在环口板和主管的交界处出现微裂纹，如图 7-48(a)所示；在该循环的受压阶段，主管上表面在靠近环口板处出现鼓曲，如图 7-48(b)所示；在接下来的循环加载过程中主管局部鼓曲进一步加剧，裂缝进一步增大。加载到环口板和主管的交接处裂缝更加明显时，如图 7-48(c)所示。同时发现承载力急剧下降，此时卸载试件，退出试验。

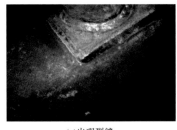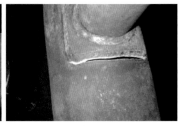

(a)出现裂缝　　　　　　(b)主管上表面出现鼓曲　　　　　　(c)最终破坏形式

图 7-47　加强试件 1#的变形与破坏形式

未加强试件 2#的变形及破坏形式如图 7-48 所示。试验开始之后，在第 7 个循环的受拉阶段，在未加强试件 2#的鞍点处首先出现微裂纹，如图 7-48(a)所示；在该循环的受压阶段，主管沿着焊趾向内凹陷，如图 7-48(b)所示；在随后的几个循环中裂纹不断扩展，直至裂纹贯穿整个焊趾，如图 7-48(c)所示。由于裂纹的突然脆性断裂，荷载不能继续增加，此时停止试验。

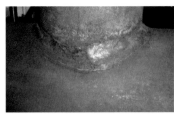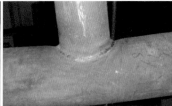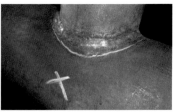

(a)出现微裂纹　　　　　　(b)出现凹陷　　　　　　(c)最终破坏形式

图 7-48　未加强试件 2#的变形与破坏形式

加强试件 2#的变形及破坏形式如图 7-49 所示。试验开始之后，在前几个循环由于试件处于弹性阶段，几乎没有裂纹出现，加载到第 7 个循环的受拉阶段在环口板的一角与主管的交界处出现裂纹，环口板与支管的交界处没有裂纹出现，破坏转移到环口板与主管的交界处，如图 7-49(a)所示；在该循环的受压阶段在环口板附近的主管管壁发生明显的鼓曲，如图 7-49(b)所示；在随后的几个循环的受拉阶段裂缝不断扩展，受压阶段主管管壁鼓曲更加明显；在加载到一定荷载时，支管端部与端头连接的端板突然发生断裂破坏，试验无法继续进行，如图 7-49(c)所示，最后停止试验。

管节点的抗震性能可以通过其滞回性能来评价。管节点在轴向拟静力反复作用下的滞回曲线用试验机测得的支管端部位移 u 和支管端部负荷 P 表示。在以前对于管节点滞回曲线的研究中，通常是用主管在节点部位的径向变形和支管端部的负荷之间的关系来表示滞回曲线，在本文中用支管端部位移取代主管径向变形主要是基于以下考

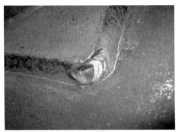  

(a)出现微裂纹　　　(b)靠近环口板处的主管管壁发生鼓曲　　　(c)支管端部与端头连接的端板
发生断裂破坏

图 7-49　加强试件 2#的变形与破坏形式

虑：经过环口板加强后的管节点，由于主管在节点部位的径向刚度得到加强，所以主管在径向的变形很小，而未加强的 T 节点主管在径向变形大，这样两者在进行滞回性能比较时就没法直观进行比较分析，所以在绘制节点试件的滞回曲线时，均取支管端部位移作为滞回曲线的横坐标。

　　试验中测得的 2 组节点试件的滞回曲线显示：无论对于加强还是未加强的 T 节点试件，其滞回曲线都显得很饱满，滞回环包围的面积大，说明焊接的 T 节点具有较好的耗能性。相比较而言，采用环口板加强的 2 个 T 节点试件的滞回曲线具有两个特点：①发生破坏时的极限承载力更高；②出现裂纹时支管端部的竖向位移比未加强 T 节点试件达到断裂时支管端部的竖向位移还大。这两个特点最终表现为加强的 T 节点的滞回环包围的面积明显比对应未加强试件滞回曲线所包含的面积大。这组试件除 β 外其他参数均相同。从试验中发现随着 β 变大，加强效果越来越明显，说明加强以后的试件在发生破坏前可以消耗更多的能量。所以，采用环口板加强后，T 节点试件具有更好的抗震性能。

三、环口板加强的 T 型圆钢管节点抗冲击性能研究

　　为了研究采用加固措施提高管节点抗冲击性能的有效性，对采用环口板加强的 T 节点抗冲击性能进行了试验测试，并将测试结果和对应的未加固 T 节点试件的抗冲击性能进行了比较，以验证加固后的节点在抗冲击性能方面的优越性。

　　为了进行对比，实验测试中对一个环口板加固的 T 节点试件和一个对应的未用环口板加固的 T 节点试件的抗冲击性能进行了对比，对于加固试件，环口板采用正方形，其加固后的 T 节点几何形状如图 7-50～图 7-52 所示。

　　冲击力时程曲线反映了从锤头和试件接触到锤头与节点之间接触力降为零的时间段中冲击力随时间变化的情况。图 7-53 为试件 J35 和 J35R 的冲击力时程曲线。从曲线形状可以看出，曲线达到峰值之后，对普通节点会出现一个短暂的剧烈波动下降段，随后曲线平缓下降，对加强节点，曲线下降段在短暂的剧烈波动后荷载以近乎直线的方式下降，直至荷载降为零。出现这种差异主要是由于环口板的存在，分散了瞬时冲击力作用，且由于环口板使得主管与支管相交环口板区域的抗弯刚度增大，主管上表

面增厚，提高了主管上表面的稳定临界承载力，使得加强后节点不会出现越跃屈曲现象，且塑性铰线长于普通节点刚度损失缓慢，表现为冲击力时程曲线(环口板加强的 J35R 节点的时程曲线)相对饱满一些。

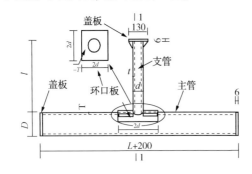

图 7-50　环口板加固 T 节点几何形状

图 7-51　节点失效模式对比

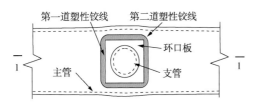

图 7-52　加固节点环口板周围塑性铰线分布图

试验过程中测量了试件表面五个测点的应变时程曲线，测点的具体布置如图 7-54 所示。图 7-54 给出了各个试件在不同的冲击能作用下的钢管表面测点的应变的时程曲线。分析试验测得的各试件的应变时程曲线可知，各试件大部分测点的应变均能达到或超过 $5000\mu\varepsilon$，且试件截面曲率最大处测点的应变最大，局部的应变超过了 $10000\mu\varepsilon$。由于变形剧烈，部分应变片受试件剧烈变形的影响而发生断裂，所以仅测到部分应变变化。由于试件的变形主要集中在节点相贯局部处，主管整体弯曲变形相对较小，所以主管管底测点轴向变形较鞍点、冠点和截面曲率最大处的应变小。

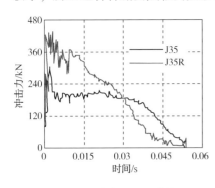

图 7-53　冲击力时程曲线

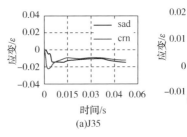

(a)J35　(b)J35R

图 7-54　应变时程曲线

一般认为钢材是应变率敏感材料，因为屈服强度对应变率敏感，而杨氏模量对其不敏感。一般，标准拉伸试验测得钢材的屈服应变约为 $2000\mu\varepsilon$ 左右，而落锤冲击下构件的应变率为 $10s^{-1}$ 量级，所以，屈服应力的动力增大系数不会超过 2，钢材的屈服应变应该小于 $4000\mu\varepsilon$，试验构件大部分处的材料已经达到屈服。

图 7-55 给出了冲击荷载下各试件荷载-位移关系曲线，其中冲击力为节点对落锤的反力，位移值为支管盖板上表面下降的高度。从图中可知，普通试件 J35 在冲击荷载作用下，初始加载时，冲击力随变形的增加几乎呈线性关系，达到峰值荷载之后，冲击力开始震荡下降，达到一定值时开始平稳下降，进而变形达到了最大值。随后进入卸载阶段进行试件的弹性变形恢复，卸载时的刚度小于初始刚度，出现了较大的退化，这说明主管截面在受到冲击

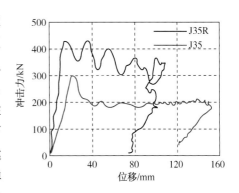

图 7-55　荷载-位移曲线

过程中被严重削弱，导致刚度下降。加强试件 J35R 和普通试件 J35 相比，冲击力达到峰值后几乎保持恒定，没有发生震荡下降，变形达到最大值后进入卸载阶段，卸载时的刚度与初始刚度几乎相同，没有出现太大的退化，这说明加强试件在受到冲击后，受到的损伤较小，刚度没有发生较大变化，同时荷载-变形曲线更加饱满。

普通节点荷载-位移曲线大体可以分为四个阶段：线性上升、震荡下降、平稳下降和弹性恢复阶段，而加强节点的荷载-位移曲线则没有震荡下降段，只分为线性上升、平稳下降和弹性恢复三个阶段。因此这可以做如下推测：对普通节点阶段Ⅰ，试件处于弹性阶段，荷载快速上升，冲击力达到峰值后进入阶段Ⅱ；在阶段Ⅱ，主管管壁发生了局部屈曲，主管承载力进入不稳定阶段，这在曲线上表现为冲击力达到峰值后迅速下降并剧烈波动，当主管管壁的局部屈曲趋于稳定后进入阶段Ⅲ；在阶段Ⅲ，主管主要发生了整体弯曲变形；在阶段Ⅳ，试件达到最大变形并卸载，弹性变形恢复，而对加强节点由于环口板的存在，主管管壁未发生明显的局部屈曲，因此曲线没有震荡下降段。

第四节　海上平台检测评估标准与延寿决策模型

一、海洋平台检测技术方案

海洋平台在服役过程中，为保障平台结构的安全性、完整性和适用性，必须对平台结构进行定期或不定期、局部或全面的检测，从而能够随时掌握平台结构的服役状态，最大限度地避免事故发生。

（一）现役平台检测程序

检测是一个收集结构物服役现状的系统化过程，包括检测方案制定、检测过程实

施、检测结果现场分析与整理等内容。海洋平台结构的检测远不仅是现场检测的实施，而是一个包括从设计、制造、安装到投产后整个服役期内的维护、管理的复杂系统工程，如图 7-56 所示。

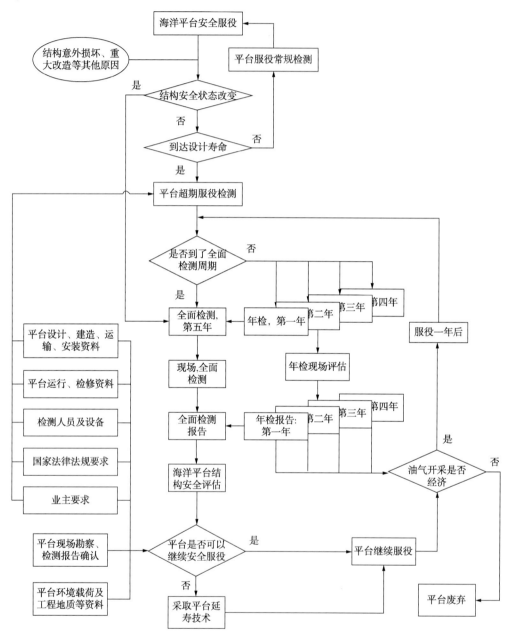

图 7-56　平台结构检测流程图

（二）检测内容

海洋固定式平台主要由上部组块、导管架、桩腿三部分组成。由于桩腿部分深埋于土壤之中，在平台检测过程中不包括这部分结构，检测对象主要指泥面以上的结构。平台检测可分为两步，即检测策略与规划实施。

将海洋平台结构视为一个整体，则检测工作范围可归纳为主体结构检测、涂层检测以及安全关键部件检测三部分内容(表7-5)。

表7-5 平台结构检测内容

项目	承担的工作范围	说 明
主体结构	主体结构部件测量用以评估主次钢架的状况，应检查上部组块所有构件(横梁、纵桁、立柱等)、连接点、水下构件(桩腿、水平/斜撑等)、附属设备(包括腿/桩沉焊缝、驳船缓冲台、立管、护管隔水导管、井槽等)	寻找灾害或故障的明显迹象，如缺少部件、连接失效、焊接失效、灾害影响、配件的松动或缺失以及其他明显的破坏，如涂层系统和腐蚀状况；任何灾害或腐蚀应以照片记录为凭证
防腐涂层	涂层检测是评估各种涂层保护系统的有效性和状况，应检查所有钢结构及楼层板等的涂层	寻找涂层缺失及腐蚀的迹象；涂层缺失程度和金属缺失应以照片记录为凭证
安全关键部件	在检查过程中应特别注意影响人员安全、设备安全和环境安全的关键部件。安全关键部件包括扶手、栅格、楼梯、摆动绳索、登船平台、直升机甲板、立管、管线、设备、救生艇筏、吊机和通讯塔/结构。测量包括逃生路线	寻找破坏或事故明显的迹象，如部件缺失、附件松动或缺失；灾害影响及其他显而易见的破坏，如涂层系统和腐蚀的状况。任何灾害或腐蚀应以照片记录为凭证

1. 主体结构检测

主体结构检测用以评估主次钢架的状况。检测过程中，对发现存在损坏、腐蚀、焊接缺陷、任何修改、设计缺陷以及与结构原始设计的不符合均将记录。任何损坏应给予完整的损坏评估，包括测量、影响文件及足够详细的图纸，以便确定适当的补救措施或进一步作为工程人员的无损检测评估。

对主体结构检测后，应给出结构服役状态的工程评价，工程评价的评定标准如表7-6所示。

表7-6 主体结构损坏评定

等级	状 态	注 释
良好	主体结构保持原始状态，连接良好，无需任何注释	附一张具有代表性的图片可恰当地记录部件完整性良好的状况
中等	主体结构发生轻微的机械损坏，有轻微的凹痕、弯曲、连接松动等	要求对部件缺陷行为和状况做详细描述，附一张或多张图片用来记录部件缺陷及状况描述

续表

等级	状　态	注　释
严重	主体结构发生了重大机械损坏，承载能力大大降低	需对部件缺陷状况及详细描述进行注释，附一张或多张图片用来记录部件缺陷及状况描述

2. 防腐涂层检测

涂层检测是评估海洋平台结构各种涂层保护系统的有效性和状况，应目视评估平台结构涂层系统的整体状况及有效性，注明特定位置涂层从中度至过度腐蚀失效。对每个类型部件，预计涂层破坏的平均百分比。对防腐涂层的评定标准如表7-7所示。

表7-7　防腐涂层评定

等级	状　态	注　释
良好	涂层状况良好且不需要任何活动或注释	附一张具有代表性的图片将恰当地记录涂层的整个良好状态
中等	涂层系统处于良好状态，涂层受破坏的区域在限制的区域内且在正常工作状况下可以修复	需要注释涂层的一般状况及涂层破坏的区域，并附一张或多张图片用来记录部件涂层的缺陷及状况描述
严重	涂层已经恶化且大量的金属涂层发生脱落，如果情况得不到纠正，大量的钢结构将需要更换	需要注释涂层破坏程度和部件表面积影响数量，并附一张或多张图片用来记录部件涂层的缺陷及状况描述

3. 安全关键部件检测

安全关键部件应特别注意在检查过程中影响人员安全、设备安全和环境安全的部件。安全关键部件包括扶手、栏杆、栅格、楼梯、过道、登船平台等结构。寻找破坏或事故明显的迹象，如部件缺失、附件松动或缺失；灾害影响及其他显而易见的破坏，如涂层系统和腐蚀的状况。任何灾害或腐蚀应以照片记录为凭证。安全关键部件的评定标准如表7-8所示。

表7-8　安全关键部位评定标准

等级	状　态	注　释
良好	部件处于原始状态(即柱子、栏杆、附件或支撑结构无明显破坏)，不需要注释	用一张具有代表性的合适照片记录整个部件的良好状态
中等	部件发生轻微的机械损伤(如凹痕、勾缝、弯曲、局部腐蚀等)	需对部件的状态和损伤细节做详细描述，并附一张或多张照片来记录部件缺陷和描述状况
严重	部件发生重大的机械损伤、丧失承载能力	需对部件的状态和损伤细节做详细描述，并附一张或多张照片来记录部件缺陷和描述状况

二、海洋平台的安全评估方法

（一）浅海固定平台强震作用下的安全评估

渤海海域是我国强震频发区之一，具有地震活动强度大、频度高等特点。海洋石油平台在强震作用下一旦发生倒塌破坏，将造成巨大的经济损失和严重的次生灾害，因而有必要对其进行抗震性能分析。

Pushover能力谱方法能够较好地评估海洋石油平台抗震性能，其基本思路是将地震载荷等效成侧向载荷，采用对结构施加呈一定分布的单调递增水平力的方式，用二维或三维力学模型代替原结构，按预先确定的水平载荷加载方式对结构进行推覆分析，逐步将结构推至一个给定的目标位移来研究分析结构的非线性性能。

以埕北某老龄导管架平台为例（图7-57），基于Pushover能力谱法分析其抗震性能。该平台基础部分由导管架和桩两部分组成。导管架采用四腿导管架型式，顶部标高为5.0m，底部标高为-13.4m，工作点标高为6.6m，四个面的斜度为10∶1。导管架桩采用直径1.2m的开口变壁厚钢管桩，桩入土40.0m。桩壁厚分别为20mm、22mm、26mm。上部组块为导帽式结构，导管架帽由四根立柱，甲板、梁格和斜撑组成。

根据平台模型及地震载荷施加方式，对平台施加烈度为8度的地震载荷，由于平台结构对称，取0°~145°（间隔45°）方向进行分析，通过对各方向地震载荷逐级放大进行静力推覆分析，得到平台承载能力曲线（图7-58）。

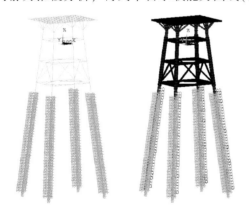

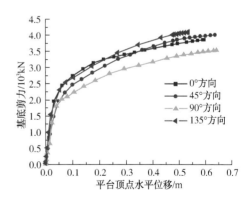

图7-57　平台结构有限元模型图　　　　图7-58　平台结构承载能力曲线

由图7-58可知，平台结构不同角度地震作用下均表现出延性倒塌失效，说明平台结构具有一定的冗余性。不同角度下平台极限承载能力有所不同，其中90°方向极限承载能力最小，为3534.5kN；135°方向极限承载能力最大，为4084.0kN，相比于90°极限承载能力增大了约15%，45°和0°承载能力居中，值分别为3997.7kN和3856.5kN，因而进行地震评估时需将90°方向作为地震最不利作用方向，进行进一步详细评估。

表 7-9 为不同角度下平台结构极限承载强度储备系数。由表可知，平台结构 4 个方向广义储备强度系数均大于 1.6，结构储备强度满足要求。

表 7-9 地震系数 KH 与基本烈度关系

方向/(°)	极限承载力/kN	极限承载位移/m	GRSR
0	3856.5	0.5948	7.51
45	3997.7	0.637	7.78
90	3534.5	0.6412	6.88
135	4084.0	0.5338	7.95

将基于 Pushover 法获得的平台承载能力曲线转化为能力谱曲线，并同弹性需求谱和弹塑性需求谱画于同一坐标中，即可获得平台抗震特性。该平台在不同地震角度及场地类型下均存在性能点，说明该平台在该地震水平下抗震性能良好。对比不同地震角度作用下平台结构性能点分布可知，45°和 135°平台结构性能点位于平台结构弹性区域，而 0°和 90°方向，平台结构性能点逐渐转向弹塑性区域，进一步说明了该方向抗震性相对较差。

（二）浅海固定平台海冰作用下的安全性评估

渤海海域是我国冬季冰情最为严重的海域之一，海冰在生成过程中，受风与潮流的共同作用，运动比较剧烈，存在断裂、重叠与堆积现象，可在短时间形成较严重的冰情。

以埕北某老龄导管架平台为例，基于 Pushover 静力推覆法分析结构在海冰静冰力作用下的极限承载能力。平台结构设计水深平均 12.2m，设计冰厚 45cm，所在海域 50 年一遇风速为 30m/s，流速为 1.67m/s，由此计算平台结构环境载荷。考虑到平台结构在超期服役过程中，会出现腐蚀及海生物附着等情况，平台结构抗力会下降，因而分别对该平台设计条件及超期服役状态进行极限承载能力分析，表 7-10 为设计条件及超期服役条件下平台结构所受的环境载荷。

表 7-10 平台环境荷载

工况	入射角/(°)	冰荷载/kN	风荷载/kN	流荷载/kN X方向	流荷载/kN Y方向	总荷载/kN
设计条件	0	1237.34	173.09	120.62	0.00	1531.05
	45	1687.28	180.63	62.89	109.33	1984.48
	90	1237.34	132.21	0.00	92.07	1461.62
	135	1687.28	180.63	65.52	111.96	1988.18

续表

工况	入射角/(°)	冰荷载/kN	风荷载/kN	流荷载/kN		总荷载/kN
				X方向	Y方向	
超期服役	0	1382.81	173.09	125.72	0.00	1681.61
	45	1885.64	180.63	74.86	121.30	2199.72
	90	1382.83	132.21	0.00	109.00	1624.01
	135	1885.62	180.63	77.49	123.93	2203.43

图 7-59 为平台在 4 种不同角度设计状态和超期服役状态下极限承载能力曲线，设计条件下平台结构的极限承载力均大于超期服役状态下平台极限承载能力，从而说明超期服役状态平台抗力下降，极限承载能力降低，其中 0°方向极限承载能力约下降了 6.63%，45°方向极限承载能力约下降了 7.39%，90°方向极限承载能力约下降了 7.07%，135°方向极限承载能力约下降了 7.01%。不同角度下平台结构极限承载能力不一样，超期服役状态下，135°方向极限承载能力最大，值为 4422.15kN，90°方向次之，值为 4341.35kN，0°方向极限承载能力最小，值为 3835.32kN。

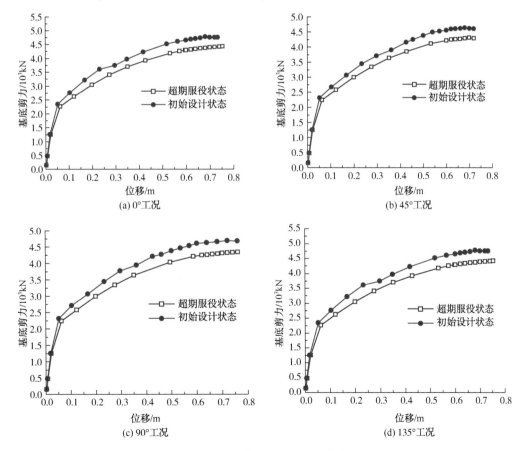

图 7-59 平台极限承载能力曲线

分别计算两种状态下平台结构广义强度储备系数(表7-11),两种状态下平台强度储备系数均大于1.6,满足强度要求。超期服役状态下广义强度储备系数要略小于设计条件下广义强度储备系数,海冰方向为45°时,广义强度储备系数最小,为1.937,应注意加强该方向上海冰灾害的防护。

表7-11 静冰力工况下剩余储备强度系数

工况	入射角度/(°)	极限承载力/kN	强度储备系数 GRSR
设计条件	0	4101.83	2.679
	45	4514.21	2.275
	90	4682.32	3.204
	135	4753.21	2.391
超期服役	0	3835.32	2.281
	45	4261.59	1.937
	90	4341.35	2.673
	135	4422.15	2.007

(三)极端风暴潮下固定平台结构安全评价

在风暴潮极端环境下,平台除受到常规波浪载荷外,还有可能受到甲板上浪载荷(wave in deck,WID)的影响。甲板上浪是指极端风暴时波浪作用于平台并超过底层甲板高度,海水冲击上部组块的现象,如图7-60所示。上浪形成的冲击载荷对甲板结构、设备等造成巨大破坏,甚至导致平台倾覆。MMS通过对墨西哥湾历次飓风后的损伤平台进行统计,结果表明在风暴摧毁的平台中,由甲板上浪载荷造成的达21%,图7-61为上部组块被甲板上浪载荷完全推翻的导管架平台。

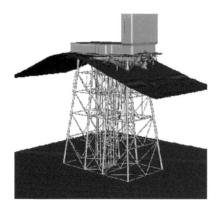

图7-60 甲板上浪载荷示意图

图7-61 甲板上浪载荷摧毁平台上部组块

某浅水海域导管架海洋平台上部组块为 1 层，高 40m、宽 25m、长 66.45m、重 500t(含设备质量)，平台甲板高程为 11.4m；导管架由 4 腿构成，成矩形布置，桩入土 40.0m，如图 7-62 所示。上部组块为导管架帽式结构，由四根立柱，梁格及斜撑组成。甲板梁采用型钢焊接而成。建模时，充分考虑模拟单元力学特性及材料非线性，其中，导管架和桩腿部分分别采用 PIPE288 和 PIPE20 建立，桩土非线性接触采用 COMBIN39 弹簧单元模拟，节点部位采用虚拟等效单元代替。

图 7-62　导管架平台有限元模型

为考虑极端环境载荷以及不同甲板上浪载荷对平台的影响，分析过程中，取风速为 30m/s，波高为 10m，波周期为 9s。假设不同工况对应的平台水深分别为 17~19m，以反映风暴增水引起的平台水深增加。根据 API 规范，对于 4 桩腿导管架结构，侧向时 a_{cbf} 取 0.8；甲板类型为无设备时，C_d 取 1.6。由此，根据 API 推荐的甲板上浪载荷模型，计算得到平台上部组块受到的最大甲板上浪载荷 F_{dmax}(表 7-12)。计算过程中，由水深变化引起海流流速的增加根据波剖面线性延伸获得，作用于导管架上的波浪载荷采用 Stokes 5th 波由 ANSYS 软件程序自动计算得到，最大值对应的相位角采用 APDL 编程在 0°~360°搜索获得。

由表 7-12 可知，随着水深的增加，波面高度 η_{max} 和对应水质点的水平速度 u_x 变化很小，而上浪高度不断增大，从而导致作用于上部组块上的波浪载荷 F_{dmax} 逐渐增大。

表 7-12　不同工况下甲板上浪载荷数据

工况	水深/ m	甲板气隙/ m	波面高度 η_{max}/m	上浪高度 z_{dmax}/m	水平速度 u_x/(m/s)	上浪载荷 F_{dmax}/kN	最大相位角/ (°)
1	17	6.0	6.8155	0.8155	7.6537	473.56	107
2	18	5.0	6.6999	1.6999	7.2872	896.85	108
3	19	4.0	6.5954	2.5954	6.9620	1296.99	109

对平台结构施加静风载、波浪载荷及甲板上浪载荷，进行静力分析，校核平台结构在风暴潮作用下结构强度。分别提取 3 种工况下平台结构等效应力和位移云图，如图 7-63~图 7-65 所示。

(a)等效应力云图

(b)位移云图

图 7-63　上浪高度 0.8155m 平台结构静力分析结果云图

(a)等效应力云图

(b)位移云图

图 7-64　上浪高度 1.6999m 平台结构静力分析结果云图

(a)等效应力云图

(b)位移云图

图 7-65　上浪高度 2.5954m 平台结构静力分析结果云图

由图 7-63~图 7-65 可以看出，三种不同上浪高度下，平台的最大应力位置均出现在导管架下层斜撑处，说明斜撑部分该部分受波浪海流的影响较大、结构较薄弱。从位移云图可以看出，由于底部桩腿约束的作用，平台的最大位移均出现在甲板上部，且随着上浪高度增大，位移最大值也逐渐增大。

三、海洋平台结构延寿决策模型

(一)老龄平台延寿决策模型

老龄平台在过去的使用过程、现役的状态维护和未来的延寿风险之间，存在着许多影响平台最优经济寿命的不确定性信息和因素，如何处理这些复杂不确定性信息和因素是老龄平台延寿决策的重要研究内容。本质上，老龄结构延寿决策是一个风险优化规划过程，需要在结构的效益、费用以及未来风险之间进行权衡。

由于服役海域环境及平台结构各有差别，采用层次分析法能够弹性地增加或减少评估因素，并且通过专家评估方式调整各因素的影响权重，可以有效减少固定评估方式结果与实际情况之间的差异。老龄平台延寿决策模型的结构流程如图 7-66 所示，根据该流程设计的主要计算步骤如下。

1. 进行老龄平台服役状态粗评估

通过平台现场勘查，结合平台设计、历年检测以及工程改造等相关资料进行专家讨论，制定详细平台检测计划。主要检测包括阳极检测、阴极电位检测、裂纹检测、结构测厚、海生物检测、平台标高检测、桩基冲刷检测以及附加导管架杆件检测等。

2. 进行老龄平台服役状态精细评估

依据《海上平台状态评定指南》(GD04—2005)以及《海上固定平台安全规则》(2000)等相关规定以及平台详细检测数据，完成包括从平台结构、工艺设施、安全控制三方面提出细化的评价结果。

3. 确定平台延寿模型影响因素集

海洋平台是一个在复杂不确定环境下的大系统，其延寿模型需要考虑的指标因素较多，制定影响因素集应根据相应平台环境的具体情况，从工程因素、结构因素、荷载因素、风险因素等方面确定平台状态分级的 1 级因素集、2 级因素集等。

4. 建立成对比较矩阵

结合平台实际情况以及平台详细评价结果，通过专家讨论，获得某 1 层次中影响因素的两两相对重要性，建立成对比较矩阵 B_{ij}。以第 1 层次因素集中的工程因素(α_1)、结构因素(α_2)、荷载因素(α_3)和风险因素(α_4)为例说明，假设各因素集重要程度比较如表 7-13 所示，其中 $B_{ij} = \alpha_i / \alpha_j$，则得到的成对比较矩阵为式(7-14)。

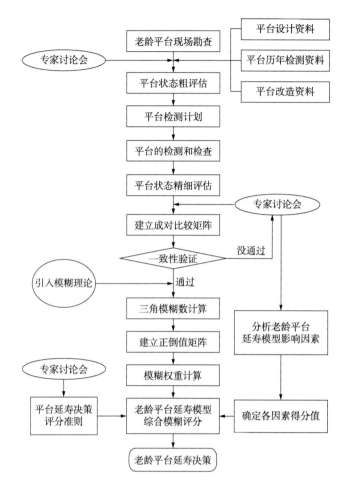

图 7-66　老龄平台延寿决策模型的结构流程

表 7-13　因素集重要程度比较表

B_{ij}		α_j			
		工程因素(α_1)	结构因素(α_2)	荷载因素(α_3)	风险因素(α_4)
α_i	工程因素(α_1)	1	1/4	1/3	1/2
	结构因素(α_2)	4	1	4/3	2
	荷载因素(α_3)	3	3/4	1	3/2
	风险因素(α_4)	2	1/2	2/3	1

$$B_{ij} = \begin{bmatrix} 1 & 1/4 & 1/3 & 1/2 \\ 4 & 1 & 4/3 & 2 \\ 3 & 3/4 & 1 & 3/2 \\ 2 & 1/2 & 2/3 & 1 \end{bmatrix} \qquad (7\text{-}14)$$

5. 建立模糊正倒值矩阵

统计各位专家的成对比较矩阵后，采用三角模糊数 $\widetilde{a_{ij}}$ 来计算各位专家的综合意见，进而根据专家意见建立模糊正倒值矩阵 $\widetilde{A}$：

$$\widetilde{a_{ij}} = (\alpha_{ij},\ \beta_{ij},\ \gamma_{ij}) \tag{7-15}$$

$$\alpha_{ij} = \min(B_{ijk});\ \beta_{ij} = \Big(\prod_{k=1}^{n} B_{ijk}\Big)^{1/n};\ \gamma_{ij} = \max(B_{ijk}) \tag{7-16}$$

$$\widetilde{A} = \big[\widetilde{a_{ij}}\big] \tag{7-17}$$

式中，$k=1,\ \cdots,\ n$；n 为评分专家总数；B_{ijk} 为专家 k 对评定准则 i 与 j 相对重要性评分；$\min(B_{ijk})$ 为所有专家评分结果的最小值；$\big(\prod_{k=1}^{n} B_{ijk}\big)^{1/n}$ 为所有专家评分结果的几何平均值；$\max(B_{ijk})$ 为所有专家评分结果的最大值；$\widetilde{a_{ij}} \times \widetilde{a_{ji}} \approx 1$，$\forall i,\ j=1,\ 2,\ \cdots,\ n$。

6. 各因素模糊权重和综合模糊权重

考虑到模糊权重需要满足一致性指标和正规化要求，本模型采用 J J Buckley 提出的几何平均模糊权重法计算模糊成对比较矩阵中各因素的模糊权重：

$$\widetilde{Z_i} = (\widetilde{\alpha_{i1}} \otimes \cdots \otimes \widetilde{\alpha_{in}})^{1/n} \tag{7-18}$$

$$\widetilde{W_i} = \widetilde{Z_i} \otimes (\widetilde{Z_1} \oplus \cdots \oplus \widetilde{Z_n})^{-1} \tag{7-19}$$

式中，$\widetilde{\alpha_1} \otimes \widetilde{\alpha_2} \cong (\alpha_1 \times \alpha_1,\ \beta_1 \times \beta_2,\ \gamma_1 \times \gamma_2)$；$\otimes$ 表示模糊数的乘法计算；$\oplus$ 表示模糊数的加法计算；$\widetilde{W_i}$ 为各准则的模糊权重列向量。

7. 确定平台延寿评分准则

经过专家研讨，结合平台实际工作环境，影响因素的评分指标采用两种方式确定：对于容易量化的影响因素（如服役年限、疲劳裂纹、基础冲刷等），评分准则通过数理统计、数值计算等方法直接给出量化值；对于不容易量化的影响因素（如施工改造、材料劣化、意外损伤等），评分准则通过模糊语言、专家打分等方法来确定。

8. 计算延寿模型综合模糊评分

根据确定的平台延寿决策因素评分准则，在求出各个评估因素的模糊权重后，采用迭代逻辑运算求出平台延寿决策综合总评分：

$$B_k = R_{ki} \Theta W_{ki} \tag{7-20}$$

$$A = B_k \Theta W_k \tag{7-21}$$

式中，W_{ki} 为第 k 类影响因素第 i 个因子的模糊权重；R_{ki} 为第 k 类影响因素第 i 个因子根据评分准则得分值；B_k 为第 k 类影响因素得分；W_k 为第 k 类影响因素权重；A 为平台延寿决策综合评分；Θ 为模糊合成运算符。

9. 进行老龄平台延寿决策

建立平台延寿模型决策参考表（表7-14），根据决策模型的评判得分，对平台服役状态进行分级，确定平台延寿基准期限。其中，延寿基准期是平台可继续服役的相对优化的经济剩余寿命，在此期间，平台除了进行常规的检修维护措施外不需要采取大规模的加固措施，同时平台的运营风险在可接受的范围内。有必要指出的是，由于平台服役安全状态包含太多不确定因素，延寿年限应该是一个动态的过程，考虑模型主要针对老龄平台进行延寿，其决策最长延寿年限为10年。

表7-14 平台延寿模型决策参考表

评分值								
85~100	79~84	72~78	66~71	59~65	51~58	42~50	31~41	<30
级别 I	II	III	IV	V	VI	VII	VIII	IX
平台状态描述 极好	非常好	较好	好	一般	差	较差	非常差	极差
延寿基准期/年 10	8	6	5	4	3	2	1	0

（二）平台延寿决策工程案例分析

选择渤海埕北油田两座老龄平台做延寿案例分析。A井组平台由一个计量平台和一个井口平台组成。该平台于1993年建成投产，设计寿命为15年。2000年进行了二期工程改造，满足了平台无人值守要求，该井组平台2008年达到其设计寿命。B井组平台由一个井口平台和一个生产平台组成。该平台于1993年建成投入使用，设计使用寿命为15年，2008年达到其设计寿命。由于这两组平台服役海域15年采出程度不到15%，为满足实际生产需要，这两组平台在达到其设计寿命后，需要进一步延寿服役。

为此，我们根据平台相关资料，从其服役的第10年起，运用本文建立的决策模型进行平台延寿决策。期间在平台到达其15年设计寿命时，对平台采取了相应的平台维修加固措施，主要包括增加平台阳极块，进行部分防腐涂层修复，在平台抗冰能力不足的构件进行加固。目前，这两组平台已延寿服役3年，考虑到该海域的油气采出率目前约为15%，这两组平台有必要进一步延寿服役，使其总服役寿命在22年以上。

通过参数统计、现场检测、室内实验和现场试验及理论模拟等方法，根据相应评分准则进行分级评分获取每个因素实际得分，然后将得到的分值和因素权重代入，计算平台延寿模型综合评分，最后确定平台延寿的基准期限作为决策结果。根据专家为A、B两组平台历年状态检测结果每项打分结果，计算得到案例平台服役过程的综合得分如表7-15所示，依据表中值得到平台动态延寿结果如图7-67所示。

表 7-15　平台服役状态综合得分

服役年限/年	10	11	12	13	14	15	16	17	18
A 井组平台评分	93	92	90	87	85	82(89)	85	83	80
B 井组平台评分	91	89	86	83	82	80(87)	84	81	77

注：平台在服役的第 15 年进行了维修，括弧内为维修后的评分值。

从综合评估结果可以看出，A 井组平台综合状况明显优于 B 井组平台，其结果跟基于现场结构检测建立的结构有限元模型评估结果相一致。相比于常规评估，以 5 年作为延寿的基准单位，采用本模型的评估结果得到最小延寿单位为 1 年，其结果更精确，有利于获得更合理的经济效益。

根据决策结果：A 组平台在服役第 14 年时延寿基准期为 10 年，第 15 年时

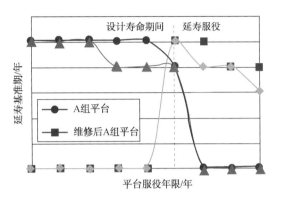

图 7-67　平台服役周期动态延寿决策

降为 8 年，总的服役期望在服役一年后有所降低，但是 B 井组平台服役第 12 年时的延寿基准期为 10 年，服役第 13 年、14 年、15 年的延寿基准期均为 8 年，说明在几年中该平台状态维护较好，平台总经济寿命得到延长。尽管这两组平台的在第 15 年时，平台的基准期为 8 年，能够满足平台总服役寿命在 22 年以上的最低要求，但是考虑到该海域油气储量开采的不确定性，对平台采取了延寿加固措施，增加了平台的可服役寿命，使这两组平台预期可服役寿命达到了不少于 24 年。

案例说明在众多复杂不确定环境作用下，平台结构经济生命周期是一个动态的变化过程，如果仅仅以平台设计寿命作为平台的服役寿命，不仅不能在平台的效益、费用之间得到合理规划，而且在遭遇不确定状况时会大大增加平台运营风险。

第五节　海上平台海冰监测与平台灾害预警技术

冬季安全生产的海冰监测与预警体系主要是基于先进的监测技术，提出更加完善、合理的维护策略，并综合考虑平台结构、上部设施和人员操作等因素，针对油气作业区的环境特性制定相应的预警标准以及合理可行的应急方案。

该体系的开发为冰区油气平台冬季生产管理提供了保障，针对平台结构、上部设施及作业人员有量化分析与预警，为油气平台冬季安全运行提供重要的决策依据。另外，现场监测数据为抗冰平台设计人员提供第一手数据资料，对提高和完善冰区平台的抗冰设计也具有重要的科学意义。

一、海冰冰情参数测量

(一) 冰厚参数测量

冰厚是影响冰荷载的形式和大小的重要因素之一。现场冰厚测量的方法包括人工取样直接测量法、电磁波法、仰视声呐或雷达法、卫星遥感法、图像测量法等。其中人工取样的方式测量最准确，但是现场实施可操作性比较小。电磁波法对于平整冰的测量很准确，但是对于其他的重叠冰、破碎冰或者冰内有气泡等问题，测量精度较差，测量结果会偏小。仰视声呐或雷达的方法需要水下安装设备，测量设备的安装和可靠性等问题在现场都无法保障，而卫星遥感的方法精度较差。图像测量法相对来说方法简单，近几年图像测量技术的发展也很迅速，如果采用高精度的摄像头，可以精确对结构的微小变形进行测量，因此比较适合现场冰厚的测量。

图像法测量冰厚的基本思路是，冰与结构作用发生破碎后，破碎的冰块会翻转然后掉落到水中，翻转时候露出的断面可以被摄像机捕获到。利用已知尺寸的物体对摄像头进行标定，摄像机的焦距一定，则可以根据标定物的尺寸以及冰断面的像素点的大小来计算冰厚的大小。

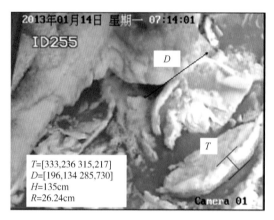

图 7-68　平台定点观测中的冰厚测量示意图

项目组对冰厚进行了现场测量，如图 7-68 所示。标定物平台桩腿，通过无冰的时候标定，外径 H 为 135cm，其在图像上的像素大小为 D。图像上的冰断面像素大小为 T，则实际冰厚 R 表示为：

$$R = 135 \times T/D \tag{7-22}$$

则实测出的冰厚为 26.24cm。

(二) 冰速及冰向参数测量

冰速和冰向测量与冰厚测量的原理类似。首先，通过安装固定的摄像头拍摄一个相对固定的冰面范围；其次，对测量系统进行标定，计算出标定系数 n；然后，捕捉并且跟踪视频中冰面上具有一定特征的点的运动轨迹(图 7-69)，通过初始帧和最终帧中特征点的坐标变化，计算出特征点运动经过的像素点的长度 s，进而得到海冰的运动距离：

$$S = n \times s \tag{7-23}$$

根据前后帧的数目，得到运行的时间 t，进而得到冰的运行速度：

$$v = \frac{S}{t} = \frac{n \times s}{t} \tag{7-24}$$

假设图像上 X 轴方向为 $0°$，初始帧特征点的坐标为 $(x_0，y_0)$，最终帧的特征点坐标为 $(x_1，y_1)$，则冰向角度为：

$$\theta = \arctan\left(\frac{y_1 - y_0}{x_1 - x_0}\right) \qquad (7-25)$$

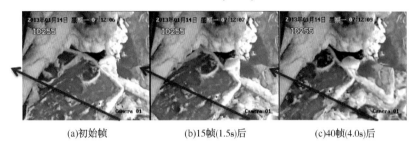

(a)初始帧   (b)15帧(1.5s)后   (c)40帧(4.0s)后

图 7-69   冰速和冰向测量图

二、现场海冰监测体系

（一）埕北 12A 修井平台监测体系

建立在埕北 12A 修井平台上的海冰定点监测系统包括海冰参数和平台冰振响应测量系统。冰速和冰厚的观测是通过安装在平台二层甲板上的摄像机来完成的，安装位置如图 7-70 所示。冰振响应测量通过布置在平台二层甲板修井吊机桩腿旁边上的拾振器采集，测点位置如图 7-71、图 7-72 所示，分 X 和 Y 两个水平方向对平台的振动加速度进行监测。

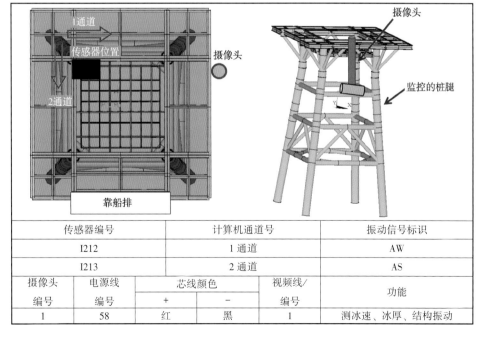

传感器编号	计算机通道号	振动信号标识
I212	1 通道	AW
I213	2 通道	AS

摄像头编号	电源线编号	芯线颜色		视频线/编号	功能
		+	−		
1	58	红	黑	1	测冰速、冰厚、结构振动

图 7-70   CB12A 传感器及摄像头布置

图 7-71　摄像头安装位置

图 7-72　传感器安装位置

（二）埕岛中心二号生活平台监测体系

建立在埕岛中心二号平台上的海冰定点监测系统包括海冰参数测量系统和平台冰振响应测量系统。冰速和冰厚的观测是通过安装在平台甲板上的摄像机来完成的，安装位置如图 7-73 所示。冰振响应测量通过布置在平台底层甲板桩腿旁边上的拾振器完成振动数据采集，测点位置如图 7-74 所示，分 X 和 Y 两个水平方向对平台的振动加速度进行了监测。

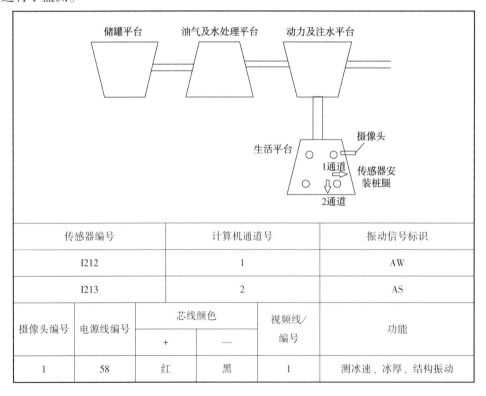

传感器编号	计算机通道号	振动信号标识
I212	1	AW
I213	2	AS

摄像头编号	电源线编号	芯线颜色		视频线/编号	功能
		+	—		
1	58	红	黑	1	测冰速、冰厚、结构振动

图 7-73　中心二号传感器及摄像头布置图

（三）CB30A 生活及动力平台监测体系

建立在 CB30A 生活及动力平台上的海冰定点监测系统包括海冰参数测量系统和平台冰振响应测量系统。冰速和冰厚的观测是通过安装在平台甲板上的摄像机来完成的，安装位置如图 7-75 所示。冰振响应测量通过布置在平台二层甲板下面桩腿旁边上的拾振器完成振动数据采集，测点位置如图 7-76 所示，分 X 和 Y 两个水平方向对平台的振动加速度进行了监测。

图 7-74　摄像头及传感器安装位置

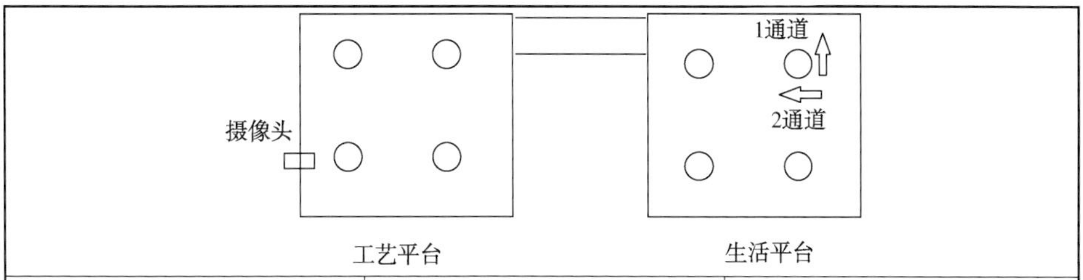

传感器编号	计算机通道号	振动信号标识
I217	1	AW
I218	2	AS

摄像头编号	电源线编号	芯线颜色		视频线/编号	功能
		+	−		
1	58	红	黑	1	测冰速、冰厚、结构振动

图 7-75　CB30A 传感器及摄像头布置图

三、基于实测的胜利海上冰情参数

图 7-76　摄像头及传感器安装位置

根据在胜利油田东营海域利用平台上安装的摄像头，对胜利油田海域进行了海冰定点观测，系统地测量了作业区海冰的变化情况，对影响海冰生消的气象和水文条件进行了同步测量。本节主要对本年度的海冰监测结果进行简单的分析和总结。

胜利油田海冰是一年冰。由于胜利油田的平台水深较浅，且所处地理位置偏南，冰期较短，主要由岸冰、堆积冰构成，如图 7-77 所示，冰情不稳定，冰期经常出现间断。

(a)岸冰　　　　　　　　(b)浮冰　　　　　　　　(c)堆积冰

图 7-77　胜利油田滩浅海海冰类型

胜利滩浅海的中心二号平台、CB12A 平台及 CB30A 平台的在监测期间冰厚变化如图 7-78~图 7-80 所示。

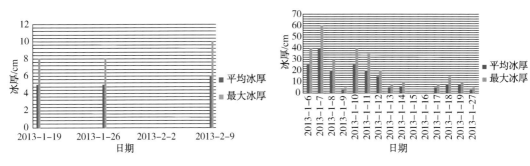

图 7-78　中心二号平台平均与最大冰厚变化图　　　图 7-79　CB12A 平台平均与最大冰厚变化图

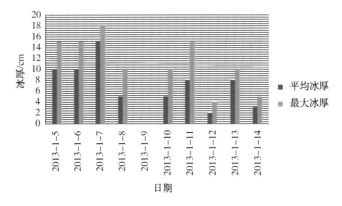

图 7-80　CB30A 平台平均与最大冰厚变化图

四、胜利浅海平台冰振分析与预警技术

根据胜利滩浅海的中心二号平台、CB12A 平台及 CB30A 平台上安装了压电式振动

传感器，监测平台在整个冬季海冰作用下的冰振响应情况。

（一）中心二号平台冰振分析

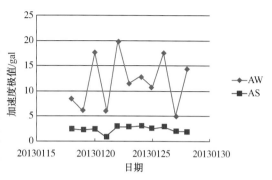

对中心二号平台每日振动极值加速度进行统计分析。极值加速度反应的是平台每5min内的最大振动值，从中可以看出，中心二号平台振动极值加速度在20gal以下。主要由于安装时间较晚，监测期间冰情较弱，平台振动较小，大多为海浪冲击引起，从时间规律上显现出了随着潮汐变化的规律。图7-81、图7-82给出了该平台在振动时的响应频率谱图与典型的每天振动最大值曲线图。

图7-81 中心二号平台每日振动极值加速度变化曲线

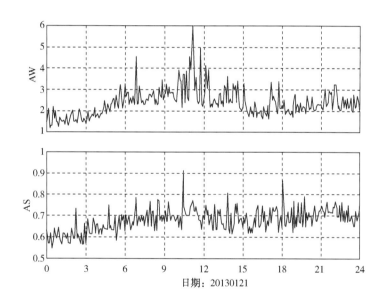

图7-82 中心二号平台2013年1月21日振动加速度曲线

（二）CB12A平台冰振分析

图7-83给出了CB12A平台整个冬季的极值加速度曲线。从监测期间可以看出，CB12A平台振动较小。整个冬季，平台的振动加速度值基本维持在25gal以下，只有在1月10日达到了27gal。整体振动不是很明显，对上部管线振动及平台的疲劳未产生较大的影响。图7-84为冰振较为强烈时段结构振动响应谱图与典型的每天振动最大值图。

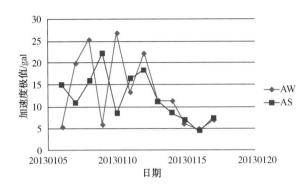

图 7-83　CB12A 平台每日振动极值加速度变化曲线

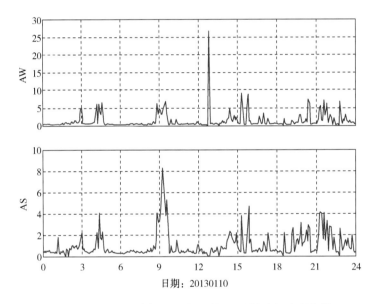

图 7-84　CB12A 平台 2013 年 1 月 10 日振动加速度曲线

（三）CB30A 平台冰振分析

CB30A 平台日振动最大值曲线如图 7-85 所示，可以看出，监测得到的 CB30A 平台在监测期间振动很小，整个监测期间，振动保持在 5gal 以下。由于振动能量较小，无法计算出较为精准的平台响应频谱。图 7-86 给出了该平台的典型的每天振动最大值曲线图。

（四）胜利海上平台监测预警技术

胜利浅海油田在冬季油气开发中，导管架平台在严重冰情下会产生振动，威胁到平台结构、上部生产设备以及施工人员的安全，或影响油气开发的正常运行。因此，对油气开发海域的冰情及冰振响应进行精确的模拟和预测是保障冬季平台安全生产的

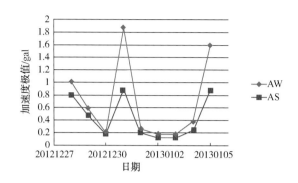

图 7-85 CB30A 平台每日振动极值加速度变化曲线

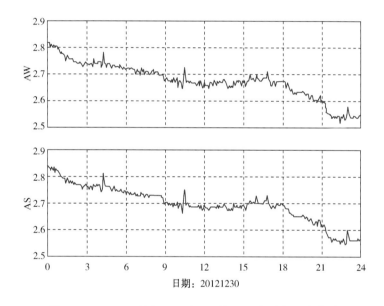

图 7-86 CB30A 平台 2012 年 12 月 30 日振动加速度曲线

必要条件。通过本文建立的海冰现场监测系统，可以对冰振失效问题进行预测与预警工作，进而针对抗冰结构的冰振失效问题，采取及时有效的抗冰、防冰措施，保障平台的冬季安全生产。

首先应该进行海冰要素的预测，结合多年的观测经验及数值模拟手段，给出冰振下平台结构响应的风险预测，最后初步制定出平台预警及应急措施，该系统的技术流程如图 7-87 所示。

在海冰环境条件及平台冰振加速度预测的基础上，提出以下平台冰振风险预警标准、指标及应急措施。

1. 平台人员感受

对有人平台，评价人员感受的指标有三级，用加速度均方根值表示分别是：舒适性界限 0.11m/s²，工效降低界限 0.347m/s²，暴露性界限 0.694m/s²。

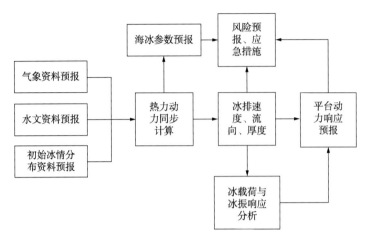

图 7-87　风险预报及应急预警系统

2. 平台上部管线

平台上部管线冰振失效的加速度预警标准可分为两级：预测加速度均峰值达到 $0.4\mathrm{m/s^2}$，建议平台加强破冰船值守；预测加速度幅值达到 $0.6\mathrm{m/s^2}$，建议平台必须进行破冰。

3. 平台结构

加速度幅值达到 $1.5\mathrm{m/s^2}$时，建议平台破冰，需要考虑平台的具体情况。

4. 应急方案

破冰船是平台抵抗冰振风险的有效措施，结合整个渤海海域的现场情况划分破冰船调度的三个等级：加强海冰监测，不需要进行破冰船调度；增加破冰船值守；在危险冰振时刻出现前半小时内进行破冰操作。同时，结合各海域具体特点，同海域内各平台的结构特点及冰振风险危害情况，提出科学、合理的破冰方向与破冰范围。

第六节　海底管道在位状态监测评估与安全防护技术

一、海底管道在位状态光纤监测系统

埕岛油田早期建设的海底管道大部分进入到服役中后期阶段，有的已经达到设计寿命。另外埕岛油田地处黄河水下三角洲特殊海域，海底极不稳定，大冲大淤，管线裸露悬空现象普遍，给管线的安全运行带来严重的安全隐患。由于保温的需要，埕岛油田海底油气管道均采用内外双层管结构，现有的内外检测技术难以满足埕岛油田海底管道在位状态监测，迫切需要开发海底管道在位状态监测技术，为海底管线可能存在的安全隐患提供预警。

针对这一技术难题，开发了海管在位状态光纤监测系统，定位精度达到 1m，预警响应时间小于 30s，温度精度达到 0.5℃，可以实现了双壁海底管道在位状态监测及预警。

（一）海底管道在位状态监测系统组成

埕岛油田海底管道在位状态监测系统主要包括四个子系统：传感器子系统、数据采集与传输子系统、数据管理与控制子系统、海管状态评价与预警子系统。这四个子系统将运行于四个层次：第一层次是通过数据采集单元采集传感器子系统拾取的信号；第二层次是将采集到的光信号转换成数字信号并通过光纤宽带或无线互联网输送到数据处理与控制子系统；第三层次是由计算机系统完成数据的后处理、归档、显示及存储，并根据系统的指令为其提供特定格式和内容的数据以及处理结果；第四层次是将采集分析的数据进行综合评估，并进行预警处理。

前两个子系统位于海管服役现场，后两个子系统位于监控中心，通过这种系统流程，实现埕岛油田海底输油管道在线状态的远程监测与实时预警。埕岛油田海底输油管道在线状态监测系统的网络拓扑结构如图 7-88 所示。

上述监测系统主要包括硬件设备和软件系统。硬件设备包括：光纤传感器、分布式光纤应变/温度采集仪、多通道测量与远程数据传输单元、网络服务器、不间断电源（UPS）等。软件系统包括：通道测量与数据传输控制、分布式光纤应变/温度采集、监测信息管理与结构安全评价等软件。

（二）分布式光纤传感网络设计

海管状态的识别与评定是通过对管道弯曲应变的分布式监测实现的，因此埕岛油田海底输油管道在线状态监测系统的实施基础是布设于海管上的分布式光纤传感器。海管表面的分布式光纤传感器测量的是海管的纵向应变，是海管弯曲应变与轴压应变的组合，因此海管在位状态监测的问题就转化为如何利用可观测的纵向应变获得海管的弯曲应变。通过对海管任意截面上的应变状态进行分析可知，管道纵向应变是弯曲应变和轴压应变的叠加，因此可以写成：

$$\varepsilon_L = \frac{P}{EA} + \frac{MD\sin\theta}{2EI} = \varepsilon_c + \bar{\varepsilon_b}\sin\theta \tag{7-26}$$

如果在管道的任意截面上，沿纵向在管道外表面布置三个应变传感器，令每个传感器之间的夹角为120°，那么观测应变之间存在以下关系：

$$\begin{cases} \varepsilon_{L,1} = \varepsilon_c + \overline{\varepsilon_{b,1}} = \varepsilon_c + \bar{\varepsilon_b}\sin\theta \\ \varepsilon_{L,2} = \varepsilon_c + \overline{\varepsilon_{b,2}} = \varepsilon_c + \bar{\varepsilon_b}\sin(\theta + 2\pi/3) \\ \varepsilon_{L,3} = \varepsilon_c + \overline{\varepsilon_{b,3}} = \varepsilon_c + \bar{\varepsilon_b}\sin(\theta - 2\pi/3) \end{cases} \tag{7-27}$$

根据三个纵向应变观测结果，可以获得轴压应变、中性面夹角、弯曲应变：

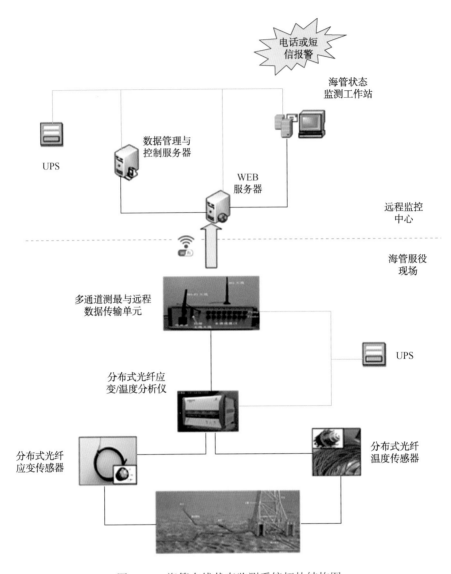

图 7-88　海管在线状态监测系统拓扑结构图

$$
\begin{cases}
\varepsilon_{c} = \dfrac{\varepsilon_{L,1} + \varepsilon_{L,2} + \varepsilon_{L,3}}{3} \\[2mm]
\theta = \tan^{-1}\left[\dfrac{2\varepsilon_{L,2} - 3\varepsilon_{L,3}}{\sqrt{3}\,(2\varepsilon_{L,1} - \varepsilon_{L,2} - \varepsilon_{L,3})}\right]
\end{cases}
\tag{7-28}
$$

其中：
$$
\begin{cases}
\text{如果 } \theta = 0, \quad \overline{\varepsilon}_{b} = \dfrac{2(2\varepsilon_{L,1} - \varepsilon_{L,2} - \varepsilon_{L,3})}{3\sqrt{3}} \\[3mm]
\text{其他,} \quad \overline{\varepsilon}_{b} = \dfrac{2(2\varepsilon_{L,1} - \varepsilon_{L,2} - \varepsilon_{L,3})}{3\sin\theta}
\end{cases}
$$

基于以上分析，在管道截面上每相隔 120°布设一条分布式光纤传感器（图 7-

89），即可构成一个分布式的传感网络。当任意截面上三个分布式光纤传感器获得管道纵向应变后，由海管在线状态监测系统分析得到管道的弯曲和轴压应变以及中性轴位置，根据海管失效模式和安全评价指标对海管状态进行判断和预警。

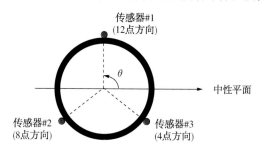

图 7-89　管道截面与传感器位置图

（三）多通道测量与远程数据传输系统

BOTDA 分析仪通常只能实现单通道的现场测量，而埕岛油田的海底输油管线纵横交错，应能对布设于多条管道的分布式光纤传感器进行监测，为此研究开发了分布式光纤分析仪的多通道测量功能。受到海洋油田工作条件的限制，分布式光纤应变/温度分析仪应能与远程监控中心之间实现数据通信，也需要开发分布式光纤分析仪的远程数据传输功能。

海管在位状态监测的多通道测量与远程数据传输系统包括软件和硬件两部分，通过先进的 MEMS 光开关技术和 Labview 编程技术完成了系统硬件和软件的开发。实现 8 通道自动转换与多通道测量。硬件系统提供 Internet 网络与 BOTDA 通过局域网实现数据交换，同时使 BOTDA 系统作为客户端连接到外网，与实验室实现通信；软件部分通过调用 BOTDA 系统时间，实现对硬件的控制。系统内部逻辑图如图 7-90 所示。

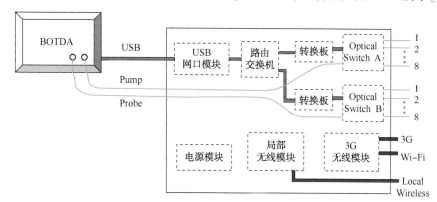

图 7-90　多通道测量与远程数据传输系统图

（四）海底管线在位状态光纤识别技术

通过大量的试验、理论分析、数值模拟，研究开发了基于分布式光纤监测信号的系列设别技术，实现了对海底管道在位状态的健康监测和预警。主要包括：①海底管道横向荷载效应识别技术；②海底管道基础沉降效应识别技术；③海底管道内压轴力效应识别技术；④海底管道整体屈曲效应识别技术；⑤海底管道泄漏监测识别技术。

（五）海底双壁保温管光纤传感器布设技术

针对海底双壁保温管管结构，开发了埕岛油田海底管道在线监测系统的分布式光纤传感器布设技术。

1. 钢绞线封装式光纤

基于布里渊散射的分布式光纤传感器的测量原理表明，只要传感光纤能够与外部的变形或温度扰动相协调，就可以测量被监测物的应变和温度。虽然光纤本身具有传感和传输的功能，但是本身脆弱易损，作为传感器需一定的抗外界损坏作用的能力。

当海管施工时，分布式光纤传感器需在管道上进行预装，在铺管施工过程中会受到一定的荷载作用，因此要求传感器具有一定的抗冲击的能力。同时传感器应具有较小的截面，容易与管道结合。为了满足以上要求，需要对光纤进行全尺度的封装保护。在大量实验基础上，设计了一种钢绞线封装分布式应变传感器(图 7-91)。这种传感器具有以下特点：①采用金属加强结构，使传感光纤抵抗外部作用的能力得到极大提高；②高强外包封装层，适合现场安装，提高了传感器的布设效率；③一致的螺旋缠绕结构，使传感器的初始应变得到控制；④不但具有足够强度，而且可与海管 3PE 表面良好结合。

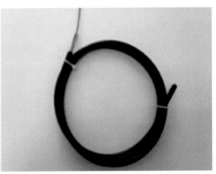

图 7-91　钢绞线封装分布式光纤传感器

通过模拟光纤在海管施工过程及运行过程中的抗冲刷、抗冲击能力表明，设计光纤具有足够的抗冲刷和抗冲击能力，冲刷循环次数达到 42400 次时应变也没有发生明显变化。

2. 分布式光纤布设技术

由于海底管道海上施工复杂，给分布式光纤的布设带来技术挑战。通过研究提出了外管表面粘贴法和三步法成型工艺技术。该工艺技术无需预埋附属装置，适合海管海上现场连续施工。

根据海管海上施工安装特点，海管外管直接在 3PE 层外表面粘贴法的布设工艺流程包括 5 个步骤：①3PE 表面处理；②传感器位置放线；③传感器的张紧与临时固定；

④在外管 3PE 表面涂覆黏结剂；⑤在传感器外部覆盖闭孔泡沫板进行防护操作。

在海管施工时，海管水平段与立管段的吊装对接是海上施工的难点，会对分布式光纤传感器造成机械和热损坏。为了适应海管海上施工的特点，提出了一种分布式光纤传感器海上施工的三步法方案：第一步，采用表面粘贴法将分布式光纤传感器布设在水平管外表面；第二步，采用表面粘贴法将分布式光纤传感器布设在立管的外表面，同时布设水平段传感器的导引套管；第三步，在立管和水平管吊装焊接操作完成后，将水平管分布式光纤传感器的预留段穿入导引套管，并对传感器与套管连接部位进行封装保护。

（六）海底管道在位状态监测系统应用

分布式光纤传感器沿海管布设，然后在结束端返回，构成分布式光纤传感器的测量回路。分布式光纤传感器的起始和结束端沿着立管到达海洋平台，在海洋平台上与数据采集系统相连，可进行海管在位状态的监测（图 7-92）。

通过海上现场监测，获得了海管的分布式应变监测实时数据，（图 7-93）。

在测量光纤对应的 150m 位置之前，海管基本受到的为压应变，压应变的最大值约为-100με。

在传感器所对应的 150~460m 的范围内，海管应变为拉应变，且随着位置的增加，拉应变也逐渐增大，最大拉应变约为 150με。

图 7-92　海底管道在位状态光纤监测

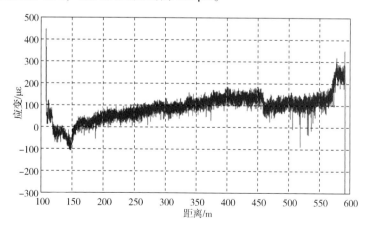

图 7-93　海底管道在位状态光纤监测结果

在传感器对应的 460~592m 的范围内，海管应变仍呈现随位置而增大的趋势，整体为拉应变，最大应变发生在 570~592m 之间，最大值约为 200με。

监测结果表明，海管处于安全运行状态，并有较大的安全裕度。

二、海底管道悬空裸露综合防护技术

埕岛油田地理位置特殊，由于整体大面积冲刷的存在和局部冲刷的作用，再加上海底不稳定的灾害性工程地质条件，使得已经建成的埕岛油田海底管道普遍出现了裸露和悬空。调查资料显示，建成的海底管道中几乎所有立管均出现了不同程度的悬空，悬空平均长度30m，最长达到100m，悬空高度在0.2~3.0m之间。而对于海底水平段管道，裸露于海底的比例占到40%以上，也有多处出现海底悬空段，严重威胁到海底管道的安全运行。经过多年的研究攻关和工程实践，形成了强冲刷区海底管道悬空裸露水下桩结合柔性覆盖的综合防护技术。当管道发生裸露及悬空现象后，根据管道及周围海洋环境条件的具体情况，采取对应的防护技术，消除管道悬空裸露带来的不安全因素，保障了埕岛油田海底管道的安全运行。

（一）水下桩支撑技术

通过在海底管道悬空段下面每隔一定距离设置固定支撑方法，使得海底管道的悬跨长度限制在允许的长度范围内。海底管道的允许悬空长度确定时要考虑到海底管道的静态极限承载能力、海底管道的涡激振动及海底管道的疲劳综合确定。

水下短钢管桩支撑方法首先根据确定的水下支撑桩间距施打水下钢管桩，钢管桩靠近悬空海底管道附近位置处设置可以允许有一定高度和水平距离调节功能的悬臂梁支撑，通过悬臂梁上的高强U形卡固定悬空海底管道，以减少悬空长度(图7-94)。

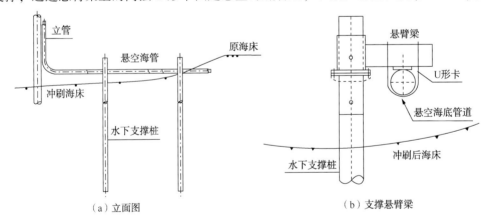

（a）立面图　　　　　（b）支撑悬臂梁

图7-94　水下支撑桩防护

（二）仿生水草柔性覆盖防护技术

该技术将一种采用高分子材料制成的人工水草通过潜水员铺设并固定到悬空海底管道上方，安装完成后仿生水草在海水中呈漂浮状态，由于水草的柔性黏滞作用，使得水流在遇到水草时流速降低，促进海水中的泥沙在此处慢慢淤积下来，对悬空海底管线形成保护。埕岛油田现场测试表明铺设 3 个月后泥沙有明显的淤积,当淤积到一定程度后,泥沙全部覆盖水草后将再次发生冲刷,水草漂浮后又起到阻止水流作用使得泥沙淤积重新开始。该仿生水草防护系统包括:仿生海草、安装基垫及水下锚固装置。

仿生水草促淤作用机理示意图如图 7-95 所示,图中可见悬空海底管道的防护典型断面。该技术的关键是水中要有足够的悬浮泥沙,合理确定仿生水草的高度覆盖范围、仿生水草的水下固定等。

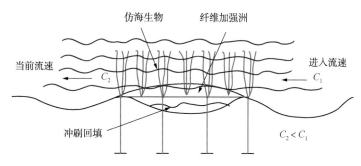

图 7-95　仿生水草促淤作用机理

(三) 土工布混凝土联锁排柔性覆盖防护技术

研究开发了带有土工布的混凝土联锁排覆盖防护技术。该技术首先在海底管道悬空段及周围明显冲刷坑附近抛理碎石或者砂袋充填,使悬空海底管道得到稳定的支撑,然后再进行后续砂袋的抛填,形成稳定断面。抛填完成后,再在上面铺设带有土工布的混凝土联锁排(图 7-96、图 7-97)。

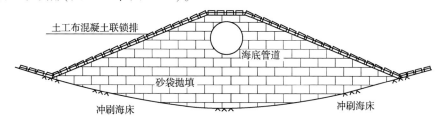

图 7-96　混凝土联锁排覆盖防护断面

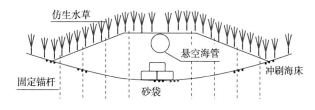

图 7-97　仿生海草覆盖断面

混凝土联锁排主要由排体底布(土工布)、加筋带(排体底布四边及横向加筋用)及混凝土联锁预制片组成,混凝土联锁排每片尺寸为 5m×4m,每片混凝土联锁片由 80 个砼方块组成，砼方块每平方米 4 块，尺寸为 400mm×400mm，其厚度要根据使用海域海况条件确定下的稳定要求确定(图 7-98)。施工前预先将制作好的土工布卷到施工铺排船的滚筒上，施工时将预制好的混凝土联锁片通过运输船只运送到现场，使用吊机将联锁片吊送到准备好的土工布上进行绑扎形成土工布联锁排，绑扎完成后进行土工布联锁排的下放铺设。

(a) 联锁排预制   (b) 土工布卷上滚筒

图 7-98　混凝土联锁排

通过数值模拟分析和室内实验研究了混凝土连锁排的抗冲刷防护效果(图 7-99)。联锁排可以使覆盖区域流速减小，明显减少水流对海床的冲刷。对海底管线悬空段是一种经济高效的防护措施。

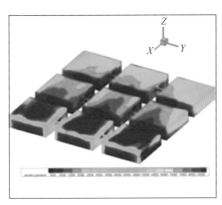 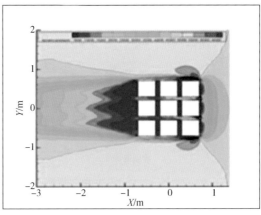

图 7-99　混凝土联锁排周围流场分布

研究开发的带有土工布的混凝土联锁排覆盖层具有以下特点：①可以使水滤出但能阻止砂粒被携带走，提高覆盖层抗冲刷的能力；②具有一定的促进泥沙淤积作用；③由于其整体性好，具有连续性，因此能有效保持抛填断面的稳定性；④能起到抗外力冲击(如抛锚、落物等)作用。

以上治理技术，在实施及治理效果方面均有其各自特点，其适用的范围也有所区别。在进行管道悬空及裸露防治时，必须从治理的可靠性、治理彻底程度以及治理成本等多方面综合考虑，结合海底管道的悬空长度、高度、未来建设活动和管道周边情况等因素，采用综合的管道裸露悬空防治技术，才能达到最佳效果，例如水下桩结合仿生水草覆盖防护技术治理海底管道立管附近的悬空（图7-100）。

(a) 仿生水草覆盖防护   (b) 覆盖防护效果

图 7-100　水下短桩结合仿生水草覆盖防护

采用海底管道综合防护技术完成了80多端立管及32条海底管道悬空及裸露防护治理，有效控制了海底管道悬空裸露危害，确保海底管道的运行安全。

三、海底管道水下常压干式箱修复技术

常用的滩浅海海底管道损伤维修方法包括水面以上维修法、钢板桩围堰维修法、砂石围堰维修法，这些海底管道维修方法适应水深小、适应海况能力差。针对埕岛海域双层壁海底管道损伤修复研究开发了水下常压干式箱修复技术，能够安全、可靠、便捷地将海底管道待维修部位与海水隔离，形成相对干燥的工作环境，有效解决了埕岛油田海底管道损伤修复的技术难题。

（一）干式维修箱结构

研究开发的水下干式维修箱主要部件为箱体、活动底板（活门）、固定桩和挡浪板（图7-101）。箱体上下底面不封闭，在箱体宽度方向的侧面底部开倒U形槽口，以便使需维修的海底管线嵌入其中。在箱体的底部内侧，沿长度方向设有对开活门，活门机构通过箱体上方钢缆，采用电动方式可以自由启闭，不需要潜水员水下操作。在活门与箱体连接部位设有密封止水结构，维修箱体四个角点外侧设固定桩导向，固定桩通过导向打入海底，并与箱体连接形成一个整体受力结构。

通过海底管线水下干式维修箱作业，整个过程安装时间短、管线维修成本低、焊接质量好，维修作业安全可靠。

（二）技术特点

（1）水下干式维修箱能够在海底形成相对干燥的工作环境，满足对受损管线进行

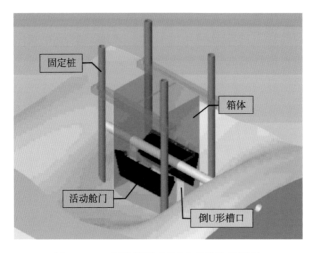

图 7-101　海底管道水下干式维修箱结构

干式焊接修补作业的需要。

（2）水下干式维修箱采用桩基固定式结构与活底密封舱门相结合，与埕岛油田海洋环境和工程地质条件相适应，适应水深范围大、抵抗环境荷载能力强。

（3）海上操作简单，维修箱安装及密封不需要潜水员水下作业。

（4）与常规维修技术相比，维修箱可以重复利用，操作灵活、工期短、投资省。

参 考 文 献

[1] 韩大匡，万仁溥．多层砂岩油藏开发模式[M]．北京：石油工业出版社，1999.

[2] 段昌旭，于京秋．孤岛常规稠油油藏[M]．北京：石油工业出版社，1997.

[3] 陈国风，胡仲琴．中国近海油气田地质特征及开采策略．中国海上油气（地质），2002，16(6)：400-406.

[4] 徐嘉信，张伶俐，张培茂．中国近海油气田开发回顾与展望．中国海上油气（地质），2001，15(3)：187-193.

[5] 郑洪印．中国近海油气田高效开发的途径．石油天然气学报，2005，27(5)：784-786.

[6] 周守为．海上油田高效开发新模式探索与实践[M]．北京：石油工业出版社，2007.

[7] MIALL A D. The Geology of Fluvial Deposits：Sedimentary Facies，Basin Analysis and Petroleum Geology ［M］. Berlin：Heidelberg；New York：Springer‐Verlag，1996：75-178.

[8] MIALL A D. Architectural‐element Analysis：A New Method of Facies Analysis Applied to Fluvial Deposits[J]. Earth‐Science Reviews，1985，22(4)：261-308

[9] 李庆忠．近代河流沉积与地震地层学解释[J]．石油物探，1994(02)：26-41.

[10] 罗立民，王英民，李晓慈，等．运用层序地层学模式预测河流相砂岩储层[J]．石油地球物理勘探，1997(01)：130-136，154.

[11] 陈广军．河流相储层描述方法探讨[J]．勘探地球物理进展，2003(02)：124-128.

[12] 陈清华，曾明，章凤奇，等．河流相储层单一河道的识别及其对油田开发的意义[J]．油气地质与采收率，2004(03)：13-15，81.

[13] 胡光义，王加瑞，武士尧．利用地震分频处理技术预测河流相储层——基于精细储层预测调整海上高含水油田开发方案实例[J]．中国海上油气，2005(04)：237-241.

[14] 李在光，杨占龙，郭精义，等．吐哈盆地台北凹陷葡北东斜坡含油性检测[J]．新疆石油地质，2005(03)：269-271.

[15] 梁波．叠前地震反演用于流体检测的关键技术探讨[A]．中国地球物理学会．中国地球物理学会第22届年会论文集．中国地球物理学会，2006：1.

[16] 李劲松，郑晓东，高志勇，等．高分辨率层序地层学在提高储集层预测精度中的应用[J]．石油勘探与开发，2009，36(04)：448-455.

[17] 苏彦春，李廷礼．海上砂岩油田高含水期开发调整实践[J]．中国海上油气，2016，28(3)：83-90.

[18] 王飞琼，程明佳，程自力，等．渤海海上油田开发调整策略及效果[J]．石油天然

气学报，2011，33(12)：148-151.

[19] 李阳.埕岛油田馆陶组油藏高产开发技术[J].油气采收率技术，1998，5(2)：36-40.

[20] 陈元千，吕恒宇，傅礼兵，等.注水开发油田加密调整效果的评价方法[J].油气地质与采收率，2017，24(6)：60-64.

[21] 张在振，李照延，康海亮，等.埕岛油田古生界地层特征及其构造意义[J].现代地质，2015，29(6)：1 377-1 386.

[22] 卢姝男，吴智平，程燕君，等.济阳坳陷滩海地区构造演化差异性分区[J].油气地质与采收率，2018，25(4)：61-66.

[23] 高喜龙.渤海湾盆地埕岛油田前寒武系基底构造及储层特征[J].石油天然气学报，2012，34(1)：45-49.

[24] 张在振.埕岛地区前中生界潜山构造特征及其控藏作用[D].青岛：中国石油大学：华东，2016.

[25] 马立驰，王永诗，景安语，等.济阳坳陷滩海地区古近系构造样式及其控藏作用[J].油气地质与采收率，2018，25(1)：1-5.

[26] 张在振，张卫平，李照延，等.渤海湾盆地埕北低凸起潜山断裂特征及其控藏机制[J].海相油气地质，2014，19(2)：8-14.

[27] 侯东梅，赵秀娟，汪巍，等.地下曲流河点坝砂体规模定量表征研究——以渤海C油田明化镇组为例[J].油气藏评价与开发，2018，8(3)：7-11.

[28] 沈朴，刘丽芳，吴克强，等.渤海海域埕岛油田新近系油气差异聚集主控因素[J].科学技术与工程，2016，16(2)：138-142.

[29] 岳大力，李伟，王军，等.基于分频融合地震属性的曲流带预测与点坝识别：以渤海湾盆地埕岛油田馆陶组为例[J].古地理学报，2018，20(6)：941-950.

[30] 高少武，钱忠平，马玉宁，等.OBC水陆检数据合并处理技术[J].石油地球物理勘探，2018，53(4)：703-709.

[31] 胡兴豪.渤海海底电缆地震采集施工难点分析及对策[J].中国石油勘探，2017，22(6)：112-117.

[32] 张兴岩，潘冬明，史文英，等.浅水区海底电缆地震数据水层多次波压制技术及应用[J].石油物探，2016，55(6)：816-824.

[33] 马继涛，SEN K M，陈小宏，等.海底电缆多次波压制方法研究[J].地球物理学报，2011，54(11)：2960-2966.

[34] 韩学义，曹建明，刘军，等.海上OBC勘探双震源采集方式的实现[J].物探装备，2011，21(6)：360-364.

[35] 胡振华.保幅高分辨处理在松辽盆地北部XZ地区的应用[D].大庆：东北石油大学，2018.

[36] 殷文，朱剑兵，李援，等.基于地震分频调谐体和Wheeler转换技术的薄储层预

测方法[J]. 石油地球物理勘探，2018，53(6)：1 269-1 282.

[37] 张璐. 地震分频多属性融合法在小断层解释中的应用[J]. 特种油气藏，2017，24(6)：44-47.

[38] 石荣. 地震属性分析技术在储层精细描述中的应用[J]. 大庆石油地质与开发，2019，38(3)：138-143.

[39] 严海滔，龚齐森，周怀来，等. 基于同步挤压改进短时傅里叶变换的谱分解应用[J]. 大庆石油地质与开发，2019，38(3)：122-131.

[40] 陈建阳，田昌炳，周新茂，等. 融合多种地震属性的沉积微相研究与储层建模[J]. 石油地球物理勘探，2011，46(1)：98-102.

[41] 吴义志. 复杂断块油藏特高含水期剩余油控制机制实验[J]. 断块油气田，2018，25(5)：604-607.

[42] 刘敏. 埕岛油田馆陶组上段油藏合理产液量及注水量矢量优化方法[J]. 油气地质与采收率，2017，24(03)：105-109.

[43] 盖凌云. 随机建模方法的技术研究及软件应用[J]. 现代电子技术，2007，30(9)：172-174.

[44] 侯景儒，尹镇南，李维明，等. 实用地质统计学：空间信息统计学[M]. 1998，北京：地质出版社

[45] 胡向阳，熊琦华，吴胜和. 储层建模方法研究进展[J]. 石油大学学报(自然科学版)，2001，25(1)：107-112.

[46] 胡望水，张宇焜，牛世忠，等. 相控储层地质建模研究[J]. 特种油气藏，2010，17(5)：37-39.

[47] 裘怿楠. 储层沉积学研究工作流程[J]. 石油勘探与开发，1990，17(1)：85-90.

[48] 陈洪均. 惠州 21-1 油田丛式井开发井钻井工艺技术[J]. 中国海上油气：工程，1991，3(1)：39-42.

[49] 李兵，胥豪，牛洪波，等. 丛式井组加密井防碰技术及应用[J]. 钻采工艺，2018，41(4)：12-15.

[50] 徐辉，高畅. 老龄海洋平台的结构延寿评估[J]. 中国海洋平台，2018，33(1)：5-8.

[51] 韩雨连. 服役中后期海洋平台结构安全评估及剩余寿命预测技术研究[D]. 青岛：中国海洋大学，2010.

[52] BEAR G, JIN Z, VALLE C, et al. Evaluation of reliability of platform PI foundations [J]. Journal of Geotechnical and Geoenvironmental Engineering, 1999, 125(8): 696-704.

[53] 周国宝，王林. 冲击载荷作用下海洋平台的数值仿真研究[J]. 中国海洋平台，2007，22(2)：18-21.

[54] 秦立成. 海洋导管架平台碰撞动力分析[J]. 中国海上油气，2008，20(10)：

416- 419.

[55] 靳猛, 赵金城, 常静. 导管架海洋平台抗火性能分析[J]. 中国海洋平台, 2009, 24
(3): 12-16.

[56] 刘明璐, 赵金城, 杨秀英, 等. 海洋平台 T 型相关节点抗火性能研究[J]. 海洋工
程, 2009, 27(3): 6-13.

[57] Yu W J, Zhao J C, Luo H X, et al. Experimental study on mechanical behavior of an
impacted steel tubular T-joint in fire [J]. Journal of Constructional Steel Research
2011; 67: 1376-1385.

[58] Nguyen M P, Fung T C, Tan K H. An experimental study of structural behaviours of
CHS T-joints subjected to brace axial compression in fire condition. TUBULAR STRUC-
TURES ⅩⅢ, Hong Kong, 2010: 725-732.

[59] Efthymiou M and Durkin S. Stress Concentrations in T/Y and gap/overlap K-joints,
Proceedings Conference on Behaviour of Offshore Structures, Delft. Elsevier Science Pub-
lishers, Amsterdam, 1985, pp. 429-440.

[60] Choo Y S, Liang J X, et al. Static strength of doubler plate reinforced CHS X-joints
loaded by in-plane bending. Journal of Constructional Steel Research, 2004, 60:
1725-1744.

[61] Choo Y S, van der Vegte G J, et al. Static Strength of T-Joints Reinforced with Doubler
or Collar Plates. I: Experimental Investigations. Journal of Structural Engineering,
2005, 131(1): 119-128.

[62] 杨国金. 海冰工程学[M]. 北京: 石油工业出版社, 2000.

[63] 岳前进, 毕祥军, 季顺迎等. 平台振动与冰力测量研究报告[R]. 大连理工大
学, 2001.

[64] 谢彬, 曾恒一. 我国海洋深水油气田开发工程技术研究进展[J]. 中国海上油气,
2021, 33(01): 166-176.

[65] 李焱, 李清平, 喻西崇, 等. 海底管道内部流动引起的流致振动问题研究进展
[J]. 中国海上油气, 2021, 33(01): 208-215.

[66] 孙宇, 常炜, 杨翔堃, 等. 海底管道腐蚀防护状态检测方法[J]. 装备环境工程,
2021, 18(01): 104-109.

[67] 张希祥, 贾韶辉, 杨玉锋, 等. 海底管道的风险因素及应急救援措施[J]. 化工管
理, 2021(01): 177-178.

[68] 黄钰, 孙国民, 冯现洪. 海底管道基于复杂近岸环境的设计技术[J]. 中国海洋平
台, 2020, 35(06): 18-21, 51.

[69] 许宁, 刘雪琴, 袁帅, 等. 基于突发海洋生态灾害防范的海洋工程海冰灾害风险
监测——以渤海石油平台为例[J]. 海洋开发与管理, 2018, 35(04): 89-92.

[70] 王胜永, 岳前进, 毕祥军, 等. 渤海海洋平台不规则锥体抗冰振性能[J]. 科学技

术与工程，2017，17（32）：6-10.

［71］石础. 基于有限元方法的海洋工程结构物与海冰碰撞机理研究［D］. 上海：上海交通大学，2017.

［72］王华，陈胜利，王润，等. 基于海洋石油平台的海冰监测系统［J］. 广西科学院学报，2017，33（03）：185-190.